技工院校计算机类专业教材（中／高级技能层级）

SolidWorks 基础与应用

主　编　符　莎
副主编　黄雁清　龙家钊

中国劳动社会保障出版社

简介

本书主要内容包括 SolidWorks 软件的基本操作、二维草图的绘制、简单零件和产品的设计、典型机械零件的设计、曲面型零件和产品的设计、装配体的设计、工程图的设计等。

本书由符莎担任主编，黄雁清、龙家钊担任副主编，袁玉苹、赵静、古瑞兴、张婷、李红燕、萧锦岳参与编写。

图书在版编目（CIP）数据

SolidWorks 基础与应用 / 符莎主编. -- 北京：中国劳动社会保障出版社，2025. --（技工院校计算机类专业教材）. -- ISBN 978-7-5167-6943-0

Ⅰ. TH122

中国国家版本馆 CIP 数据核字第 20255VG083 号

SolidWorks 基础与应用

SolidWorks JICHU YU YINGYONG

中国劳动社会保障出版社出版发行

（北京市惠新东街 1 号　邮政编码：100029）

*

北京宏伟双华印刷有限公司印刷装订　　新华书店经销

787 毫米 ×1092 毫米　16 开本　18.25 印张　356 千字

2025 年 12 月第 1 版　　2025 年 12 月第 1 次印刷

定价：46.00 元

营销中心电话：400-606-6496

出版社网址：https://www.class.com.cn

https://jg.class.com.cn

版权专有　　侵权必究

如有印装差错，请与本社联系调换：（010）81211666

我社将与版权执法机关配合，大力打击盗印、销售和使用盗版图书活动，敬请广大读者协助举报，经查实将给予举报者奖励。

举报电话：（010）64954652

前　言

为了更好地满足技工院校计算机类专业的教学要求，适应计算机行业的发展现状，全面提升教学质量，我们组织全国有关学校的一线教师和行业、企业专家，在充分调研企业用人需求和学校教学情况、吸收借鉴各地技工院校教学改革成功经验的基础上，根据人力资源社会保障部颁布的《全国技工院校专业目录》及相关教学文件，对技工院校计算机类专业教材进行了修订和新编。

本次修订（新编）的教材涉及计算机类专业通用基础模块及办公软件、多媒体应用软件、辅助设计软件、计算机应用维修、网络应用、程序设计、操作指导等多个专业模块。

本次修订（新编）工作的重点主要有以下几个方面。

突出技工教育特色

坚持以能力为本位，突出技工教育特色。根据计算机类专业毕业生就业岗位的实际需要和行业发展趋势，合理确定学生应具备的能力和知识结构，对教材内容及其深度、难度进行了调整。同时，进一步突出实际应用能力的培养，以满足社会对技能型人才的需求。

针对计算机软、硬件更新迅速的特点，在教学内容选取上，既注重体现新软件、新知识，又兼顾技工院校教学实际条件。在教学内容组织上，不仅局限于某一计算机软件版本或硬件产品的具体功能，而是更注重学生应用能力的拓展，使学生能够触类旁通，提升综合能力，为后续专业课程的学习和未来工作中解决实际问题打下良好的基础。

创新教材内容形式

在编写模式上，根据技工院校学生认知规律，以完成具体工作任务为主线组织教材内容，将理论知识的讲解与工作任务载体有机结合，激发学生的学习兴趣，提高学生的实践能力。

在表现形式上，通过丰富的操作步骤图片和软件截图详尽地指导学生了解软件功能并完成工作任务，使教材内容更加直观、形象。结合计算机类专业教材的特点，多数教材采用四色印刷，图文并茂，增强了教材内容的表现效果，提高了教材的可读性。

本次修订（新编）工作还针对大部分教材创新开发了配套的实训题集，在教材所学内容基础上提供了丰富的实训练习题目和素材，供学生巩固练习使用，既节省了教材篇幅，又能帮助学生进一步提高所学知识与技能的实际应用能力。

提供丰富教学资源

在教学服务方面，为方便教师教学和学生学习，配套提供了制作素材、电子课件、教案示例等教学资源，可通过技工教育网（https://jg.class.com.cn）下载使用。除此之外，在部分教材中还借助二维码技术，针对教材中的重点、难点内容，开发制作了操作演示微视频，可使用移动设备扫描书中二维码在线观看。

致谢

本次修订（新编）工作得到了河北、山西、黑龙江、江苏、山东、河南、湖北、湖南、广东、重庆等省（直辖市）人力资源社会保障厅（局）及有关学校的大力支持，在此我们表示诚挚的谢意。

编者

2025 年 4 月

目　录

CONTENTS

项目一
SolidWorks 软件的基本操作

本项目主要学习 SolidWorks 2022 软件工作界面中的主要功能模块的应用，新建、保存及打开文件的方法，以及设置、调用和应用工具栏，视口显示和多窗口显示等基本操作。

任务 1 SolidWorks 软件的基本应用

1. 能新建、保存 SolidWorks 文件。
2. 能设置 SolidWorks 软件的工作环境并显示工具栏。
3. 能利用菜单栏、工具栏、命令管理器等进行操作。

新建一个 SolidWorks 零件文件，显示“曲面”工具栏，将文件保存至“项目一\”中，命名为“1-1-1.SLDPRT”。

一、SolidWorks 软件的概述

SolidWorks 是一款三维计算机辅助设计（CAD）软件，具有易学易用、功能强大、技术创新等特点，目前已经成为国际上广为流行的三维绘图工具，适用于机械、建筑、电子等多个领域，尤其是在机械设计与机械制造领域，它已成为工程人员的必备工具之一。

SolidWorks 软件中的建模方法主要分为实体建模和曲面建模，实体建模方法多用于设计机械零部件，曲面建模方法则多用于设计具有复杂外形的产品。在 SolidWorks 软件中，实体一般指具有体积的、独立的三维形体，但草图绘制环节中的各个基础元素，如直线、圆、矩形等，也被称为草图实体，草图由多个草图实体构成。模型则可指多种几何体，包括但不限于实体、曲面和装配体等，在 SolidWorks 软件中，模型是指在建模或装配过程中呈现在图形区中的零件、产品与装配体模型等。

二、文件的新建与保存

1. 启动 SolidWorks 2022 软件

双击桌面上快捷方式图标，或单击“开始”→“所有程序”→“SolidWorks 2022”，SolidWorks 2022 软件启动后的工作界面如图 1–1–1 所示。

图 1–1–1　SolidWorks 2022 软件启动后的工作界面

2. 新建文件

单击菜单栏中的“文件”→“新建”，或单击“新建”按钮，弹出如图 1–1–2 所示的“新建 SOLIDWORKS 文件”对话框。

图 1-1-2 “新建 SOLIDWORKS 文件”对话框

选择“零件”可进入创建零件的工作界面，零件的文件扩展名为“*.sldprt”；选择“装配体”可进入创建装配体的工作界面，装配体的文件扩展名为“*.sldasm”；选择“工程图”可进入创建工程图的工作界面，工程图的文件扩展名为“*.slddrw”。

3. 保存文件

单击菜单栏中的“文件”→“保存”或单击“保存”按钮，弹出“另存为”对话框，可将指定文件保存在相应位置，如图 1-1-3 所示。

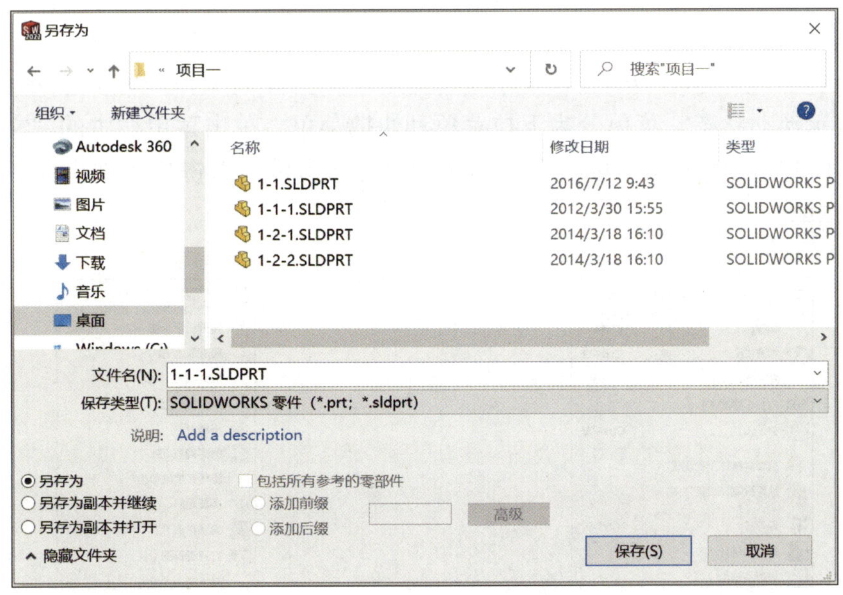

图 1-1-3 “另存为”对话框

三、SolidWorks 2022 软件的工作界面

SolidWorks 2022 软件的工作界面包括菜单栏、工具栏、命令管理器、状态栏、任务窗格、管理区域、特征管理器设计树、图形区、“帮助”按钮等，如图 1–1–4 所示。

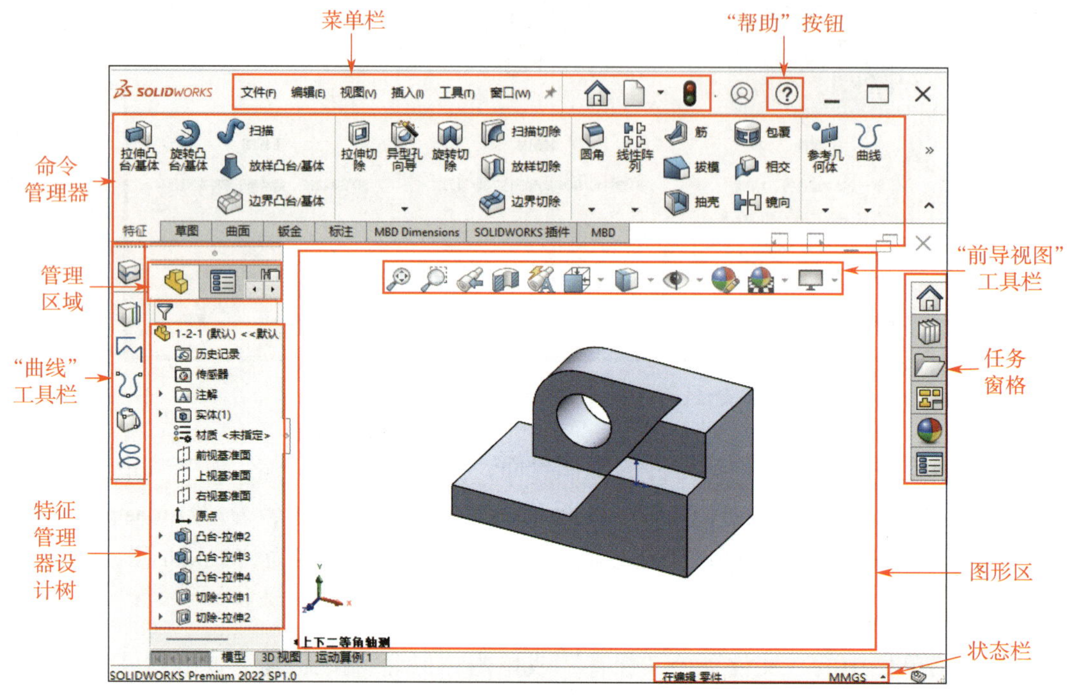

图 1–1–4　SolidWorks 2022 软件的工作界面

1. 菜单栏

菜单栏是伸缩式的，可以用图钉将其固定在工作界面上，图钉 表示可见状态，图钉 表示浮动状态。菜单分为下拉菜单和快捷菜单，单击菜单栏中的“文件”可打开如图 1–1–5 所示的下拉菜单；在图形区空白处单击鼠标右键后可弹出如图 1–1–6 所示的快捷菜单。

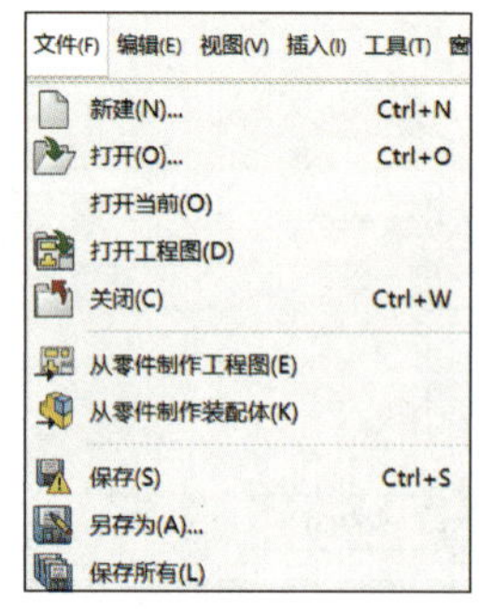

图 1–1–5　下拉菜单

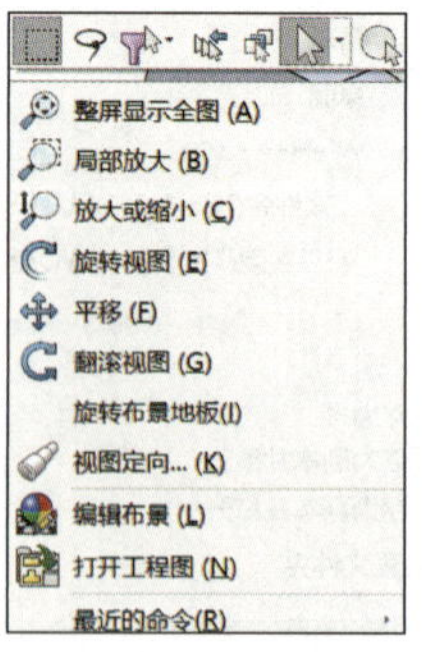

图 1–1–6　快捷菜单

2. 工具栏

工具栏是常用建模工具的集合，如“曲线”工具栏、“前导视图”工具栏、“草图”工具栏、“特征”工具栏等。

3. 命令管理器

命令管理器如图 1-1-7 所示，是命令的集中管理与调度工具，它可以根据用户当前的操作环境和需求动态更新显示的工具按钮。

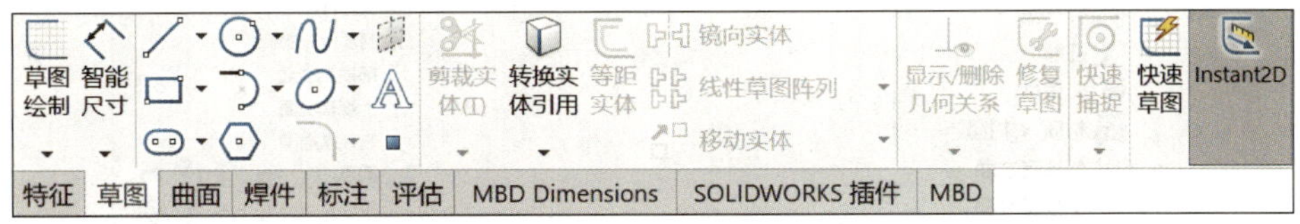

图 1-1-7　命令管理器

4. 状态栏

状态栏位于工作界面的底部，用于显示当前工作界面中正在编辑的内容的状态以及鼠标光标的位置坐标等信息，如图 1-1-8 所示。

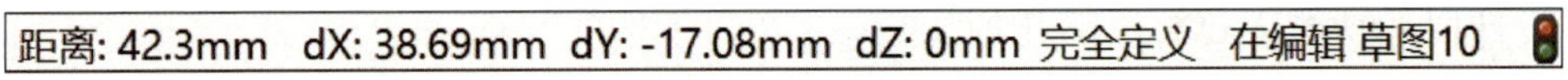

距离: 42.3mm　dX: 38.69mm　dY: -17.08mm　dZ: 0mm　完全定义　在编辑 草图10

图 1-1-8　状态栏

5. 任务窗格

任务窗格位于工作界面的右侧，如图 1-1-9 所示，其主要包括“SolidWorks 资源”按钮、“设计库”按钮和“文件探索器”按钮等。

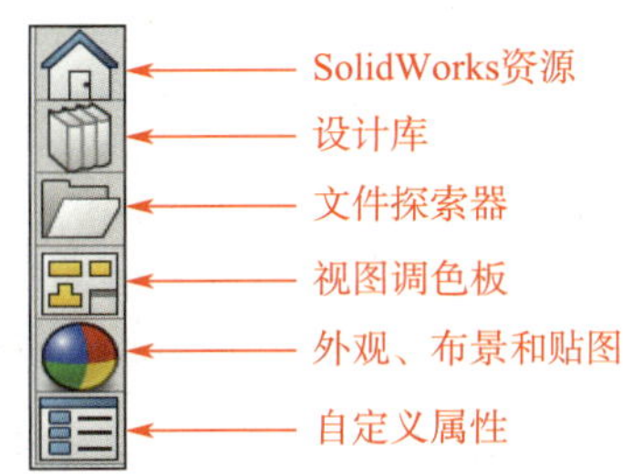

图 1-1-9　任务窗格

6. 管理区域

管理区域也称为左侧区域，如图 1-1-10 所示。管理区域包括“特征管理器设计树（FeatureManager 设计树）”按钮、“属性管理器（PropertyManager）”按钮、“配置管理器（ConfigurationManager）”按钮、“标注专家管理器（DimXpertManager）”按钮和“外观管理器（DisplayManager）”按钮。

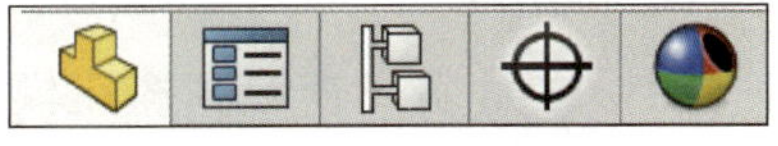

图 1-1-10　管理区域

7. 特征管理器设计树

当单击管理区域中的“特征管理器设计树”按钮时，会出现特征管理器设计树。特征管理器设计树可简称为设计树，位于工作界面的左侧，它提供了激活的零件、装配体或工程图的大纲视图，可直观地显示零件所有特征或装配体中所有的零件，一个特征或零件创建好后，就会被添加到设计树中，因此，设计树代表了建模的时间序列，如图 1–1–11 所示。在“切除–拉伸 1”特征 切除-拉伸1 上单击鼠标右键后可选择配置特征、删除等操作，如图 1–1–12 所示。

图 1–1–11　特征管理器设计树

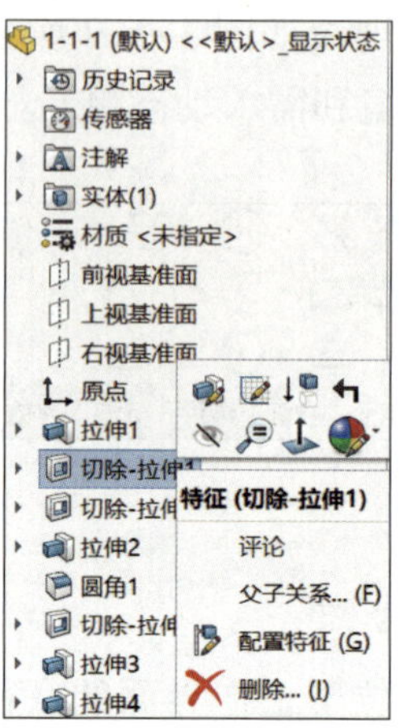

图 1–1–12　在特征上单击鼠标右键

设计树的功能主要有以下几种。

（1）在设计树中，可通过单击特征的名称选择特征；按住 Ctrl 键可单击选择多个非连续的特征；按住 Shift 键可单击选择多个连续的特征。

（2）在设计树中拖动特征可以重新调整特征的生成顺序，这将更改重建模型时特征重建的顺序。

（3）双击特征的名称可以显示特征的尺寸。

（4）如果要更改特征的名称，则在名称上缓慢单击两次后输入新的名称。

（5）在装配零件时可对零件特征和装配体零部件进行压缩和解除压缩。

（6）在特征上单击鼠标右键，在弹出的快捷菜单中选择“父子关系”可以查看其父子关系。

8. 图形区

图形区是用户查看和构建模型的区域，确认角落位于图形区右上方，在绘制草图或编辑特征时会出现，如图 1–1–13 所示，应用确认角落可以确认或放弃当前草图绘制和特征编辑操作。

当进行草图绘制时，可以通过单击确认角落中的“退出草图”按钮确认并结束草图绘制，也可以通过单击“取消草图”按钮取消草图绘制。

a）

b）

图 1-1-13　确认角落

a）草图绘制状态的确认角落　b）特征编辑状态的确认角落

当进行特征编辑时，可以通过单击确认角落中的“退出特征”按钮确认并结束特征编辑，也可以通过单击“取消特征”按钮取消特征编辑。

9. “帮助”按钮

单击“帮助”按钮可弹出“帮助”菜单，用户可通过该菜单对此软件进行了解并获得帮助。

四、工作环境的设置

SolidWorks 软件可以根据需要显示或隐藏工具栏、添加或删除工具栏中的工具按钮，还可以根据需要设置零件、装配体和工程图的工作环境。

1. 显示工具栏

（1）利用菜单栏

单击菜单栏中的“视图”→“工具栏”，单击需要显示的工具栏，则所选工具栏会在工作界面中显示。

（2）利用鼠标右键快捷菜单

在工具栏区域（工作界面的顶部、左侧等默认的工具栏所在位置）内单击鼠标右键，在弹出的快捷菜单中单击需要显示的工具栏，则所选工具栏会在工作界面中显示。

（3）利用命令管理器

在命令管理器区域内单击鼠标右键，在弹出的快捷菜单中单击“选项卡”，勾选需要显示工具栏的复选框，则在命令管理器中会显示该工具栏。

2. 设置工具栏中的按钮

工具栏中的按钮可以根据需要添加或删除。

例：在“草图”工具栏中添加“延伸实体”按钮 T 。

单击菜单栏中的“工具”→“自定义”，在“自定义”对话框中单击“命令”选项卡，在“工具栏”列表中选择“草图”，则出现“草图”工具栏中的所有快捷方式按钮，选中“延伸实体”按钮 T ，如图 1-1-14 所示，将其拖动至“草图”工具栏中，“延伸实体”按钮 T 添加至“草图”工具栏中。若要删除工具按钮，只需将相应的工具按钮从工具栏拖到图形区即可。

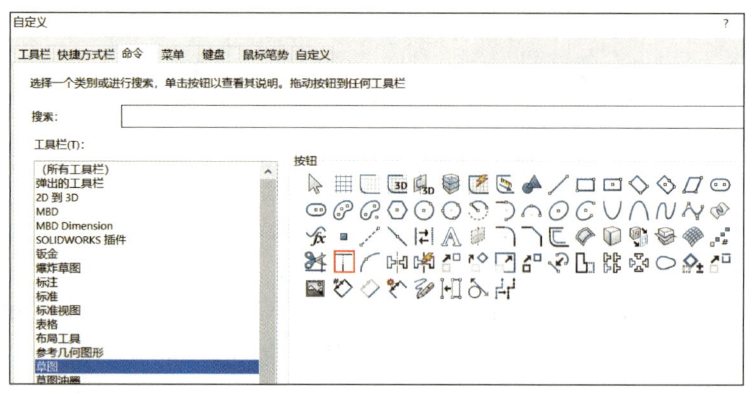

图 1-1-14　选中按钮

3. 设置单位系统

在建模前，需要设置好单位系统，默认的单位系统为 MMGS（毫米、克、秒），可以使用自定义方式设置其他类型的单位系统。

单击菜单栏中的“工具”→“选项”，在如图 1-1-15a 所示的“文档属性 - 单位”对话框中选择“单位”，在“单位系统”中可以选择其他类型，并可以设置“小数”等属性。单击状态栏中的“MMGS”下拉按钮，也可以选择单位系统类型，如图 1-1-15b 所示。

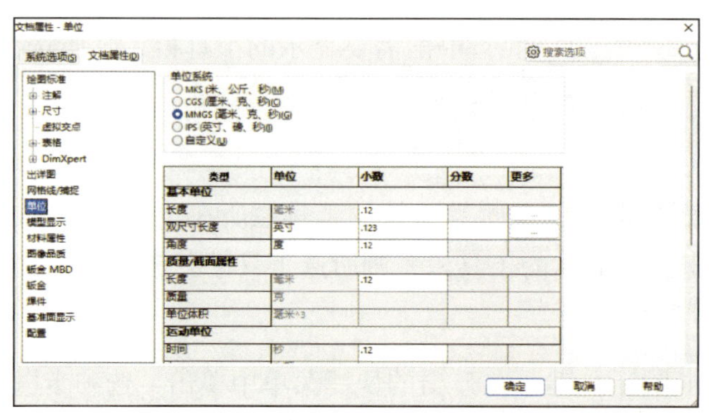

a）

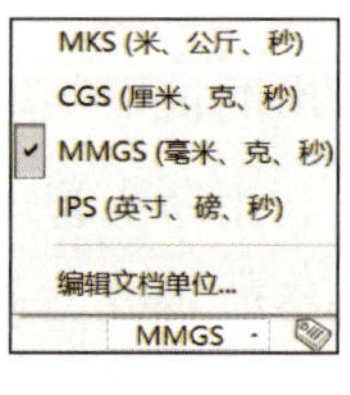

b）

图 1-1-15　设置单位系统

a）在“文档属性 - 单位”对话框中设置单位系统　b）在状态栏中设置单位系统

1. 新建文件

（1）双击桌面上快捷方式图标，打开 SolidWorks 2022 软件。

（2）单击“新建”按钮，选择“零件”，单击“确定”按钮，新建文件。

2. 显示“曲面”工具栏

（1）方法一：利用菜单栏

单击菜单栏中的“视图”→“工具栏”→“曲面”，如图 1-1-16a 所示，完成“曲面”工具栏的显示，如图 1-1-16b 所示。

（2）方法二：利用鼠标右键快捷菜单

在工具栏区域内单击鼠标右键，在弹出的快捷菜单中单击“工具栏”→“曲面”，如图 1-1-16c 所示。

（3）方法三：利用命令管理器

在命令管理器区域内单击鼠标右键，在弹出的快捷菜单中单击“选项卡”，勾选“曲面”复选框，如图 1-1-16d 所示，则在命令管理器中出现“曲面”工具栏。

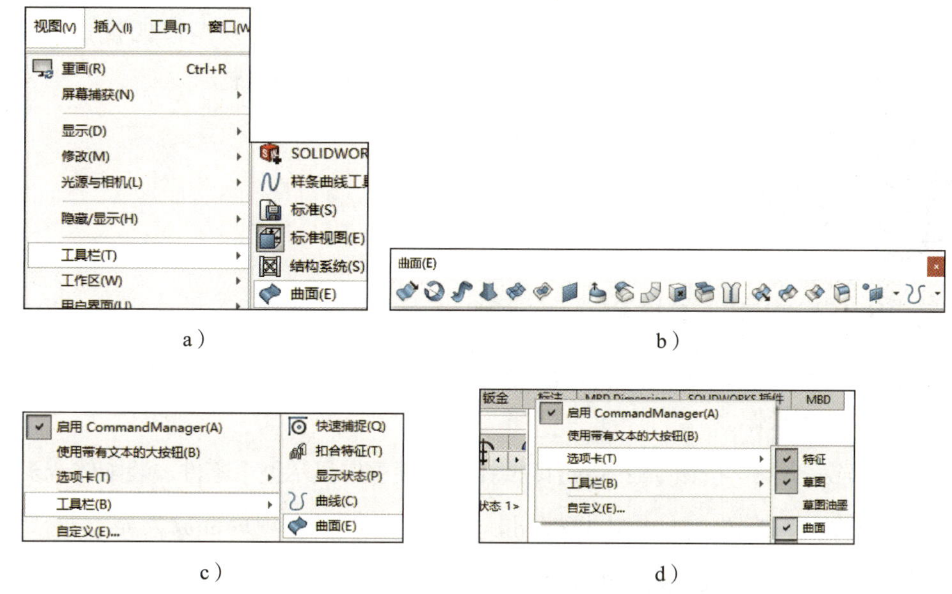

图 1-1-16 显示“曲面”工具栏

a）利用菜单栏显示“曲面”工具栏 b）“曲面”工具栏

c）利用鼠标右键快捷菜单显示“曲面”工具栏 d）利用命令管理器显示“曲面”工具栏

3. 保存文件

单击“保存”按钮，将文件保存至“项目一\”中，命名为“1-1-1.SLDPRT”。

任务 2　视口显示和窗口应用

1. 能使用“前导视图”工具栏进行操作。
2. 能使用鼠标左键、中键、右键进行操作。
3. 能设置鼠标笔势并应用快捷菜单。
4. 能用多窗口、多视口显示文件中的模型。

打开素材文件夹中的“项目一\1-2-1.SLDPRT”文件，将模型以四视口显示，再打开“项目一\1-2-2.SLDPRT”，将两个文件中的模型纵向平铺显示。

一、“前导视图”工具栏

“前导视图”工具栏（见图 1-2-1a）显示在图形区的正上方。通过“前导视图”工具栏，可进行以下操作。

1. “整屏显示全图”按钮：单击该按钮，可使整屏显示整个零件、装配体或工程图。

2. “局部放大”按钮：单击该按钮，移动鼠标即可实现局部放大显示。

3. “上一个视图”按钮：单击该按钮，将当前用户的观察视角返回到上一次观察视角。

4. “剖面视图”按钮：单击该按钮，可使所选视图以剖视图形式显示。

5. “视图定向”按钮：“视图定向”下拉菜单如图 1-2-1b 所示，单击其中的按钮，即可以该指定方式进行视图定向。

6. “显示类型”按钮：“显示类型”下拉菜单如图 1-2-1c 所示，单击其中的按钮，可根据用户需求选择视图的显示类型。

7. “隐藏 / 显示项目”按钮：“隐藏 / 显示项目”下拉菜单如图 1-2-1d 所示，单击该按钮，可选择隐藏或显示视图内容。

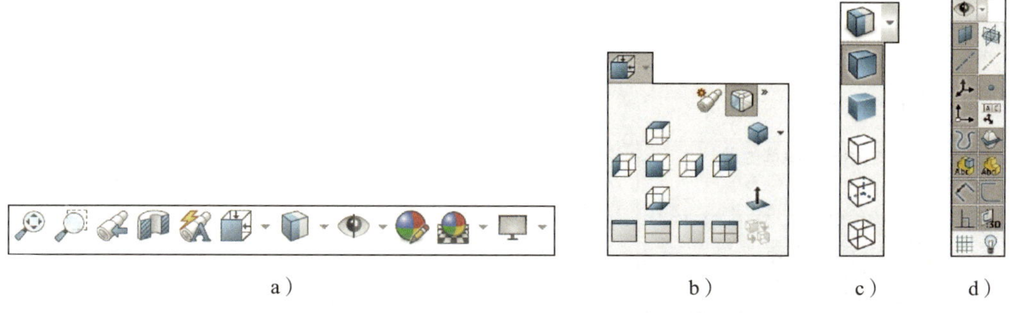

a）　b）　c）　d）

图 1-2-1 “前导视图”工具栏及其中的下拉菜单
a）“前导视图”工具栏　b）“视图定向”下拉菜单
c）“显示类型”下拉菜单　d）“隐藏 / 显示项目”下拉菜单

二、鼠标的应用

鼠标在 SolidWorks 软件中的应用频率非常高，用鼠标可实现平移、缩放、旋转、绘制草图以及创建特征等操作。

1. 鼠标左键：用于选择菜单命令、选择工具、绘制草图等。

2. 鼠标中键（滚轮）：滚动鼠标滚轮可放大或缩小图形区中的对象；快速按两下滚轮可显示全图；按住 Ctrl 键 + 鼠标滚轮并移动光标，可将对象按光标移动的方向平移；按住鼠标滚轮并移动光标可旋转对象，也可应用键盘上的↑、↓、→、←键控制视图的观察方向。

3. 鼠标右键：单击鼠标右键可弹出相应的右键快捷菜单。

三、鼠标笔势的设置与快捷菜单的应用

为了节省绘图时间，提高绘图效率，可设置鼠标笔势和应用快捷菜单。

1. 鼠标笔势的设置

鼠标笔势是使用鼠标快速执行命令时的快捷键，相当于键盘快捷键，按住鼠标右键往某一方向移动光标就会出现相应的快捷键。熟识命令的快捷键方位后，快速地操作鼠标往某一方向移动便可快速执行该命令。

例：应用鼠标笔势执行“直线”命令。

（1）对鼠标笔势进行设置。单击菜单栏中的“工具”→“自定义”，在“自定义”对话框中单击“鼠标笔势”选项卡，勾选“启用鼠标笔势”复选框，弹出“鼠标笔势指南”，选择“4 笔势”，如图 1–2–2 所示。

（2）新建一个文件，选择前视基准面，单击“草图”工具栏中的“草图绘制”按钮，按住鼠标右键向左移动光标，即可出现默认鼠标 4 笔势，移动光标选择“直线”即可执行该命令，如图 1–2–3 所示。

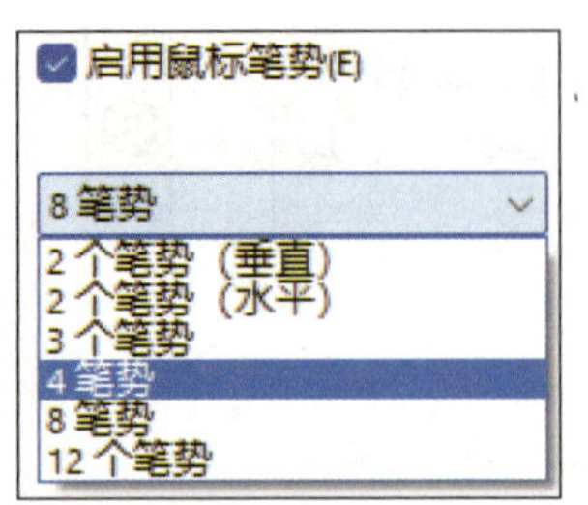

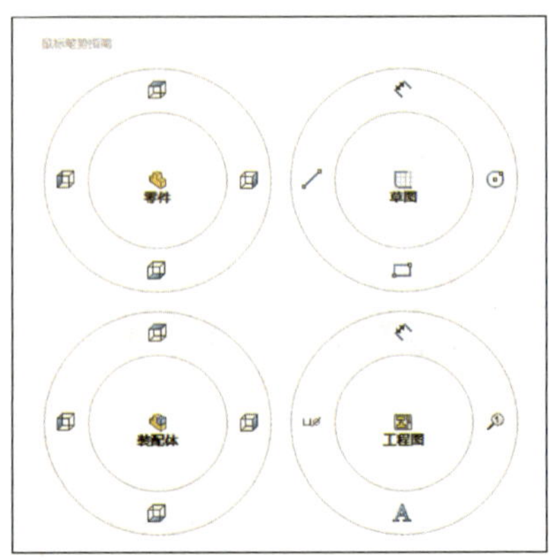

图 1-2-2　启用鼠标笔势

2. 快捷菜单的应用

在草图绘制状态下，按住 S 键，弹出如图 1-2-4 所示的快捷菜单，即可快速使用草图工具。

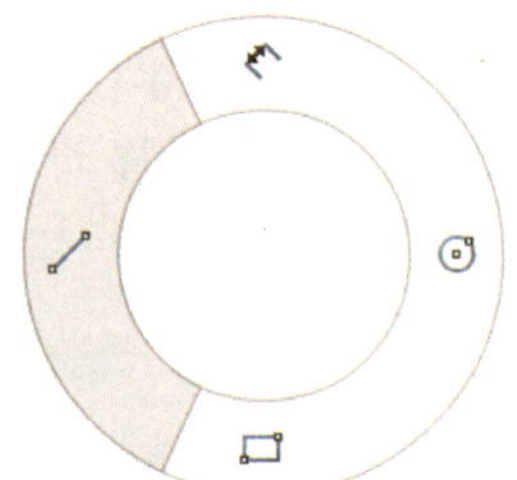

图 1-2-3　选择“直线”

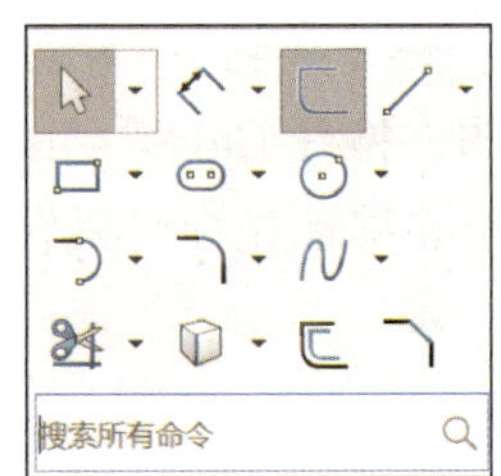

图 1-2-4　快捷菜单

四、模型的多窗口显示

当同时打开多个文件时，可通过单击菜单栏中的“窗口”→“横向平铺”或“纵向平铺”使打开的文件模型同时显示。

五、模型的视口显示

可通过选择一个、两个或四个视口观察模型。单击任一视口将其激活，然后在该视口中进行相关操作。

1. 以四视口显示“1-2-1. SLDPRT”文件中的模型

（1）打开素材文件夹中的“项目一 \1-2-1.SLDPRT”文件。

（2）单击菜单栏中的“窗口”→“视口”→“四视图”，或单击“视图定向”→“四视图”按钮，图形区中以四视口显示该模型，分别为前视、左视、上视和上下二等角轴测，如图 1-2-5 所示。

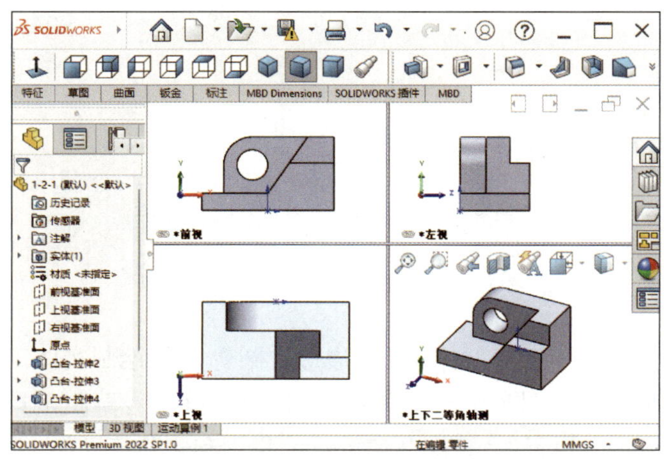

图 1-2-5　以四视口显示模型

2. 纵向平铺显示“1-2-1. SLDPRT”“1-2-2. SLDPRT”两个文件中的模型

（1）打开素材文件夹中的“项目一\1-2-2.SLDPRT”文件。

（2）单击菜单栏中的“窗口”→“纵向平铺”，窗口中纵向平铺显示两个文件中的模型，如图 1-2-6 所示。

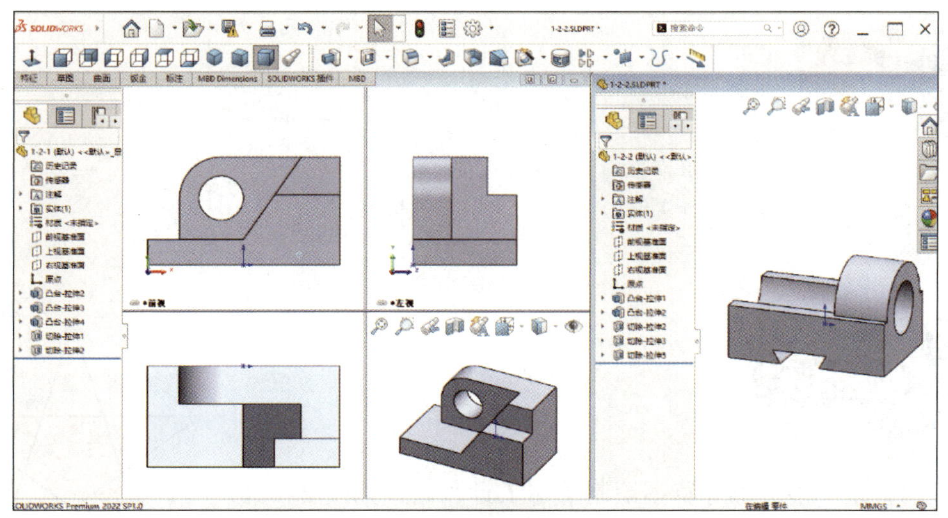

图 1-2-6　纵向平铺显示两个文件中的模型

项目二
二维草图的绘制

本项目主要学习应用直线、矩形、多边形、圆等草图绘制实体工具，以及镜向实体、等距实体、剪裁实体、圆周草图阵列、线性草图阵列等草图工具完成二维草图绘制，进行二维草图的尺寸标注、草图几何关系的添加和删除等操作。

任务 1　五角星草图的绘制

1. 能进入与退出草图设计环境。
2. 能应用推理线、直线、多边形等工具绘制草图。
3. 能进行实线与构造线之间的转换操作。

应用直线、多边形等草图绘制实体工具，完成如图 2-1-1 所示五角星草图（不完全定义草图）的绘制。

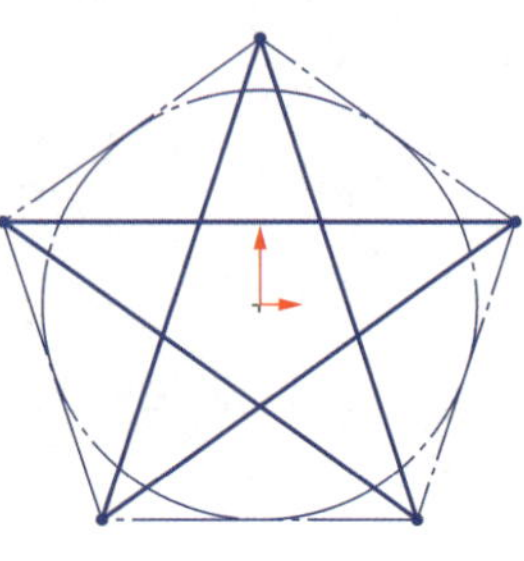
图 2-1-1　五角星草图

一、草图设计环境

1. 草图设计环境的简介

草图设计环境是用户绘制二维草图的工作界面，通过在草图设计环境中绘制的二维草图可以生成实体或曲面，草图中各个草图实体间可用几何关系和尺寸定义它们的位置和大小。因此，绘制二维草图是绘制实体或曲面的基础。

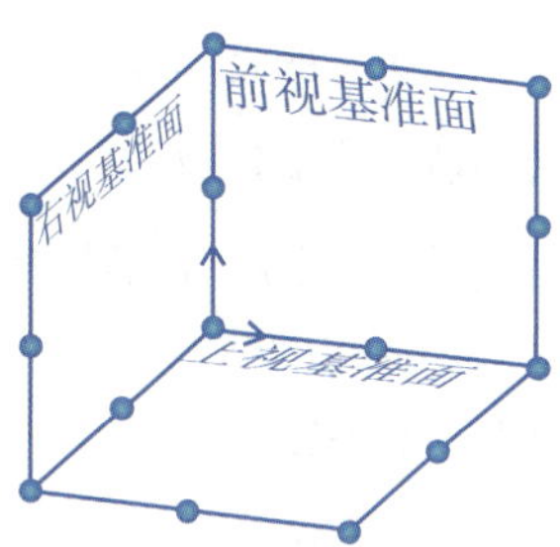

图 2-1-2　默认基准面

要进入草图设计环境，必须选择一个平面作为绘制草图的基准面，也就是要确定新草图在三维空间的放置位置，它可以是 SolidWorks 软件向用户提供的默认基准面（前视基准面、上视基准面和右视基准面），如图 2-1-2 所示，也可以是模型上的平面，还可以是创建的基准面。

2. 草图设计环境的进入与退出

（1）进入草图设计环境

1）新建文件，选择“零件”，单击“确定”按钮，进入零件建模环境。

2）方法一：单击菜单栏中的“插入”→“草图绘制”，或单击“草图”工具栏中的“草图绘制”按钮，在图形区中选取前视基准面作为草图平面，进入如图 2-1-3 所示的草图设计环境。

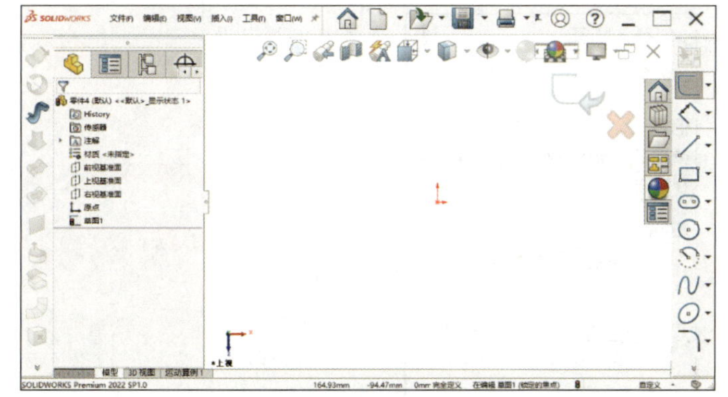

图 2-1-3　草图设计环境

方法二：选取设计树中的“前视基准面”作为草图平面，单击“草图”工具栏中的“草图绘制”按钮，进入草图设计环境。

（2）退出草图设计环境

在草图设计环境中，单击图形区右上角确认角落中的“退出草图”按钮完成草图绘制，或单击“取消草图”按钮取消对草图所做的更改，即可退出草图设计环境。

二、二维草图的绘制

进入草图设计环境后，从如图 2-1-4 所示的“草图”工具栏中选择一个工具，在图形区中绘制草图。

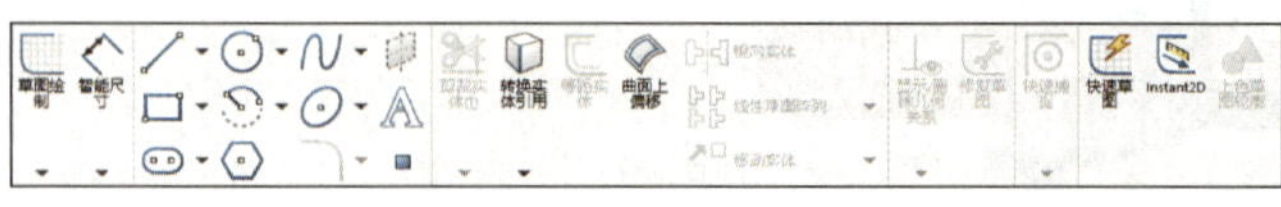

图 2-1-4 “草图”工具栏

1. 绘制直线

例：绘制以原点为起点的水平线和竖直线。

（1）选取前视基准面作为草图平面，单击“草图”工具栏中的“草图绘制”按钮进入草图设计环境。

（2）单击菜单栏中的“工具”→“草图绘制实体”→“直线”，或单击“草图”工具栏中的“直线”按钮，弹出如图 2-1-5a 所示的“插入线条”属性管理器，设置相应线条属性。

（3）单击原点，使其作为直线的起点，在图形区中水平移动光标，此时光标旁边会出现水平符号，同时直线旁边会显示尺寸数字，单击确定直线的终点即可绘制出水平线，结果如图 2-1-5b 所示。

（4）单击原点，使其作为直线的起点，在图形区中竖直移动光标，此时光标旁边会出现竖直符号，同时直线旁边会显示尺寸数字，单击确定直线的终点即可绘制出竖直线，结果如图 2-1-5c 所示。

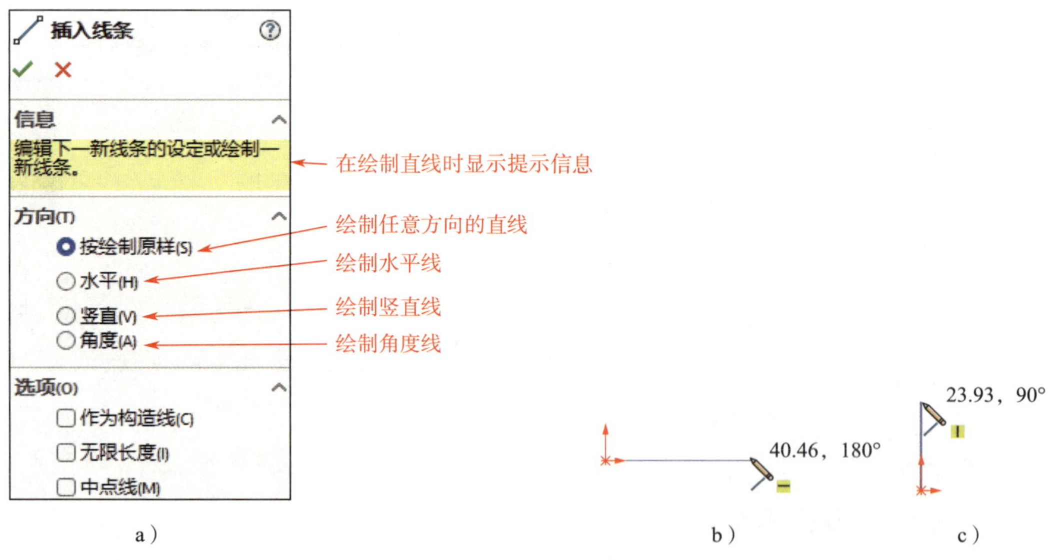

图 2-1-5 绘制直线

a）“插入线条”属性管理器 b）绘制水平线 c）绘制竖直线

2. 绘制多边形

例：绘制中心点与原点重合的任意大小六边形。

（1）选取前视基准面作为草图平面，单击“草图”工具栏中的“草图绘制”按钮 进入草图设计环境。

（2）单击菜单栏中的“工具”→“草图绘制实体”→“多边形”，或单击“草图”工具栏中的“多边形”按钮，“多边形”属性管理器如图 2-1-6a 所示。

（3）在图形区中将光标移至原点处，光标自动捕捉到原点，单击确定原点为六边形的中心点，如图 2-1-6b 所示，拖动光标并单击确定六边形的一个角点，完成六边形绘制，如图 2-1-6c 所示。

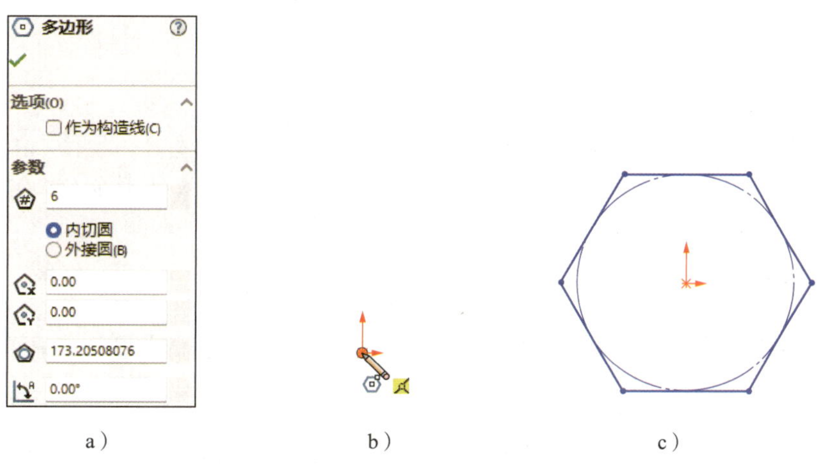

a）　　b）　　c）

图 2-1-6　绘制六边形

a）“多边形”属性管理器　b）确定六边形的中心点　c）完成六边形绘制

3. 转换实线与构造线

构造线可作为辅助线使用，显示为点画线。草图中的直线、圆弧、样条曲线等实线都可以转换为构造线。

例：绘制如图 2-1-7a 所示的直线和圆，并将其转换为构造线。

（1）选取前视基准面为草图平面，绘制如图 2-1-7a 所示的草图实体。

（2）方法一：选中直线和圆，单击鼠标右键，弹出如图 2-1-7b 所示的快捷菜单，单击“构造几何线”按钮，将草图实体转换为如图 2-1-7c 所示的构造线。

方法二：选中直线和圆，在如图 2-1-7d 所示的属性管理器中勾选“作为构造线”复选框。

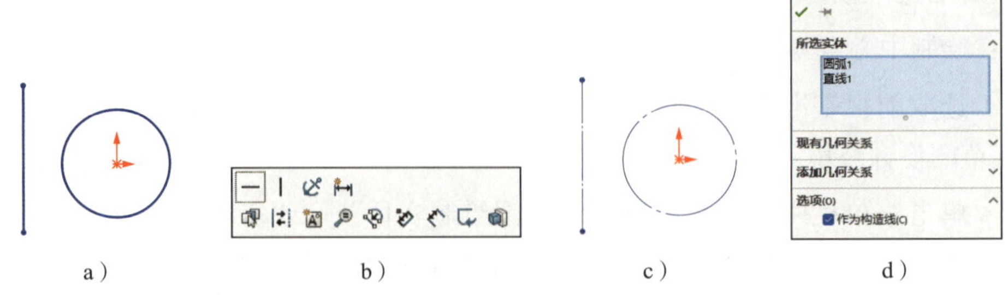

a） b） c） d）

图 2-1-7 将实线转换为构造线

a）草图实体 b）快捷菜单 c）构造线 d）属性管理器

若所选草图实体为构造线，则可按照以上操作方法将其转换为实线。

提示

选中草图实体的方法：当不处于草图绘制状态时，按住 Ctrl 键并单击草图实体可选中多个草图实体，也可通过框选来选中多个草图实体。

三、推理

推理通过推理线、光标显示，以及端点、中点和圆心等的高亮显示来显示几何关系。

1．推理线

推理线在绘图时出现，显示光标和现有草图实体（或模型几何体）之间的几何关系。如图 2–1–8a 所示，要以已知直线的终点作为起点绘制一条与已知直线垂直的直线，移动光标时出现的虚线即为推理线，当光标位于与已知直线垂直的推理线上且光标位置与原点水平时，光标旁边会出现符号 ⊥—，单击确定直线终点，则当前绘制的直线与已知直线自动添加“垂直”关系，该直线终点与原点水平。如图 2–1–8b 所示，要绘制一条与已知直线平行的直线，单击直线起点后将光标移至已知直线上时显示出推理线，此时将光标移至该推理线上，出现符号 ⧅ 时单击确定直线终点，则当前绘制的直线与已知直线自动添加“平行”关系。

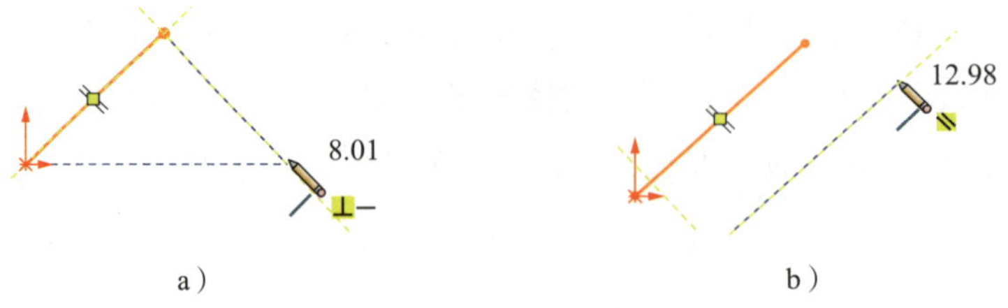

a） b）

图 2-1-8 推理线

a）应用推理线绘制已知直线的垂线 b）应用推理线绘制已知直线的平行线

2. 光标显示

当光标显示某一几何关系时，可单击将该几何关系自动添加到草图实体。如图 2-1-9 所示，绘制两条相交直线后，将光标移至两条直线交点附近时，光标旁边出现交点符号，单击确定该交点为下一条直线的起点。

3. 高亮显示

草图实体中端点、中点、圆心及顶点等几何特征在光标靠近时会高亮显示，当光标将其选择后会更改颜色。如图 2-1-10 所示，当光标靠近直线时，直线的中点高亮显示，当光标移至中点时，中点更改颜色表示已被识别。

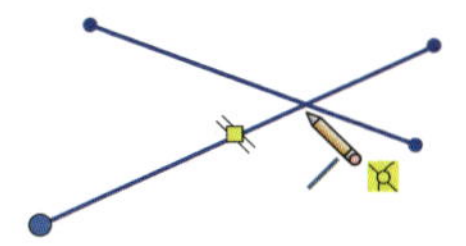

图 2-1-9　光标显示

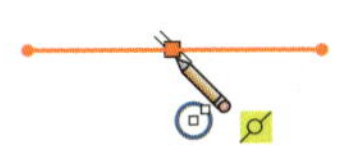

图 2-1-10　高亮显示

1. 单击“新建”按钮，选择“零件”，单击“确定”按钮，进入零件建模环境。

2. 选取前视基准面作为草图平面，单击“草图”工具栏中的“草图绘制”按钮，进入草图设计环境。

3. 单击“多边形”按钮，相关属性设置如图 2-1-11a 所示，单击原点，使其作为五边形的中心点，沿竖直方向移动光标，确定五边形顶点的位置，如图 2-1-11b 所示，单击结束操作，五边形如图 2-1-11c 所示。

4. 单击“直线”按钮，连接五边形的 5 个顶点，五角星如图 2-1-11d 所示。

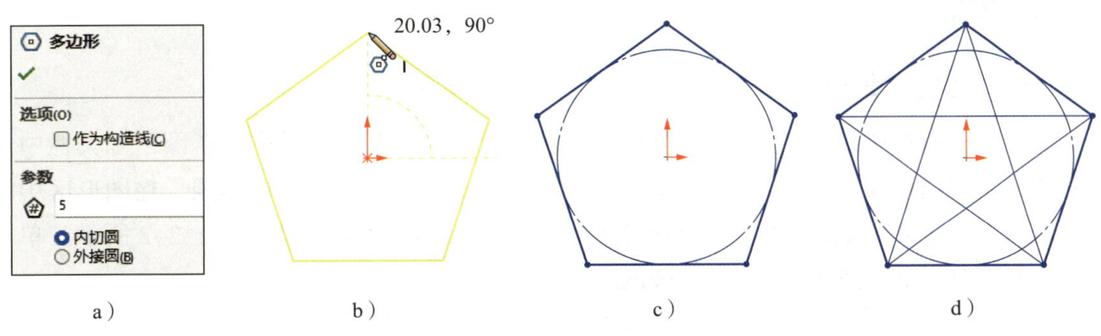

图 2-1-11　绘制五角星草图

a）“多边形”属性设置　b）五边形的中心点和顶点　c）五边形　d）五角星

5. 按住 Ctrl 键，选取五边形的 5 条边，在属性管理器中勾选“作为构造线”复选框，结果如图 2-1-1 所示。

任务 2　卡盘草图的绘制

1. 能应用圆、镜向实体、剪裁实体等工具绘制和编辑草图实体。
2. 能添加、删除草图几何关系，能标注、修改、删除、移动草图尺寸。
3. 能使用检查草图合法性工具检查并解决草图问题。

应用圆、镜向实体、剪裁实体等工具，为草图实体标注尺寸和添加几何关系，绘制如图 2-2-1 所示的卡盘草图。

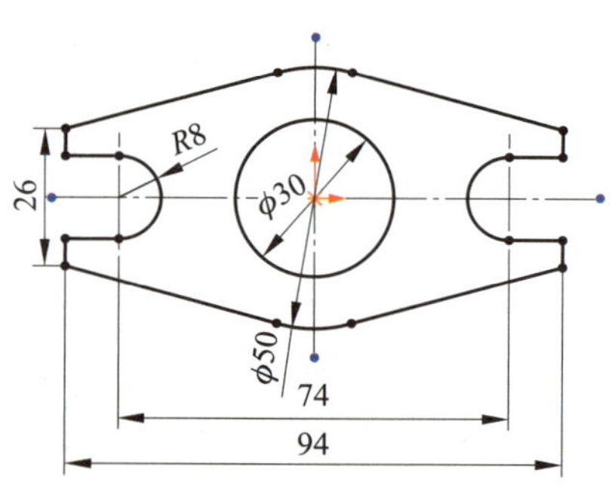

图 2-2-1　卡盘草图

一、圆的绘制

单击菜单栏中的“工具”→“草图绘制实体”→“圆”，或单击“草图”工具栏中的“圆”按钮，弹出“圆”属性管理器，通过定义圆心和半径创建圆。在图形区中单击点 1（原点）确定圆心，将该圆拖至所需大小后再单击点 2，如图 2-2-2 所示。单击“关闭对话框”按钮，完成圆的绘制。

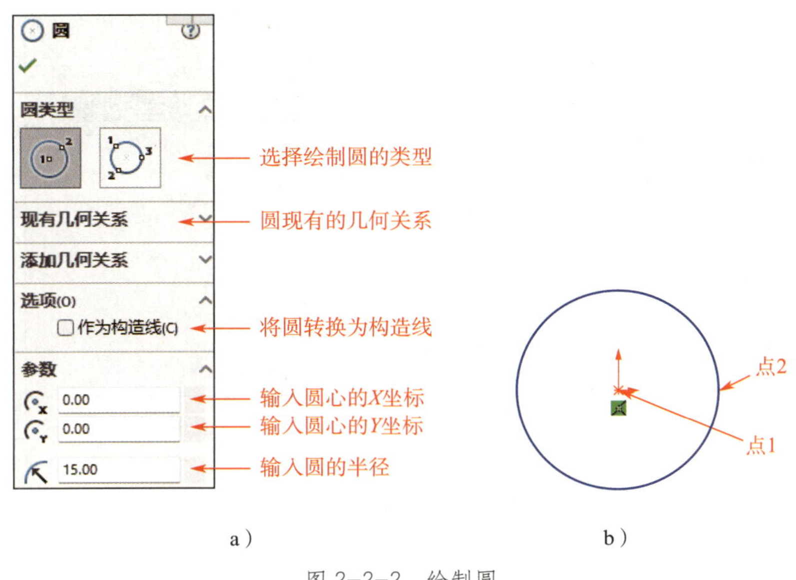

a）　　　　　　　　　　b）

图 2-2-2　绘制圆

a）“圆”属性管理器　b）完成圆的绘制

二、草图的编辑

1. 删除草图实体

删除草图实体有以下 3 种方法。

（1）方法一：在图形区中单击或框选需要删除的草图实体，按 Delete 键。

（2）方法二：选取需要删除的草图实体，单击鼠标右键，在弹出的快捷菜单中选择“删除”。

（3）方法三：选取需要删除的草图实体，单击菜单栏中的“编辑”→“删除”。

2. 剪裁草图实体

应用剪裁实体工具可以剪裁或延伸草图实体，也可以删除草图实体。

例：打开素材文件夹中的“项目二\任务 2\2-2-3 原图 .SLDPRT”文件，利用剪裁实体工具完成草图实体剪裁，结果如图 2-2-3a 所示。

（1）单击菜单栏中的“工具”→“草图工具”→“剪裁”，或单击“草图”工具栏中的“剪裁实体”按钮，弹出如图 2-2-3b 所示的“剪裁”属性管理器。

（2）单击“强劲剪裁”按钮，在系统提示下，拖动光标划过要剪裁的草图实体，完成草图实体的剪裁。

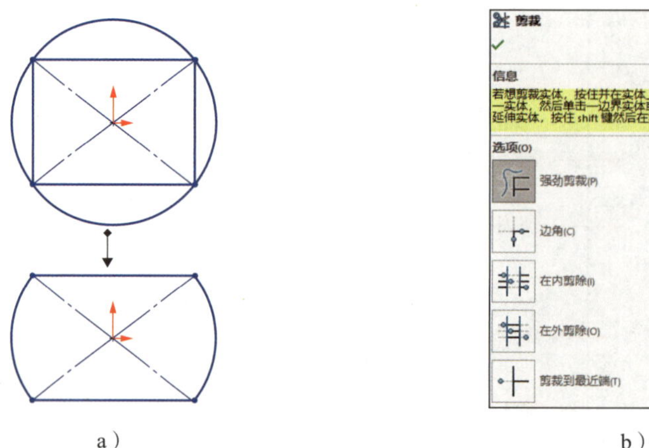

a） b）

图 2-2-3 剪裁草图实体

a）剪裁前及剪裁后的草图实体 b）“剪裁”属性管理器

3. 镜向草图实体

镜向草图实体是指以一条直线（或轴）为中心线镜向复制所选中的草图实体，可以保留原草图实体，也可以删除原草图实体。

例：打开素材文件夹中的“项目二\任务 2\2-2-4a.SLDPRT”文件，将如图 2-2-4a 所示的草图实体以中心线为镜向轴进行镜向。

（1）单击菜单栏中的“工具”→“草图工具”→“镜向”，或单击“草图”工具栏中的“镜向实体”按钮。

（2）选取要镜向的草图实体，选取中心线为镜向轴，相关属性设置如图 2-2-4b 所示，完成草图实体镜向，结果如图 2-2-4c 所示。

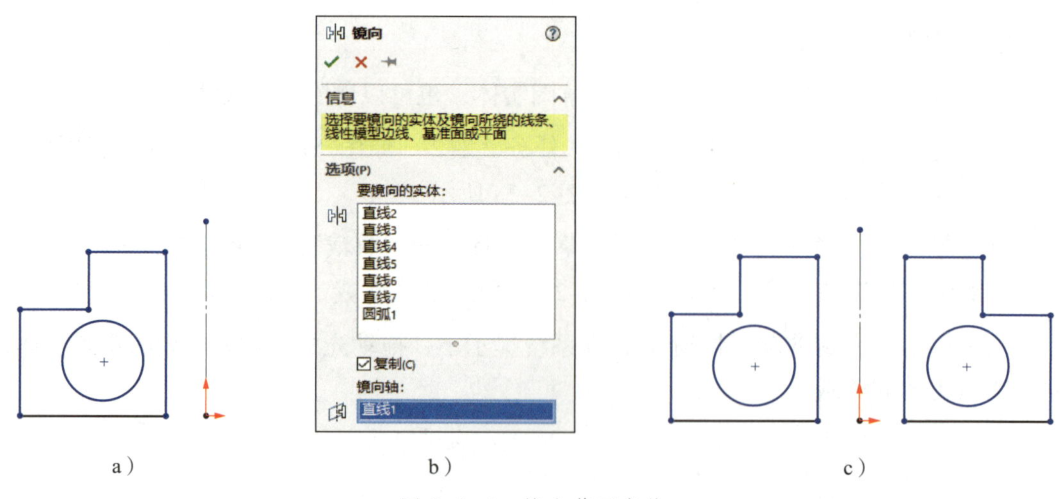

a） b） c）

图 2-2-4 镜向草图实体

a）镜向前的草图实体 b）“镜向”属性设置 c）镜向后的草图实体

三、草图几何关系

草图几何关系是指草图实体之间或草图实体与基准面、基准轴、边线或顶点之间的几何关系，可以自动或手动添加几何关系，也可以删除几何关系。

1. 显示与隐藏草图几何关系

单击菜单栏中的“视图”→“隐藏 / 显示”→“草图几何关系”，或单击“前导视图”工具栏中的“隐藏 / 显示项目”→“观阅草图几何关系”按钮，可以显示或隐藏草图几何关系。

2. 草图几何关系符号颜色的含义

草图几何关系符号在默认状态下显示为绿色，当鼠标光标指向符号时符号显示为橙色，当选定符号时符号显示为青色。

3. 添加几何关系

例：打开素材文件夹中的“项目二 \ 任务 2\2-2-5a.SLDPRT”文件，为如图 2-2-5a 所示的草图添加几何关系。

（1）选取直线 1 和圆 1，在“添加几何关系”属性管理器中单击“相切”按钮，完成直线 1 和圆 1“相切”关系的添加，如图 2-2-5b 所示。采用同样的方法，添加直线 2 与圆 1 的“相切”关系。

（2）选取圆 2、圆 3，添加两圆的“相等”关系。

（3）选取圆 2 圆心、竖直中心线及圆 3 圆心，添加两圆圆心关于竖直中心线的“对称”关系。采用同样的方法，添加直线 3、直线 4 与竖直中心线的“对称”关系。

（4）选取直线 3 与直线 4 的上端点，添加两条直线端点的“水平”关系。

（5）单击“剪裁实体”按钮，剪裁多余的草图实体，结果如图 2-2-5c 所示。

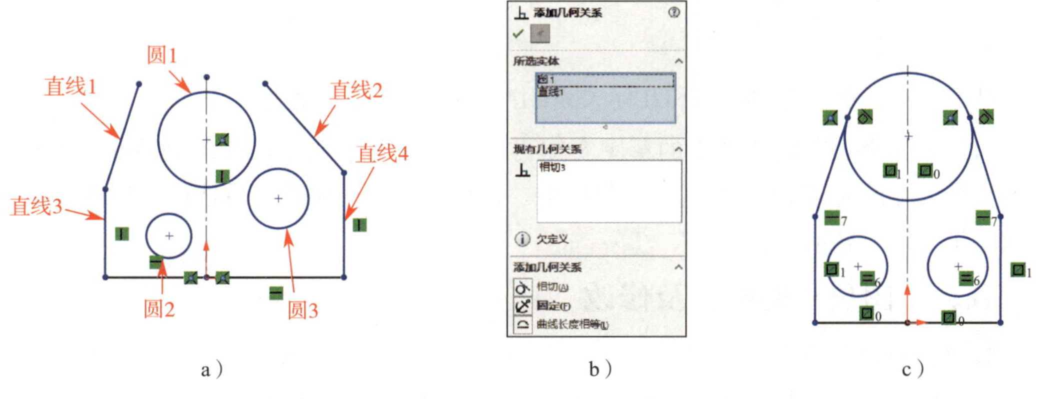

图 2-2-5　添加几何关系

a）原草图　b）“添加几何关系”属性设置　c）完成草图

4. 删除几何关系

例：删除如图 2–2–6a 所示的草图“相切”关系。

（1）方法一：单击“草图”工具栏中的“显示 / 删除几何关系”按钮，在“显示 / 删除几何关系”属性管理器的列表框中选择“相切 1”，在弹出的提示对话框中单击“删除”按钮，如图 2–2–6b 所示。

（2）方法二：在图形区中单击“相切”符号，按 Delete 键删除该几何关系，结果如图 2–2–6c 所示。

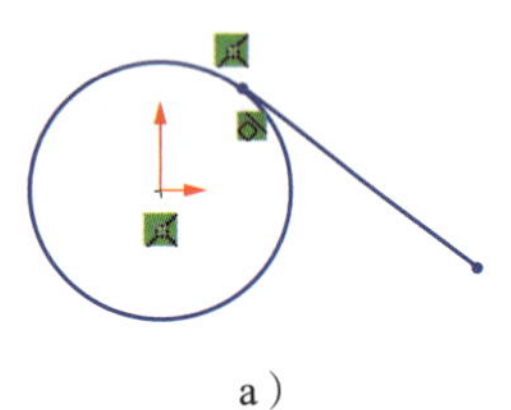
a）

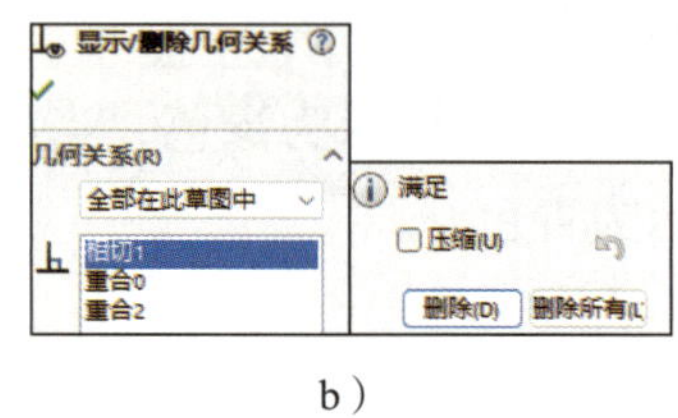

b）

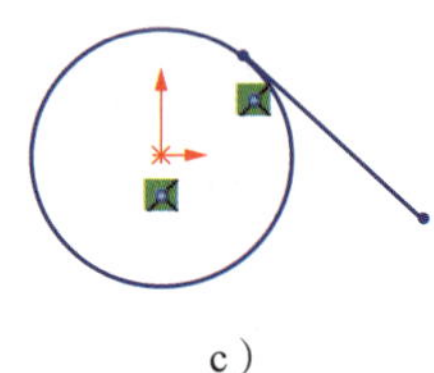
c）

图 2–2–6　删除几何关系

a）原草图　b）“显示 / 删除几何关系”属性设置　c）完成草图

四、草图状态

在草图绘制过程中，用户可能会遇见以下几种草图状态。

1. 欠定义

欠定义是指草图中有些草图实体未定义尺寸，欠定义的草图实体显示为蓝色，此时草图实体形状会随着光标的拖动而改变，如图 2–2–7a 所示。

2. 完全定义

完全定义是指所有草图实体显示为黑色，即草图实体的位置、尺寸和几何关系完全固定，如图 2–2–7b 所示。

3. 过定义

过定义是指草图中的尺寸和几何关系相冲突或尺寸过度标注。

如果对完全定义的草图中的草图实体再进行尺寸标注或添加几何关系时，系统会弹出“将尺寸设为从动?”对话框，若选中“保留此尺寸为驱动”单选框，如图 2–2–7c 所示，状态栏中显示“过定义” 过定义 。

五、草图尺寸的标注及修改

1. 标注草图尺寸

例：打开素材文件夹中的“项目二\任务 2\2–2–8a.SLDPRT”文件，为如图 2–2–8a 所示的草图添加尺寸标注，使草图完全定义。

（1）单击“草图”工具栏中的“智能尺寸”按钮。

（2）标注直径、半径尺寸。单击大圆上任意一点，在合适的直径尺寸位置单击，标注尺寸 $\phi55$。单击左侧半圆上任意一点，在合适的半径尺寸位置单击，标注尺寸 $R7$。

（3）标注两点间的距离。单击椭圆长轴的两个端点，在合适的椭圆长轴尺寸位置单击，标注椭圆长轴的尺寸 35；采用同样的方法，标注椭圆短轴的尺寸 20 和线性尺寸 14。

（4）标注两条平行线间的距离。分别单击外轮廓上、下两条平行线，在合适的尺寸位置单击，标注线性尺寸 68；采用同样的方法，标注线性尺寸 83 和 100。

（5）标注两条直线间的角度。分别单击倒角处的两条边线，在合适的位置单击，标注倒角角度 45°，结果如图 2-2-8b 所示。

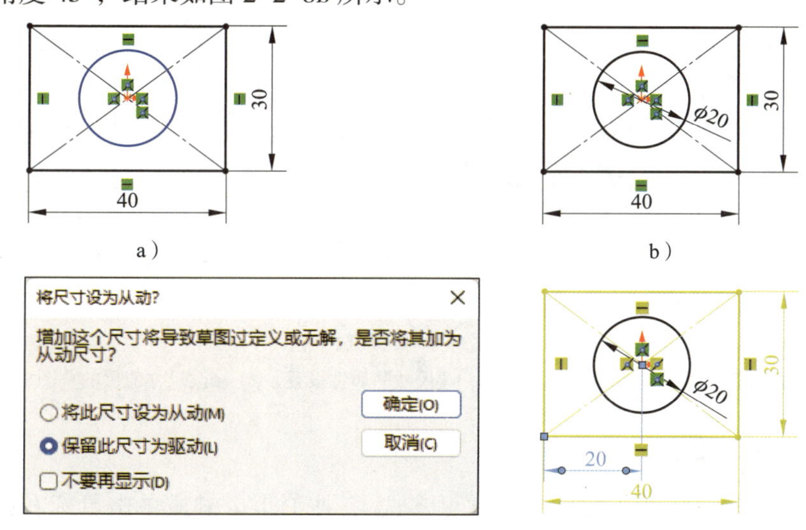

图 2-2-7　草图状态

a）欠定义　b）完全定义　c）过定义

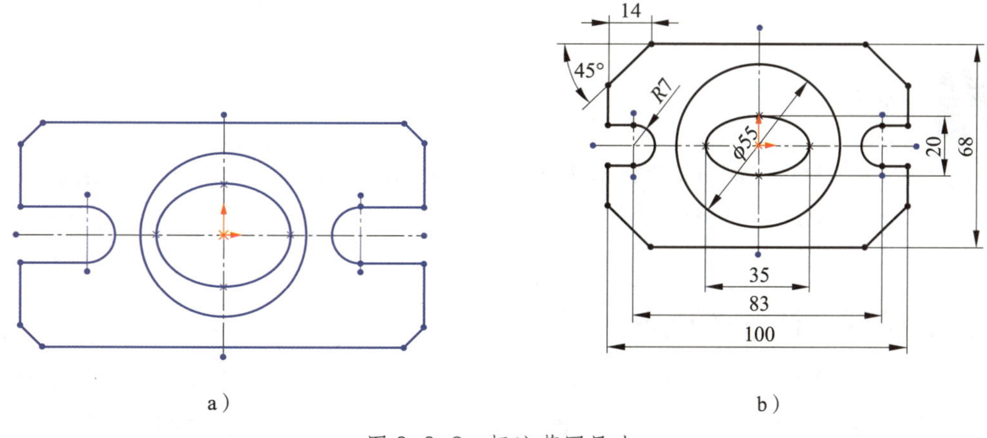

图 2-2-8　标注草图尺寸

a）原草图　b）标注尺寸后的草图

2. 修改草图尺寸标注

（1）修改尺寸值

例：打开素材文件夹中的“项目二\任务 2\2-2-9a.SLDPRT”文件，将图 2-2-9a 中的尺寸修改为如图 2-2-9d 所示的尺寸。

1）双击尺寸 116.54，在“修改”对话框中输入数值“110”，如图 2-2-9b 所示，采用同样的方法，将尺寸 120.50 改为 120。

2）单击尺寸 ϕ85.50，在“尺寸”属性管理器中将精度设置为一位小数，如图 2-2-9c 所示，结果如图 2-2-9d 所示。

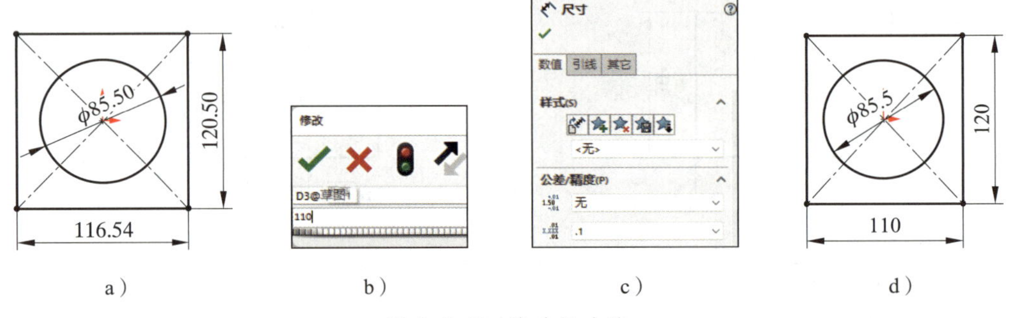

a） b） c） d）

图 2-2-9 修改尺寸值

a）原草图 b）“修改”对话框 c）“尺寸”属性设置 d）修改尺寸值后的草图

（2）删除尺寸

选中需要删除的尺寸（按住 Ctrl 键可多选），按 Delete 键或单击鼠标右键快捷菜单中的“删除”，尺寸被删除。

（3）移动尺寸

在尺寸文本上按住鼠标左键并拖动光标可将尺寸文本移动至所需位置。

提示

SolidWorks 软件具有尺寸驱动功能，绘制草图实体时只需绘制与图形近似的形状和大小，再通过尺寸标注控制图形的形状和大小。

六、草图合法性的检查

每个特征所需的草图轮廓类型是不一样的，可以是单一闭环、多个非连通闭环、单一开环等。使用检查草图合法性工具可以根据所选特征类型所需的草图轮廓类型进行检查。如果草图轮廓出现错误，则会显示有关错误的信息；如果草图通过检查，则会显示没有发现问题信息。

例：打开素材文件夹中的“项目二\任务 2\2-2-10a.SLDPRT”文件，利用检查草图合法性工具检查如图 2-2-10a 所示的草图并解决草图存在的问题。

1. 在设计树中的“草图 1”上单击鼠标右键，单击“编辑草图”按钮，进入草图编辑状态。

2. 单击菜单栏中的“工具”→“草图工具”→“检查草图合法性”，弹出“检查有关特征草图合法性”对话框，相关设置如图 2-2-10b 所示。单击“检查”按钮，系统提示如图 2-2-10c 所示。

3. 单击“确定”按钮，进行草图修复。

（1）第一个问题如图 2-2-10d 所示，放大镜中显示草图左下角竖线和横线两个端点不重合，形成开环。在放大镜中选择两个端点，添加“合并”关系，结果如图 2-2-10e 所示。

（2）单击“下一个”按钮，第二个问题如图 2-2-10f 所示，放大镜中显示草图右侧竖线与另一条竖线重叠，选择右侧竖线并将其删除，结果如图 2-2-10g 所示。

（3）单击“下一个”按钮，第三个问题如图 2-2-10h 所示，放大镜中显示草图右下角有一条短斜线，形成开环，选择该短斜线并将其删除，结果如图 2-2-10i 所示。

（4）单击“下一个”按钮，第四个问题如图 2-2-10j 所示，在第二个问题中已将多余竖线删除，因此第四个问题已解决，不需修改，单击“退出草图”按钮。

4. 再次选取检查草图合法性工具，单击“检查”按钮，系统提示如图 2-2-10k 所示，单击“确定”按钮。单击“智能尺寸”按钮，标注尺寸 50，使草图完全定义。

1. 新建文件，选取前视基准面为草图平面，进入草图设计环境。

2. 绘制草图的中心线、直线及圆。分别单击“中心线”按钮、“直线”按钮和“圆”按钮，绘制草图实体，添加直线与大圆的“相切”关系，如图 2-2-11a 所示。

3. 镜向草图实体。单击“镜向实体”按钮，选取草图左侧的直线为要镜向的草图实体，选取水平中心线为镜向轴，结果如图 2-2-11b 所示。采用同样的方法，以竖直中心线为镜向轴，将左侧的草图实体镜向，结果如图 2-2-11c 所示。

4. 剪裁草图实体。单击“剪裁实体”按钮，单击“强劲剪裁”按钮，剪裁多余草图实体，结果如图 2-2-11d 所示。

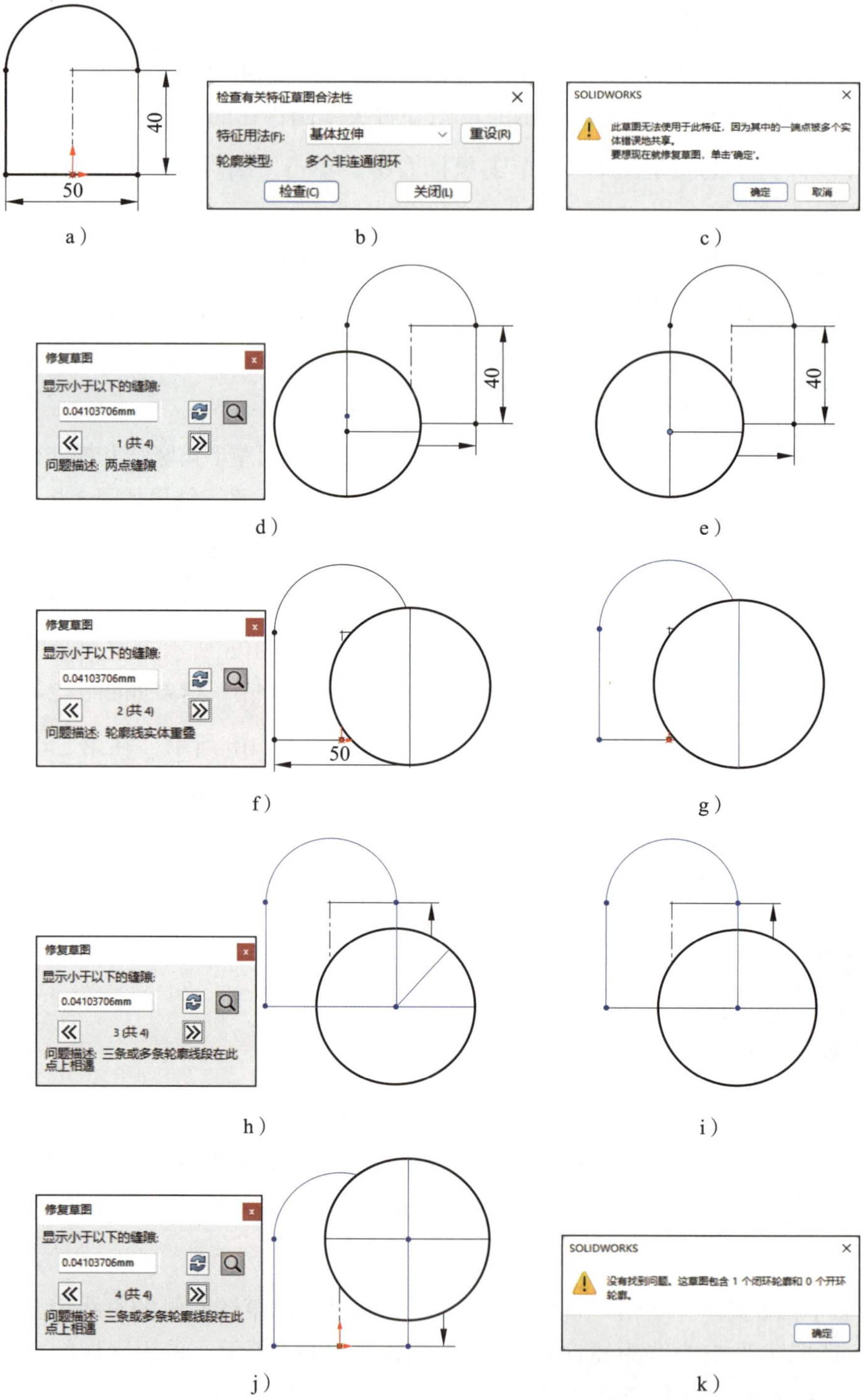

50 40

a）

检查有关特征草图合法性
特征用法(F): 基体拉伸 重设(R)
轮廓类型: 多个非连通闭环
检查(C) 关闭(L)

b）

SOLIDWORKS
此草图无法使用于此特征，因为其中的一端点被多个实体错误地共享。
要想现在就修复草图，单击'确定'。
确定 取消

c）

修复草图
显示小于以下的缝隙:
0.04103706mm
1 (共 4)
问题描述: 两点缝隙

d）

e）

修复草图
显示小于以下的缝隙:
0.04103706mm
2 (共 4)
问题描述: 轮廓线实体重叠

f）

g）

修复草图
显示小于以下的缝隙:
0.04103706mm
3 (共 4)
问题描述: 三条或多条轮廓线段在此点上相遇

h）

i）

修复草图
显示小于以下的缝隙:
0.04103706mm
4 (共 4)
问题描述: 三条或多条轮廓线段在此点上相遇

j）

SOLIDWORKS
没有找到问题。这草图包含 1 个闭环轮廓和 0 个开环轮廓。
确定

k）

图 2-2-10 利用检查草图合法性工具检查并解决草图问题

a）原草图 b）“检查有关特征草图合法性”对话框 c）系统提示 1 d）草图问题 1 e）解决草图问题 1 f）草图问题 2 g）解决草图问题 2 h）草图问题 3 i）解决草图问题 3 j）草图问题 4 k）系统提示 2

5. 标注尺寸。单击“智能尺寸”按钮，依次标注尺寸 26、74、94、$R8$、$R25$ 和 $\phi30$，结果如图 2-2-11e 所示。选取尺寸 $R25$，在“尺寸”属性管理器中切换至“引线”选项卡，单击“直径”按钮和“里面”按钮，如图 2-2-11f 所示，将其改为直径标注。完成尺寸标注，使草图完全定义，结果如图 2-2-1 所示。

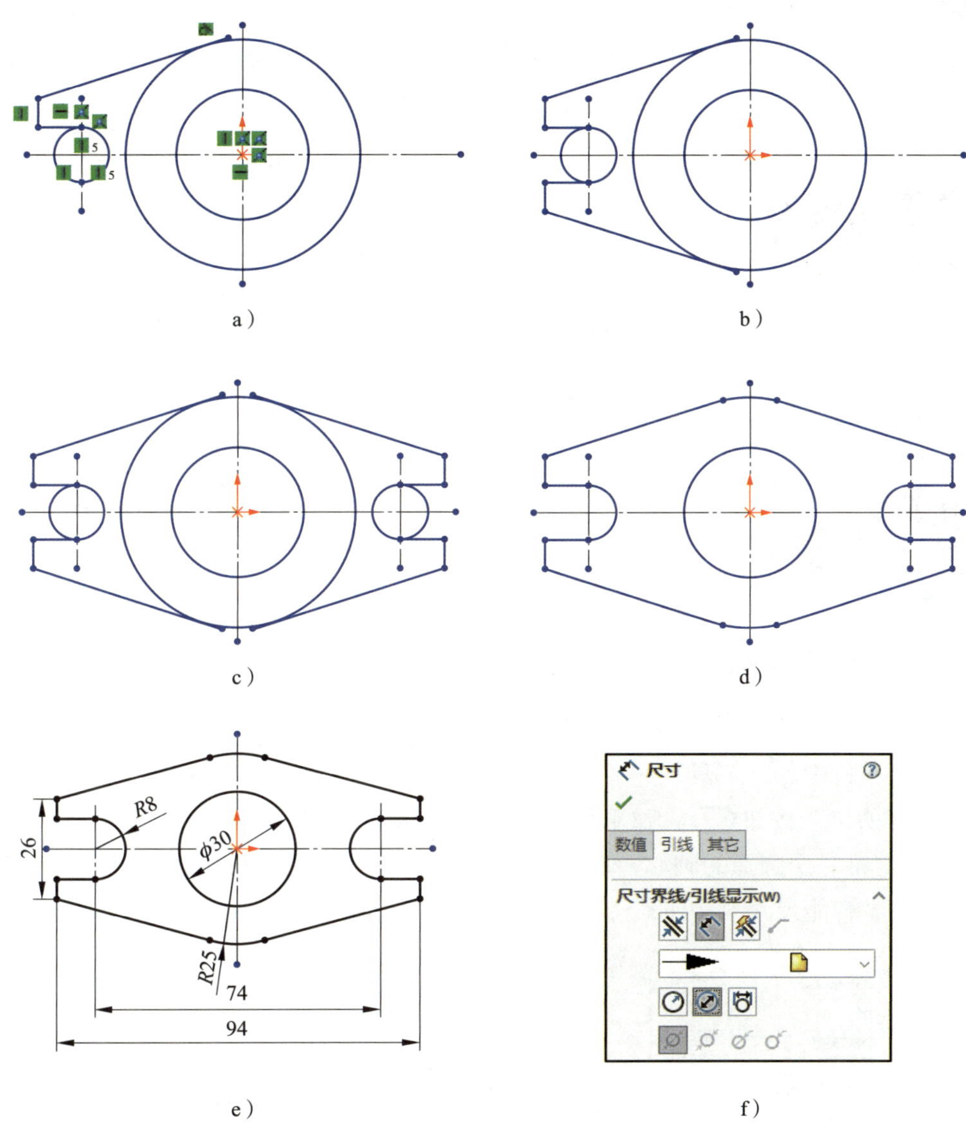

图 2-2-11　绘制卡盘草图

a）绘制草图的中心线、直线及圆　b）镜向草图实体 1　c）镜向草图实体 2

d）剪裁草图实体　e）标注尺寸　f）“尺寸”属性设置

任务 3　端盖草图的绘制

1. 能应用直槽口等工具绘制草图实体。
2. 能应用等距、移动、旋转实体等工具编辑草图实体。

应用直槽口、等距实体等工具，为草图实体标注尺寸和添加几何关系，绘制如图 2-3-1 所示的端盖草图。

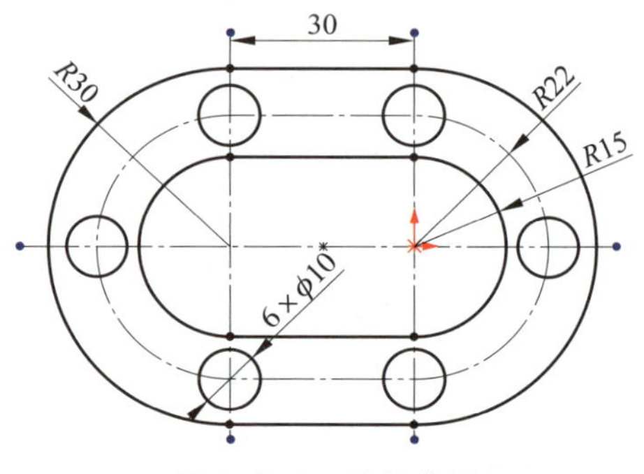

图 2-3-1　端盖草图

一、槽口的绘制

例：绘制如图 2-3-2b 所示的直槽口。

单击菜单栏中的“工具”→“草图绘制实体”→“直槽口”，或单击“草图”工具栏中的“直槽口”按钮，弹出如图 2-3-2a 所示的“槽口”属性管理器，单击点 1（原点）确定第一个圆弧的圆心，单击点 2 确定另一个圆弧的圆心，拖动光标至合适的位置，单击“智能尺寸”按钮，完成尺寸标注，结果如图 2-3-2b 所示。

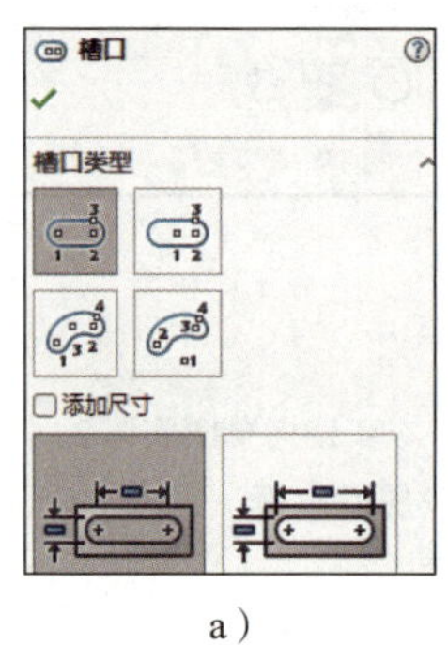

a）

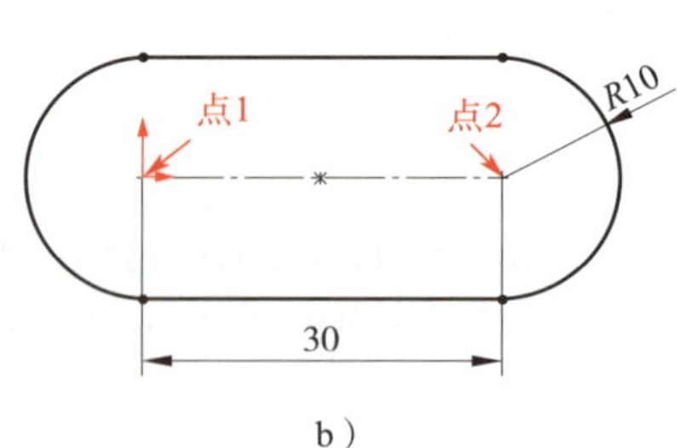

b）

图 2-3-2　绘制直槽口

a）“槽口”属性管理器　b）完成草图

二、草图实体的等距

等距草图实体用于绘制指定草图实体的等距线。

例：打开素材文件夹中的“项目二\任务 3\2-3-3a.SLDPRT”文件，利用等距草图实体完成如图 2-3-3a 所示的草图实体向外等距 10 mm 操作。

单击“草图”工具栏中的“等距实体”按钮，相关属性设置如图 2-3-3b 所示，在图形区中先单击直槽口，再单击直槽口外侧任意点确定等距方向，完成直槽口向外等距 10 mm 操作，结果如图 2-3-3c 所示。

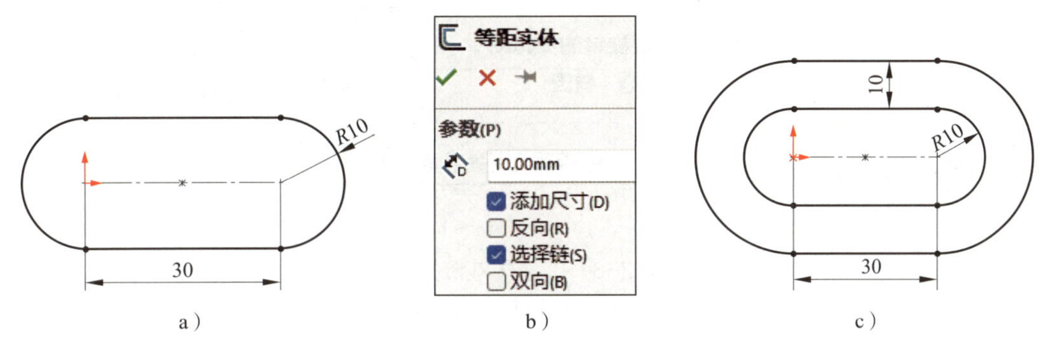

图 2-3-3　等距草图实体

a）原草图　b）“等距实体”属性设置　c）完成草图

三、草图实体的移动

例：打开素材文件夹中的“项目二\任务 3\2-3-4a.SLDPRT”文件，利用移动草图实体操作将如图 2-3-4a 所示的草图实体从点 1 移动至原点。

单击“草图”工具栏中的“移动实体”按钮，选取图 2-3-4a 中的所有草图实体，在“移动”属性管理器中设置移动方式为“从 / 到”，相关属性设置如图 2-3-4b 所示，单击“基准点”文本框，在图形区中单击三角形的点 1，使其作为基准点，按住鼠标左键拖动三角形，使基准点点 1 与原点重合，结果如图 2-3-4c 所示。

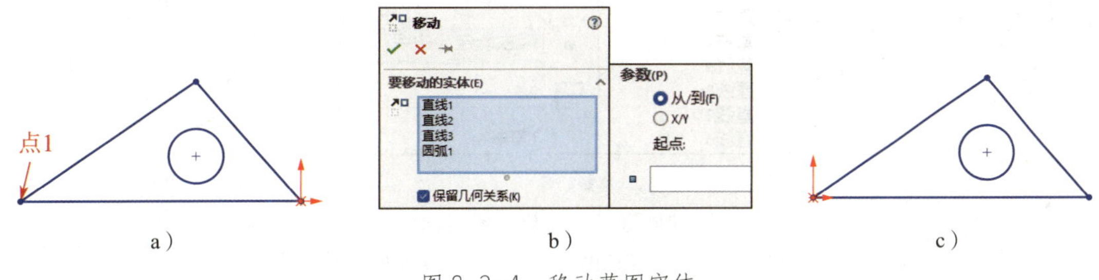

图 2-3-4　移动草图实体

a）原草图　b）“移动”属性设置　c）完成草图

四、草图实体的旋转

例：绘制如图 2–3–5a 所示的椭圆，以原点为旋转中心旋转 90°。

单击“草图”工具栏中的“移动实体”→“旋转实体”按钮，单击椭圆，选取椭圆中心点（原点）作为旋转中心，相关属性设置如图 2–3–5b 所示，结果如图 2–3–5c 所示。

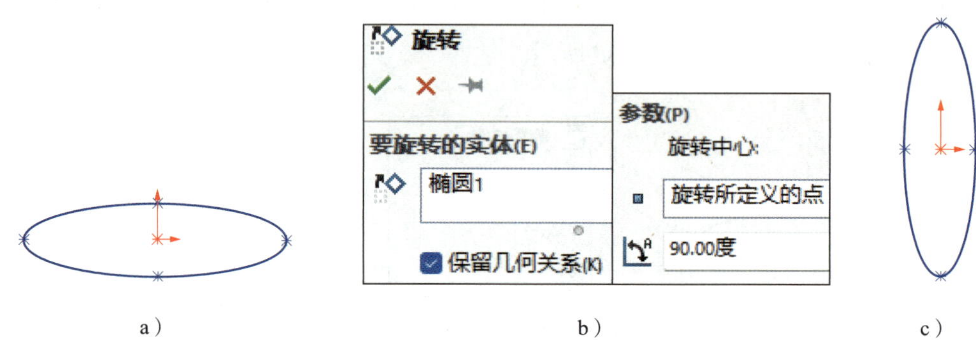

图 2–3–5　旋转草图实体
a）原草图　b）“旋转”属性设置　c）完成草图

五、草图实体的缩放

例：打开素材文件夹中的“项目二\任务 3\2–3–6a.SLDPRT”文件，利用缩放草图实体操作完成如图 2–3–6a 所示六边形的缩放。

单击“草图”工具栏中的“移动实体”→“缩放实体比例”按钮，选取六边形，选取六边形中心点（原点）作为比例缩放点，设置比例因子为 2.5，相关属性设置如图 2–3–6b 所示，结果如图 2–3–6c 所示。

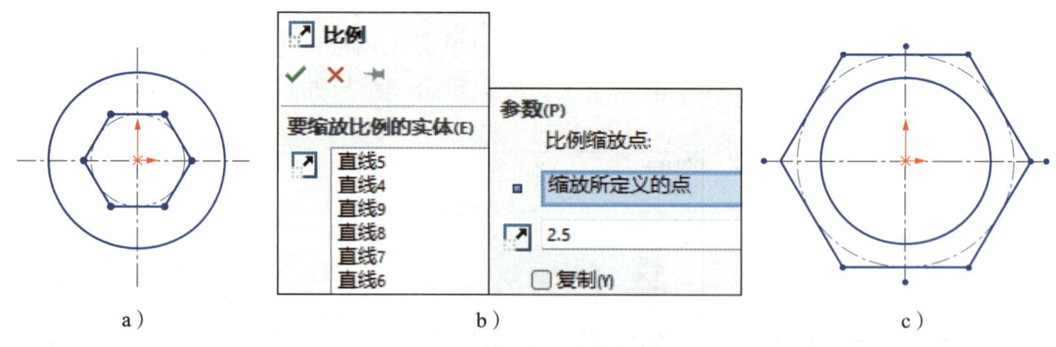

图 2–3–6　缩放草图实体
a）原草图　b）“比例”属性设置　c）完成草图

任务实施

1. 新建文件，选取前视基准面作为草图平面，进入草图设计环境。

2. 绘制中心线和大直槽口。单击“中心线”按钮，绘制中心线，单击“直槽口”按钮，完成大直槽口绘制，标注尺寸，结果如图 2–3–7a 所示。

3. 绘制小直槽口。单击“等距实体”按钮，在“等距实体”属性管理器中的“等距距离”文本框中输入数值“15.00 mm”，单击大直槽口内侧任意点确定等距方向，绘制出小直槽口，标注尺寸，结果如图 2–3–7b 所示。

4. 采用同样的方法，单击“等距实体”按钮，将大直槽口向内等距 8 mm，将得到的直槽口转换为构造线，标注尺寸，结果如图 2–3–7c 所示。

5. 绘制 6 个圆，定义其中一个圆的直径尺寸为 ϕ10，如图 2–3–7d 所示。选中 6 个圆，添加“相等”关系，结果如图 2–3–1 所示。

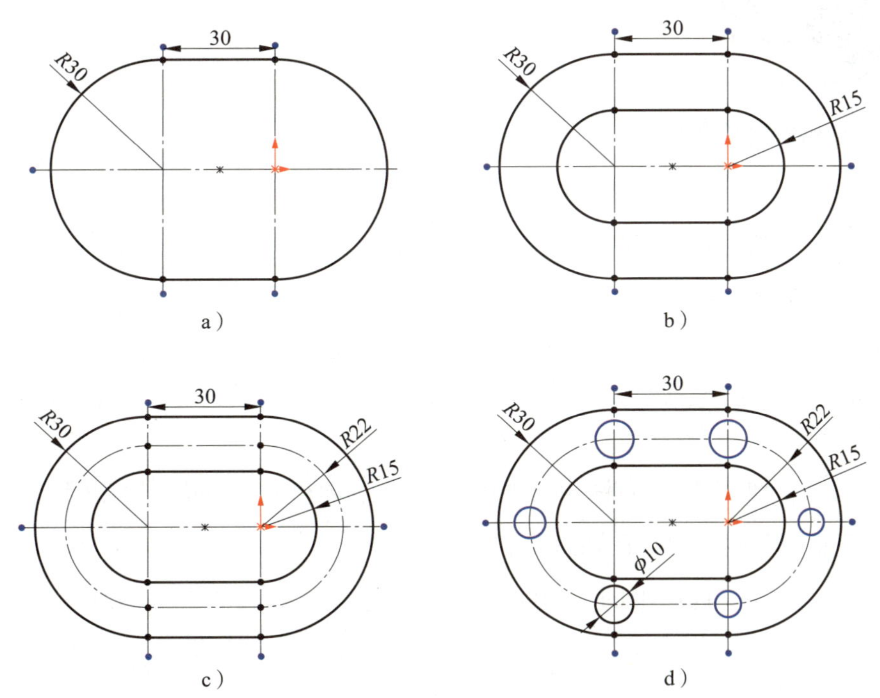

图 2–3–7　绘制端盖草图

a）绘制中心线和大直槽口　b）绘制小直槽口　c）绘制构造线直槽口　d）绘制圆

任务 4　棘轮草图的绘制

能应用圆弧、圆周草图阵列等工具绘制草图实体。

应用圆弧、圆周草图阵列等工具，为草图实体标注尺寸和添加几何关系，绘制如图 2–4–1 所示的棘轮草图。

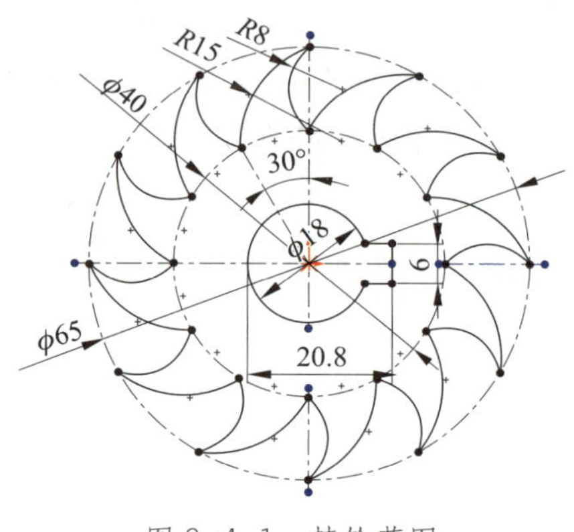

图 2–4–1　棘轮草图

一、圆弧的绘制

绘制圆弧主要有以下 3 种方法。

1. 方法一：通过确定圆心、起点和终点绘制圆弧。

例：绘制如图 2–4–2a 所示的圆弧。

单击“草图”工具栏中的“圆心 / 起 / 终点画弧”按钮，先单击原点定义圆弧的圆心，将圆拖至所需大小，再单击点 1 和点 2 确定圆弧的两个端点，标注尺寸，完成圆弧的绘制。

2. 方法二：切线弧——通过确定圆弧的一个切点和另一个端点绘制圆弧。

例：绘制如图 2–4–2b 所示的切线弧。

单击“草图”工具栏中的“切线弧”按钮，单击已知直线的端点（点 1），放置圆弧的一个端点；单击点 2，放置圆弧的另一个端点，标注尺寸，完成切线弧的绘制。

3. 方法三：3 点圆弧——通过确定圆弧的两个端点和一个附加点绘制 3 点圆弧。

例：绘制如图 2–4–2c 所示的圆弧。

单击“草图”工具栏中的“3 点圆弧”按钮，单击点 1，放置圆弧的一个端点；

单击点 2，放置圆弧的另一个端点；单击点 3，标注尺寸，完成圆弧的绘制。

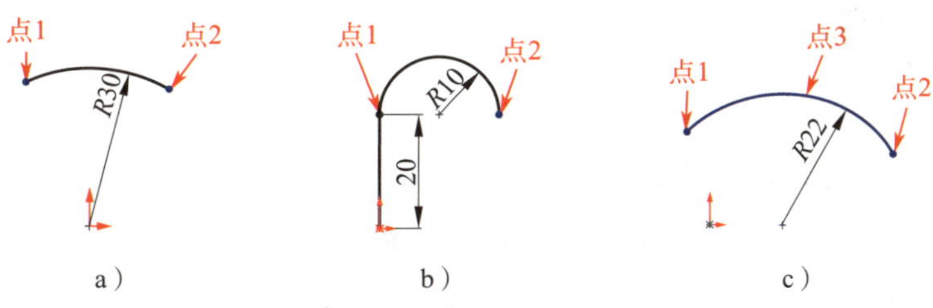

图 2-4-2　绘制圆弧

a）通过确定圆心、起点和终点绘制圆弧　b）绘制切线弧　c）绘制 3 点圆弧

二、圆周草图阵列

例：打开素材文件夹中的“项目二 \ 任务 4\2-4-3a.SLDPRT”文件，应用圆周草图阵列工具，完成如图 2-4-3a 所示 ϕ6 圆的圆周草图阵列。

1. 单击“草图”工具栏中的“圆周草图阵列”按钮，选取原点为阵列中心点，选取 ϕ6 圆为要阵列的实体，相关属性设置如图 2-4-3b 所示，完成 ϕ6 圆的圆周草图阵列。

2. 为草图添加尺寸标注和几何关系，使草图完全定义，结果如图 2-4-3c 所示。

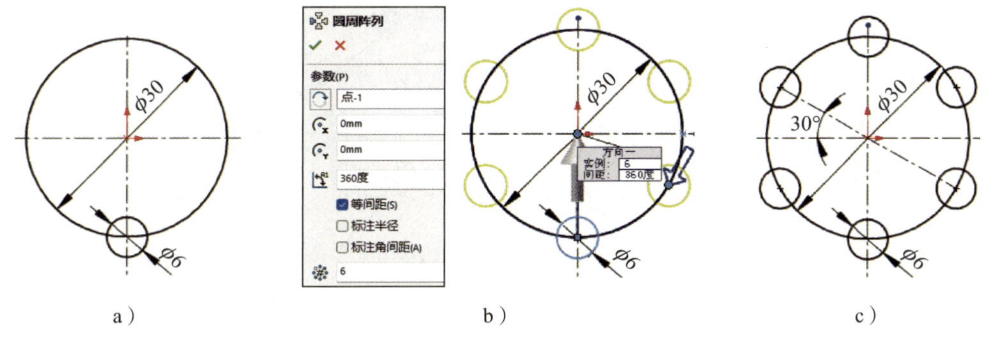

图 2-4-3　圆周草图阵列

a）圆周草图阵列前的草图　b）“圆周阵列”属性设置　c）圆周草图阵列后的草图

提示

在实体建模时，若在草图内进行圆周草图阵列或线性草图阵列，则需要定义更多的尺寸，这样会耗费更多资源，一般不推荐在草图内阵列，而应尽量采用特征阵列。

任务实施

1. 新建文件，选取前视基准面作为草图平面，进入草图设计环境。

2. 分别单击“中心线”按钮和“圆”按钮，绘制中心线、ϕ40 圆和 ϕ65 圆，将两个圆转换为构造线，并标注尺寸，结果如图 2-4-4a 所示。

3. 绘制与竖直中心线夹角为 30° 的中心线，标注角度。单击“3 点圆弧”按钮，绘制 R15、R8 圆弧，标注尺寸，使草图完全定义，结果如图 2-4-4b 所示。

4. 单击“圆周草图阵列”按钮，选取 ϕ65 圆的圆心为阵列中心点，选取 R15、R8 圆弧为要阵列的实体，相关属性设置如图 2-4-4c 所示，完成实体阵列，结果如图 2-4-4d 所示。

5. 分别单击“直线”按钮、“圆”按钮和“剪裁实体”按钮，绘制轮毂和键槽，添加键槽两条直线与水平中心线的“对称”关系。单击“智能尺寸”按钮，标注圆弧半径尺寸 R9 和线性尺寸 6，将尺寸 R9 修改为 ϕ18，如图 2-4-4e 所示。按住 Shift 键单击选取 ϕ18 圆和尺寸为 6 的线段，单击在适当位置放置尺寸 20.8，结果如图 2-4-1 所示。

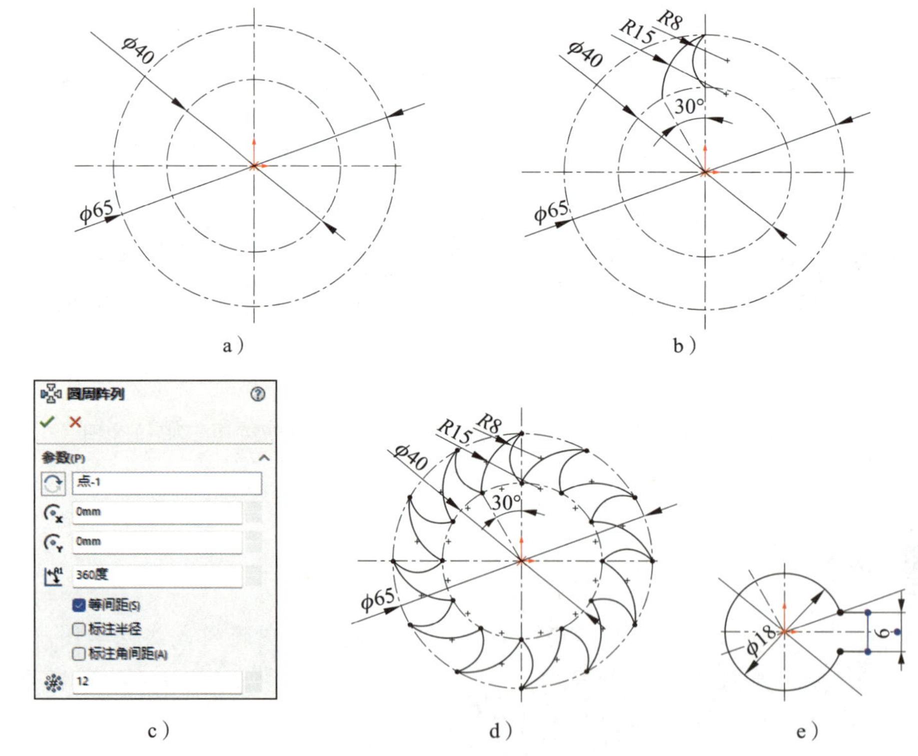

图 2-4-4　绘制棘轮草图

a）绘制中心线和圆　b）绘制圆弧　c）“圆周阵列”属性设置　d）圆周草图阵列结果　e）绘制轮毂和键槽

任务 5　遥控器面板草图的绘制

能应用矩形、椭圆、绘制圆角、绘制倒角、线性草图阵列等工具绘制草图实体。

任务描述

应用矩形、椭圆、绘制圆角、绘制倒角、线性草图阵列等工具，为草图实体标注尺寸和添加几何关系，绘制如图 2-5-1 所示的遥控器面板草图。

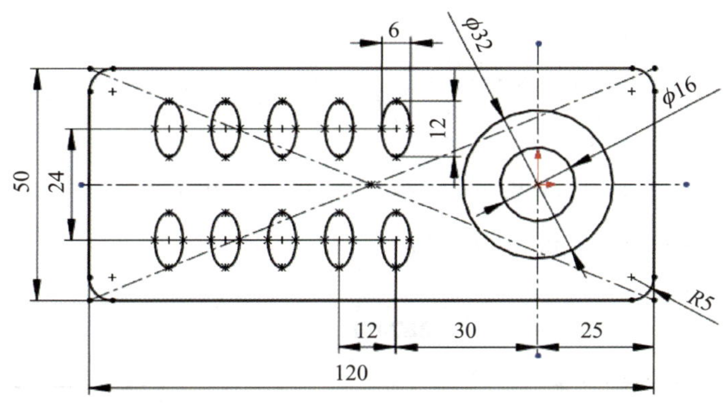

图 2-5-1　遥控器面板草图

一、矩形的绘制

例：绘制如图 2-5-2 所示的边角矩形。

单击菜单栏中的“工具”→“草图绘制实体”→“边角矩形”，或单击“草图”工具栏中的“边角矩形”按钮。

单击点 1（原点）放置矩形的一个对角点，将矩形拖至所需大小，单击点 2 放置矩形的另一个对角点，标注尺寸，完成边角矩形绘制。其他类型矩形的绘制方法与边角矩形的绘制方法相似。

二、椭圆的绘制

例：绘制如图 2-5-3 所示的椭圆。

单击菜单栏中的“工具”→“草图绘制实体”→“椭圆（长短轴）”，或单击“草图”工具栏中的“椭圆”按钮⊙。

单击原点放置椭圆的中心点，单击点 1 定义椭圆长轴的端点，将椭圆拖至所需形状，单击点 2 定义椭圆短轴的端点，标注尺寸，完成椭圆绘制。

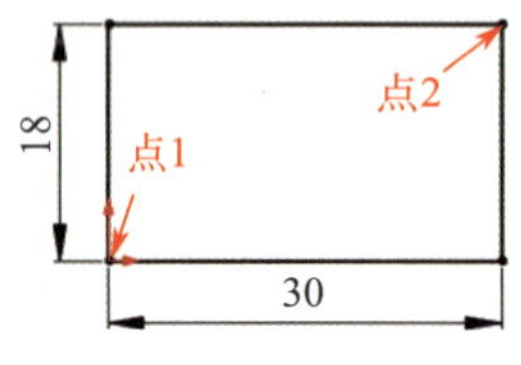

图 2-5-2　绘制边角矩形

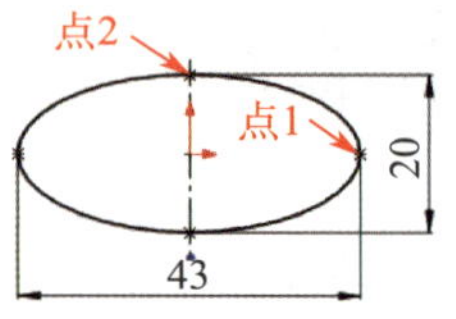

图 2-5-3　绘制椭圆

三、倒角的绘制

例：打开素材文件夹中的“项目二\任务 5\2-5-4a.SLDPRT”文件，应用绘制倒角工具对如图 2-5-4a 所示的草图绘制倒角。

单击“草图”工具栏中的“绘制倒角”按钮⌝，相关属性设置如图 2-5-4b 所示，选取要绘制倒角的两条边，完成倒角绘制，结果如图 2-5-4c 所示。

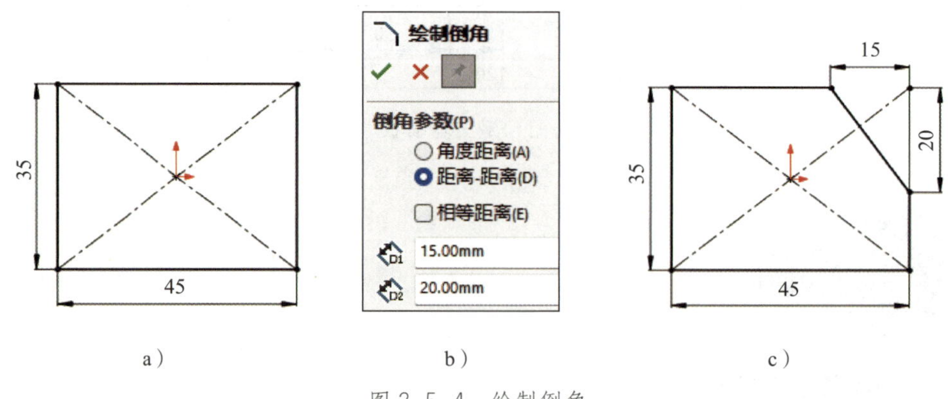

a）　　b）　　c）

图 2-5-4　绘制倒角

a）原草图　b）“绘制倒角”属性设置　c）完成草图

四、圆角的绘制

例：打开素材文件夹中的“项目二\任务 5\2-5-5a.SLDPRT”文件，应用绘制圆角工具对如图 2-5-5a 所示的草图绘制圆角。

选取矩形右上角顶点，单击“草图”工具栏中的“绘制圆角”按钮，相关属性设置如图 2-5-5b 所示，完成圆角绘制，结果如图 2-5-5c 所示。

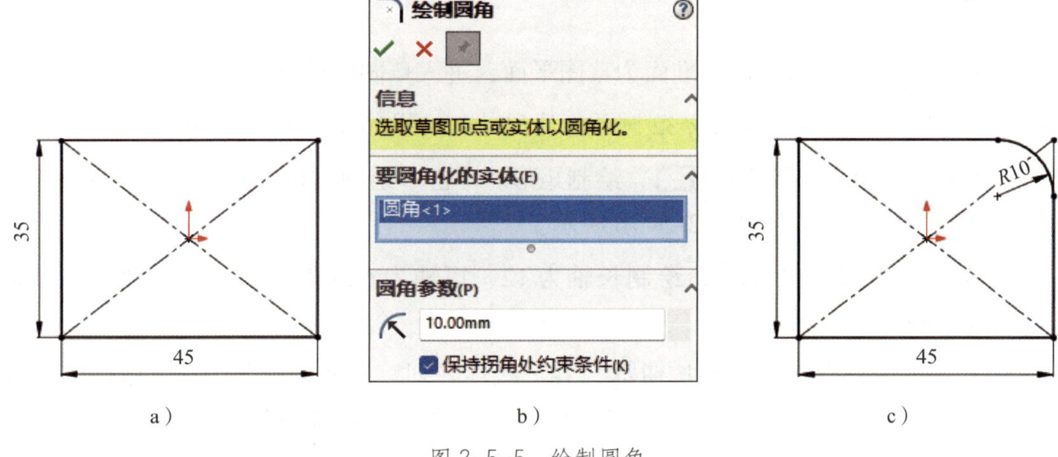

图 2-5-5　绘制圆角

a）原草图　b）“绘制圆角”属性设置　c）完成草图

五、线性草图阵列

例：绘制如图 2-5-6a 所示的草图。

1. 单击“圆”按钮，绘制 ϕ10 圆，使圆心与原点重合，标注尺寸。单击“草图”工具栏中的“线性草图阵列”按钮，选择 ϕ10 圆为要阵列的实体，方向 1 和方向 2 等相关属性设置如图 2-5-6b 所示，完成线性草图阵列。

2. 绘制中心线，标注尺寸 60°、15、20，使草图完全定义，完成草图绘制。

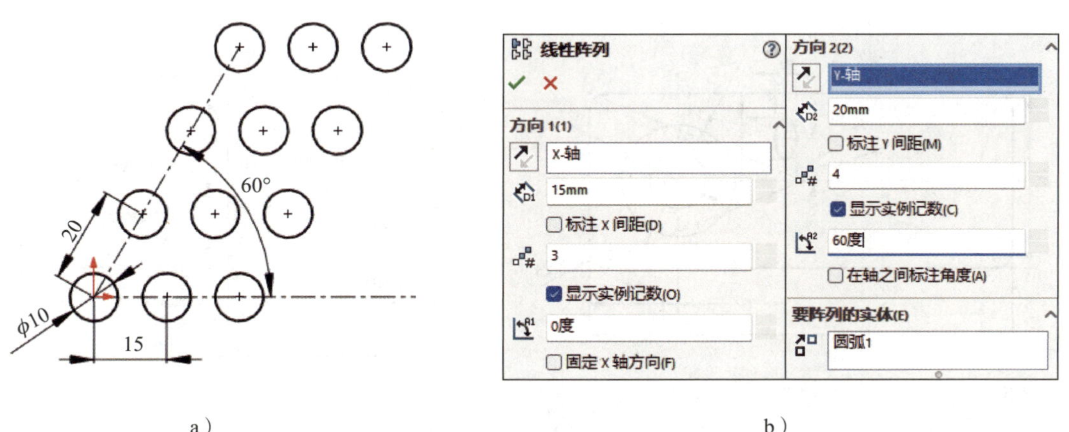

图 2-5-6　线性草图阵列

a）线性草图阵列后的草图　b）“线性阵列”属性设置

任务实施

1. 新建文件，选取前视基准面为草图平面，进入草图设计环境。

2. 绘制中心线和 ϕ16 圆、ϕ32 圆并标注尺寸，结果如图 2-5-7a 所示。

3. 单击“边角矩形”按钮，绘制矩形。单击“绘制圆角”按钮，完成 *R*5 圆角绘制，标注尺寸，结果如图 2-5-7b 所示。

4. 单击“椭圆”按钮，绘制长轴为 12、短轴为 6 的椭圆，标注尺寸，结果如图 2-5-7c 所示。

5. 单击“线性草图阵列”按钮，在“线性阵列”属性管理器中定义线性阵列方向 1 和方向 2 的参数，选择椭圆为要阵列的实体，如图 2-5-7d 所示。标注尺寸，为椭圆中心点添加“固定”关系，使草图完全定义，结果如图 2-5-1 所示。

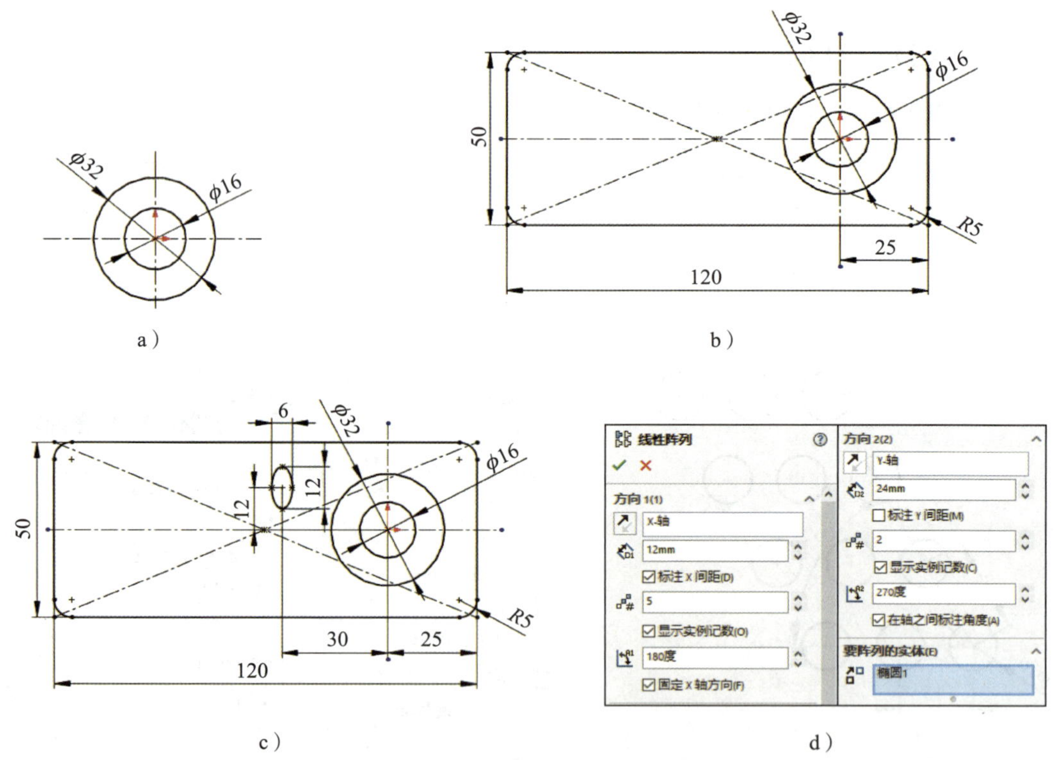

图 2-5-7　绘制遥控器面板草图

a）绘制中心线和圆　b）绘制边角矩形及其圆角　c）绘制椭圆　d）“线性阵列”属性设置

任务 6　手柄草图的绘制

1. 能应用延伸、分割实体等工具编辑草图实体。
2. 能综合应用直线、矩形、圆等工具绘制草图实体，应用剪裁、镜向实体等工具编辑草图实体。
3. 能为草图实体标注尺寸和添加几何关系，使草图完全定义。

综合应用直线、矩形、圆、剪裁实体等工具，为草图实体标注尺寸和添加几何关系，绘制如图 2–6–1 所示的手柄草图。

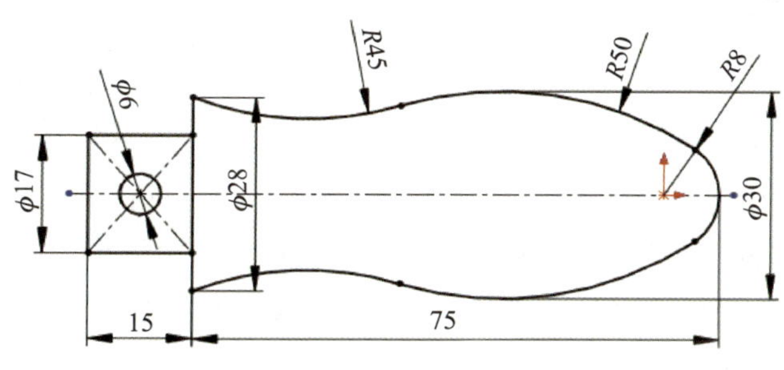

图 2–6–1　手柄草图

一、草图实体的延伸

例：绘制如图 2–6–2a 所示的草图，将直线 1 延伸至直线 2 处。

绘制草图，单击“草图”工具栏中的“延伸实体”按钮 T，单击直线 1，系统自动将该直线 1 延伸至最近的边界直线 2 处，结果如图 2–6–2b 所示。

二、草图实体的分割

分割草图实体可以将一个草图实体分割成多个草图实体。

例：绘制如图 2–6–3a 所示的圆，将圆分割为两部分。

绘制草图，单击菜单栏中的“工具”→“草图工具”→“分割实体”，在圆上单击点 1 和点 2，在单击点处分割草图实体，结果如图 2–6–3b 所示。

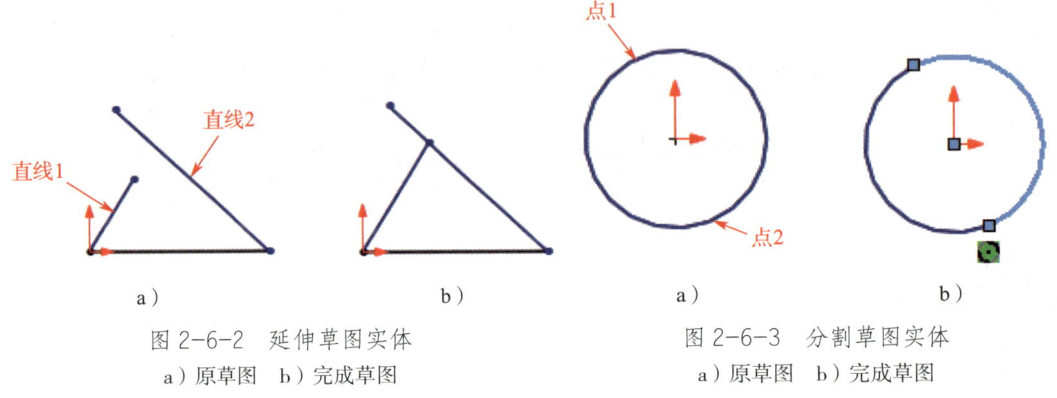

a）　b）

图 2–6–2　延伸草图实体

a）原草图　b）完成草图

a）　b）

图 2–6–3　分割草图实体

a）原草图　b）完成草图

任务实施

1. 新建文件，选取前视基准面作为草图平面，进入草图设计环境。

2. 分别单击“中心线”按钮、“直线”按钮、“圆”按钮和“中心矩形”按钮，绘制手柄中心线，长度为 17、15、5.5 的已知线段，$\phi 6$ 和 $\phi 16$（$R8$）圆，其中 $\phi 16$（$R8$）圆的圆心与原点为“重合”关系，$\phi 6$ 圆的圆心与矩形中心点为“重合”关系，结果如图 2–6–4a 所示。

3. 单击“3 点圆弧”按钮，绘制 $R45$ 圆弧和 $R50$ 圆弧，其中 $R45$ 圆弧端点与线段 5.5 端点为“重合”关系，结果如图 2–6–4b 所示。添加 $R50$ 圆弧与 $\phi 16$（$R8$）圆的“相切”关系，添加 $R45$ 圆弧和 $R50$ 圆弧的“相切”关系。单击“剪裁实体”按钮，剪裁多余实体，结果如图 2–6–4c 所示。

4. 单击“镜向实体”按钮，选取 $R45$ 圆弧、$R50$ 圆弧、线段 5.5，以水平中心线为镜向轴进行镜向。分别添加水平中心线下方 $R50$ 圆弧与 $R8$ 圆、$R45$ 圆弧与 $R50$ 圆弧的“相切”关系，单击“剪裁实体”按钮，剪裁多余实体，结果如图 2–6–4d 所示。

5. 单击“智能尺寸”按钮，标注如图 2–6–4e 所示的尺寸。按住 Shift 键的同时单击两段 $R50$ 圆弧并标注尺寸 $\phi 30$；按住 Shift 键的同时单击 $R8$ 圆弧和线段 $\phi 28$ 并标注尺寸 75，使草图完全定义，结果如图 2–6–1 所示。

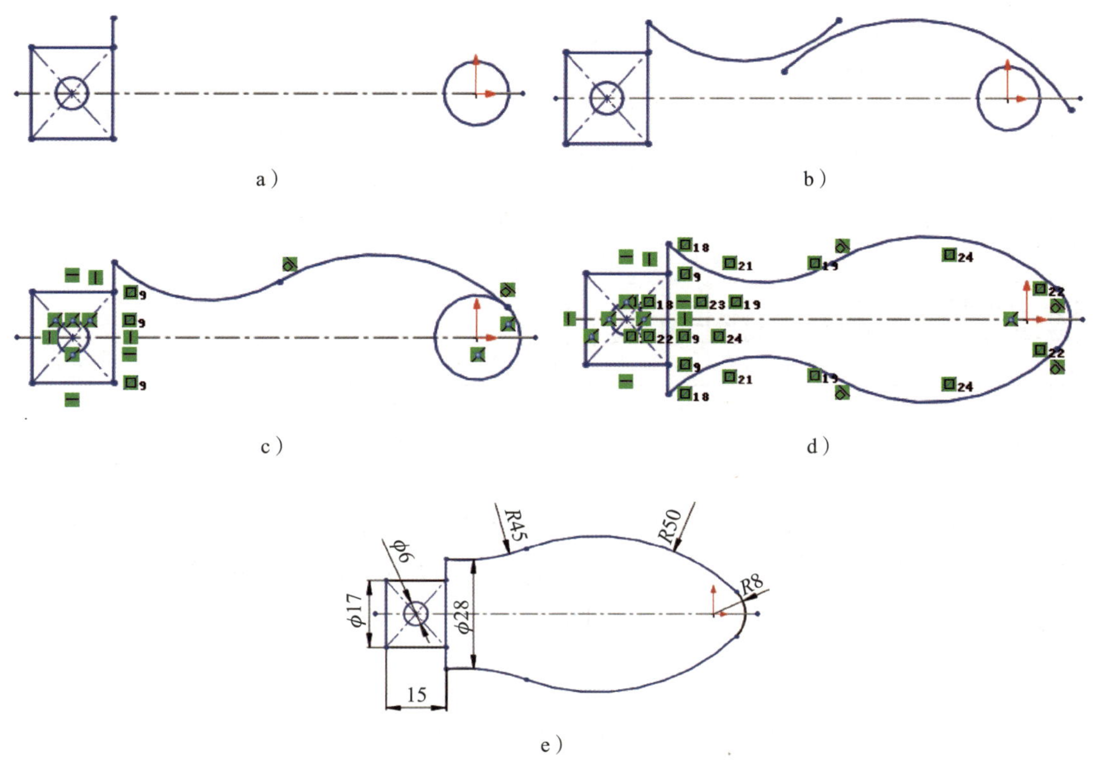

图 2-6-4　绘制手柄草图

a）绘制已知线段和圆　b）绘制 *R*45 圆弧和 *R*50 圆弧

c）添加圆弧的“相切”关系并剪裁实体　d）镜向并剪裁实体　e）标注尺寸

提示

在第 3 步中，可先绘制 *R*45 圆弧，再用绘制切线弧的方法绘制 *R*50 圆弧。

项目三
简单零件和产品的设计

本项目主要学习应用拉伸、旋转、扫描、放样、筋、异型孔、倒角、圆角、抽壳、阵列、镜向等特征完成简单零件和产品的设计，应用基体法兰、边线法兰、斜接法兰、褶边、转折、通风口等特征完成钣金零件的设计。

任务 1　支座的设计

1. 能应用拉伸凸台 / 基体、拉伸切除等特征完成简单零件和产品的设计。
2. 能编辑特征属性、特征草图、特征草图平面等。

根据如图 3-1-1 所示的支座零件图及立体图，应用拉伸凸台 / 基体、拉伸切除等特征，完成支座零件的设计。

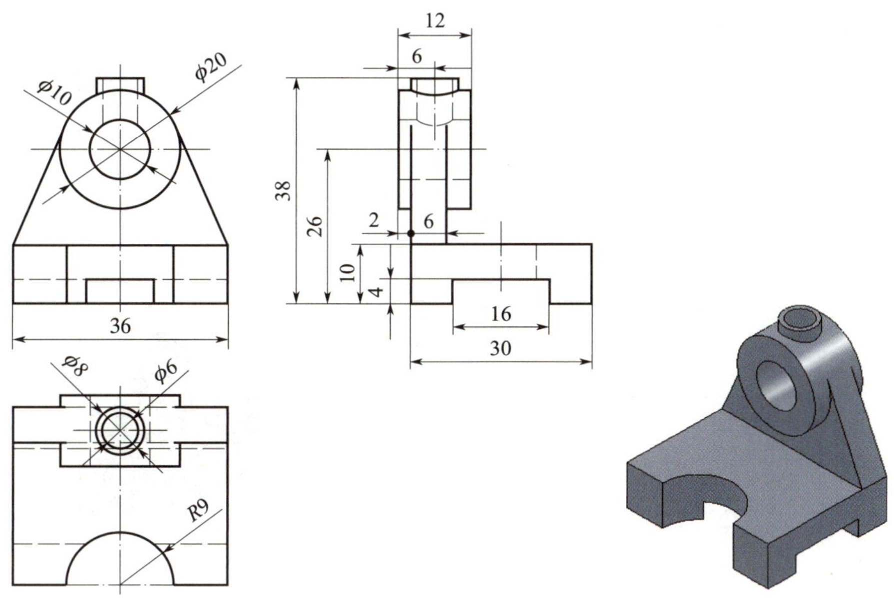

图 3-1-1　支座零件图及立体图

一、零件建模基础知识

1. 特征

特征是指用户在建模过程中创建的所有草图、凸台、切除、基准面等，它是模型的基本组成单位，是对模型进行编辑和修改的基本操作单元。

在零件建模中一般有草绘特征和放置特征。草绘特征是指二维横断面草图经过拉伸、旋转、扫描、放样等方式创建的特征，它包括拉伸、旋转、扫描、放样、筋等特征；放置特征是指放置于草绘特征之上的特征，它基于模型的边或表面创建，它包括圆角、倒角、抽壳、异型孔等特征。此外，在零件建模中还可应用镜向、阵列等特征进行复制以加快建模速度。“特征”工具栏如图 3-1-2 所示。

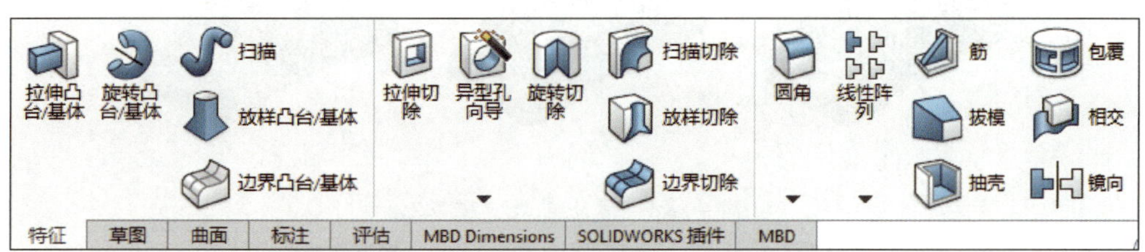

图 3-1-2　“特征”工具栏

2. 零件建模基本步骤

应用 SolidWorks 软件可进行零件设计，可根据零件特点应用合适的特征完成建模，下面以如图 3–1–3 所示的支板零件为例讲解零件建模的基本思路。

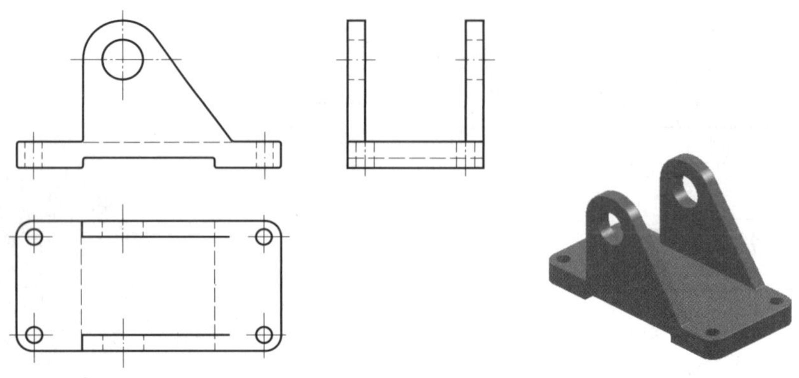

图 3–1–3　支板零件图及立体图

（1）分析零件

建模前首先要对零件进行分析。支板零件主要由 3 个主要的凸台（即一个底座和两个支板）特征、异型孔特征和圆角特征组成。底座可通过拉伸、圆角和异型孔特征完成建模，支板可通过拉伸、圆角和镜向特征完成建模。

根据支板零件的特点，可确定底座凸台特征为第一特征，依次完成其他特征建模，建模思路如图 3–1–4 所示。

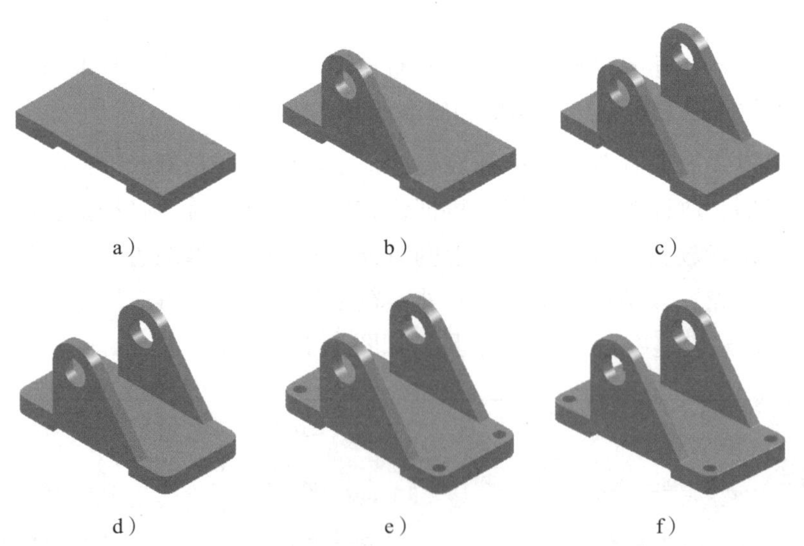

图 3–1–4　支板零件建模思路

a）创建底座凸台特征　b）创建支板凸台特征　c）镜向支板凸台特征
d）创建底座圆角特征　e）创建底座异型孔特征　f）创建其他圆角特征

（2）创建第一个特征

对支板零件进行分析后，将底座凸台特征作为第一个特征，它的建模步骤是首先确定最佳草图轮廓，然后选择草图平面，最后创建特征完成建模。

1）确定最佳草图轮廓

当选择特征进行建模时，首先要确定最佳草图轮廓，基于最佳草图轮廓创建的模型较基于其他轮廓创建的模型应能更好地反映模型的整体面貌。底座凸台特征的最佳草图轮廓如图 3–1–5 所示。

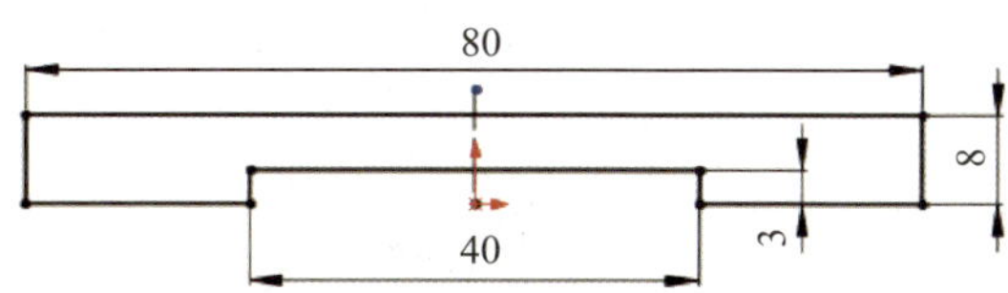

图 3–1–5　底座凸台特征的最佳草图轮廓

2）选择草图平面

确定最佳草图轮廓后，需要选择合适的草图平面来绘制最佳草图轮廓。选择草图平面需要考虑零件本身的显示方位、零件在工程图中的摆放位置以及零件在装配体中的方位。如图 3–1–6 所示，当圆柱的特征草图所在的草图平面不同时，模型在等轴测图中的显示方位是不同的。根据支板零件标准视图表达方案，可将底座凸台特征的最佳草图轮廓置于前视基准面。

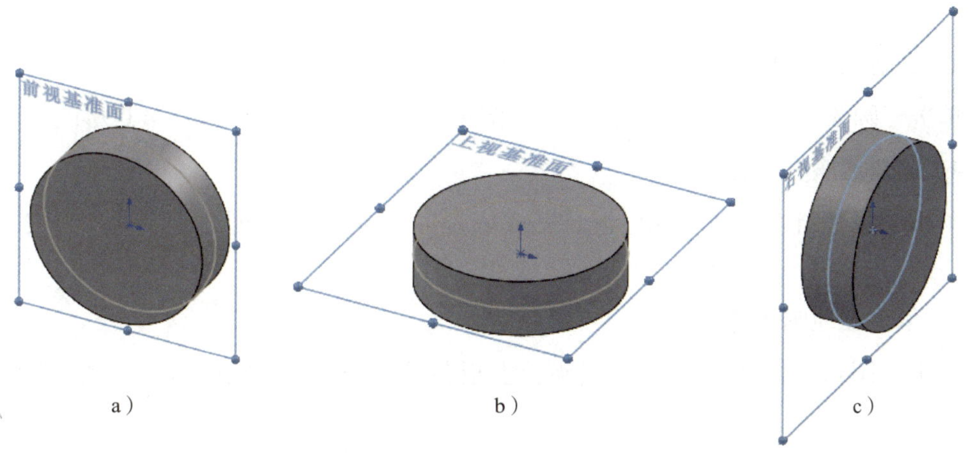

图 3–1–6　圆柱在等轴测图中不同的显示方位

a）草图平面为前视基准面　b）草图平面为上视基准面　c）草图平面为右视基准面

3）创建特征

确定底座凸台特征的最佳草图轮廓和草图平面后，单击“拉伸凸台 / 基体”按钮实现底座凸台特征的创建，结果如图 3–1–4a 所示。

（3）创建其他特征

1）创建支板凸台特征

支板凸台特征的最佳草图轮廓如图 3-1-7a 所示，将底座前端面作为草图平面并绘制草图，如图 3-1-7b 所示。单击“拉伸凸台 / 基体”按钮，实现支板凸台特征的创建，结果如图 3-1-4b 所示。

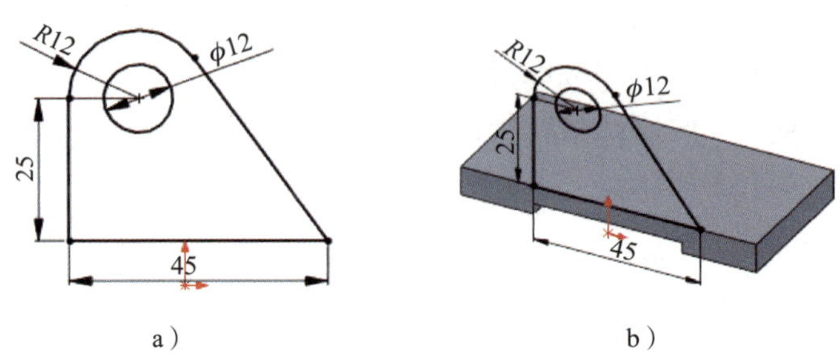

图 3-1-7　支板凸台特征的最佳草图轮廓及草图平面
a）最佳草图轮廓　b）选取草图平面绘制支板凸台草图

2）镜向支板凸台特征

单击“镜向”按钮，将支板凸台特征镜向至底座另一端面，结果如图 3-1-4c 所示。

3）创建底座圆角特征

单击“圆角”按钮，完成底座 4 处圆角的创建，结果如图 3-1-4d 所示。

4）创建底座异型孔特征

单击“异型孔向导”按钮，完成底座 4 处异型孔的创建，结果如图 3-1-4e 所示。

5）创建其他圆角特征

单击“圆角”按钮，完成底座、支板各处过渡圆角的创建，结果如图 3-1-4f 所示。

二、拉伸特征

拉伸特征是 SolidWorks 软件中基础的实体特征，它包括拉伸凸台 / 基体特征和拉伸切除特征。

1. 拉伸凸台 / 基体特征

拉伸凸台 / 基体特征是在一个或两个方向上拉伸草图轮廓生成的实体特征。

（1）创建拉伸凸台 / 基体特征的方法

创建拉伸凸台 / 基体特征的方法有 3 种：一是先在设计树中选择已绘制好的草

图，再单击“特征”工具栏中的“拉伸凸台/基体”按钮，或单击菜单栏中的“插入”→“凸台/基体”→“拉伸”；二是绘制完草图但不退出草图，单击“拉伸凸台/基体”按钮；三是单击“拉伸凸台/基体”按钮，在设计树中选择一个基准面绘制草图，单击“退出草图”按钮。这3种方法都将打开如图3-1-8所示的“凸台-拉伸”属性管理器。

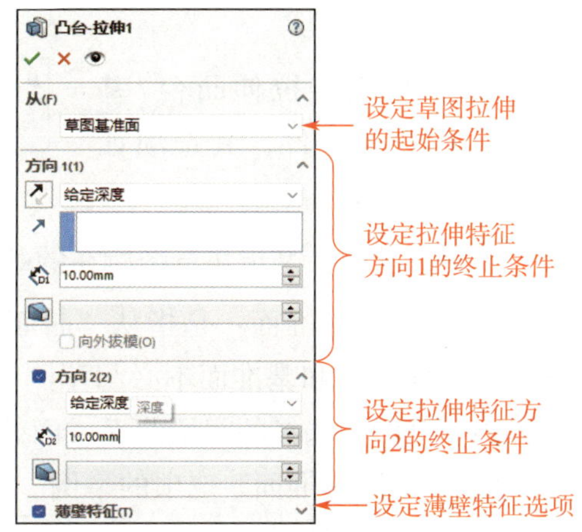

图 3-1-8　“凸台-拉伸”属性管理器

（2）拉伸类型

拉伸类型有拉伸实体类型和拉伸薄壁类型，前者为系统默认，后者可在“凸台-拉伸”属性管理器中选择。

（3）拉伸实体类型的“凸台-拉伸”属性管理器的选项设置

提示

拉伸实体类型的草图轮廓必须为封闭的，可含一个或多个封闭环，环与环不相切或交叉，如图3-1-9a所示；当出现多余的线或存在交叉区域时，可将多余的线删除，使草图轮廓封闭或不交叉，也可在“凸台-拉伸”属性管理器中的“所选轮廓”中选择适当的草图局部封闭轮廓，如图3-1-9b所示。

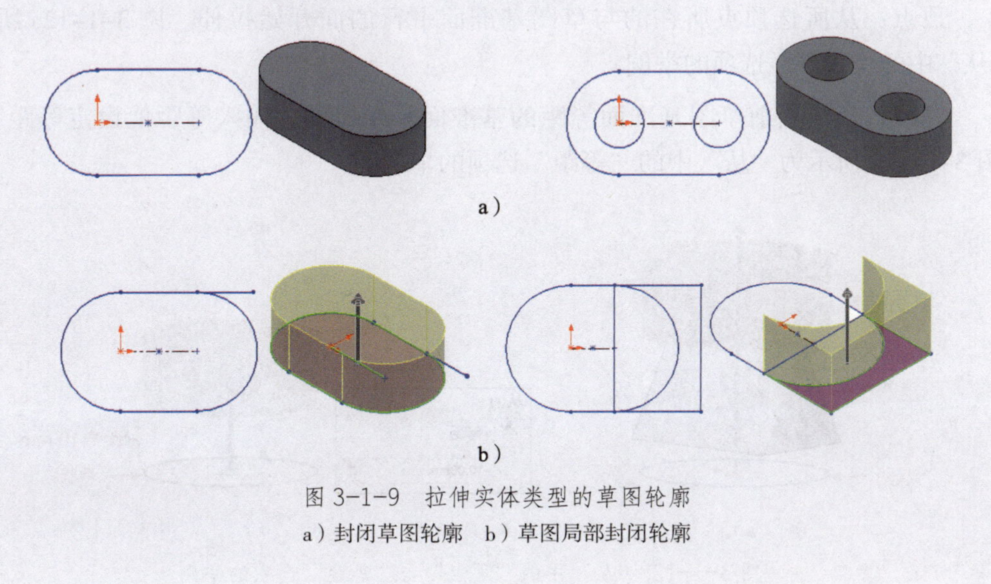
图 3-1-9　拉伸实体类型的草图轮廓
a）封闭草图轮廓　b）草图局部封闭轮廓

1）“从”选项

“从”是设定拉伸凸台/基体特征的开始条件，其选项如图 3-1-10 所示。

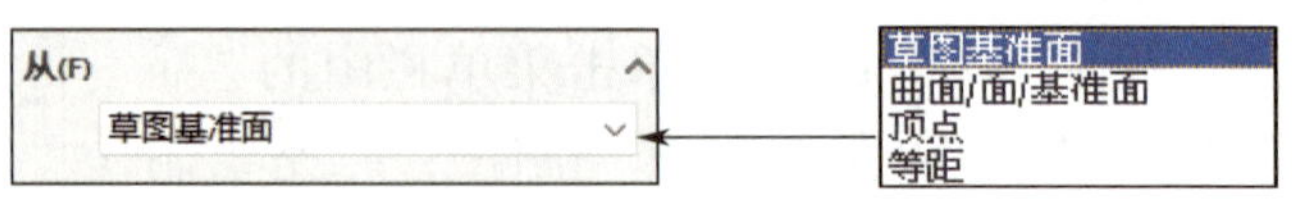

图 3-1-10 拉伸凸台/基体特征的“从”选项

草图基准面：是指从草图所在的基准面开始拉伸。

曲面/面/基准面：是指从“曲面/面/基准面”之一开始拉伸，其中“面”为模型中的平面。面和基准面不必与草图基准面平行，但草图必须完全包含在曲面或面的边界内。草图在选择的起始曲面或面处依从该对象的形状。图 3-1-11 所示为“从”中的“曲面/面/基准面”选项的举例。

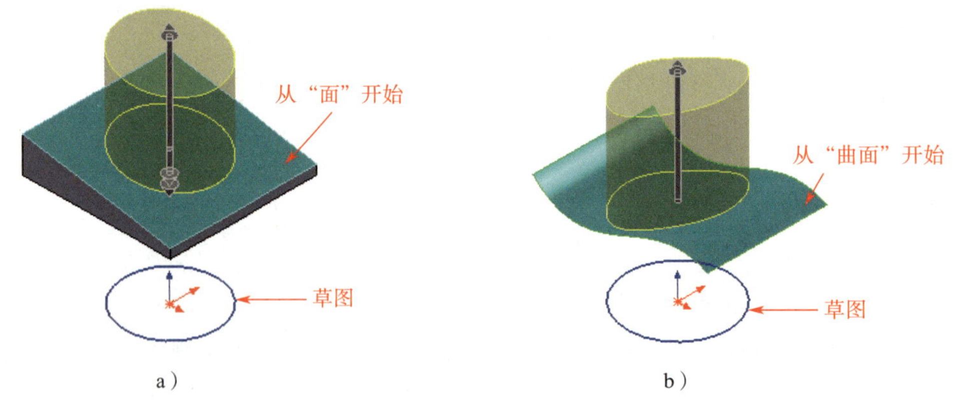

图 3-1-11 “从”中的“曲面/面/基准面”选项的举例

a）从“面”开始拉伸 b）从“曲面”开始拉伸

顶点：从所选顶点所在的与草图基准面平行的面开始拉伸。图 3-1-12a 所示为“从”中的“顶点”选项的举例。

等距：从与当前草图基准面等距的基准面开始拉伸，输入等距值设定等距距离。图 3-1-12b 所示为“从”中的“等距”选项的举例。

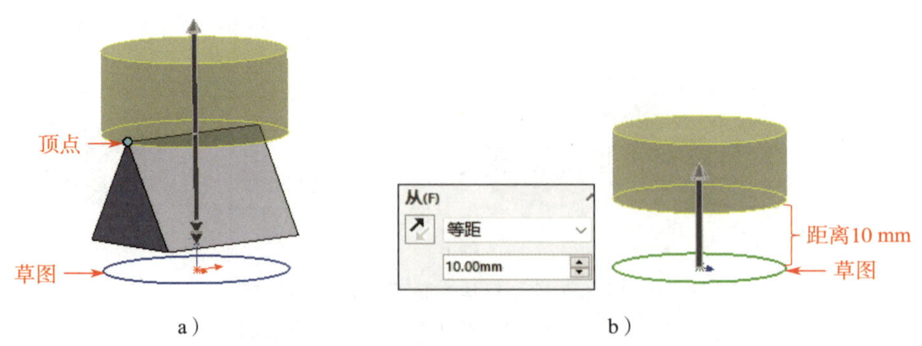

图 3-1-12 “从”中的“顶点”与“等距”选项的举例

a）“顶点”选项的举例 b）“等距”选项的举例

2）“方向 1”选项

在“方向 1”中可设定拉伸凸台 / 基体特征的终止条件、拉伸方向、拉伸深度和拔模开 / 关，其选项如图 3–1–13 所示。

①终止条件

“终止条件”选项如图 3–1–14 所示，下面介绍几个常用选项。

图 3–1–13　拉伸凸台 / 基体特征的“方向 1”选项　　图 3–1–14　“方向 1”中的“终止条件”选项

提示

如果模型中不存在其他实体，则“终止条件”选项中没有“完全贯穿”“成形到下一面”选项。

给定深度：按给定的拉伸深度数值向拉伸特征创建方向进行拉伸，可单击按钮向相反方向拉伸。

完全贯穿：从拉伸起始面拉伸，直到贯穿所有现有的实体。

成形到下一面：从拉伸起始面拉伸，直至到达下一个面。

例：打开素材文件夹中的“项目三 \ 任务 1\3–1–15a.SLDPRT”文件，如图 3–1–15a 所示，在设计树中选取草图 3，单击“拉伸凸台 / 基体”按钮，在“方向 1”中选择“完全贯穿”，结果如图 3–1–15b 所示。若在“方向 1”中选择“成形到下一面”，则结果如图 3–1–15c 所示。

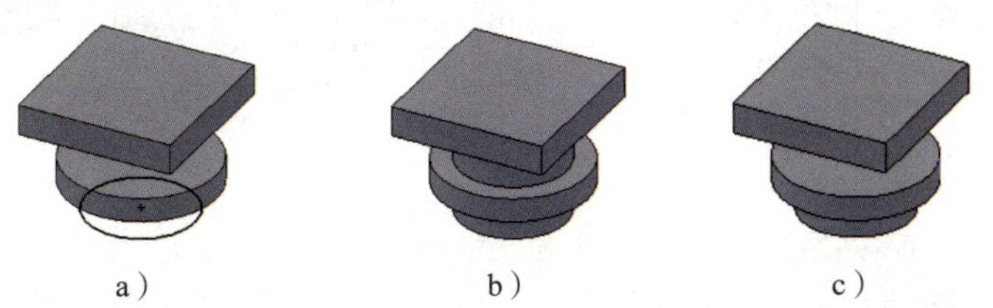

a）　　b）　　c）

图 3–1–15　“完全贯穿”和“成形到下一面”拉伸凸台 / 基体
a）原文件　b）“完全贯穿”拉伸凸台 / 基体　c）“成形到下一面”拉伸凸台 / 基体

成形到一面：从拉伸起始面拉伸，直至到达指定面。

例：打开素材文件夹中的“项目三\任务 1\3-1-16a.SLDPRT”文件，如图 3-1-16a 所示，在设计树中选取草图 3，单击“拉伸凸台 / 基体”按钮，在“方向 1”中选择“成形到一面”，若在 面<1> 中选取圆柱表面，则结果如图 3-1-16b 所示，若在 面<1> 中选取曲面，则结果如图 3-1-16c 所示。

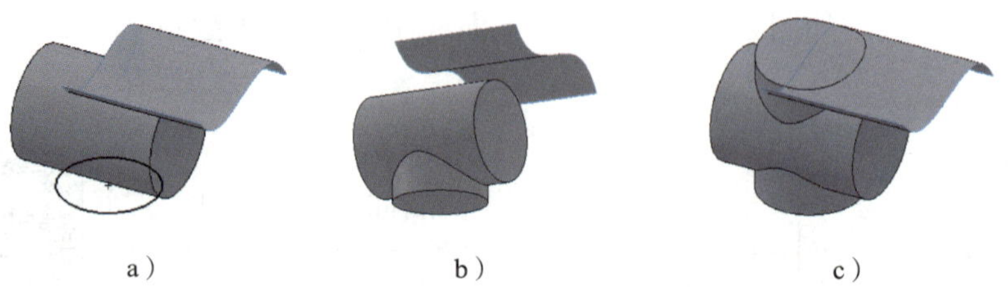

图 3-1-16 “成形到一面”拉伸凸台 / 基体
a）原文件 b）“成形到一面”拉伸凸台 / 基体 1 c）“成形到一面”拉伸凸台 / 基体 2

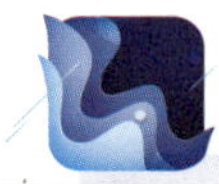

提示

如果拉伸的草图轮廓超出所选面轮廓，“成形到一面”可以使目标面自动延伸以包含草图轮廓，从而终止拉伸。

到离指定面指定的距离：从拉伸起始面拉伸，直至到达离所选面指定距离处。

例：打开素材文件夹中的“项目三\任务 1\3-1-17a.SLDPRT”文件，如图 3-1-17a 所示，在设计树中选取草图 2，单击“拉伸凸台 / 基体”按钮，在“方向 1”中选择“到离指定面指定的距离”，相关属性设置如图 3-1-17b 所示，结果如图 3-1-17c 所示。若勾选“反向等距”复选框，则结果如图 3-1-17d 所示。

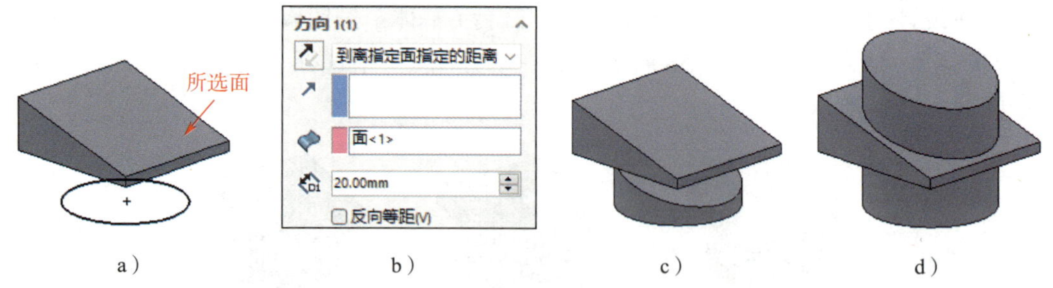

图 3-1-17 “到离指定面指定的距离”拉伸凸台 / 基体
a）原文件 b）“方向 1”属性设置 c）向指定面正向拉伸 d）向指定面反向拉伸

两侧对称：向拉伸起始面的两侧拉伸，起始面两侧的深度值相等。

当实体具有前后、左右或上下对称结构时，一般将草图轮廓绘制在拉伸起始面上，通过“两侧对称”选项进行拉伸。

例：图 3–1–18 所示为“方向 1”中的“两侧对称”选项的举例，图中实体的草图平面分别在前视、右视、上视基准面上，两侧对称拉伸后可得到以基准面为对称面的实体。

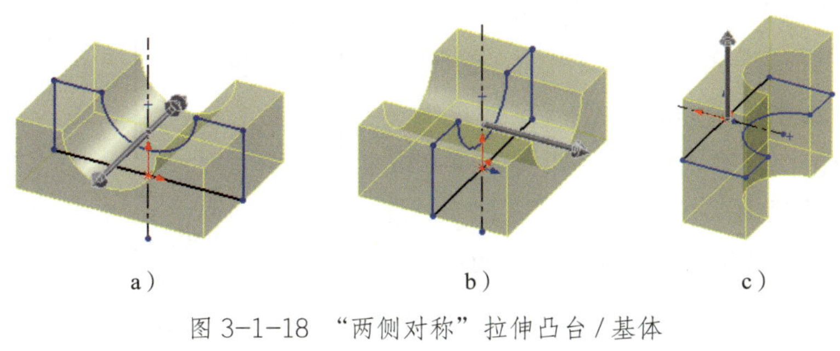

图 3–1–18　“两侧对称”拉伸凸台 / 基体
a）前后对称　b）左右对称　c）上下对称

②拉伸方向

选择方向向量作为拉伸方向来指定草图轮廓的拉伸方向。方向向量包括线性草图、平面、参考轴等。选择拉伸方向的举例如图 3–1–19 所示。

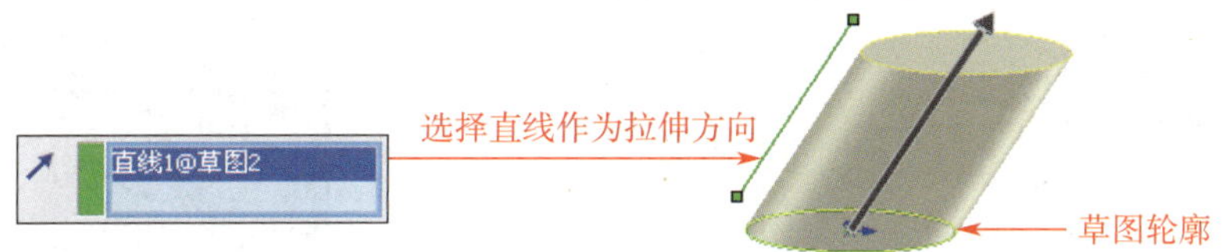

图 3–1–19　选择拉伸方向的举例

③拉伸深度

拉伸深度是指拉伸凸台 / 基体在垂直于草图平面方向上的延伸距离。

④拔模开 / 关

在创建拉伸凸台 / 基体特征时可对实体进行拔模，可通过“向外拔模”复选框 ☑向外拔模(O) 决定向内或向外拔模。设置拔模的举例如图 3–1–20 所示。

图 3–1–20　设置拔模的举例
a）向内拔模　b）向外拔模

3）“方向 2”选项

勾选“方向 2”复选框后，可以同时从草图基准面向两个方向拉伸，“方向 2”中各选项设置方法与“方向 1”相同。

例：应用拉伸凸台 / 基体特征，对如图 3–1–21 所示的零件图完成建模。

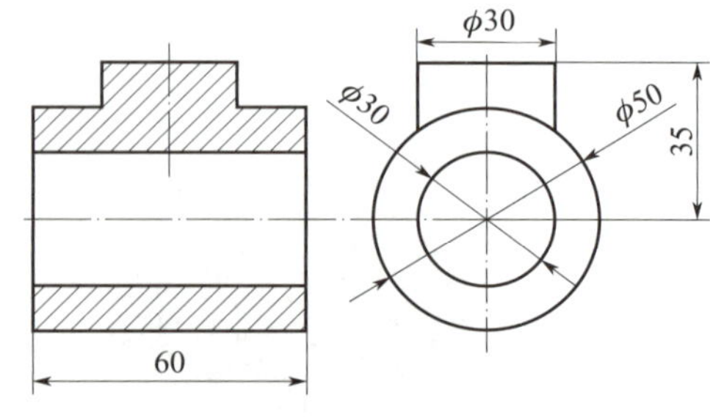

图 3–1–21　零件图

①选择右视基准面作为草图平面，绘制如图 3–1–22a 所示的草图 1，单击“拉伸凸台 / 基体”按钮，相关属性设置如图 3–1–22b 所示，完成圆筒建模。

②选择上视基准面作为草图平面，绘制如图 3–1–22c 所示的草图 2，单击“拉伸凸台 / 基体”按钮，相关属性设置如图 3–1–22d 所示，在 面<1> 中选取 ϕ50 圆柱表面，完成圆柱凸台建模，结果如图 3–1–22e 所示。

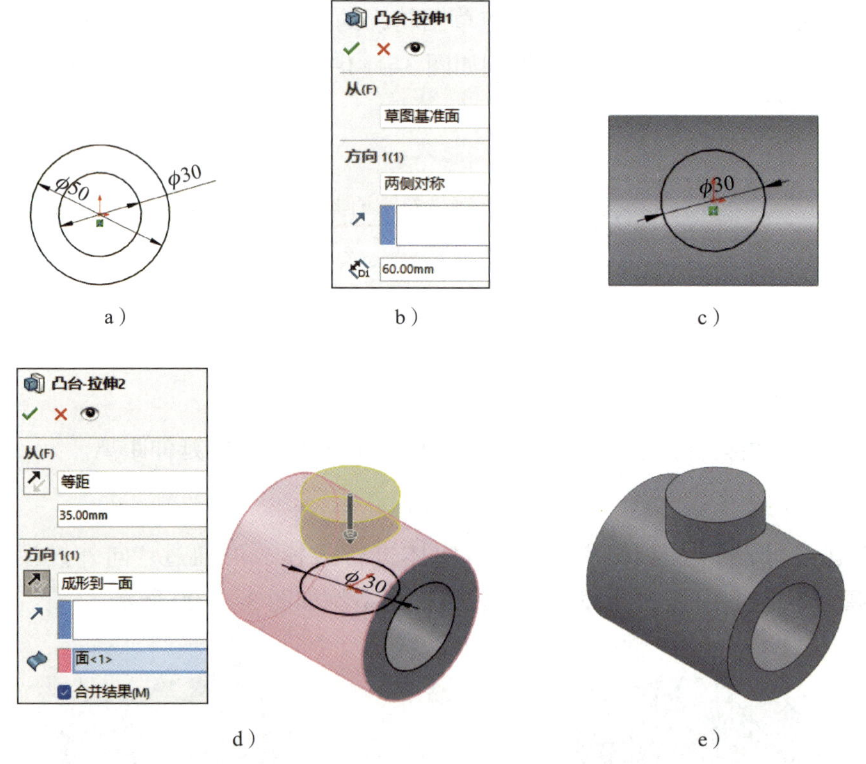

图 3–1–22　应用拉伸凸台 / 基体特征建模

a）绘制草图 1　b）“凸台 – 拉伸”属性设置 1　c）绘制草图 2

d）“凸台 – 拉伸”属性设置 2　e）完成建模

（4）拉伸薄壁类型的“拉伸－薄壁”属性管理器的选项设置

提示

拉伸薄壁类型的草图轮廓可以是封闭的，也可以是开环的，但仅能有一个开环，如图 3-1-23 所示。

图 3-1-23　拉伸薄壁类型的草图轮廓

“拉伸－薄壁”属性管理器中的“从”“方向 1”“方向 2”中各选项设置方法与“凸台－拉伸”属性管理器相同。

1）薄壁特征

薄壁特征选项如图 3-1-24 所示，可以选择拉伸的方向和设置拉伸厚度。

2）顶端加盖

勾选“顶端加盖”复选框后，可以设置拉伸的顶端加盖厚度 T_3，生成一个中空的实体。图 3-1-25 所示为“薄壁特征”中“顶端加盖”选项的举例。

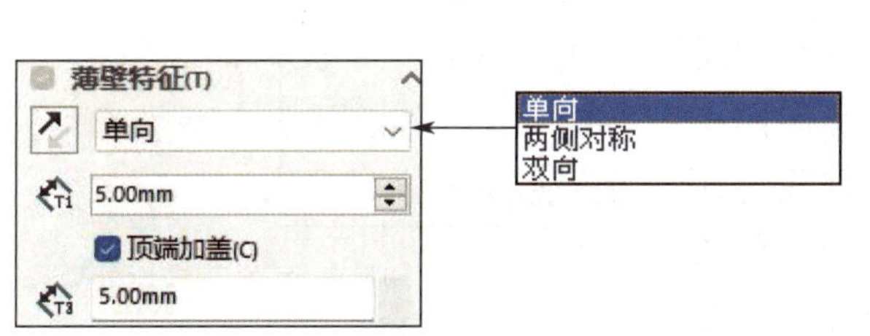

图 3-1-24　薄壁特征选项

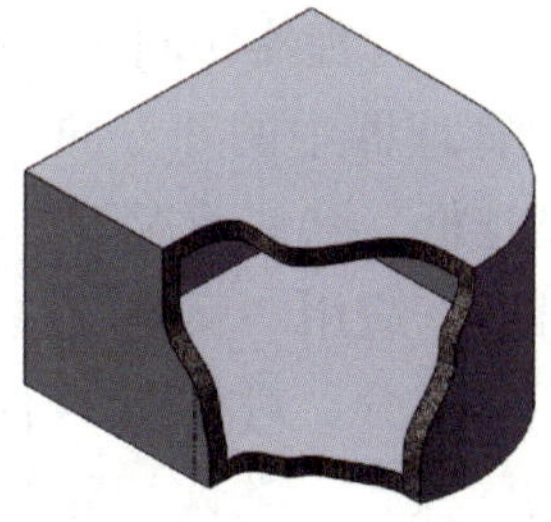

图 3-1-25　“顶端加盖”选项的举例

3）自动加圆角

当草图轮廓为开环时，勾选“自动加圆角”复选框后，可以在每一个具有直线相交夹角的边线上创建圆角。对如图 3-1-26a 所示的草图进行薄壁特征操作，勾选“自动加圆角”复选框，结果如图 3-1-26b 所示。

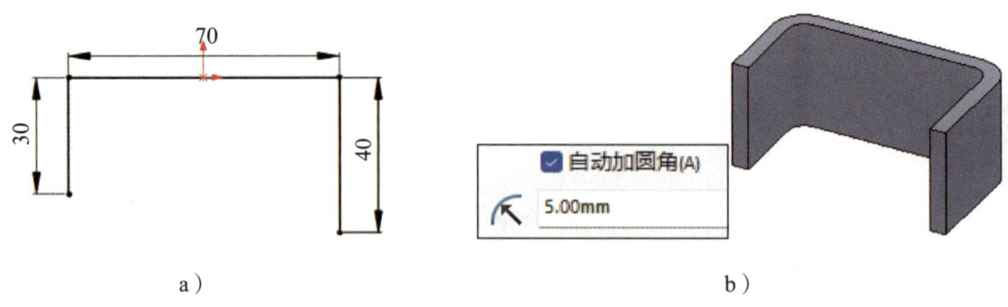

图 3-1-26 “自动加圆角”选项的举例

a）草图 b）自动加圆角

2. 拉伸切除特征

拉伸切除特征是指通过拉伸草图轮廓切除现有实体而生成的新实体特征。

（1）创建拉伸切除特征的方法

单击“特征”工具栏中的“拉伸切除”按钮，或单击菜单栏中的“插入”→“切除”→“拉伸”，创建拉伸切除特征的方法与创建拉伸凸台/基体特征的方法相似。

（2）“切除－拉伸”属性管理器的选项设置

单击“拉伸切除”按钮，打开如图 3-1-27 所示的“切除－拉伸”属性管理器。

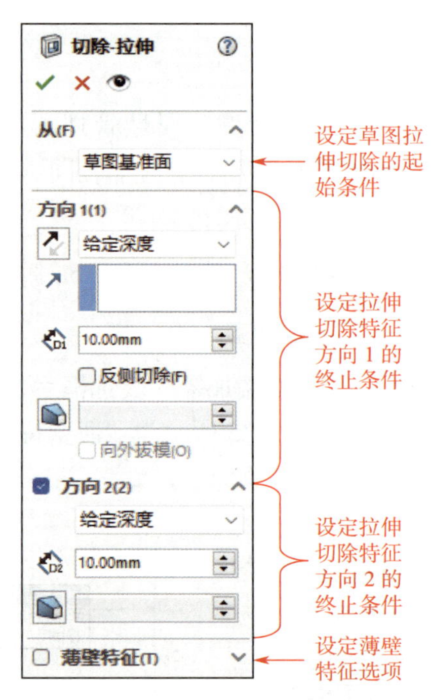

图 3-1-27 “切除－拉伸”属性管理器

“切除－拉伸”属性管理器中的“从”“方向 1”“方向 2”等各选项含义及设置方法与“凸台－拉伸”属性管理器相同。不同的是，“切除－拉伸”属性管理器中的“方向 1”中有一个“反侧切除”复选框，默认情况下，移除的是实体在轮廓内的部分，应用“反侧切除”则可移除轮廓外实体的所有部分。对如图 3-1-28a 所示的草图进行拉伸切除操作，默认切除结果如图 3-1-28b 所示，勾选“反侧切除”复选框，结果如图 3-1-28c 所示。

例：应用拉伸凸台/基体和拉伸切除特征，对如图 3-1-29 所示的零件图完成建模。

1）选取右视基准面为草图平面，绘制如图 3-1-30a 所示的草图 1，单击“拉伸凸台/基体”按钮，相关属性设置如图 3-1-30b 所示，完成圆柱建模。

2）选取上视基准面作为草图平面，绘制如图 3-1-30c 所示的草图 2，单击“拉伸切除”按钮，相关属性设置如图 3-1-30d 所示，完成键槽切除，结果如图 3-1-30e 所示。

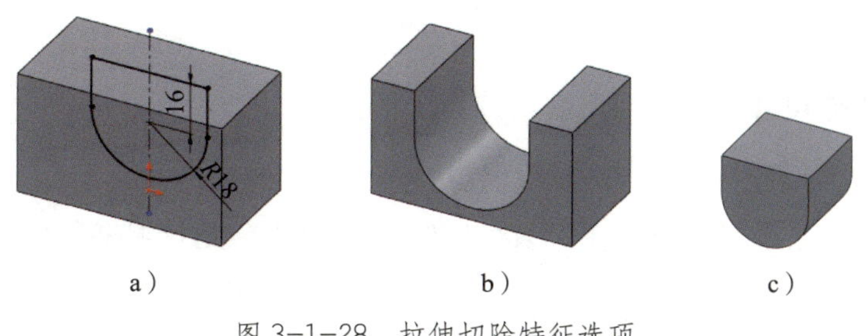

图 3-1-28　拉伸切除特征选项

a）绘制草图　b）拉伸切除　c）反侧切除

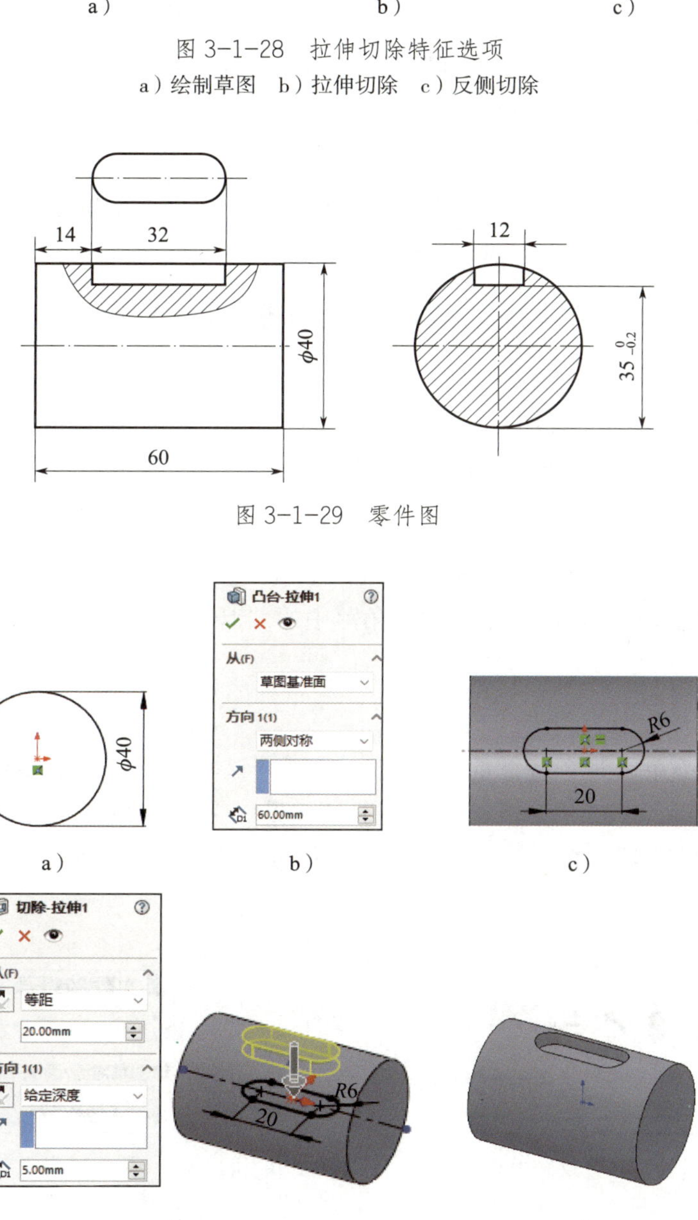

图 3-1-29　零件图

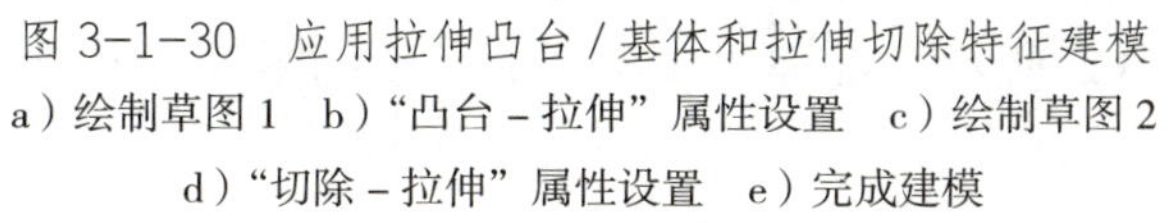

图 3-1-30　应用拉伸凸台 / 基体和拉伸切除特征建模

a）绘制草图 1　b）“凸台 – 拉伸” 属性设置　c）绘制草图 2

d）“切除 – 拉伸” 属性设置　e）完成建模

三、特征的编辑

1. 编辑特征尺寸

（1）显示特征尺寸

1）方法一：在设计树中或图形区中双击某特征，则该特征的所有尺寸会显示出来。

2）方法二：单击“特征”工具栏中的“Instant3D”按钮，在设计树中或图形区中单击某特征，则该特征的所有尺寸会显示出来。

（2）修改特征尺寸

显示特征尺寸后，在图形区中双击要修改的尺寸，打开如图 3-1-31 所示的“修改”对话框，输入新尺寸，完成特征尺寸修改。

编辑特征尺寸后，应单击“重建模型”按钮，系统重新生成模型。

2. 编辑特征属性

在设计树中选择要编辑的特征，单击鼠标右键，单击“编辑特征”按钮，打开该特征的属性管理器，可重新设置相关属性。

3. 编辑特征草图

在设计树中的某特征上单击鼠标右键，单击“编辑草图”按钮，进入该特征草图设计环境，完成草图修改后单击确认角落中的“退出草图”按钮，完成特征草图的修改。

4. 编辑特征草图平面

在设计树中单击某个特征前的按钮，展开该特征草图 (-) 草图1，在 (-) 草图1 上单击鼠标右键，单击“编辑草图平面”按钮，打开如图 3-1-32 所示的“草图绘制平面”属性管理器，在设计树中选取基准面或在模型中选取面，完成特征草图平面的修改。

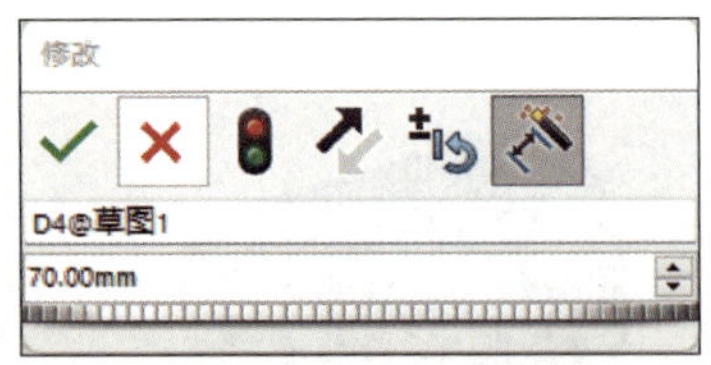

图 3-1-31 “修改”对话框

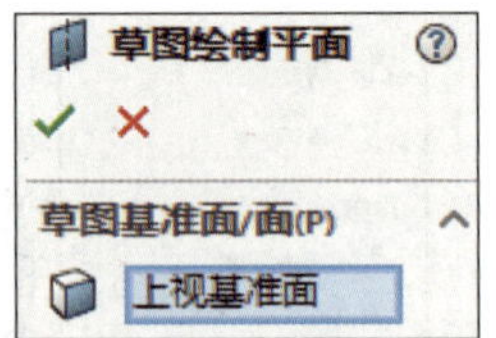

图 3-1-32 “草图绘制平面”属性管理器

例：打开素材文件夹中的“项目三\任务 1\3-1-33a.SLDPRT”文件，原模型的零件图及立体图如图 3-1-33a 所示，现按图 3-1-33b 所示的零件图及立体图完成特征编辑。

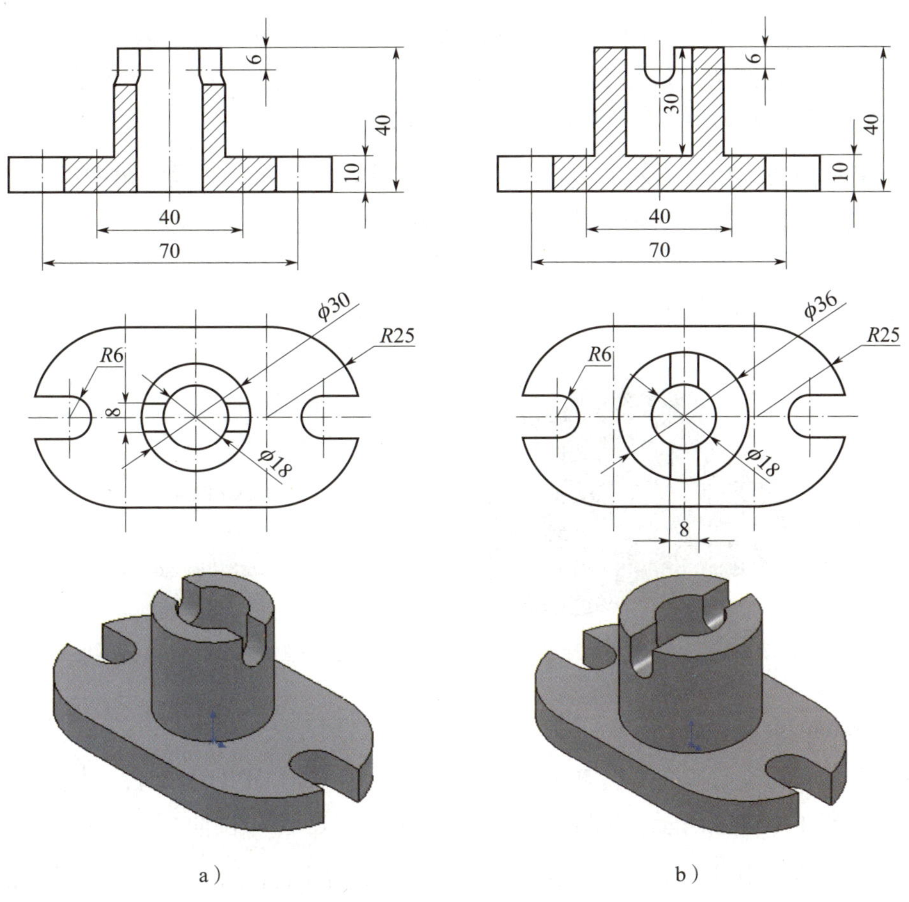

图 3-1-33　支板零件图及立体图

a）原模型　b）完成特征编辑后的模型

（1）将圆柱的直径尺寸 $\phi30$ 改为 $\phi36$。在图形区中单击 $\phi30$ 圆柱表面，显示该圆柱尺寸，双击尺寸“$\phi30$”，在“修改”对话框中将“30.00 mm”改为“36.00 mm”，如图 3-1-34 所示。单击“重建模型”按钮，系统重新生成模型。

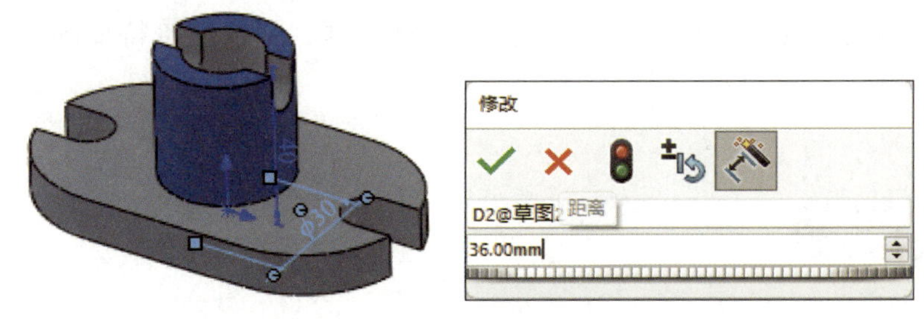

图 3-1-34　修改圆柱尺寸

（2）将 $\phi18$ 孔由通孔改为切除至底座顶面。在设计树中的“切除 – 拉伸 1”特征上单击鼠标右键，单击“编辑特征”按钮，打开该特征属性管理器，在“方向 1”中将“完全贯穿”改为“成形到一面”，在 面<1> 中选取图形区中的底座顶面，如图 3-1-35 所示，完成 ϕ18 孔拉伸切除特征的修改。

（3）将圆筒切槽位置由左右方向切除改为前后方向切除。在设计树中单击“切除 - 拉伸 2”特征前的按钮，在“草图 4” 草图4 上单击鼠标右键，单击“编辑草图平面”按钮，打开“草图绘制平面”属性管理器，在设计树中选取前视基准面，如图 3-1-36 所示，结果如图 3-1-33b 所示。

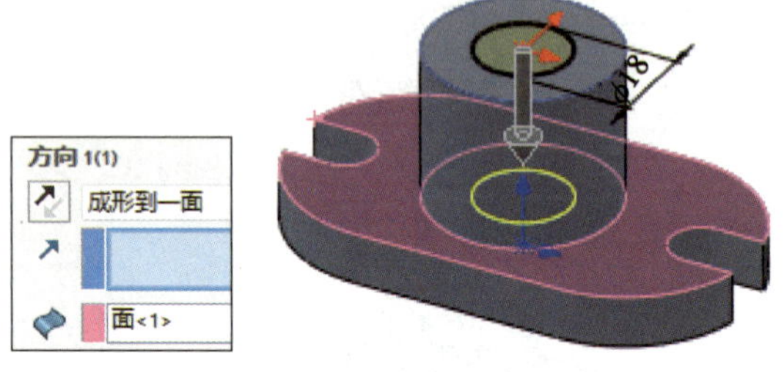

图 3-1-35　修改 ϕ18 孔的拉伸切除特征

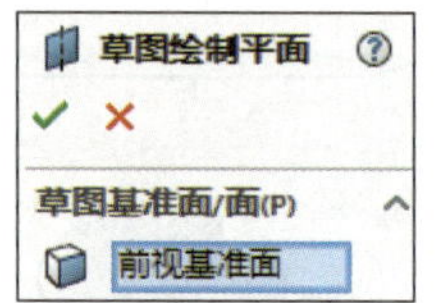

图 3-1-36　编辑特征草图平面

5. 删除特征

例：打开素材文件夹中的“项目三\任务 1\3-1-37.SLDPRT”文件，模型和设计树中的特征如图 3-1-37a 所示，删除“切除 - 拉伸 2”“凸台 - 拉伸 2”特征。

（1）在设计树中的“切除 - 拉伸 2”特征上单击鼠标右键，单击“删除”按钮，弹出如图 3-1-37b 所示的“确认删除”对话框，勾选“删除内含特征”复选框，则可删除该特征及其草图，结果如图 3-1-37c 所示，若不勾选“删除内含特征”复选框，则只删除该特征而保留草图。

（2）采用同样的方法，删除“凸台 - 拉伸 2”特征，打开如图 3-1-37d 所示的“确认删除”对话框，勾选“删除内含特征”和“默认子特征”复选框，则可删除该特征及其草图，以及该特征的所有子特征，删除该特征后，模型和设计树中的特征结果如图 3-1-37e 所示，若不勾选“默认子特征”复选框，则会使该特征的子特征因失去参考而重建失败。

图 3-1-1 所示的支座零件可通过拉伸底座、拉伸支板、拉伸圆柱、拉伸圆柱凸台、切除圆柱内孔、切除圆柱凸台内孔、切除底座半圆切口等完成建模，其设计思路如图 3-1-38 所示。

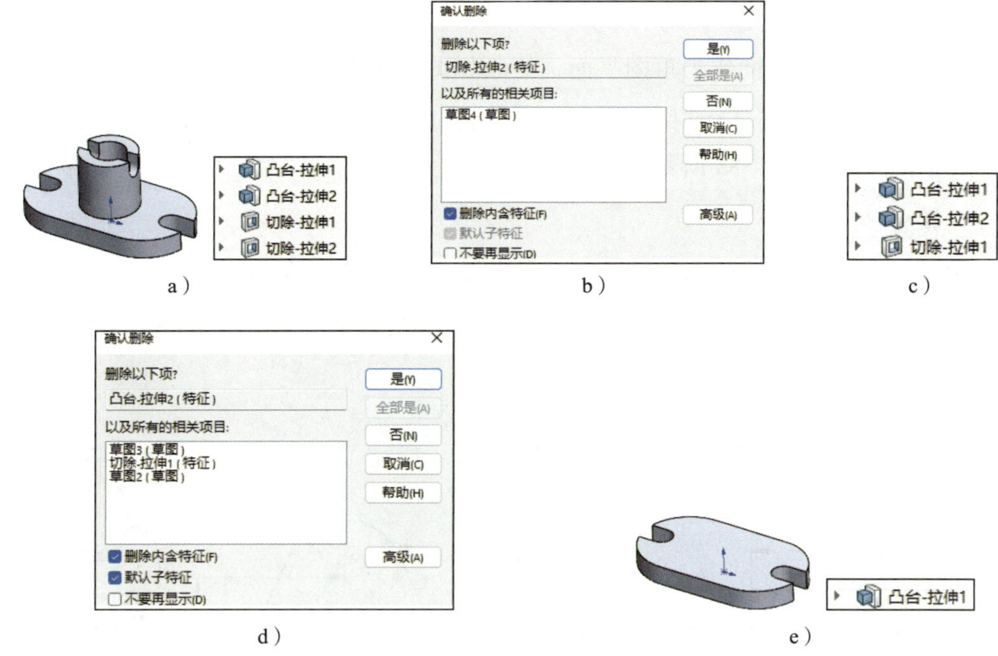

图 3-1-37　删除特征

a）模型和设计树中的特征　b）“确认删除”对话框 1　c）删除特征后的结果 1
d）“确认删除”对话框 2　e）删除特征后的结果 2

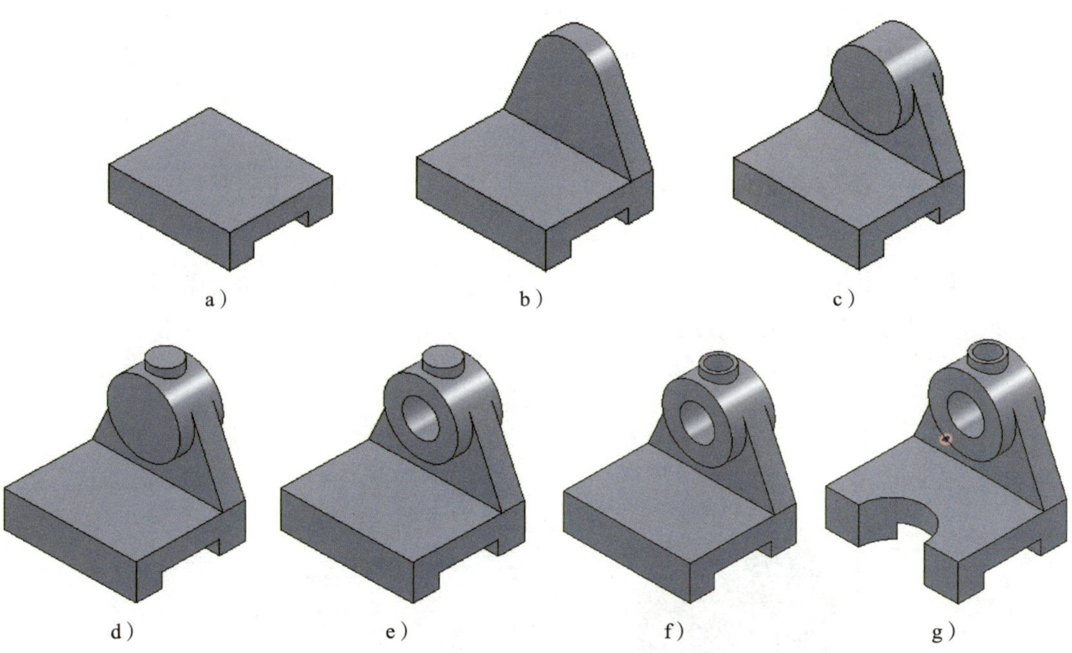

图 3-1-38　支座零件的设计思路

a）拉伸底座　b）拉伸支板　c）拉伸圆柱　d）拉伸圆柱凸台　e）切除圆柱内孔
f）切除圆柱凸台内孔　g）切除底座半圆切口

1. 拉伸底座

（1）选择右视基准面作为草图平面，绘制如图 3-1-39a 所示的草图 1。

（2）单击“拉伸凸台 / 基体”按钮，相关属性设置如图 3-1-39b 所示，完成底座拉伸，结果如图 3-1-38a 所示。

2. 拉伸支板

（1）选择底座后端面作为草图平面，绘制如图 3-1-40a 所示的草图 2。

（2）单击“拉伸凸台 / 基体”按钮，相关属性设置如图 3-1-40b 所示，完成支板拉伸，结果如图 3-1-38b 所示。

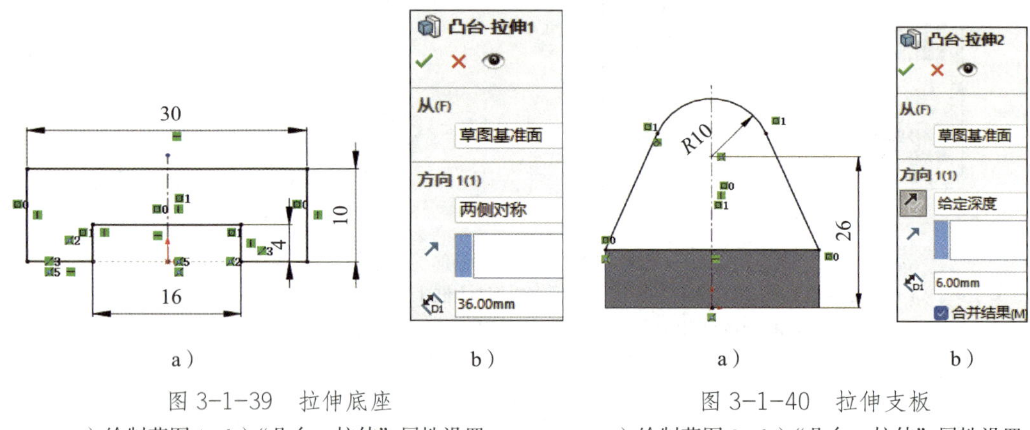

图 3-1-39　拉伸底座

a）绘制草图 1　b）“凸台－拉伸”属性设置

图 3-1-40　拉伸支板

a）绘制草图 2　b）“凸台－拉伸”属性设置

3. 拉伸圆柱

（1）选择支板后端面作为草图平面，绘制草图 3，添加圆与支板圆弧边线的“全等”关系，如图 3-1-41a 所示。

（2）单击“拉伸凸台 / 基体”按钮，相关属性设置如图 3-1-41b 所示，完成圆柱拉伸，结果如图 3-1-38c 所示。

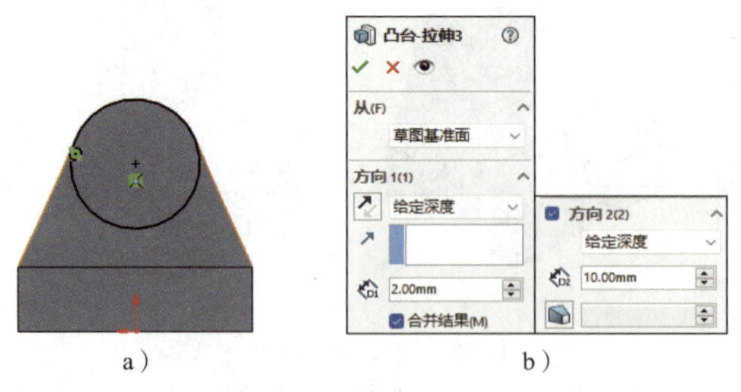

图 3-1-41　拉伸圆柱

a）绘制草图 3　b）“凸台－拉伸”属性设置

4. 拉伸圆柱凸台

（1）选择上视基准面作为草图平面，绘制如图 3-1-42a 所示的草图 4。

（2）单击“拉伸凸台 / 基体”按钮，相关属性设置如图 3-1-42b 所示，在 面<1> 中选取 $\phi20$ 圆柱表面，如图 3-1-42c 所示，完成圆柱凸台拉伸，结果如图 3-1-38d 所示。

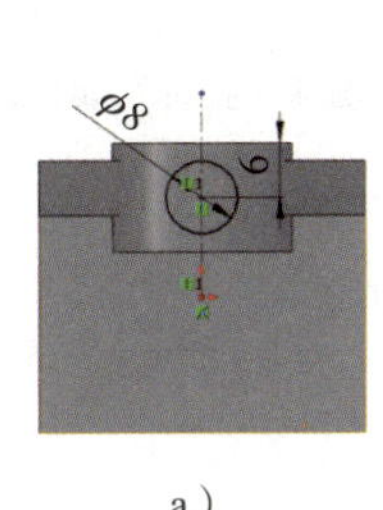

a）

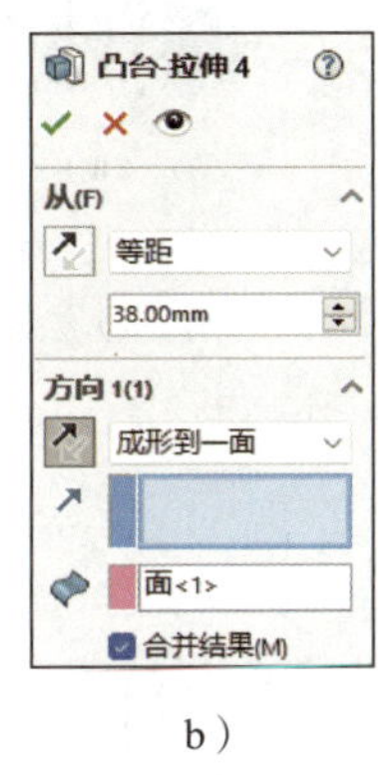

b）

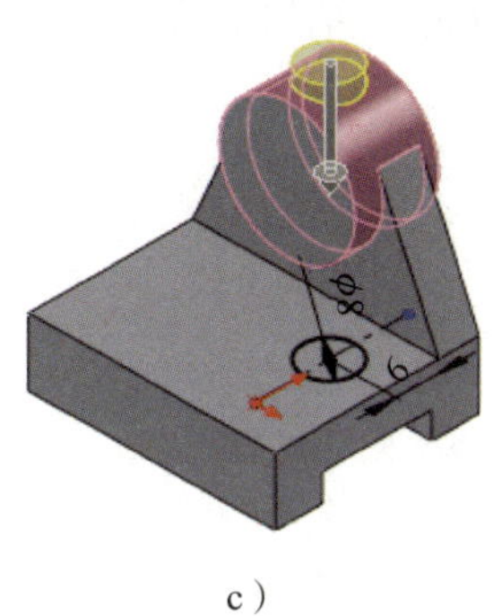

c）

图 3-1-42　拉伸圆柱凸台

a）绘制草图 4　b）“凸台 – 拉伸”属性设置　c）成形到一面

5. 切除圆柱内孔

（1）选择圆柱前端面作为草图平面，绘制如图 3-1-43a 所示的草图 5。

（2）单击“拉伸切除”按钮，相关属性设置如图 3-1-43b 所示，完成圆柱内孔切除，结果如图 3-1-38e 所示。

6. 切除圆柱凸台内孔

（1）选择圆柱凸台顶面作为草图平面，绘制如图 3-1-44a 所示的草图 6。

（2）单击“拉伸切除”按钮，相关属性设置如图 3-1-44b 所示，完成圆柱凸台内孔切除，结果如图 3-1-38f 所示。

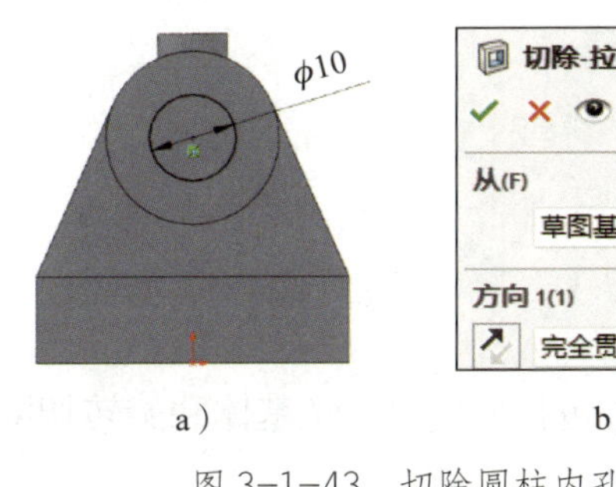

a）　b）

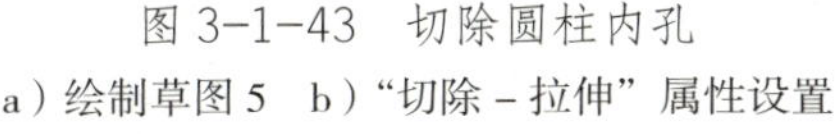

图 3-1-43　切除圆柱内孔

a）绘制草图 5　b）“切除 – 拉伸”属性设置

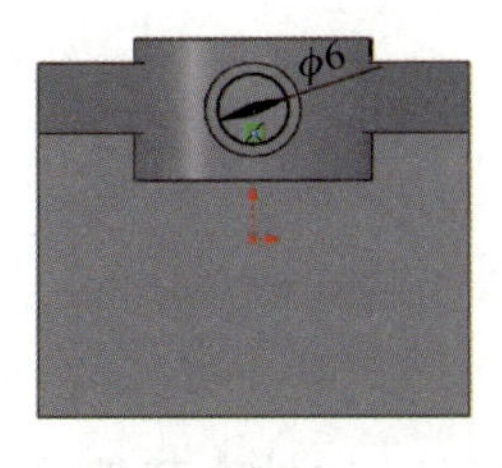

a）

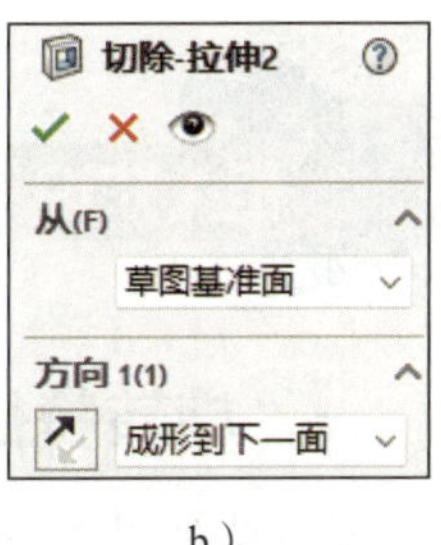

b）

图 3-1-44　切除圆柱凸台内孔

a）绘制草图 6　b）“切除 – 拉伸”属性设置

7. 切除底座半圆切口

（1）选择底座顶面作为草图平面，绘制草图 7，添加 ϕ18 圆的圆心与边线中点的“重合”关系，如图 3-1-45a 所示。

（2）单击“拉伸切除”按钮，相关属性设置如图 3-1-45b 所示，完成底座半圆切口切除，结果如图 3-1-38g 所示。

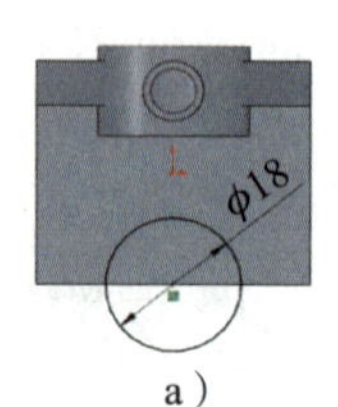

a）

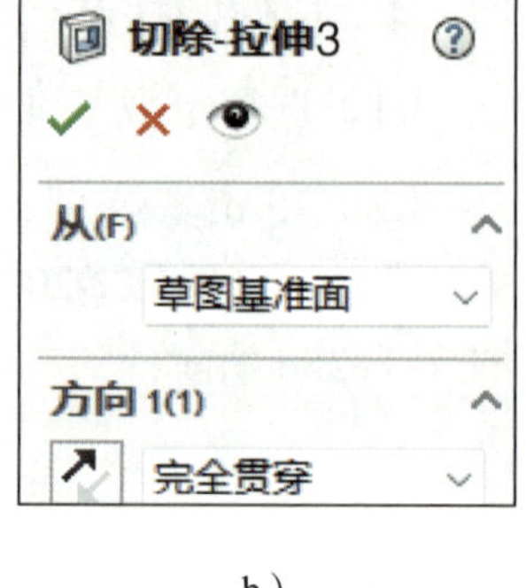

b）

图 3-1-45　切除底座半圆切口
a）绘制草图 7　b）“切除－拉伸”属性设置

任务 2　阀盖的设计

学习目标

能应用旋转凸台 / 基体、旋转切除、圆角、倒角等特征完成简单零件和产品的设计。

根据如图 3-2-1 所示的阀盖零件图及立体图，应用旋转凸台 / 基体、旋转切除、倒角、圆角等特征，完成阀盖零件的设计。

一、旋转特征

旋转特征是 SolidWorks 软件中基础的实体特征，它包括旋转凸台 / 基体和旋转切除特征。

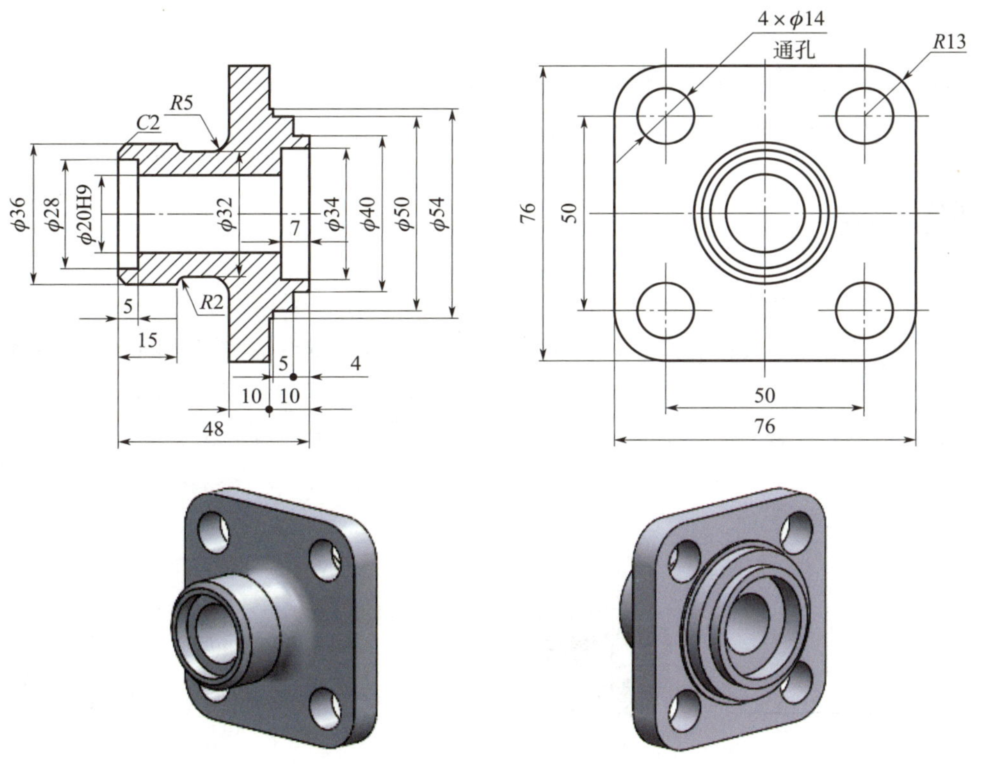

图 3-2-1　阀盖零件图及立体图

1. 旋转凸台 / 基体特征

旋转凸台 / 基体特征是指草图轮廓绕旋转轴旋转形成的实体特征。

（1）创建旋转凸台 / 基体特征的方法

创建旋转凸台 / 基体特征的方法有 3 种：一是在设计树中选择已绘制好的草图，单击“特征”工具栏中的“旋转凸台 / 基体”按钮，或单击菜单栏中的“插入”→“凸台 / 基体”→“旋转”；二是绘制完草图但不退出草图，单击“旋转凸台 / 基体”按钮；三是单击“旋转凸台 / 基体”按钮，在设计树中选取一个基准面绘制草图，单击确认角落中的“退出草图”按钮。这 3 种方法都可以打开如图 3-2-2 所示的“旋转”属性管理器。

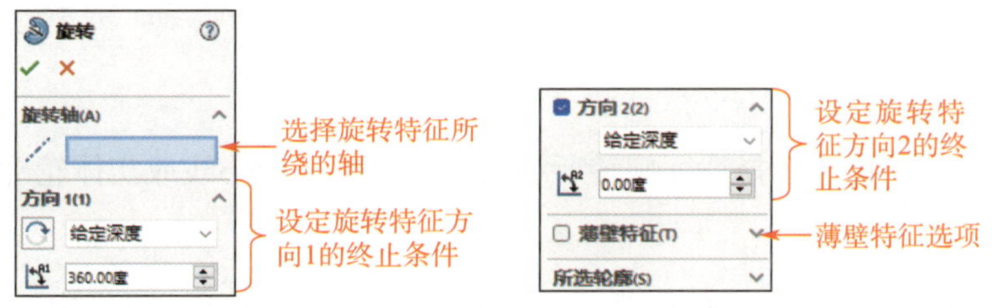

图 3-2-2　“旋转”属性管理器

（2）旋转类型

旋转类型有旋转实体类型和旋转薄壁类型。

（3）旋转实体类型的“旋转”属性管理器的选项设置

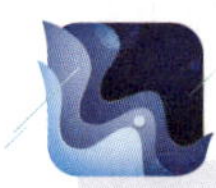

提示

旋转实体类型的草图轮廓一般可包含一个或多个闭环，如图 3-2-3a 所示；当环与环交叉时，应在“所选轮廓”中选择适当的草图局部封闭轮廓，如图 3-2-3b 所示。草图轮廓不能与旋转轴相交，否则旋转时会提示错误，不能创建特征，如图 3-2-4 所示。

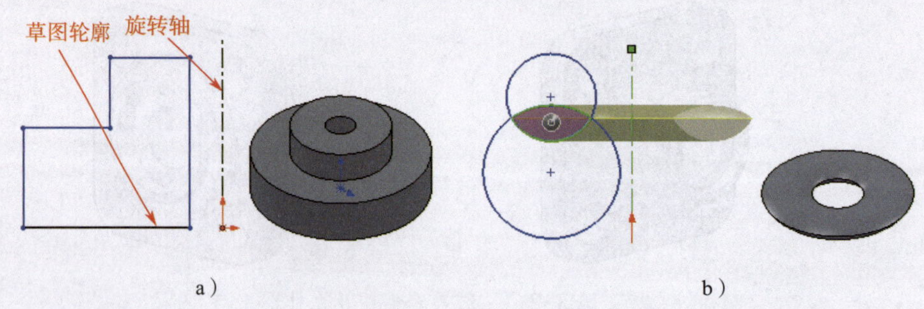

图 3-2-3　旋转实体类型的草图轮廓

a）以闭环为草图轮廓旋转实体　b）选择局部封闭轮廓为草图轮廓旋转实体

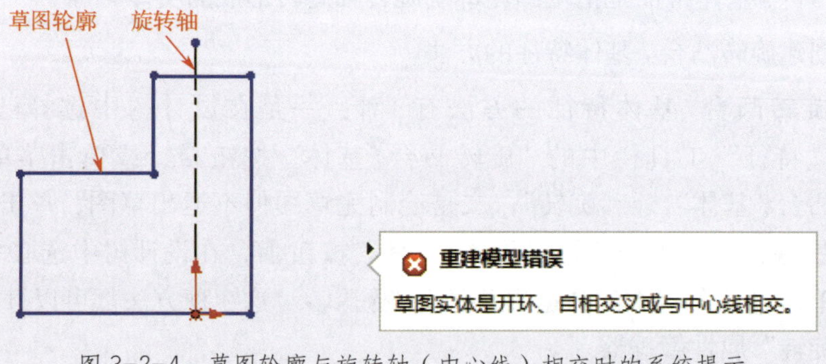

图 3-2-4　草图轮廓与旋转轴（中心线）相交时的系统提示

1）“旋转轴”选项

“旋转轴”选项用于选择特征旋转所绕的轴，可以是中心线或实体轮廓线。

2）“方向 1”选项

在“方向 1”中可定义特征从草图基准面向一个方向旋转，可设定旋转终止条件，如图 3-2-5 所示。

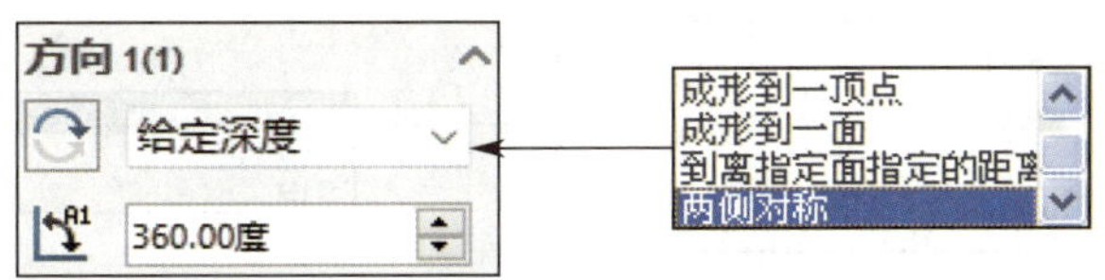

图 3-2-5 “方向 1”的旋转终止条件

3）“方向 2”选项

勾选“方向 2”复选框时，可以同时从草图基准面向另一方向定义旋转特征，“方向 2”各选项的设置方法与“方向 1”相同。

（4）旋转薄壁类型的“旋转 – 薄壁”属性管理器的选项设置

旋转薄壁类型的草图轮廓可以为封闭的也可以为开环的，草图轮廓不能与旋转轴相交。若草图轮廓为封闭的，则可生成如图 3-2-6a 所示的薄壁实体；若草图轮廓为开环的，如图 3-2-6b 所示，则旋转时系统会弹出如图 3-2-6c 所示的提示，单击“是”按钮，草图自动封闭，旋转生成实体；单击“否”按钮，旋转生成如图 3-2-6d 所示的薄壁实体。

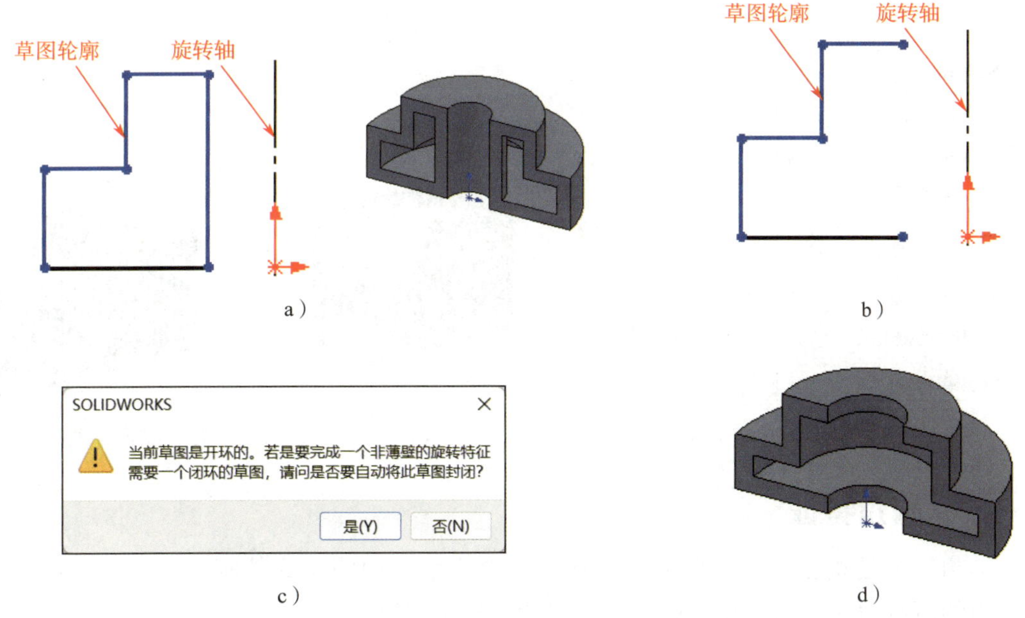

图 3-2-6 旋转薄壁类型的草图轮廓

a）旋转封闭草图轮廓创建薄壁实体　b）开环的草图轮廓　c）系统提示　d）旋转开环的草图轮廓创建薄壁实体

“旋转 – 薄壁”属性管理器中“旋转轴”“方向 1”“方向 2”各选项的设置方法与“旋转”属性管理器相同。薄壁特征选项如图 3-2-7 所示，可选择添加薄壁体积的方向，设置薄壁体积厚度。

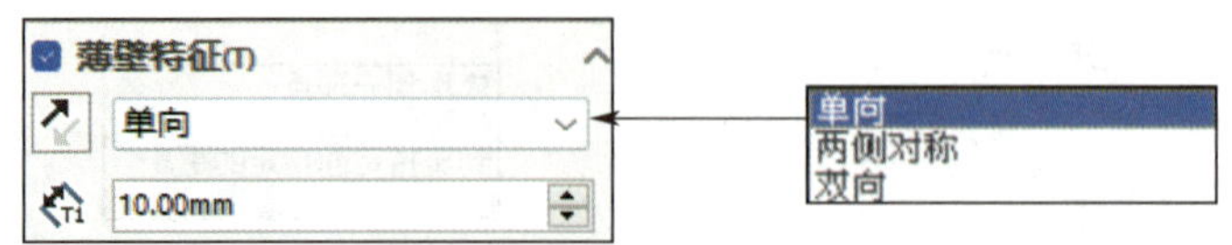

图 3-2-7　薄壁特征选项

2. 旋转切除特征

旋转切除特征是草图轮廓绕旋转轴旋转切除现有实体而生成的新实体特征。

（1）创建旋转切除特征的方法

单击“特征”工具栏中的“旋转切除”按钮，或单击菜单栏中的“插入”→“切除”→“旋转”，即可创建旋转切除特征。

（2）“切除 – 旋转”属性管理器

单击“旋转切除”按钮后，弹出如图 3-2-8 所示的“切除 – 旋转”属性管理器。旋转切除特征建模举例如图 3-2-9 所示。

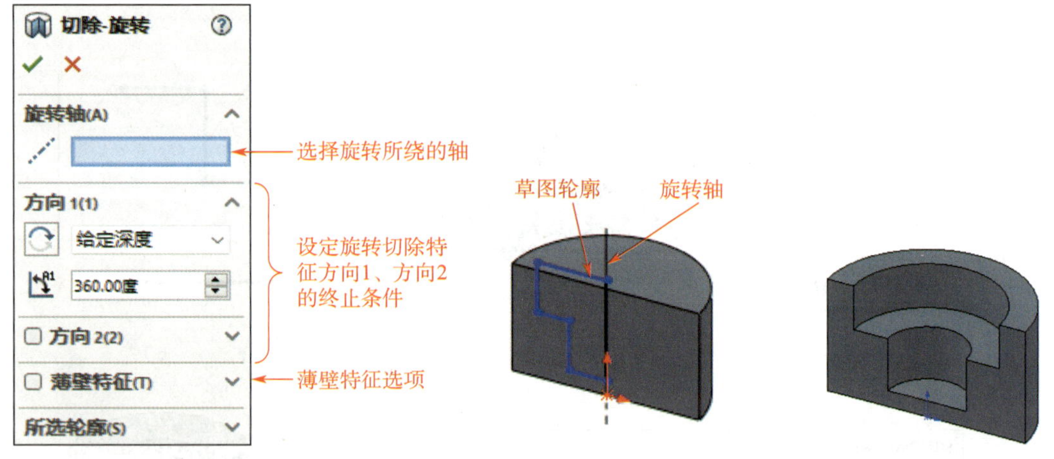

图 3-2-8　“切除 – 旋转”属性管理器　　图 3-2-9　旋转切除特征建模举例

二、圆角特征

圆角特征是指在实体或曲面上生成的一个光滑的内圆角或外圆角过渡面，可以为一个面的所有边线、多组面、所选边线或边线环创建圆角。

单击“特征”工具栏中的“圆角”按钮，或单击菜单栏中的“插入”→“特征”→“圆角”。单击“圆角”按钮后，打开如图 3-2-10 所示的“圆角”属性管理器，下面展开讲解其中 3 种圆角类型。

1. 固定大小圆角

固定大小圆角是指生成的圆角半径相等。在“圆角类型”中选择“固定大小圆角”后，进一步展开如图 3-2-11 所示的选项。在“半径”中设置圆角半径值，在“要圆角化的项目”中选择要圆角化的边线、面、环或特征。

图 3-2-10 “圆角”属性管理器

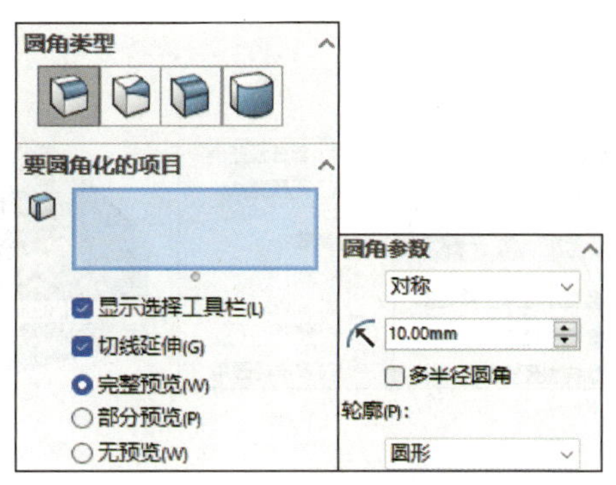

图 3-2-11 “固定大小圆角”选项

例：打开素材文件夹中的“项目三\任务 2\3-2-12a.SLDPRT”文件，打开如图 3-2-12a 所示的实体，对实体所有边线创建 $R5$ 圆角。

单击“圆角”按钮，在“圆角类型”中选择“固定大小圆角”，在“半径”中设置圆角半径值为“5.00 mm”，在“要圆角化的项目”中选取设计树中的“凸台－拉伸 1”和“凸台－拉伸 2”特征，如图 3-2-12b 所示，结果如图 3-2-12c 所示。

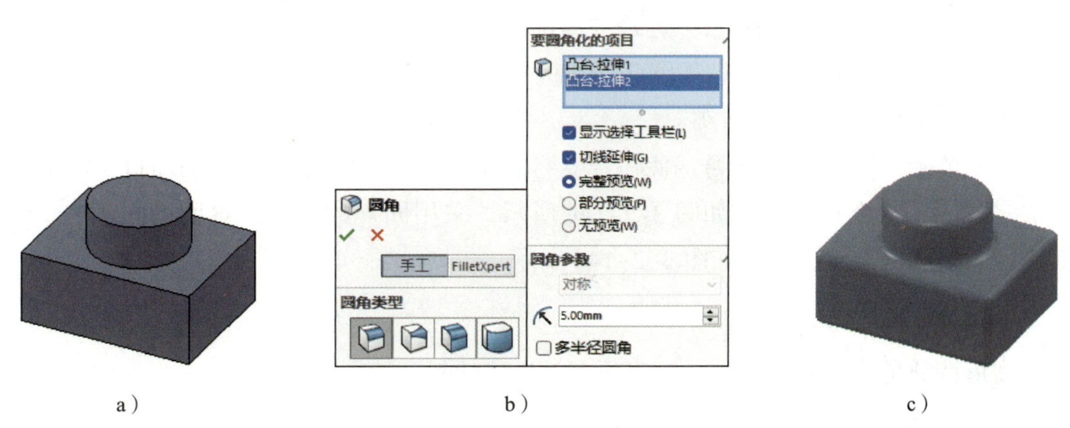

图 3-2-12 固定大小圆角

a）原实体　b）“固定大小圆角”属性设置　c）完成圆角创建

在“圆角参数”中勾选“多半径圆角”复选框后，可为选择的不同边线指定不同的圆角半径值，但不能为一条边线或有共同边线的面指定多个圆角半径值。

例：打开素材文件夹中的“项目三\任务 2\3-2-12a.SLDPRT”文件，对如图 3-2-12a 所示的实体 3 条边线创建多半径圆角。

单击“圆角”按钮，在“圆角类型”中选择“固定大小圆角”，在“圆角参数”中勾选“多半径圆角”复选框，选取实体的 3 条边线，设置圆角半径值，如图 3-2-13a 所示，结果如图 3-2-13b 所示。

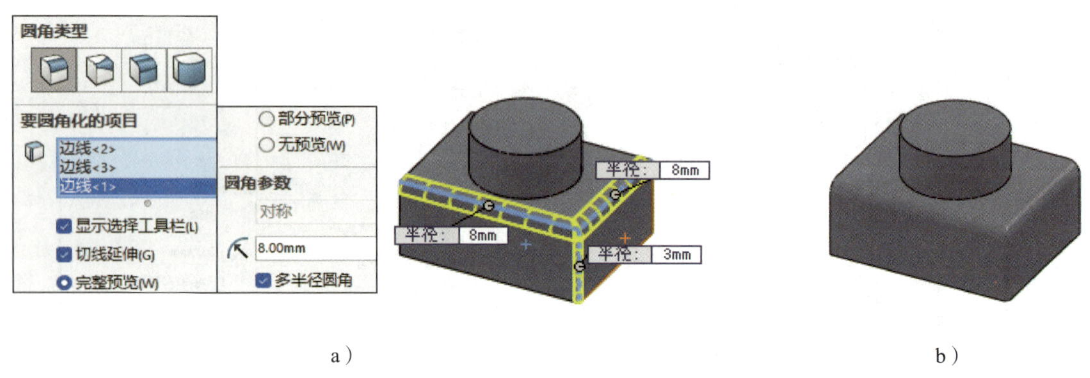

a）　　b）

图 3-2-13　多半径圆角

a）“多半径圆角”属性设置　b）完成圆角创建

2. 面圆角、完整圆角

可对混合不相邻、不连续的面生成面圆角，可在两个相间隔的面之间生成完整圆角。

例：打开素材文件夹中的“项目三\任务 2\3-2-14a.SLDPRT”文件，对两个不相邻的面创建面圆角，对 3 个相邻面创建完整圆角。

（1）单击“圆角”按钮，选择“面圆角”，在“要圆角化的项目”中分别选取实体中的两个不相邻的面，如图 3-2-14a 所示，在“半径”中设置圆角半径值为 10 mm，结果如图 3-2-14b 所示。

（2）单击“圆角”按钮，选择“完整圆角”，在“要圆角化的项目”中分别选取实体中的 3 个相邻面，如图 3-2-14c 所示。采用同样的方法，对另一侧 3 个相邻面进行完整圆角设置，结果如图 3-2-14d 所示。

三、倒角特征

倒角特征是指在所选边线、面或顶点上生成的斜面特征。

单击“特征”工具栏中的“倒角”按钮，或单击菜单栏中的“插入”→“特征”→“倒角”。打开“倒角”属性管理器，倒角类型包括角度距离、距离 – 距离、顶点、等距面、面 – 面等，如图 3-2-15 所示。

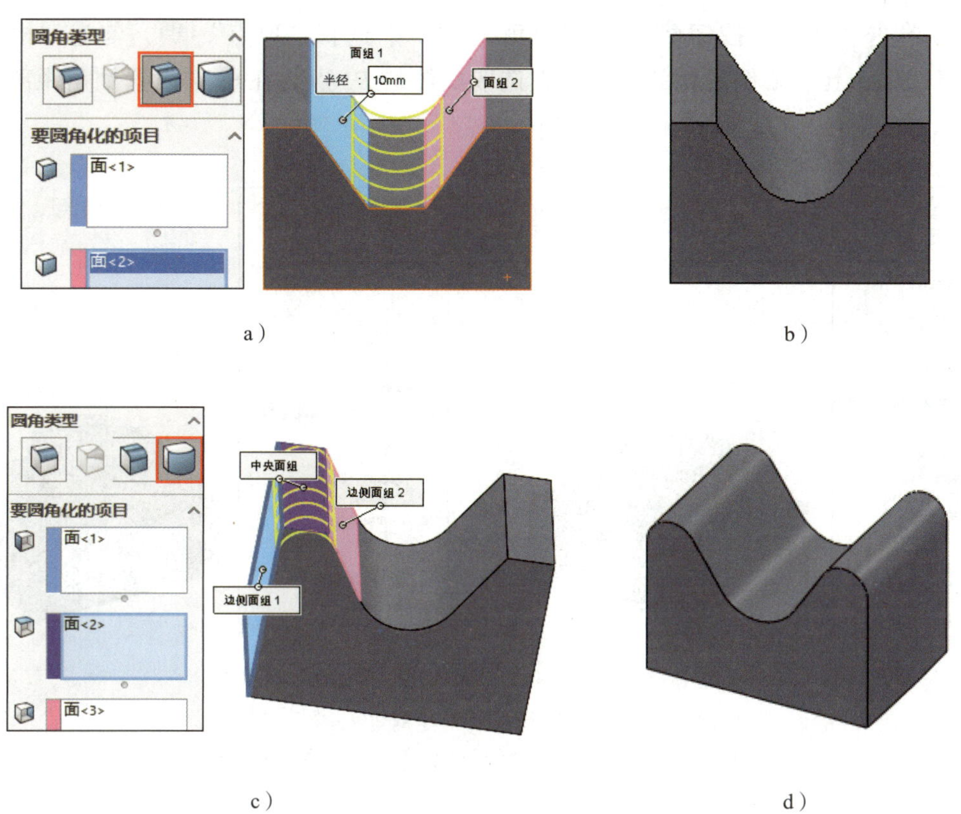

图 3-2-14　面圆角、完整圆角

a）“面圆角”属性设置　b）完成面圆角创建　c）“完整圆角”属性设置　d）完成完整圆角创建

例：打开素材文件夹中的“项目三\任务 2\3-2-16.SLDPRT”文件，实体如图 3-2-16 所示，对圆柱顶面及实体底面边线创建 *C*3 倒角，对 *P*1 点设置相等距离为 10 mm 的倒角。

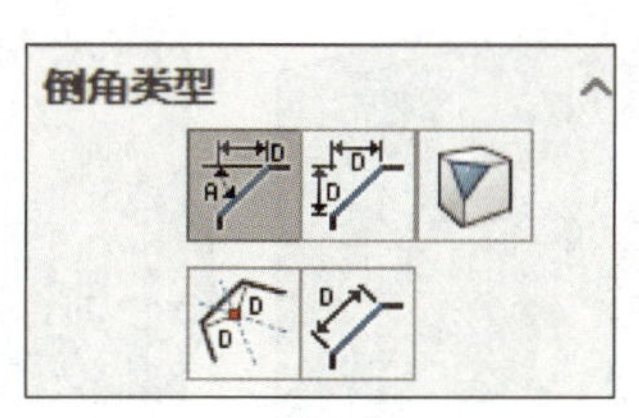

图 3-2-15　倒角类型

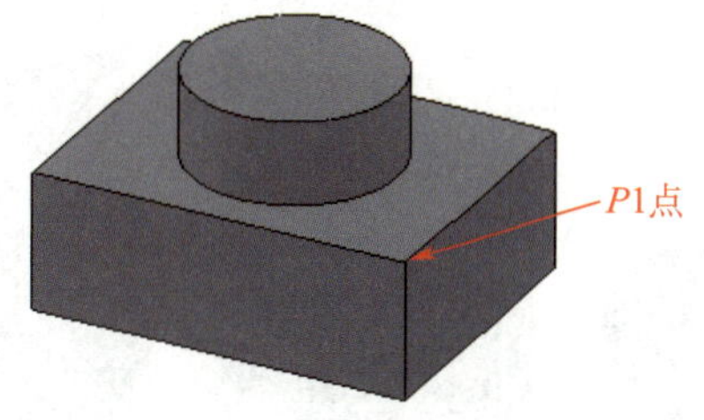

图 3-2-16　编辑倒角特征前的实体

1. 单击“倒角”按钮，在“倒角类型”中选择“角度距离”，在“要倒角化的项目”中选取圆柱顶面及实体底面，在中设置倒角距离值为 3 mm，在中设置角度值为 45°，如图 3-2-17a 所示。

2. 单击“倒角”按钮，在“倒角类型”中选择“顶点”，勾选“相等距离”复选框，在“要倒角化的项目”中选取实体的 $P1$ 点，在中设置倒角距离值为 10 mm，如图 3-2-17b 所示。

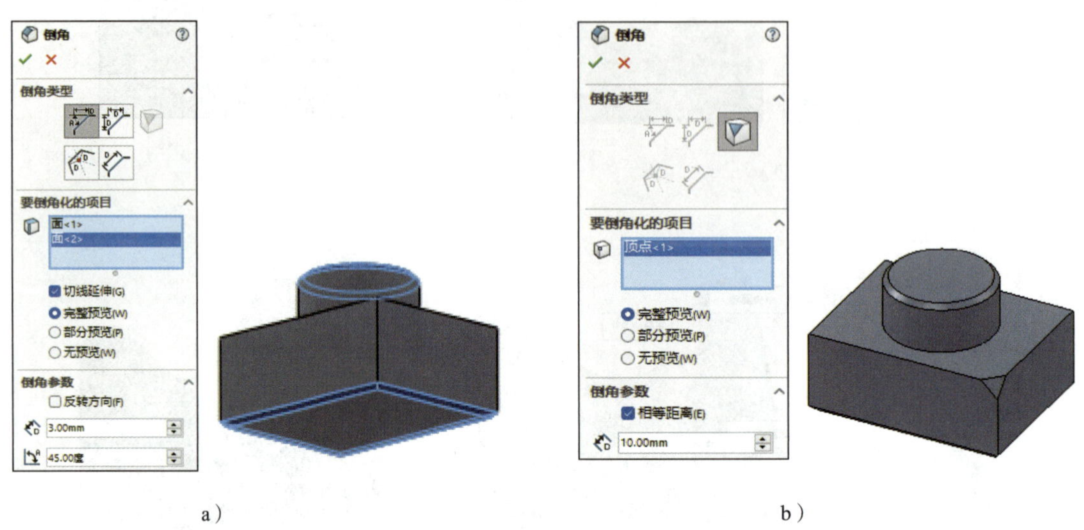

a） b）

图 3-2-17 创建倒角

a）对圆柱顶面及实体底面边线创建倒角 b）对顶点创建倒角

图 3-2-1 所示的阀盖零件可通过旋转右端凸缘、拉伸方形凸缘、旋转左端凸缘、旋转切除阶梯孔、创建圆角和倒角等完成建模，其设计思路如图 3-2-18 所示。

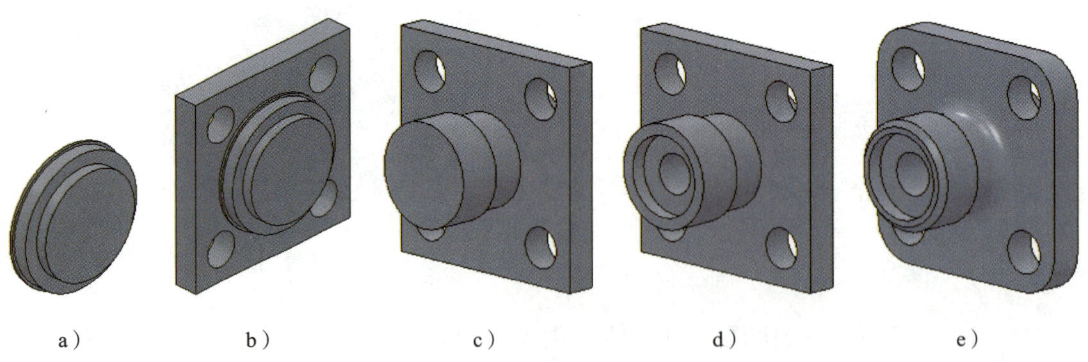

a） b） c） d） e）

图 3-2-18 阀盖零件的设计思路

a）旋转右端凸缘 b）拉伸方形凸缘 c）旋转左端凸缘 d）旋转切除阶梯孔 e）创建圆角和倒角

1．旋转右端凸缘

（1）选择前视基准面作为草图平面，绘制如图 3–2–19a 所示的草图 1。

（2）单击“旋转凸台 / 基体”按钮，选择中心线作为旋转轴，相关属性设置如图 3–2–19b 所示，完成旋转右端凸缘，结果如图 3–2–18a 所示。

提示

旋转特征草图直径尺寸的标注方法：单击“智能尺寸”按钮后，先选取旋转轴，再依次选取要标注直径尺寸的边线，将光标越过旋转轴单击即可依次生成直径尺寸。

2．拉伸方形凸缘

（1）选择右端凸缘的左端面作为草图平面，绘制如图 3–2–20a 所示的草图 2。

（2）单击“拉伸凸台 / 基体”按钮，相关属性设置如图 3–2–20b 所示，完成拉伸方形凸缘，结果如图 3–2–18b 所示。

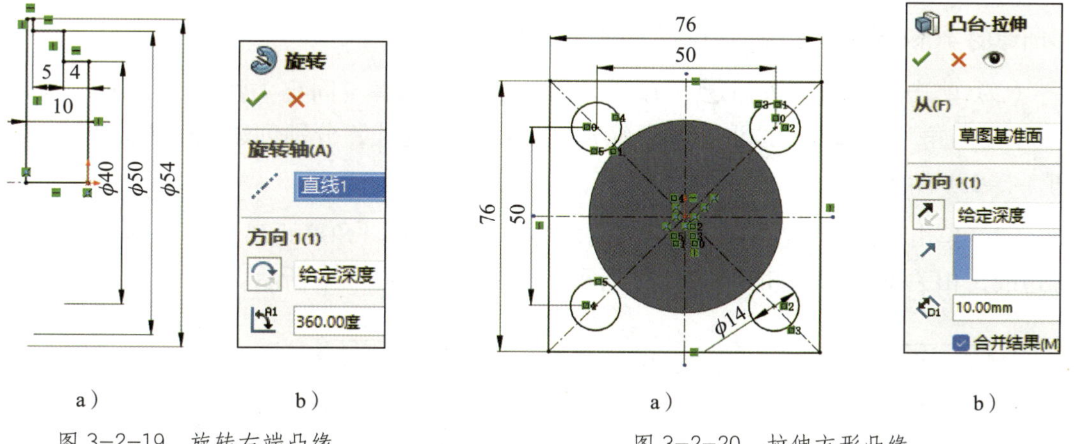

图 3–2–19　旋转右端凸缘
a）绘制草图 1　b）“旋转”属性设置

图 3–2–20　拉伸方形凸缘
a）绘制草图 2　b）“凸台 – 拉伸”属性设置

3．旋转左端凸缘

（1）选择前视基准面作为草图平面，绘制如图 3–2–21a 所示的草图 3。

（2）单击“旋转凸台 / 基体”按钮，选取中心线作为旋转轴，相关属性设置如图 3–2–21b 所示，完成旋转左端凸缘，结果如图 3–2–18c 所示。

4．旋转切除阶梯孔

（1）选择前视基准面作为草图平面，绘制如图 3–2–22a 所示的草图 4。

（2）单击“旋转切除”按钮，选取中心线作为旋转轴，相关属性设置如图 3–2–22b 所示，完成旋转切除阶梯孔，结果如图 3–2–18d 所示。

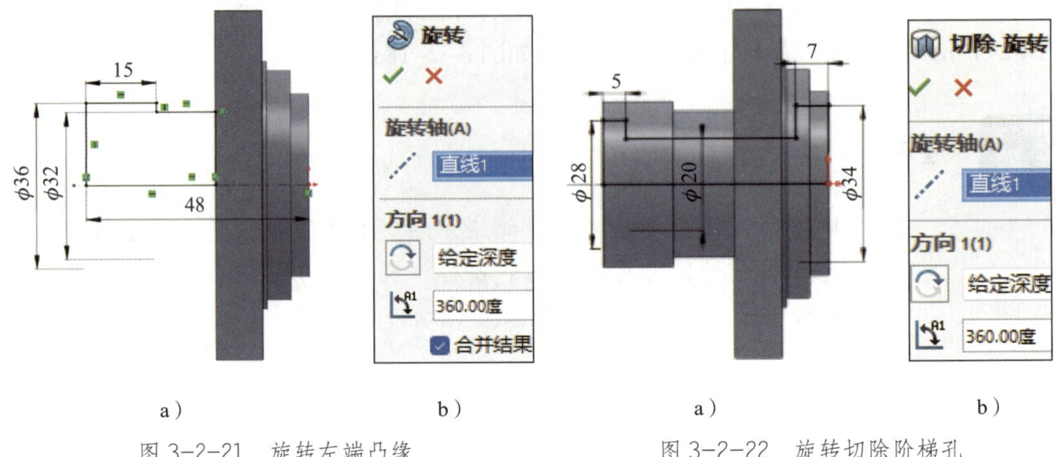

图 3–2–21　旋转左端凸缘
a）绘制草图 3　b）“旋转”属性设置

图 3–2–22　旋转切除阶梯孔
a）绘制草图 4　b）“切除 – 旋转”属性设置

5. 创建圆角和倒角

（1）单击“圆角”按钮，在“圆角类型”中选择“固定大小圆角”，选取方形凸缘的 4 条边线，相关属性设置如图 3–2–23a 所示。

（2）单击“圆角”按钮，在“圆角类型”中选择“固定大小圆角”，勾选“多半径圆角”复选框，选取左端凸缘 φ32 轴段两条边线，分别创建 $R5$、$R2$ 圆角，如图 3–2–23b 所示。

（3）单击“倒角”按钮，在“倒角类型”中选择“角度距离”，选取左端凸缘边线，相关属性设置如图 3–2–23c 所示，结果如图 3–2–18e 所示。

a）

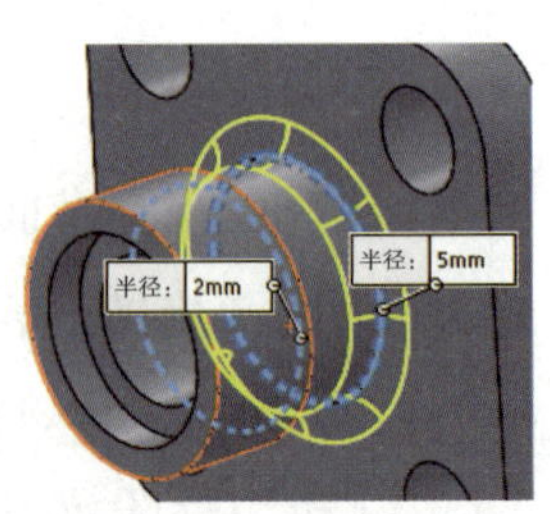

b）

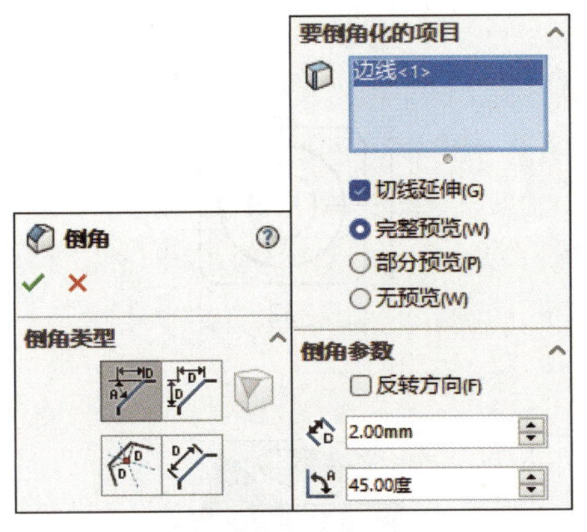

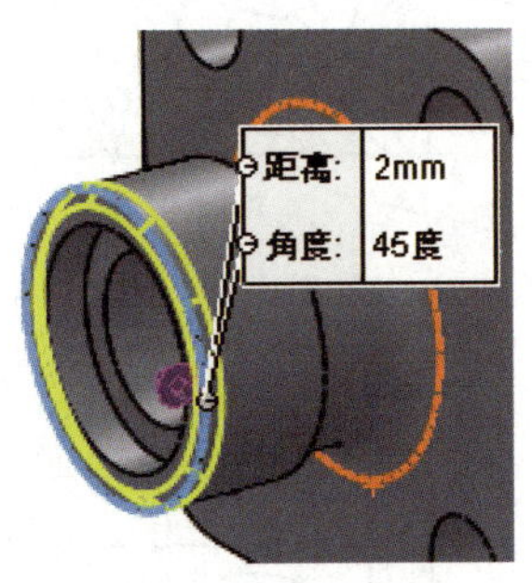

c）

图 3-2-23　创建圆角和倒角

a）方形凸缘圆角设置　b）左端凸缘 $\phi32$ 轴段圆角设置　c）左端凸缘倒角设置

任务 3　斜支座的设计

1. 能创建基准面、基准轴等参考几何体。

2. 能应用拉伸凸台 / 基体、旋转切除、圆角等特征完成简单零件和产品的设计。

根据如图 3-3-1 所示的斜支座零件图及立体图，创建参考几何体，应用拉伸凸台 / 基体、旋转切除、圆角等特征，完成斜支座零件的设计。

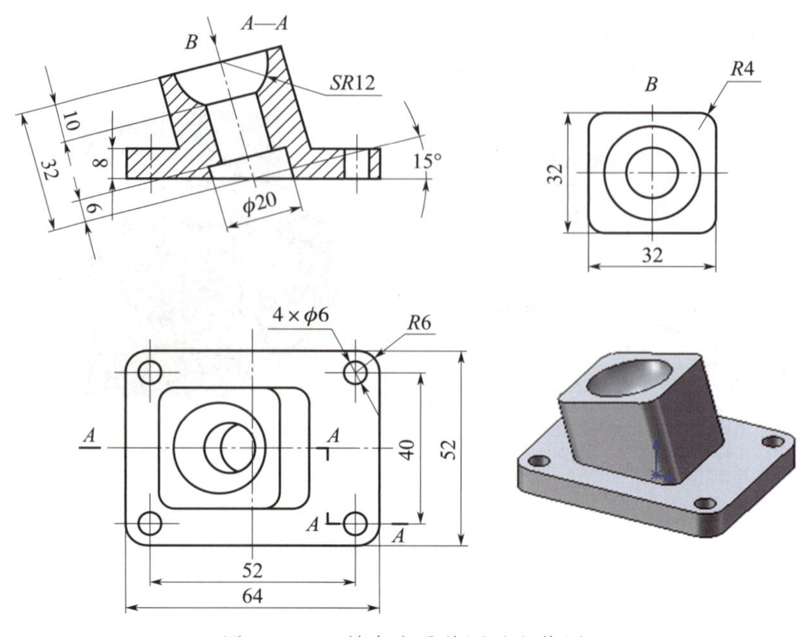

图 3-3-1　斜支座零件图及立体图

参考几何体包括基准面、基准轴、坐标系和点，可作为其他特征生成时的参考。

一、基准面特征

在实体建模过程中，如果默认基准面不能满足建模要求并且实体上也没有合适的平面时，则可建立基准面作为生成特征的参考。

单击“特征”工具栏中的“参考几何体” →“基准面”按钮，或单击菜单栏中的“插入”→“参考几何体”→“基准面”。打开如图 3-3-2 所示的“基准面”属性管理器，有“第一参考”“第二参考”“第三参考”3 个选项，当选取第一参考不能确定基准面时，则进一步选取第二参考、第三参考。当选取的参考不一样时，创建基准面的方式也不一样。

例：创建一个与上视基准面距离为 50 mm 的基准面。

单击“基准面”按钮，在“第一参考”中选取上视基准面，在“偏移距离” 中输入“50.00 mm”，相关属性设置及结果如图 3-3-3 所示。勾选“反转等距”复选框后，可创建反向的基准面。

图 3-3-2　“基准面”属性管理器

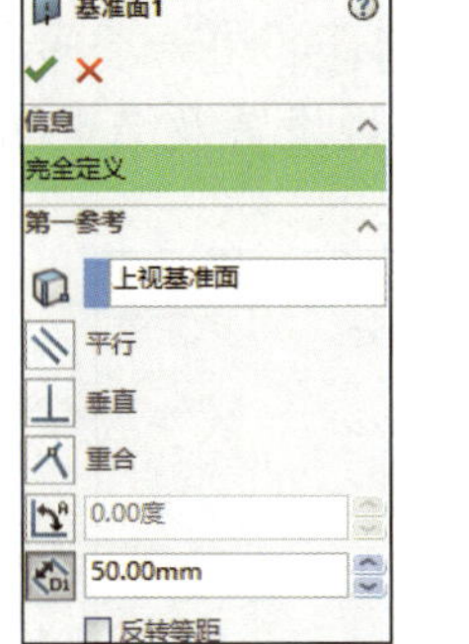

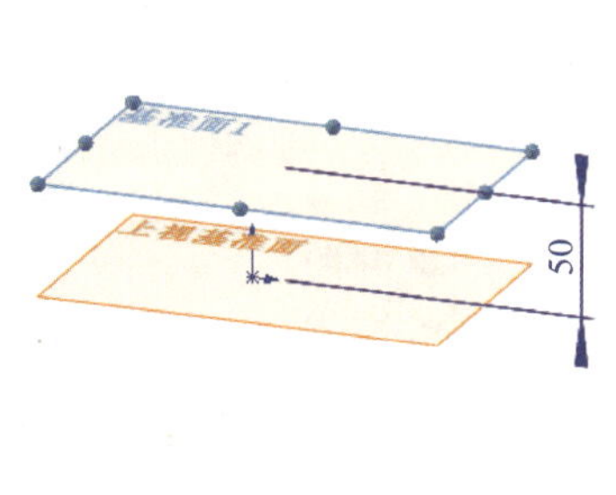

图 3-3-3　创建一个与选定面等距的基准面

例：创建一个与圆锥表面相切且与前视基准面垂直的基准面。

单击“基准面”按钮，在“第一参考”中选取圆锥表面，在“第二参考”中选取前视基准面，相关属性设置及结果如图 3-3-4 所示。

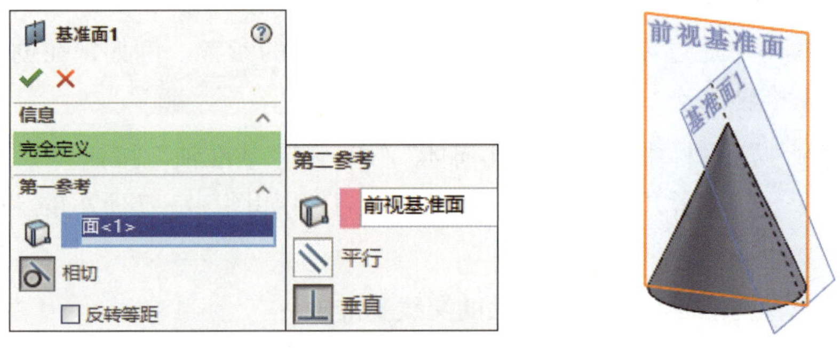

图 3-3-4　创建一个与圆锥表面相切且与前视基准面垂直的基准面

例：创建一个通过曲线端点且垂直于曲线的基准面。

单击“基准面”按钮，在“第一参考”中选取曲线，在“第二参考”中选取曲线端点，相关属性设置及结果如图 3-3-5 所示。

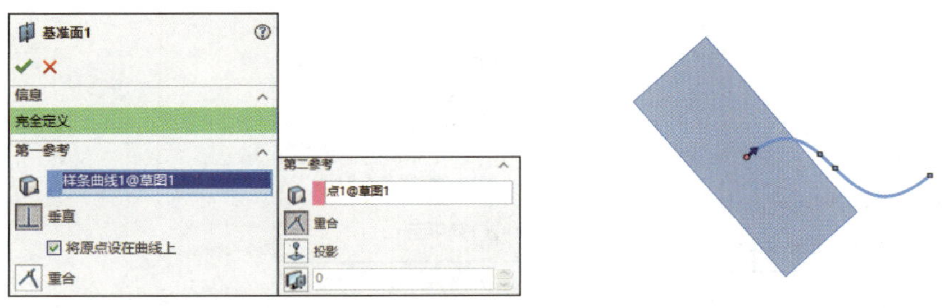

图 3-3-5　创建一个通过曲线端点且垂直于曲线的基准面

例：创建一个通过正方体 3 条相邻边线中点的基准面。

单击“基准面”按钮，分别在“第一参考”“第二参考”“第三参考”中选取正方体 3 条相邻边线的中点，相关属性设置及结果如图 3–3–6 所示。

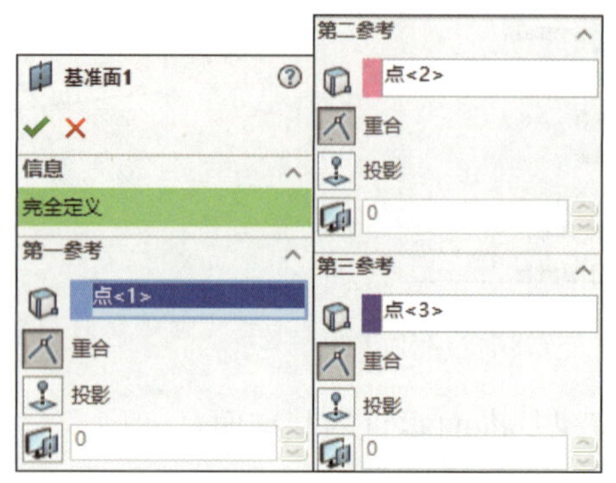

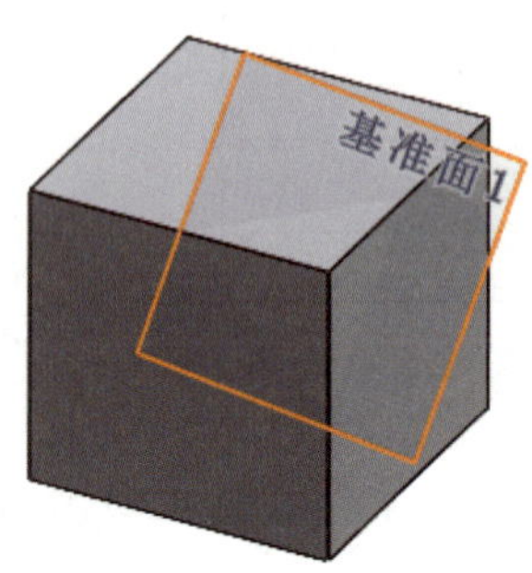

图 3-3-6　创建一个通过 3 点的基准面

二、基准轴特征

在实体建模中可通过创建基准轴来创建其他特征的参考，例如，在创建圆周阵列特征时会应用基准轴。

单击“特征”工具栏中的“参考几何体” →“基准轴”按钮，或单击菜单栏中的“插入”→“参考几何体”→“基准轴”，打开如图 3–3–7 所示的“基准轴”属性管理器。

例：创建前视基准面与右视基准面的交线基准轴。

单击“基准轴”按钮，选中“两平面”，在“参考实体” 中选择右视基准面和前视基准面，相关属性设置及结果如图 3–3–8 所示。

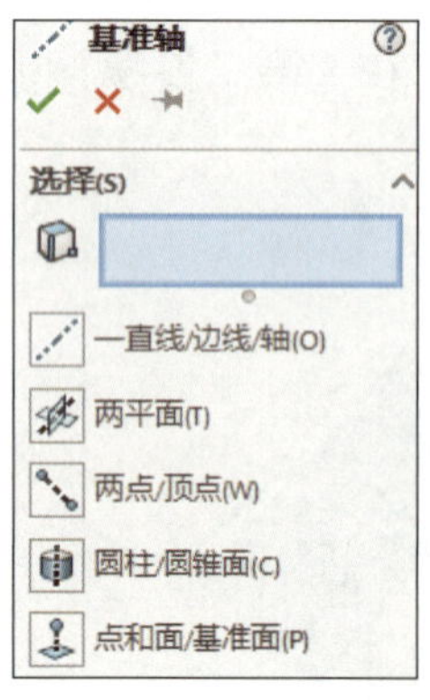

图 3-3-7　“基准轴”属性管理器

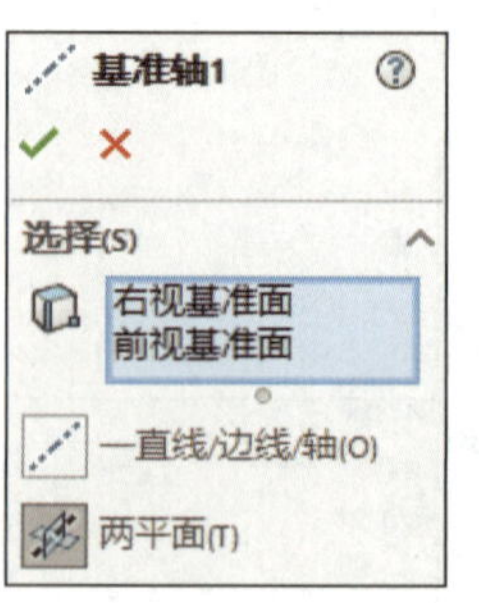

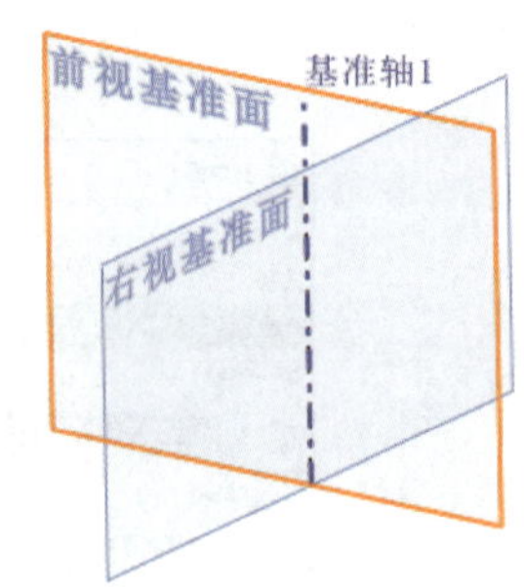

图 3-3-8　创建两个面的交线基准轴

提示

当创建圆柱、圆锥、孔等具有回转特性的特征或实体时，系统会自动在其中心产生临时轴。可通过单击菜单栏中的“视图”→“隐藏/显示”→“临时轴”，或者单击“前导视图”工具栏中的“隐藏/显示项目”→“观阅临时轴”按钮来隐藏或显示临时轴。临时轴也可用于其他特征创建的参考。图 3-3-9 所示为具有回转特性实体的临时轴。

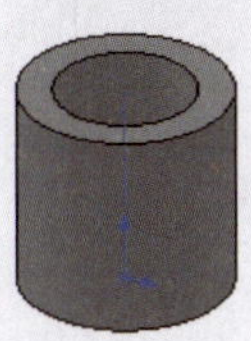
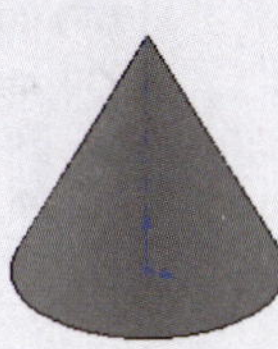
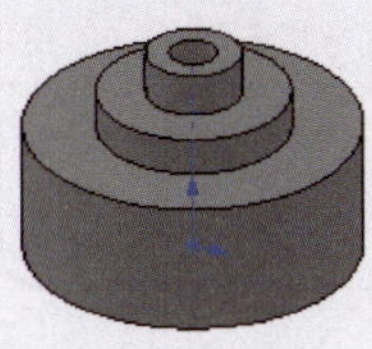
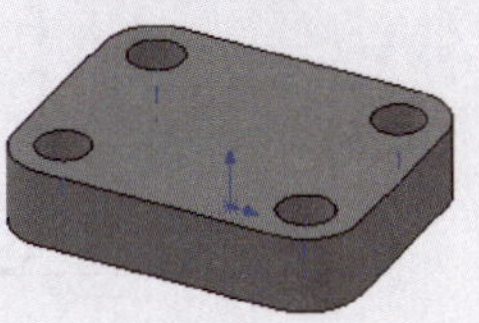

图 3-3-9　具有回转特性实体的临时轴

图 3-3-1 所示的斜支座零件可通过拉伸底座、创建基准轴与基准面、拉伸斜座、旋转切除内孔、创建圆角等完成实体建模，其设计思路如图 3-3-10 所示。

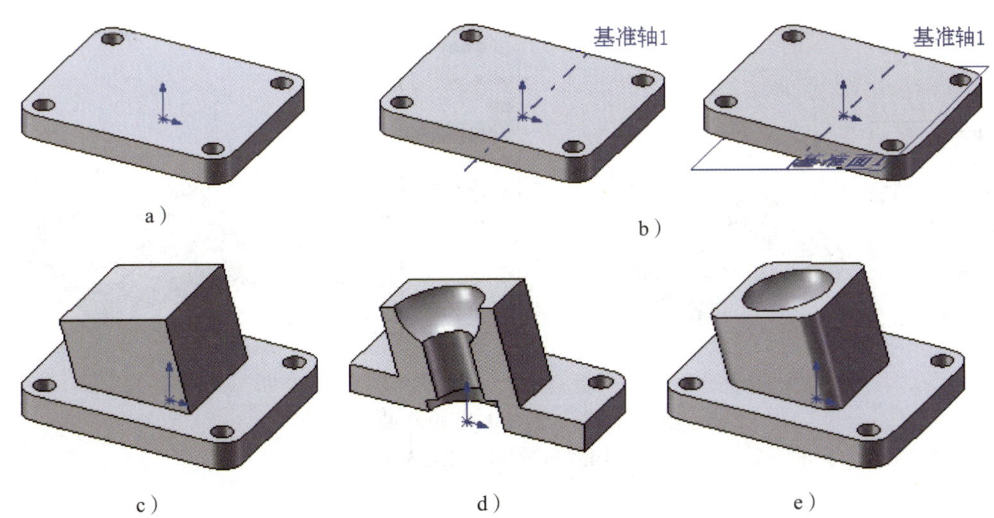

图 3-3-10　斜支座零件的设计思路

a）拉伸底座　b）创建基准轴与基准面　c）拉伸斜座　d）旋转切除内孔　e）创建圆角

1. 拉伸底座

选择上视基准面作为草图平面，绘制如图 3–3–11a 所示的草图 1，4 个 $\phi6$ 圆的圆心分别与 $R6$ 圆角的圆心重合。单击“拉伸凸台 / 基体”按钮，相关属性设置如图 3–3–11b 所示，完成拉伸底座，结果如图 3–3–10a 所示。

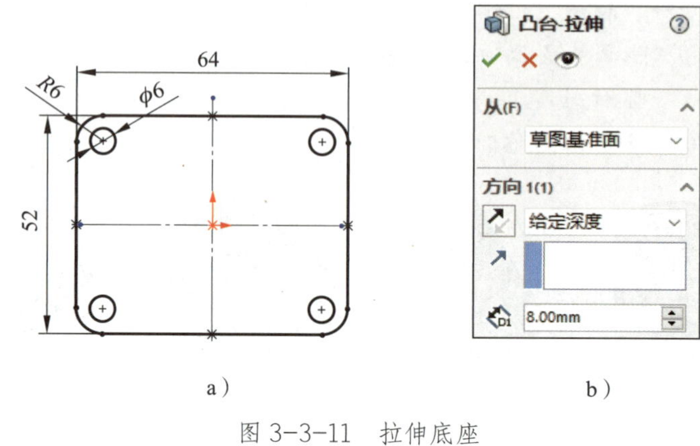

a） b）

图 3–3–11 拉伸底座

a）绘制草图 1 b）“凸台 – 拉伸”属性设置

2. 创建基准轴与基准面

（1）单击“基准轴”按钮，相关属性设置如图 3–3–12a 所示，创建上视基准面与右视基准面的交线基准轴 1。

（2）单击“基准面”按钮，相关属性设置如图 3–3–12b 所示，创建通过基准轴 1 且与上视基准面夹角为 15° 的基准面 1，结果如图 3–3–10b 所示。

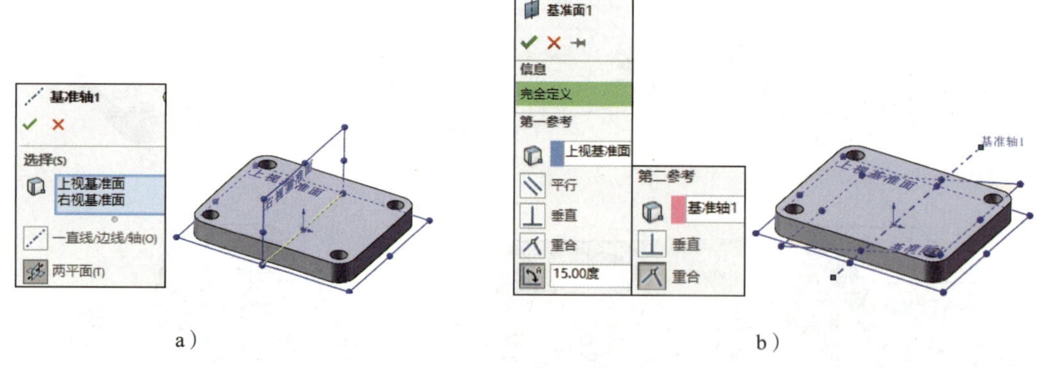

a） b）

图 3–3–12 创建基准轴与基准面

a）创建基准轴 b）创建基准面

3. 拉伸斜座

选择基准面 1 作为草图平面，绘制如图 3–3–13a 所示的草图 2，单击“拉伸凸台 /

基体”按钮，相关属性设置如图 3-3-13b 所示，隐藏基准轴 1、基准面 1，完成拉伸斜座，结果如图 3-3-10c 所示。

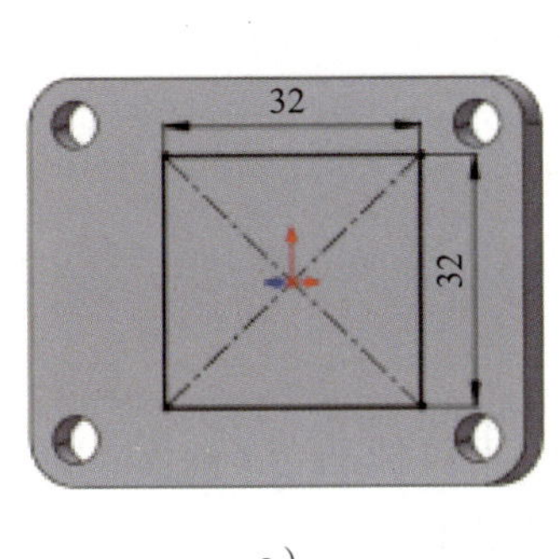

a）

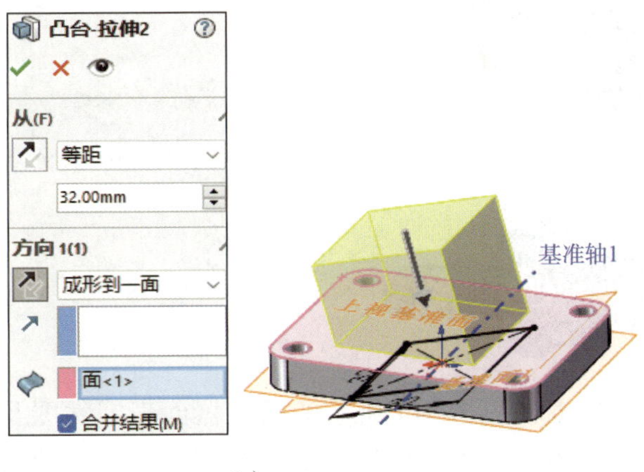

b）

图 3-3-13　拉伸斜座

a）绘制草图 2　b）“凸台 – 拉伸”属性设置

4. 旋转切除内孔

选择前视基准面作为草图平面，绘制如图 3-3-14a 所示的草图 3，单击“旋转切除”按钮，相关属性设置如图 3-3-14b 所示，完成旋转切除内孔，结果如图 3-3-10d 所示。

5. 创建圆角

单击“圆角”按钮，对图 3-3-15 中的斜座 4 条边线创建 $R4$ 圆角，结果如图 3-3-10e 所示。

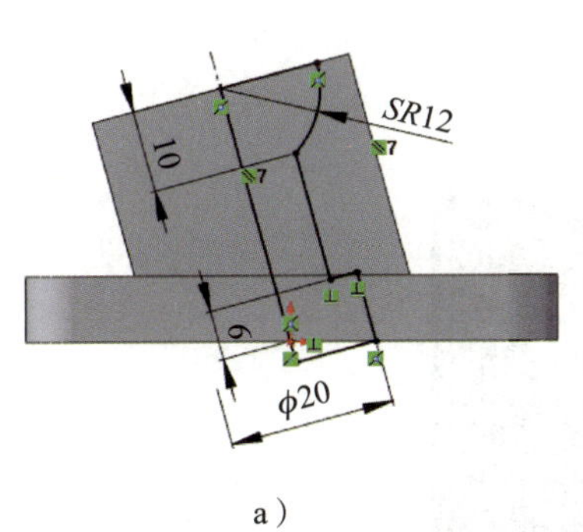

a）

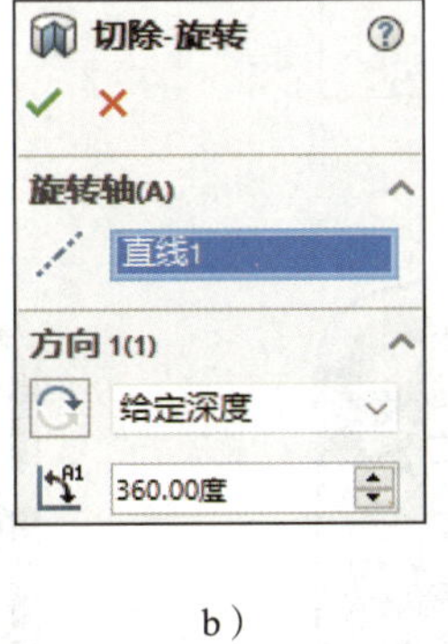

b）

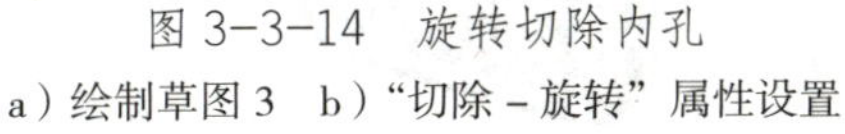

图 3-3-14　旋转切除内孔

a）绘制草图 3　b）“切除 – 旋转”属性设置

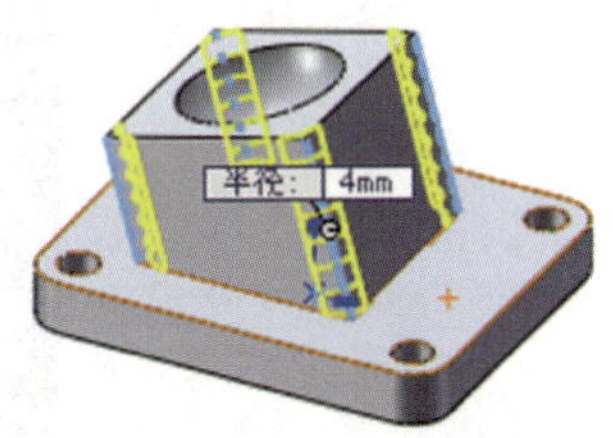

图 3-3-15　创建圆角

任务 4　遥控器面壳的设计

能应用线性阵列、抽壳、唇缘等特征完成简单零件和产品的设计。

根据如图 3-4-1 所示的遥控器面壳零件图及立体图，应用拉伸凸台 / 基体、拉伸切除、线性阵列、抽壳、唇缘等特征，完成遥控器面壳产品的设计。

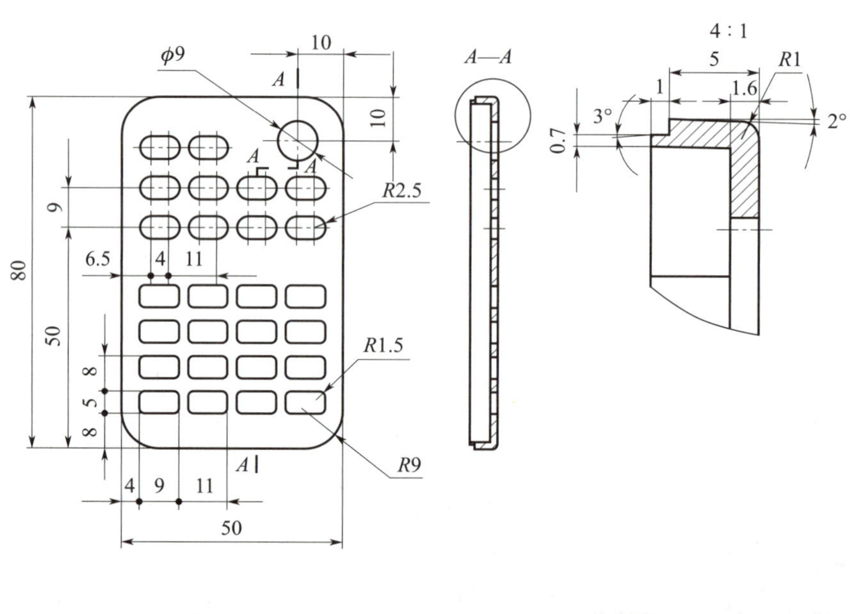

图 3-4-1　遥控器面壳零件图及立体图

特征的阵列功能是指按线性或圆周阵列等方式复制所选的源特征，阵列方式包括线性阵列、圆周阵列和草图驱动阵列等。

一、线性阵列特征

线性阵列特征是指沿一条或两条直线路径，以线性阵列的方式生成的一个或多个特征。

单击“特征”工具栏中的“线性阵列”按钮，或单击菜单栏中的“插入”→“阵列 / 镜向”→“线性阵列”。打开如图 3-4-2 所示的“线性阵列”属性管理器。

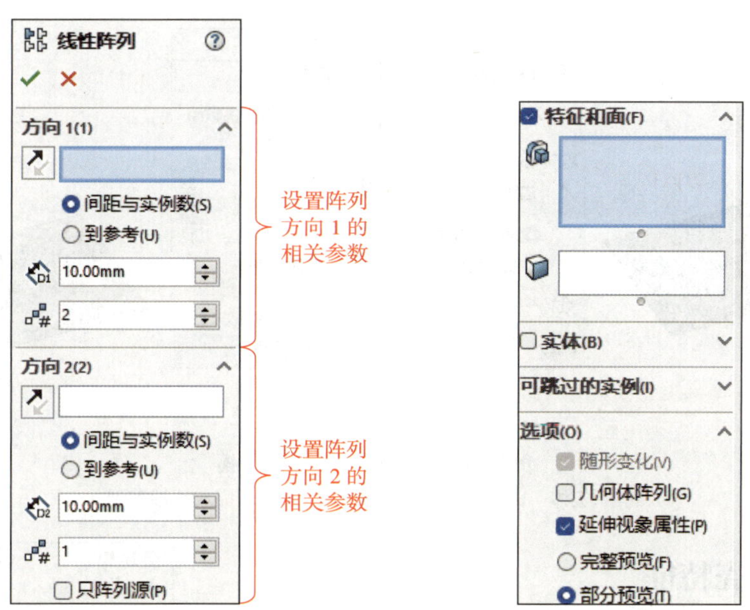

图 3-4-2　“线性阵列”属性管理器

1. 要阵列的特征

线性阵列需先选择要阵列的特征，在“特征和面”中的“要阵列的特征”中选取设计树中的特征或在图形区中选取特征。

2. “方向 1”选项

在“方向 1”中可设定在第一个方向生成阵列。

在“阵列方向” 中选择边线、直线、轴线或尺寸，单击按钮 可反转阵列方向；在“间距” 中设置阵列实例的间距；在“实例数” 中设置阵列实例的个数。

3. “方向 2”选项

在“方向 2”中可设定在第二个方向生成阵列，设置方法与在“方向 1”中的设置方法相同。

4. 可跳过的实例

生成阵列时，在“可跳过的实例”中选取不需阵列的实例。

例：打开素材文件夹中的“项目三\任务 4\3-4-3a.SLDPRT”文件，对如图 3-4-3a 所示实体中的圆孔分别以图中两条边线为方向进行线性阵列，其中“方向 1”中的实例数为 4、间距为 40 mm；“方向 2”中的实例数为 3、间距为 30 mm。

在设计树中单击选中“切除 – 拉伸 1”特征，单击“线性阵列”按钮，相关属性设置如图 3-4-3b 所示，完成圆孔的线性阵列，结果如图 3-4-3c 所示。

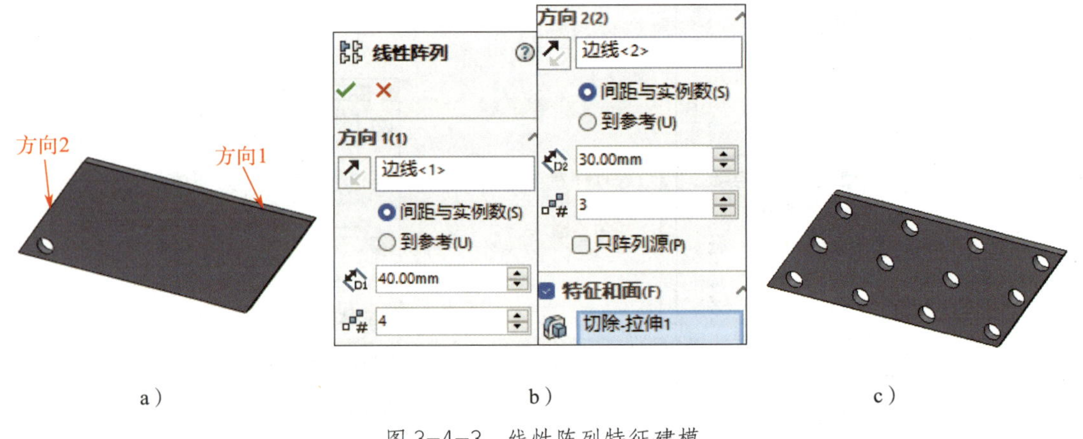

图 3-4-3　线性阵列特征建模

a）原实体　b）“线性阵列”属性设置　c）完成线性阵列

二、抽壳特征

抽壳特征用于将实体的面移除，在剩余的面上生成等壳厚或多壳厚的壳。

单击“特征”工具栏中的“抽壳”按钮，或单击菜单栏中的“插入”→“特征”→“抽壳”，打开如图 3-4-4 所示的“抽壳”属性管理器。

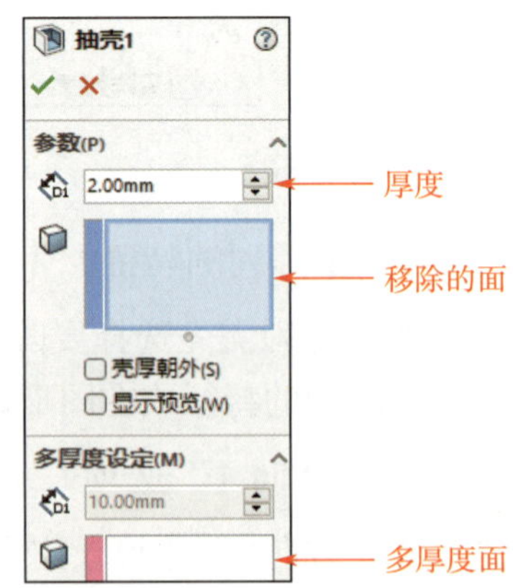

图 3-4-4　“抽壳”属性管理器

提示

编辑抽壳特征时，如果不选择实体上的任何面作为移除的面，只设置壳厚，则可将实体抽壳生成闭合的中空实体，如图 3-4-5 所示。抽壳特征应在圆角半径数值大于壳厚的圆角特征之后进行。

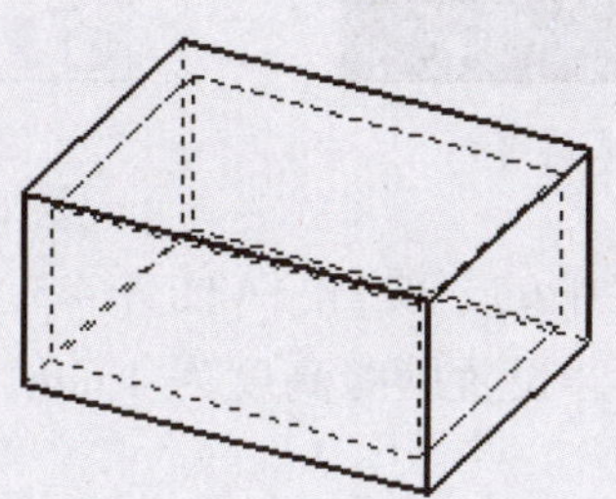

图 3-4-5　抽壳生成闭合的中空实体

例：打开素材文件夹中的“项目三＼任务 4\3-4-6a.SLDPRT”文件，对如图 3-4-6a 所示的实体进行抽壳，移除顶面和前端面，设置底面壳厚为 6 mm、其他壳厚为 3 mm。

单击“抽壳”按钮，分别在实体中选取顶面和前端面作为移除的面，在“厚度”中设置壳厚为 3 mm，选取底面作为多厚度面，在“多厚度”中设置壳厚为 6 mm，相关属性设置如图 3-4-6b 所示，结果如图 3-4-6c 所示。

a）

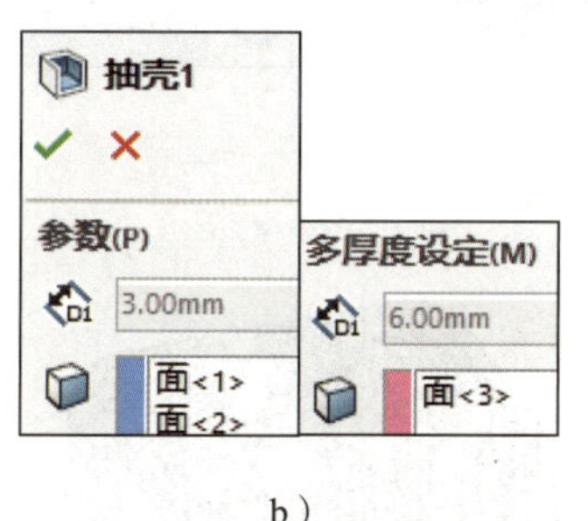

b）

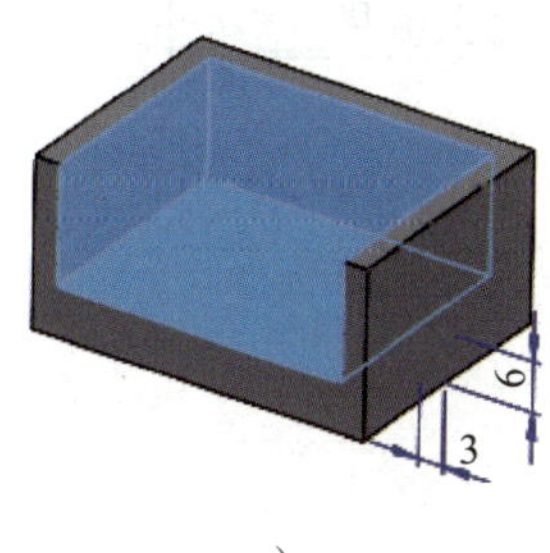

c）

图 3-4-6　抽壳特征建模

a）原实体　b）“抽壳”属性设置　c）完成抽壳

三、扣合特征——唇缘

唇缘 / 凹槽特征常用于设计塑料零件的唇缘和凹槽，用于对齐、配合和扣合两个塑料零件。可将材料添加到实体形成唇缘，如图 3-4-7 所示，可从实体中移除材料形成凹槽。

单击菜单栏中的“插入”→“扣合特征”→“唇缘 / 凹槽”，打开如图 3-4-8 所示的“唇缘 / 凹槽”属性管理器。

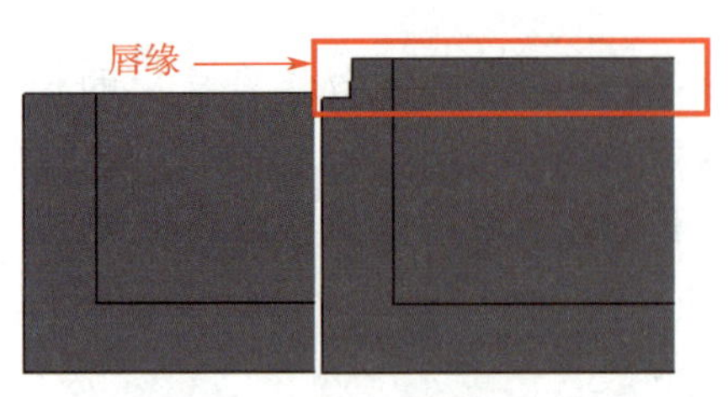

图 3-4-7 形成唇缘

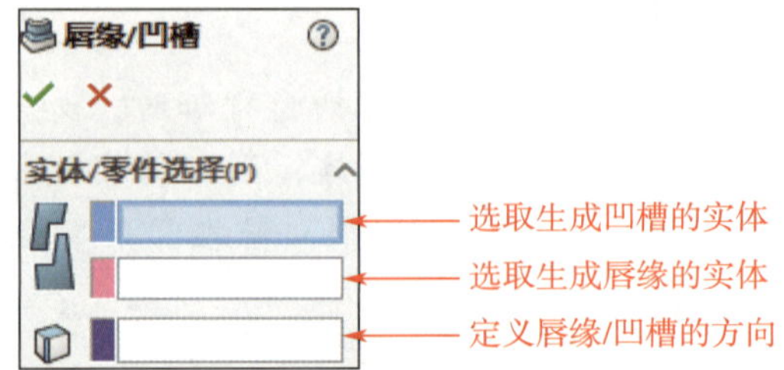

图 3-4-8 “唇缘 / 凹槽”属性管理器

例：打开素材文件夹中的“项目三 \ 任务 4\3-4-9a.SLDPRT”文件，在如图 3-4-9a 所示的实体顶面生成唇缘，设置唇缘高度为 4 mm、唇缘宽度为 2.5 mm、唇缘拔模角度为 3°。

单击“唇缘 / 凹槽”，相关属性设置如图 3-4-9a 所示，其中“面 <1>”为实体顶面，“边线 <1>”为实体顶面内侧边线，结果如图 3-4-9b 所示。

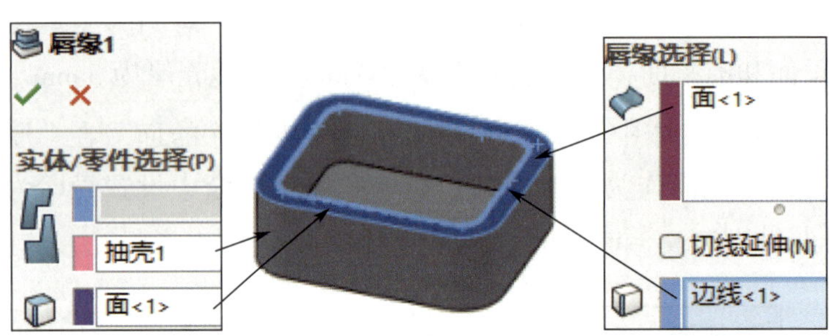

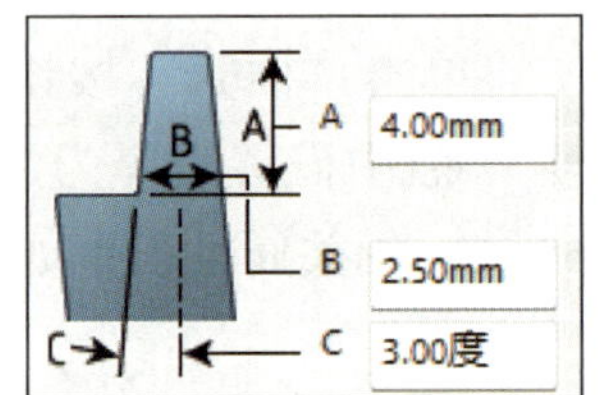

a）

b）

图 3-4-9 唇缘特征建模

a）“唇缘”属性设置 b）完成唇缘特征编辑

图 3-4-1 所示的遥控器面壳产品可通过拉伸面壳、面壳抽壳、生成唇缘、阵列带圆角矩形槽、阵列直槽口、切除圆孔、创建圆角等完成建模，其设计思路如图 3-4-10 所示。

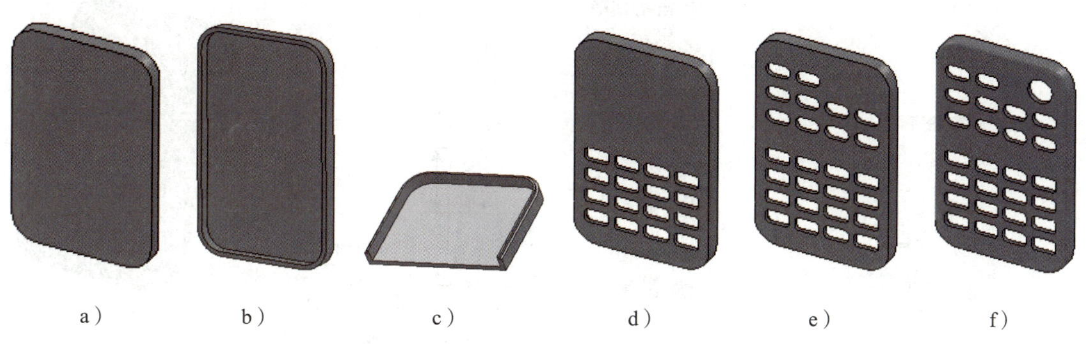

图 3-4-10　遥控器面壳产品的设计思路

a）拉伸面壳　b）面壳抽壳　c）生成唇缘　d）阵列带圆角矩形槽

e）阵列直槽口　f）切除圆孔、创建圆角

1．拉伸面壳

选择前视基准面作为草图平面，绘制如图 3-4-11a 所示的草图 1，单击“拉伸凸台 / 基体”按钮，设置拉伸方向为朝前、拔模角度为 2°，相关属性设置如图 3-4-11b 所示，完成拉伸面壳，结果如图 3-4-10a 所示。

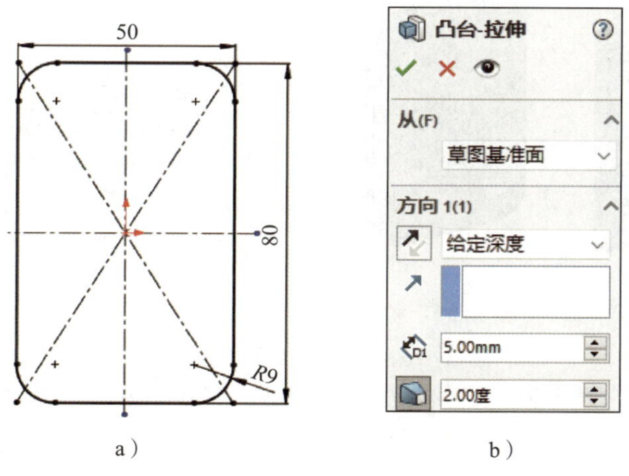

图 3-4-11　拉伸面壳

a）绘制草图 1　b）“凸台 – 拉伸” 属性设置

2. 面壳抽壳

单击“抽壳”按钮，选取面壳后端面作为要移除的面，相关属性设置如图 3-4-12 所示，完成面壳抽壳，结果如图 3-4-10b 所示。

3. 生成唇缘

单击“唇缘 / 凹槽”，在面壳后端面内侧边线处生成唇缘，相关属性设置如图 3-4-13 所示，结果如图 3-4-10c 所示。

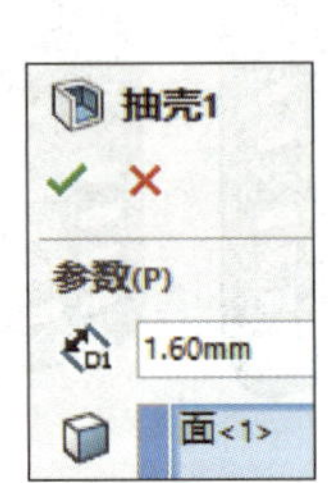

图 3-4-12 “抽壳”属性设置

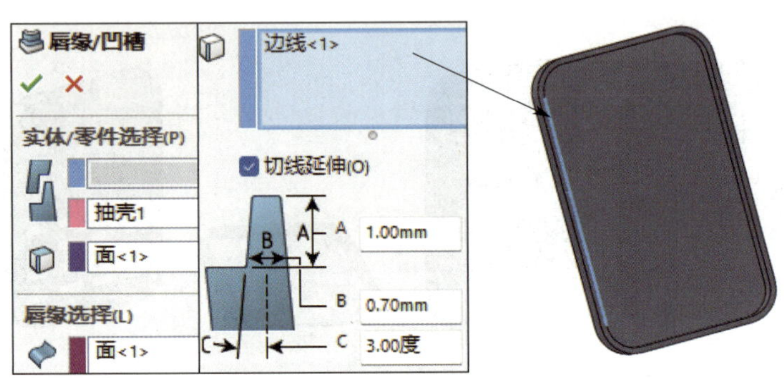

图 3-4-13 “唇缘 / 凹槽”属性设置

4. 阵列带圆角矩形槽

（1）选择前视基准面作为草图平面，绘制如图 3-4-14a 所示的草图 2，单击“拉伸切除”按钮，在“终止条件”中选择“完全贯穿”，结果如图 3-4-14b 所示。

（2）在设计树中单击选中“切除 – 拉伸 1”特征，单击“线性阵列”按钮，相关属性设置如图 3-4-14c 所示，完成阵列带圆角矩形槽，结果如图 3-4-10d 所示。

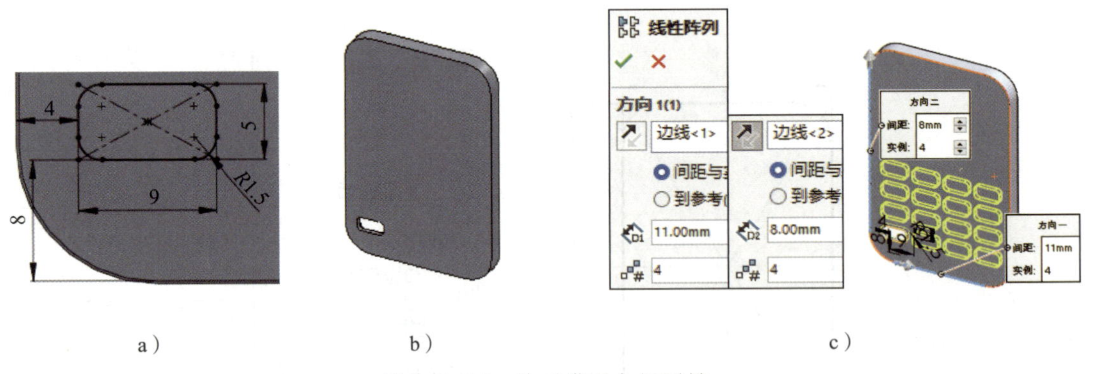

图 3-4-14 阵列带圆角矩形槽

a）绘制草图 2 b）切除带圆角矩形槽 c）“线性阵列”属性设置

5. 阵列直槽口

（1）选择前视基准面作为草图平面，绘制如图 3-4-15a 所示的草图 3，单击“拉伸切除”按钮，在“终止条件”中选择“完全贯穿”，结果如图 3-4-15b 所示。

（2）在设计树中单击选中“切除－拉伸 2”的特征，单击“线性阵列”按钮，相关属性设置如图 3-4-15c 所示，完成阵列直槽口，结果如图 3-4-10e 所示。

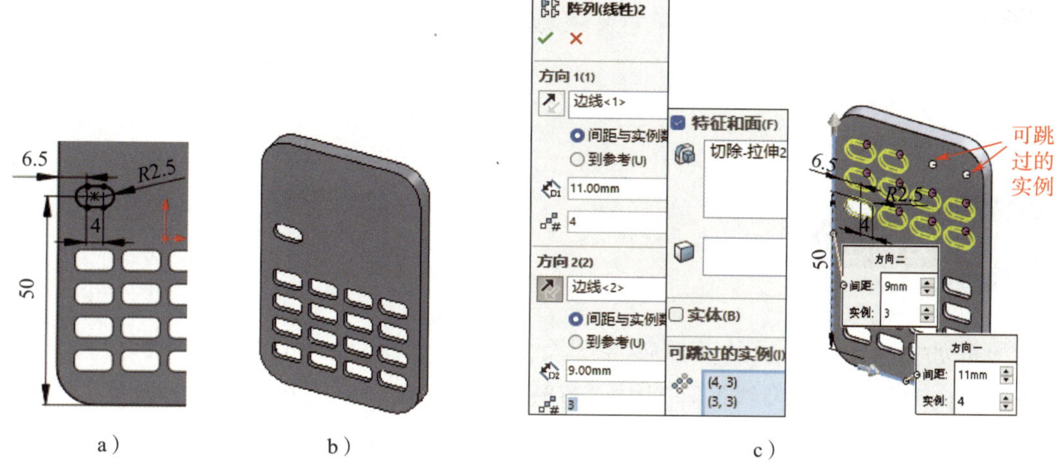

图 3-4-15　阵列直槽口

a）绘制草图 3　b）切除直槽口　c）“阵列（线性）”属性设置

6. 切除圆孔、创建圆角

（1）选择前视基准面作为草图平面，绘制如图 3-4-16a 所示的草图 4，单击“拉伸切除”按钮，在“终止条件”中选择“完全贯穿”，完成切除圆孔，结果如图 3-4-16b 所示。

（2）单击“圆角”按钮，对图 3-4-16c 中的前端面边线创建 $R1$ 圆角，结果如图 3-4-10f 所示。

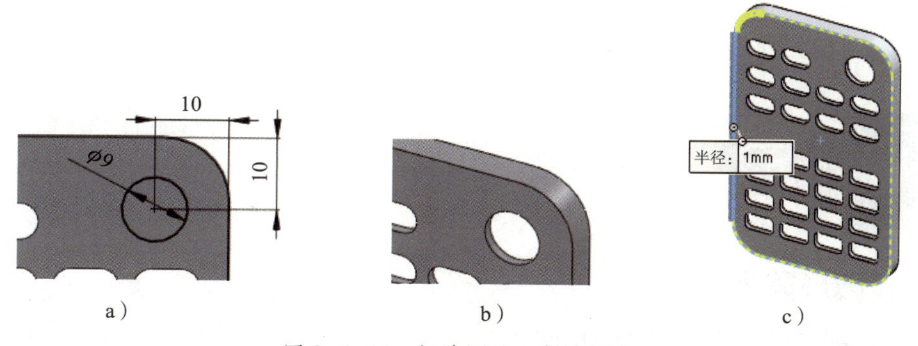

图 3-4-16　切除圆孔、创建圆角

a）绘制草图 4　b）切除圆孔　c）创建圆角

任务 5　蒸屉的设计

能应用圆周阵列、镜向等特征以及线性阵列中“随形变化”选项，完成简单零件和产品的设计。

任务描述

根据如图 3-5-1 所示的蒸屉零件图及立体图，应用拉伸凸台 / 基体、拉伸切除、抽壳、镜向等特征，以及线性阵列中“随形变化”选项，完成蒸屉产品的设计。

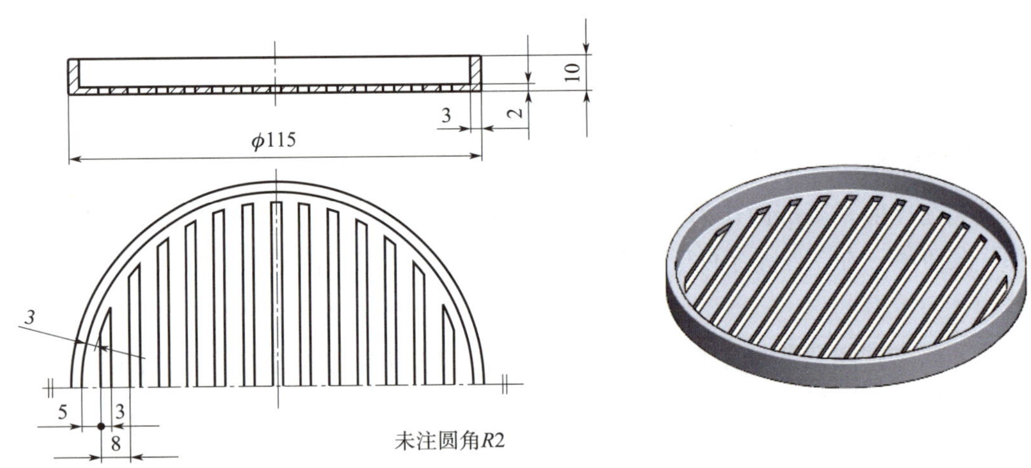

图 3-5-1　蒸屉零件图及立体图

一、随形阵列

随形阵列是线性阵列中“随形变化”选项的应用，它可使实例在阵列时随一定规律变化尺寸。

例：在三角板上创建多边形槽随形阵列。

1. 拉伸三角板

选择上视基准面作为草图平面，绘制如图 3-5-2a 所示的草图 1，单击“拉伸凸台 / 基体”按钮，拉伸高度为 5 mm，完成拉伸三角板，结果如图 3-5-2b 所示。

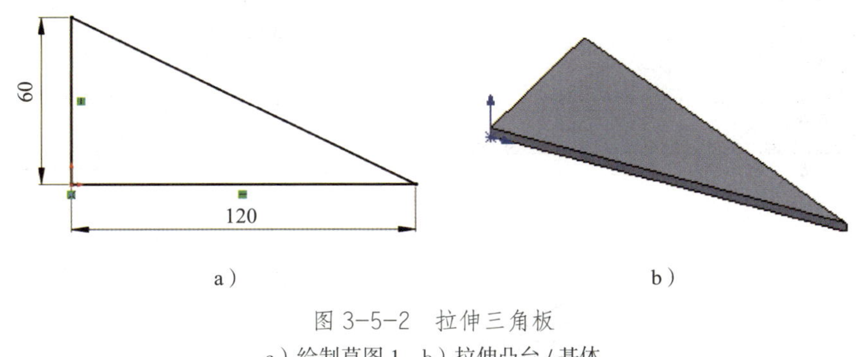

图 3-5-2　拉伸三角板
a）绘制草图 1　b）拉伸凸台 / 基体

2. 切除多边形槽

选择三角板顶面作为草图平面，绘制如图 3-5-3a 所示的草图 2，使草图完全定义（不能标注多边形在阵列中变化的高度尺寸）。单击“拉伸切除”按钮，在“终止条件”中选择“完全贯穿”，完成切除多边形槽，结果如图 3-5-3b 所示。

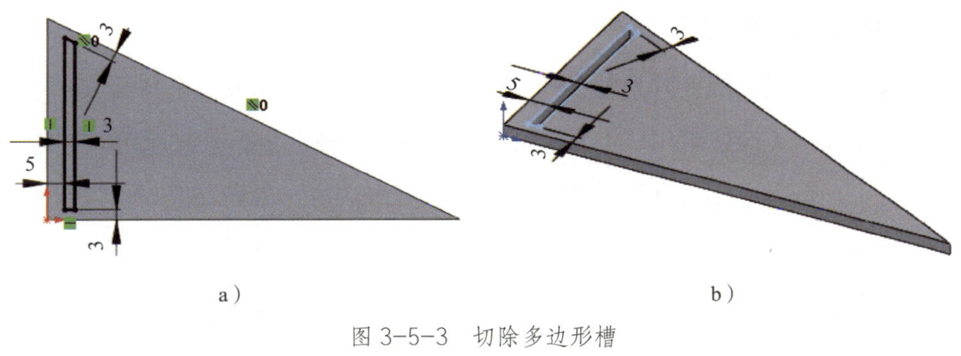

图 3-5-3　切除多边形槽
a）绘制草图 2　b）拉伸切除

3. 随形阵列多边形槽

在设计树中单击选中“切除 – 拉伸 1”特征，单击“线性阵列”按钮，选取如图 3-5-4a 所示的驱动尺寸“5”作为阵列方向，勾选“随形变化”复选框，相关属性设置如图 3-5-4b 所示，完成随形阵列多边形槽，结果如图 3-5-4c 所示。

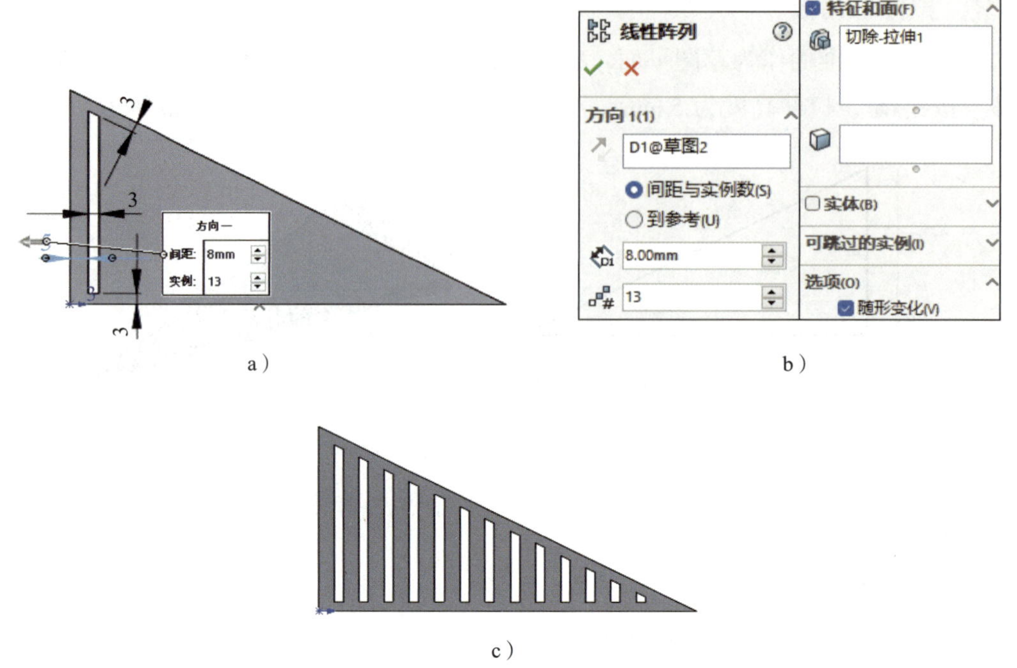

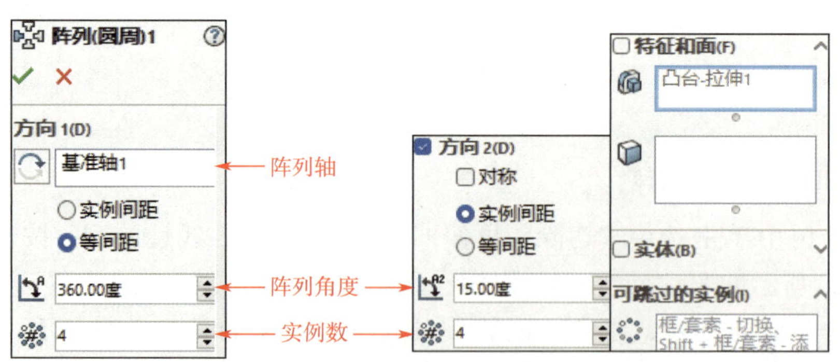

图 3-5-4　随形阵列多边形槽

a）选取驱动尺寸“5”作为阵列方向　b）“线性阵列”属性设置　c）完成随形阵列

二、圆周阵列特征

圆周阵列特征用于绕一阵列轴以圆周阵列的方式生成一个或多个特征。

单击“特征”工具栏中的“圆周阵列”按钮，或单击菜单栏中的“插入”→“阵列/镜向”→“圆周阵列”，打开如图 3-5-5 所示的“阵列（圆周）”属性管理器。

图 3-5-5　“阵列（圆周）”属性管理器

例：打开素材文件夹中的“项目三\任务 5\3-5-6a.SLDPRT”文件，对如图 3-5-6a 所示实体中的圆孔特征进行圆周阵列，在实体的四周生成圆孔。

1. 单击“基准轴”按钮，选中“两平面”，单击前视基准面和右视基准面，完成基准轴创建，如图 3–5–6b 所示。

2. 单击“圆周阵列”按钮，单击选中“切除 – 拉伸 1”特征，相关属性设置如图 3–5–6c 所示，结果如图 3–5–6d 所示。

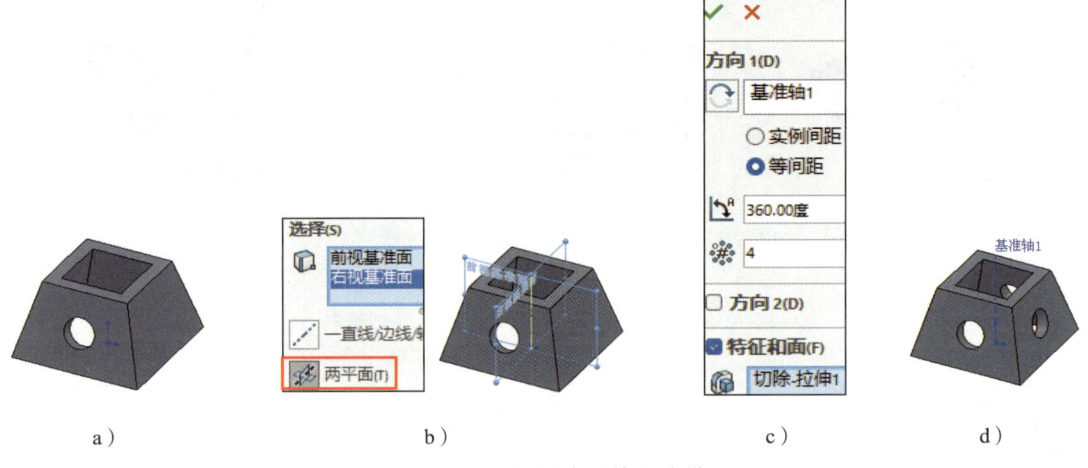

图 3–5–6　圆周阵列特征建模

a）原实体　b）创建基准轴　c）“阵列（圆周）”属性设置　d）完成圆周阵列

三、镜向特征

镜向特征是指实体沿面或基准面镜向，生成一个特征（或多个特征）的复制特征。

单击“特征”工具栏中的“镜向”按钮，或单击菜单栏中的“插入”→“阵列 / 镜向”→“镜向”，打开如图 3–5–7 所示的“镜向”属性管理器。

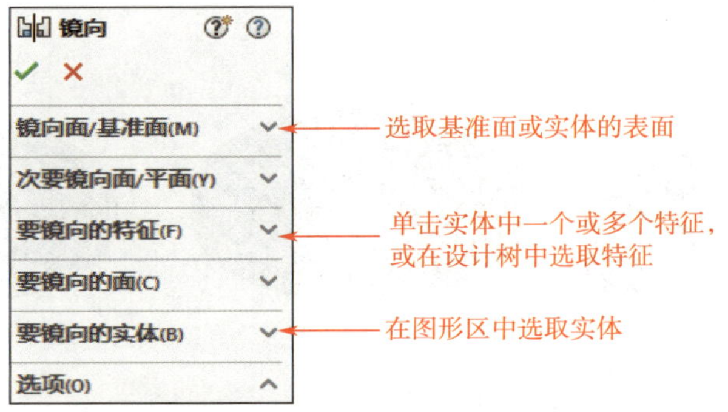

图 3–5–7　“镜向”属性管理器

例：打开素材文件夹中的“项目三 \ 任务 5\3–5–8a.SLDPRT”文件，对如图 3–5–8a 所示实体的左侧支板、凸台、孔进行镜向，在实体右侧生成这些特征的复制。

单击“镜向”按钮，相关属性设置如图 3–5–8b 所示，完成镜向特征操作，结果如图 3–5–8c 所示。

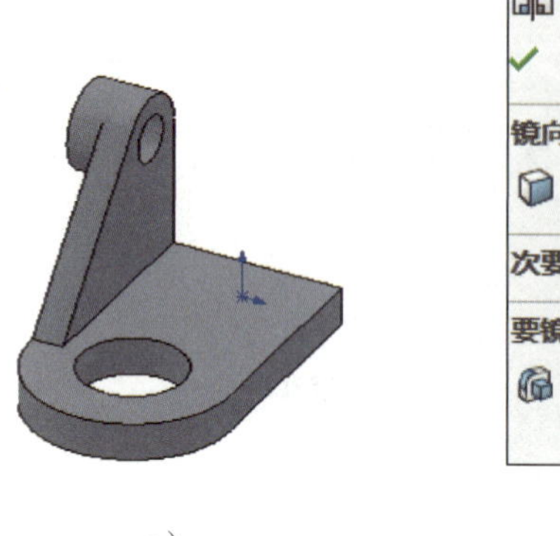

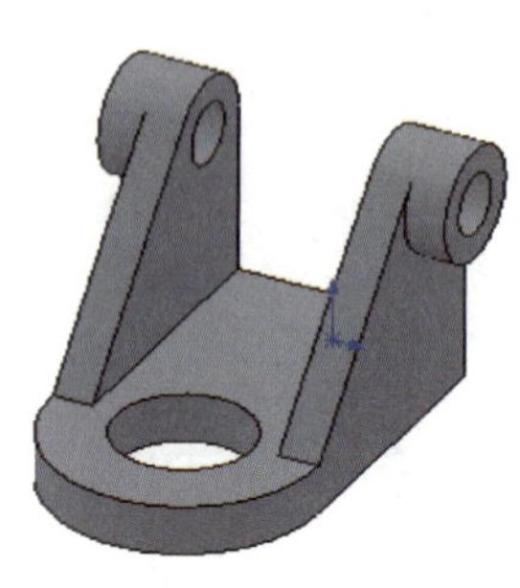

a）　b）　c）

图 3–5–8　镜向特征建模
a）原实体　b）“镜向”属性设置　c）完成镜向

图 3–5–1 所示的蒸屉产品可通过拉伸凸台 / 基体、抽壳、拉伸切除栅格、随形阵列栅格、镜向、创建圆角等完成建模，其设计思路如图 3–5–9 所示。

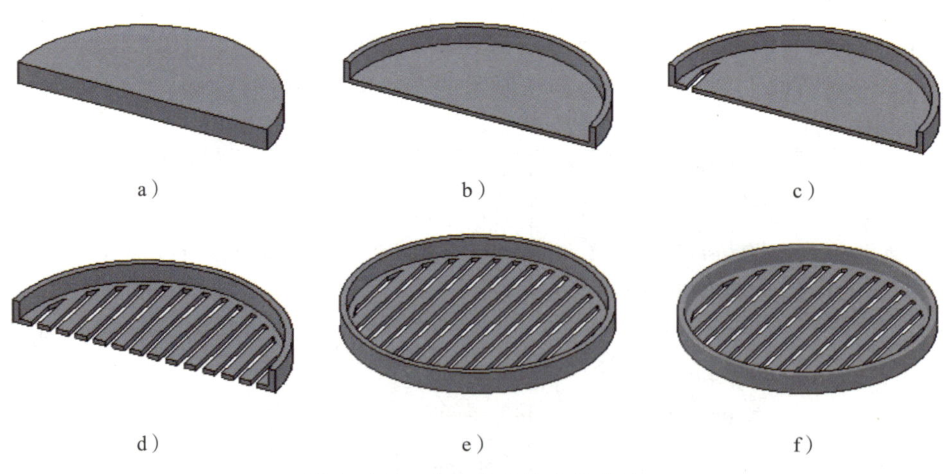

图 3–5–9　蒸屉产品的设计思路
a）拉伸凸台 / 基体　b）抽壳　c）拉伸切除栅格　d）随形阵列栅格　e）镜向　f）创建圆角

1. 拉伸凸台 / 基体、抽壳

（1）选择上视基准面作为草图平面，绘制如图 3-5-10a 所示的草图 1，单击“拉伸凸台 / 基体”按钮，拉伸厚度为 10 mm，完成拉伸凸台 / 基体，结果如图 3-5-9a 所示。

（2）单击“抽壳”按钮，选取顶面和前端面作为要移除的面，选取底面为多厚度面，相关属性设置如图 3-5-10b 所示，完成抽壳，结果如图 3-5-9b 所示。

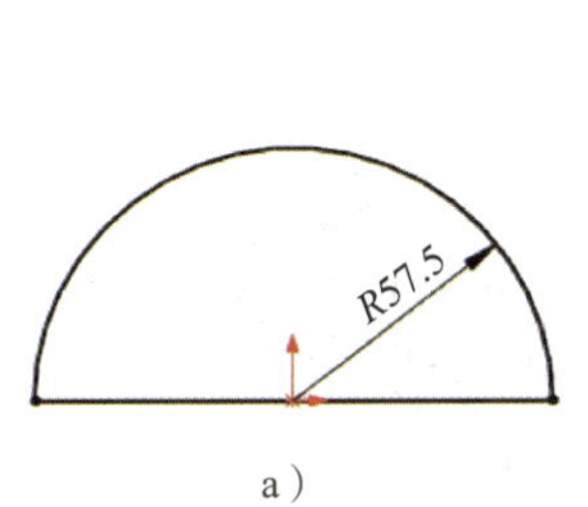

a）

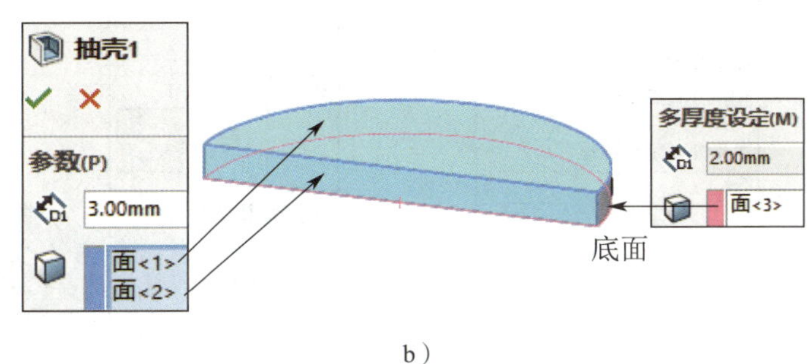

b）

图 3-5-10　拉伸凸台 / 基体、抽壳
a）绘制草图 1　b）“抽壳”属性设置

2. 拉伸切除、随形阵列栅格

（1）选取抽壳后厚度为 2 mm 的实体顶面作为草图平面，绘制如图 3-5-11a 所示的草图 2，单击“拉伸切除”按钮，在“终止条件”中选择“完全贯穿”，完成拉伸切除栅格，结果如图 3-5-9c 所示。

（2）在设计树中单击选中“切除 - 拉伸 1”特征，单击“线性阵列”按钮，选取驱动尺寸“5”作为阵列方向，勾选“随形变化”复选框，相关属性设置如图 3-5-11b 所示，完成随形阵列栅格，结果如图 3-5-9d 所示。

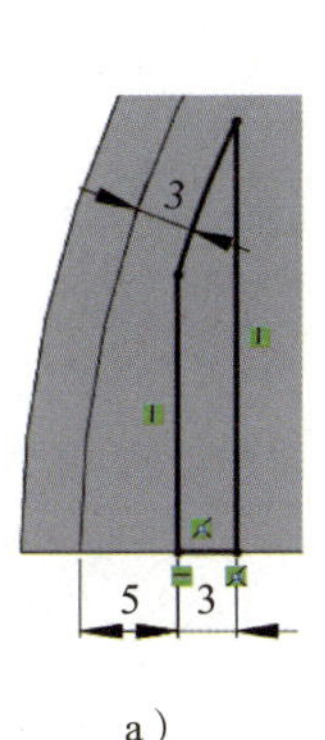

a）

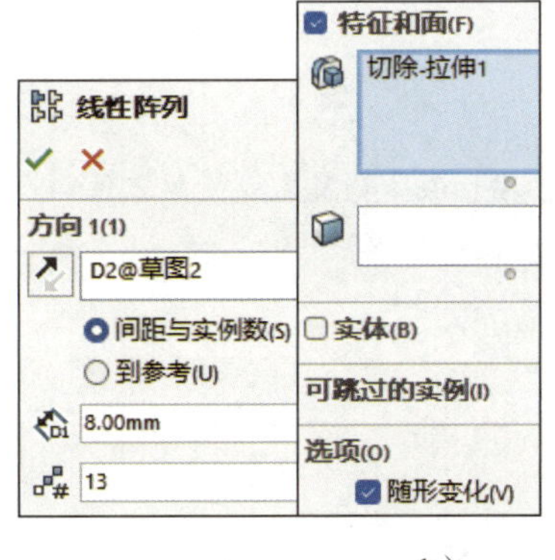

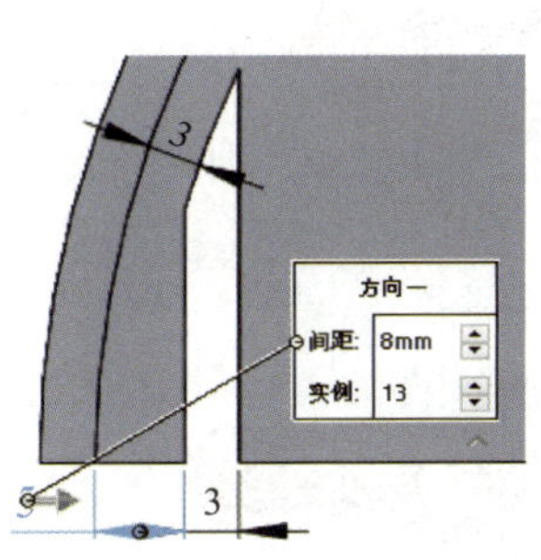

b）

图 3-5-11　拉伸切除、随形阵列栅格
a）绘制草图 2　b）“线性阵列”属性设置

3. 镜向、创建圆角

（1）单击“镜向”按钮，选取整个实体作为要镜向的实体，相关属性设置如图 3-5-12a 所示，结果如图 3-5-9e 所示。

（2）单击“圆角”按钮，对实体顶面和底面的 4 条边线创建 $R0.5$ 圆角，相关属性设置如图 3-5-12b 所示，结果如图 3-5-9f 所示。

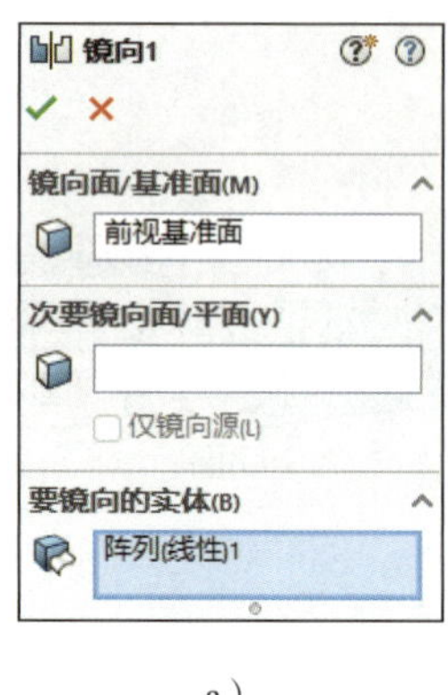

a）

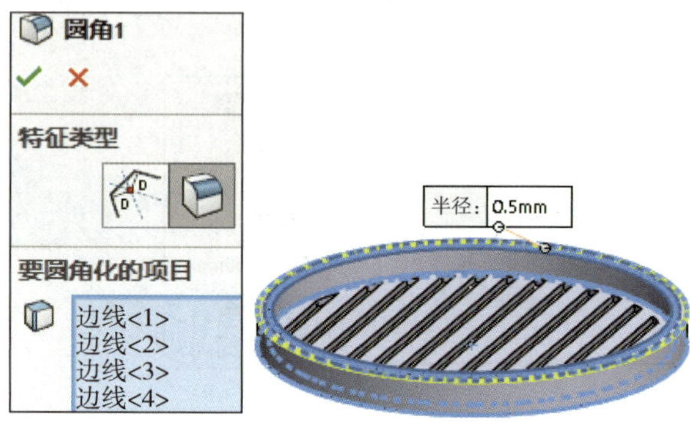

b）

图 3-5-12　镜向、创建圆角
a）“镜向”属性设置　b）“圆角”属性设置

任务 6　弯管的设计

能应用扫描、扫描切除等特征完成简单零件和产品的设计。

根据如图 3-6-1 所示的弯管零件图及立体图，应用拉伸凸台 / 基体、圆周阵列、扫描和扫描切除等特征，完成弯管零件的设计。

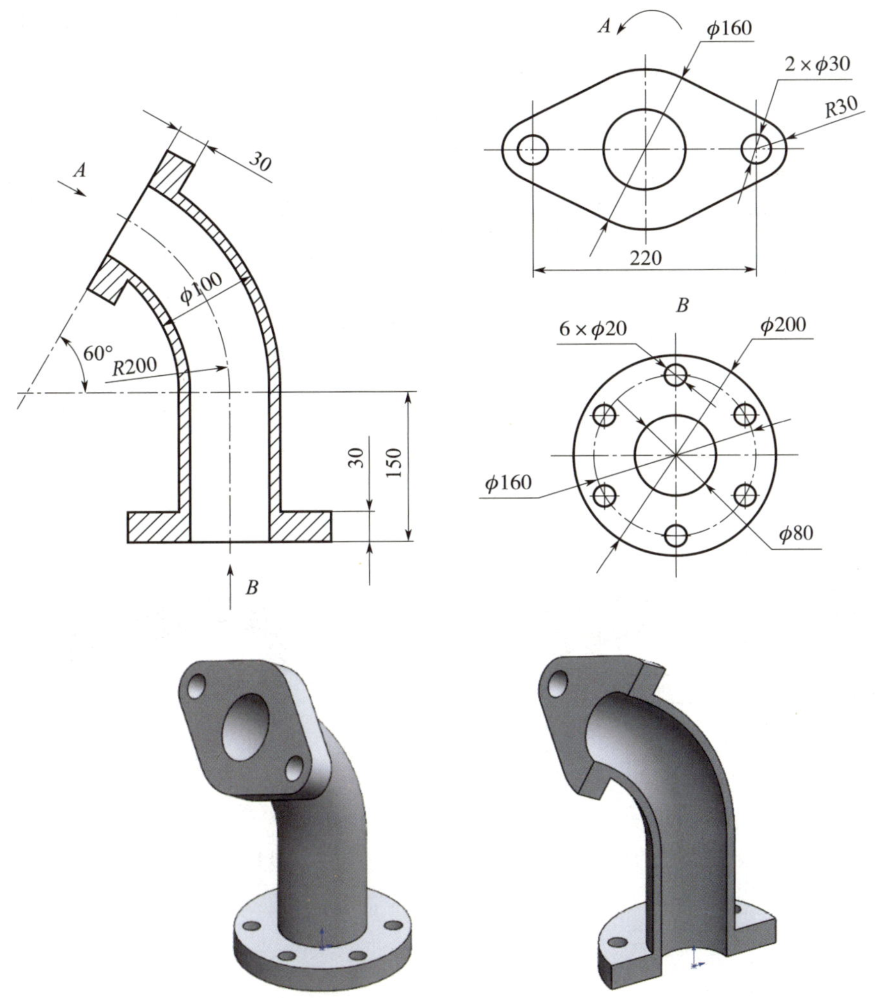

图 3-6-1　弯管零件图及立体图

一、扫描特征

扫描特征是指将一个轮廓沿一条路径移动生成的实体特征。

例：应用扫描特征完成如图 3-6-2a 所示的实体建模。

1. 选择上视基准面作为草图平面，绘制如图 3-6-2b 所示的轮廓草图 1，选择前视基准面作为草图平面，绘制如图 3-6-2c 所示的路径草图 2。

2. 单击“特征”工具栏中的“扫描”按钮，或单击菜单栏中的“插入”→“凸

台 / 基体”→“扫描”，选取草图 1 为轮廓，选取草图 2 为路径，相关属性设置如图 3-6-2d 所示，完成实体建模，结果如图 3-6-2e 所示。

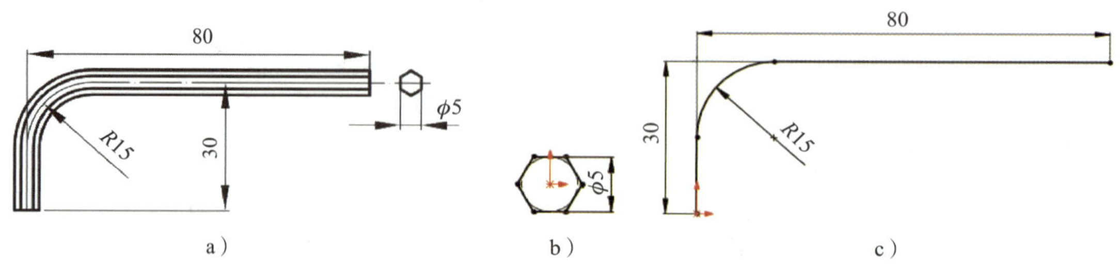

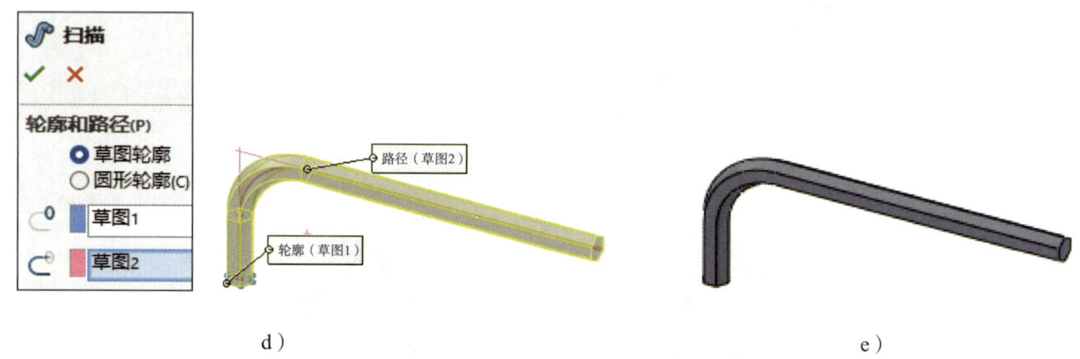

图 3-6-2　扫描特征建模

a）零件图　b）绘制轮廓草图 1　c）绘制路径草图 2　d）“扫描”属性设置　e）完成扫描

提示

扫描时，路径与轮廓不能在同一草图平面上，路径的起点必须位于轮廓的草图平面上。路径、轮廓或要形成的扫描实体都不能出现自相交叉的情况，否则不能进行扫描。

二、扫描切除特征

扫描切除特征用于草图轮廓沿一条路径移动以在基体上切除材料。

例：应用扫描切除等特征完成如图 3-6-3a 所示的实体建模。

1. 应用拉伸凸台 / 基体、圆角特征创建如图 3-6-3b 所示的实体。

2. 选取实体顶面作为草图平面，单击“草图绘制”按钮，单击“转换实体引用”按钮，得到实体顶面边框线，单击“等距实体”按钮，向边框线内侧等距 2 mm，将外边框线删除，路径草图 2 结果如图 3-6-3c 所示。选择前视基准面作为草图平面，绘制轮廓草图 3，添加草图 3 中的 $\phi 2$ 圆的圆心与路径草图 2 的“穿透”关系，如图 3–6–3d 所示。

3. 单击“特征”工具栏中的“扫描切除”按钮，或单击菜单栏中的“插入”→“切除”→“扫描”，相关属性设置如图 3–6–3e 所示，完成扫描切除，结果如图 3–6–3f 所示。

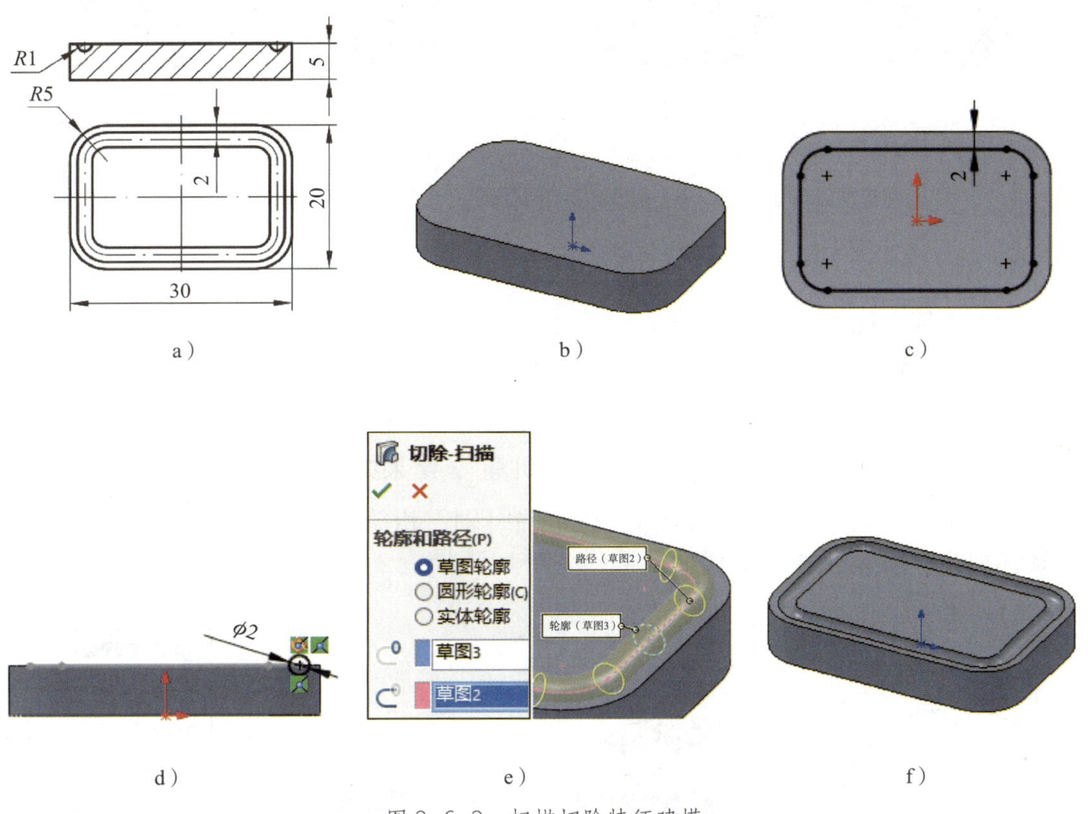

图 3–6–3　扫描切除特征建模

a）零件图　b）创建实体　c）绘制路径草图 2　d）绘制轮廓草图 3
e）“切除 – 扫描”属性设置　f）完成扫描切除

任务实施

图 3–6–1 所示的弯管零件可通过拉伸底座、阵列孔、扫描弯管、拉伸弯管头凸台、扫描切除弯管等完成建模，其设计思路如图 3–6–4 所示。

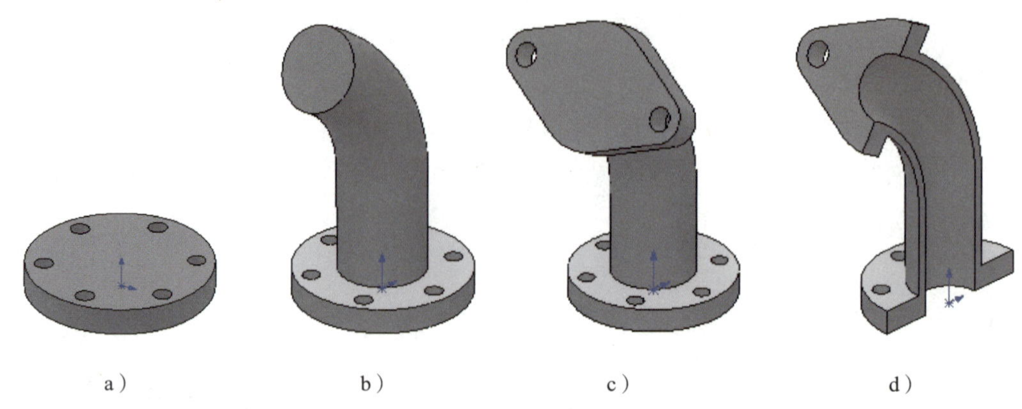

a）　b）　c）　d）

图 3-6-4　弯管零件的设计思路
a）拉伸底座、阵列孔　b）扫描弯管　c）拉伸弯管头凸台　d）扫描切除弯管

1．拉伸底座、阵列孔

（1）选择上视基准面作为草图平面，绘制如图 3-6-5a 所示的草图 1。单击“拉伸凸台 / 基体”按钮，拉伸深度为 30 mm，完成拉伸底座。

（2）选择底座顶面作为草图平面，绘制如图 3-6-5b 所示的草图 2。单击“拉伸切除”按钮，在“终止条件”中选择“完全贯穿”，结果如图 3-6-5c 所示。

（3）单击“圆周阵列”按钮，显示临时轴，相关属性设置如图 3-6-5d 所示，完成阵列孔，结果如图 3-6-4a 所示。

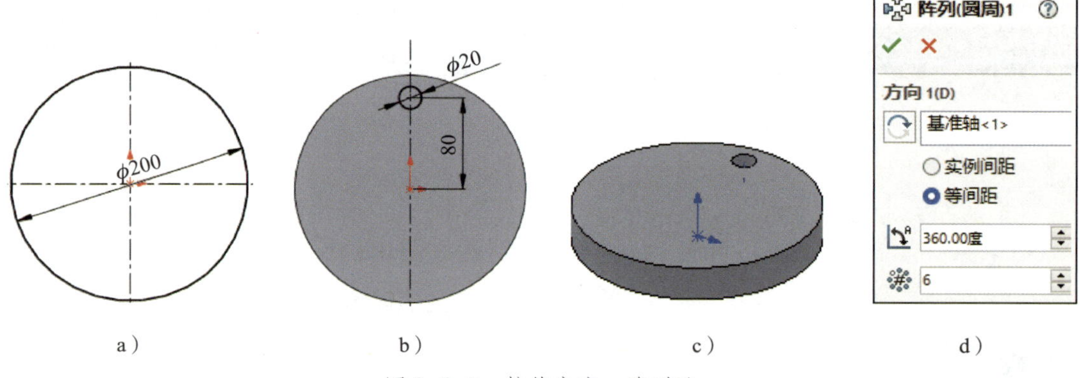

a）　b）　c）　d）

图 3-6-5　拉伸底座、阵列孔
a）绘制草图 1　b）绘制草图 2　c）切除孔　d）“阵列（圆周）”属性设置

2．扫描弯管

（1）选择上视基准面作为草图平面，绘制如图 3-6-6a 所示的轮廓草图 3。选择前视基准面作为草图平面，绘制如图 3-6-6b 所示的路径草图 4。

（2）单击“扫描”按钮，在设计树或图形区中分别选取轮廓草图 3 和路径草图 4，相关属性设置如图 3–6–6c 所示，完成扫描弯管，结果如图 3–6–4b 所示。

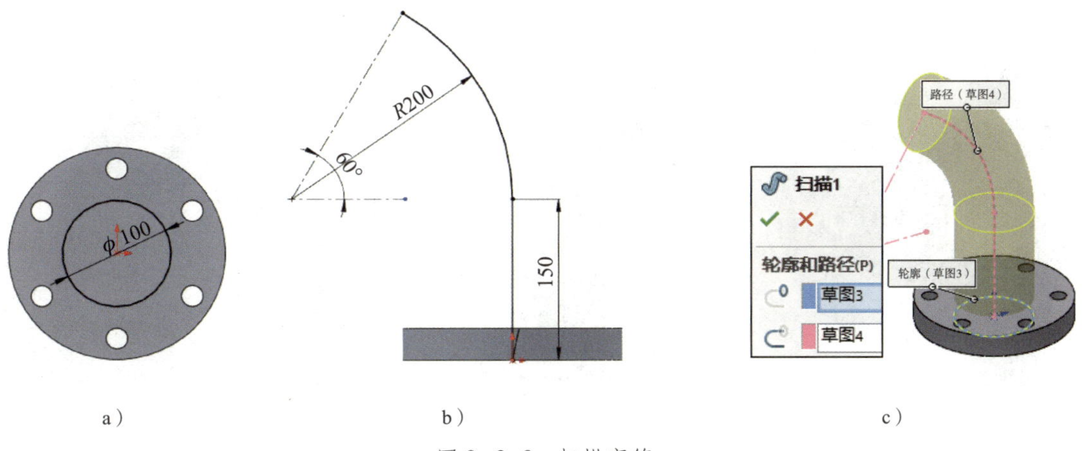

a）　　b）　　c）

图 3–6–6　扫描弯管

a）绘制轮廓草图 3　b）绘制路径草图 4　c）“扫描”属性设置

3．拉伸弯管头凸台

选择弯管头端面作为草图平面，绘制如图 3–6–7a 所示的草图 5。单击“拉伸凸台 / 基体”按钮，相关属性设置如图 3–6–7b 所示，完成拉伸弯管头凸台，结果如图 3–6–4c 所示。

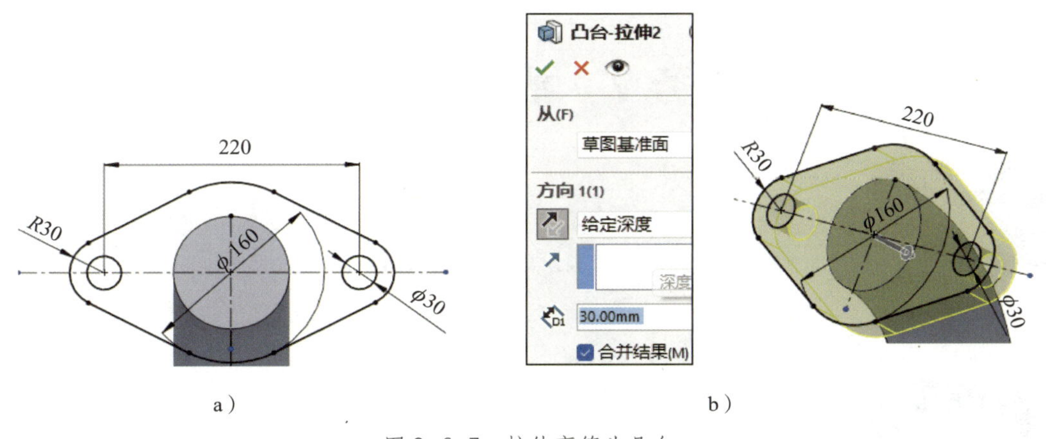

a）　　b）

图 3–6–7　拉伸弯管头凸台

a）绘制草图 5　b）“凸台 – 拉伸”属性设置

4．扫描切除弯管

（1）选择上视基准面作为草图平面，绘制如图 3–6–8a 所示的轮廓草图 6。选择前视基准面作为草图平面，单击“草图绘制”按钮，单击“转换实体引用”按钮，在设计树中选取草图 4 作为要转换的实体，得到如图 3–6–8b 所示的路径草图 7。

（2）单击“扫描切除”按钮，在设计树或图形区中分别选取轮廓草图 6 和路径草图 7，相关属性设置如图 3-6-8c 所示，完成扫描切除弯管，结果如图 3-6-4d 所示。

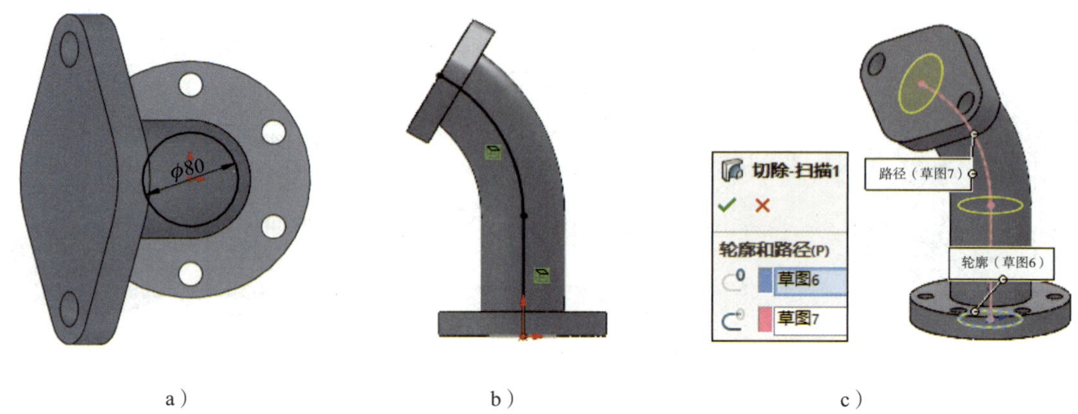

a）　　b）　　c）

图 3-6-8　扫描切除弯管

a）绘制轮廓草图 6　b）绘制路径草图 7　c）“切除 - 扫描”属性设置

任务 7　酒瓶的设计

能应用引导线扫描完成简单零件和产品的设计。

根据如图 3-7-1 所示的酒瓶零件图及立体图，应用圆角、抽壳等特征，以及应用引导线扫描，完成酒瓶产品的设计。

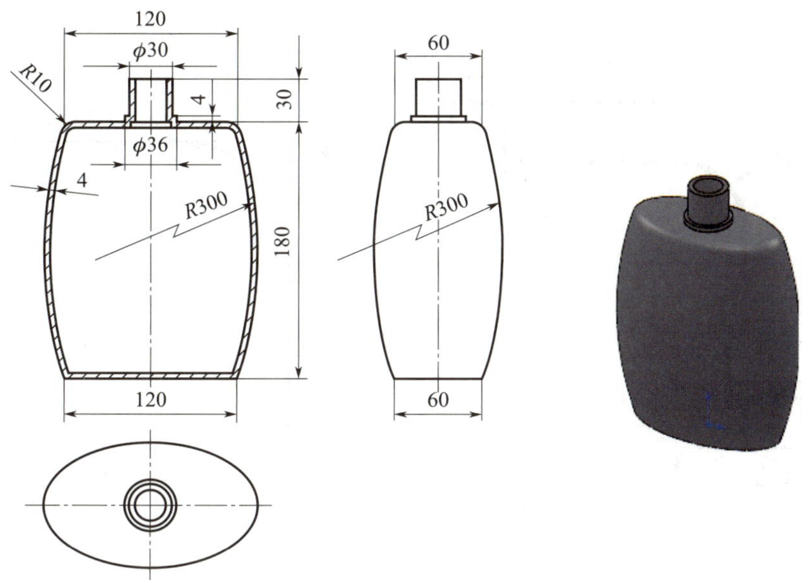

图 3-7-1　酒瓶零件图及立体图

一、应用引导线扫描的定义

应用引导线扫描是指一个轮廓沿一个路径扫描时，由引导线控制而生成实体。

二、应用引导线扫描的方法

应用引导线扫描时，若先绘制轮廓草图，再绘制路径和引导线草图，以轮廓草图为路径和引导线草图添加几何关系，则会出现不能进行扫描的情况。因此，可以先绘制扫描的路径和引导线草图，使草图完全定义，再绘制轮廓草图，以路径和引导线草图为轮廓草图添加几何关系，使轮廓草图完全定义，最后进行扫描。轮廓、路径、引导线应分别在不同的草图平面上绘制，引导线端点必须在轮廓的边线上。

例：应用引导线扫描完成如图 3–7–2a 所示的管接头建模。

1. 选择前视基准面作为草图平面，绘制如图 3–7–2b 所示的路径草图 1，选择前视基准面作为草图平面，绘制如图 3–7–2c 所示的引导线草图 2。

2. 选择上视基准面作为草图平面，绘制轮廓草图 3，添加轮廓草图 3 中的圆心、边线分别与草图 1 中的路径、草图 2 中的引导线端点的“重合”关系，使草图完全定义，如图 3–7–2d 所示。

3. 单击“扫描”按钮，勾选“薄壁特征”复选框，相关属性设置如图 3–7–2e

所示，完成管接头建模，结果如图 3-7-2f 所示。

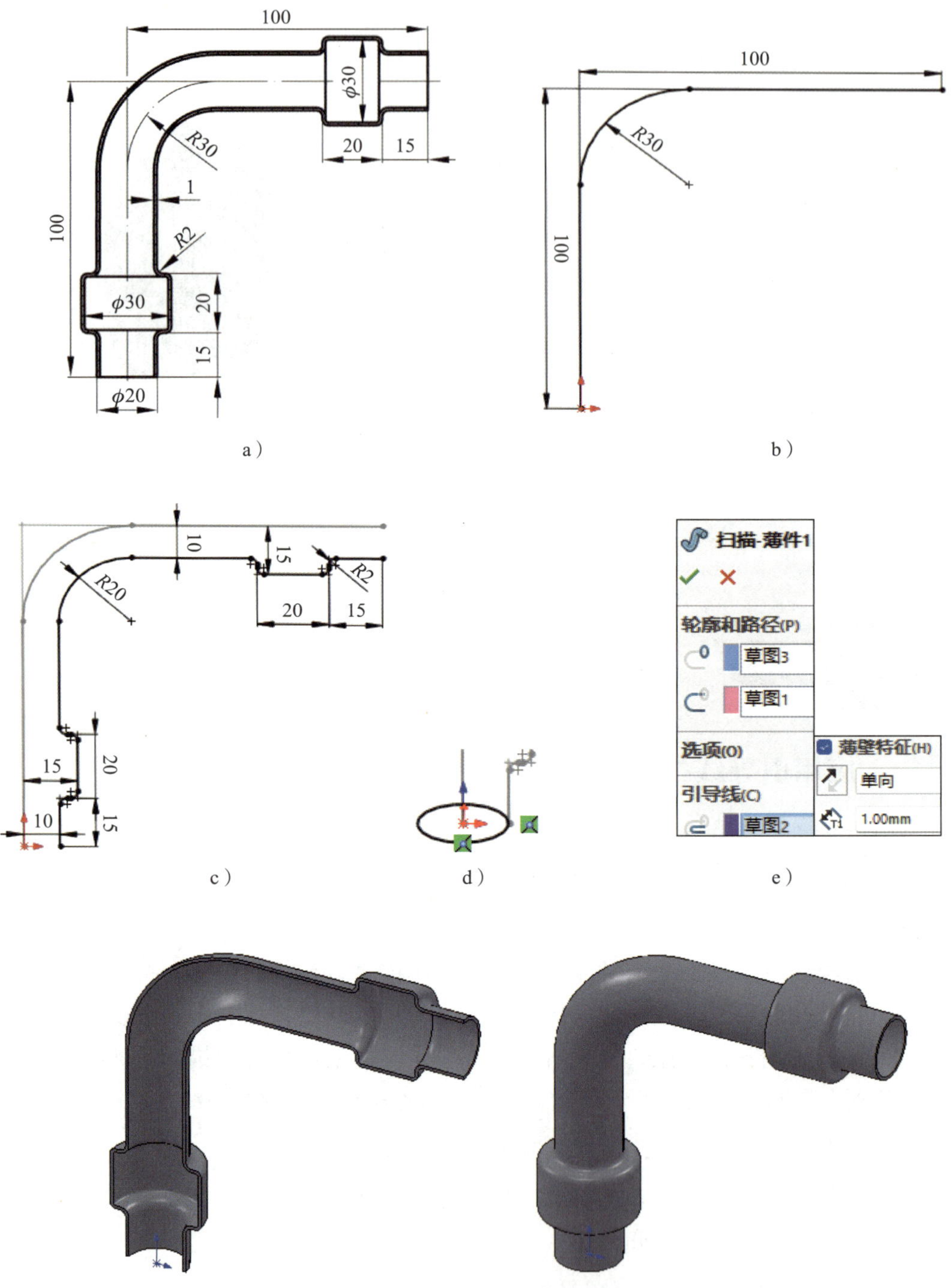

图 3-7-2　应用引导线扫描建模

a）管接头零件图　b）绘制路径草图 1　c）绘制引导线草图 2　d）绘制轮廓草图 3

e）“扫描 – 薄件”属性设置　f）完成应用引导线扫描

图 3–7–1 所示的酒瓶产品可通过应用引导线扫描瓶身、旋转瓶口、创建圆角、抽壳等完成建模，其设计思路如图 3–7–3 所示。

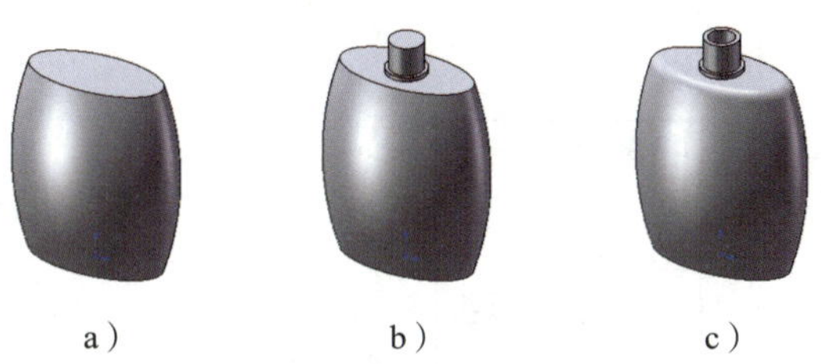

图 3–7–3　酒瓶产品的设计思路

a）应用引导线扫描瓶身　b）旋转瓶口　c）创建圆角、抽壳

1. 应用引导线扫描瓶身

（1）选择前视基准面作为草图平面，绘制路径草图 1 和第一条引导线草图 2，添加几何关系使草图完全定义，如图 3–7–4a 和图 3–7–4b 所示。选择右视基准面作为草图平面，绘制第二条引导线草图 3，添加几何关系使草图完全定义，如图 3–7–4c 所示。

（2）选择上视基准面作为草图平面，绘制轮廓草图 4，添加草图 4 中的椭圆边线分别与草图 1 中的路径和草图 2、3 中的两条引导线端点的“重合”关系，使草图完全定义，如图 3–7–4d 所示。

（3）单击“扫描”按钮，相关属性设置如图 3–7–4e 所示，完成应用引导线扫描瓶身，结果如图 3–7–3a 所示。

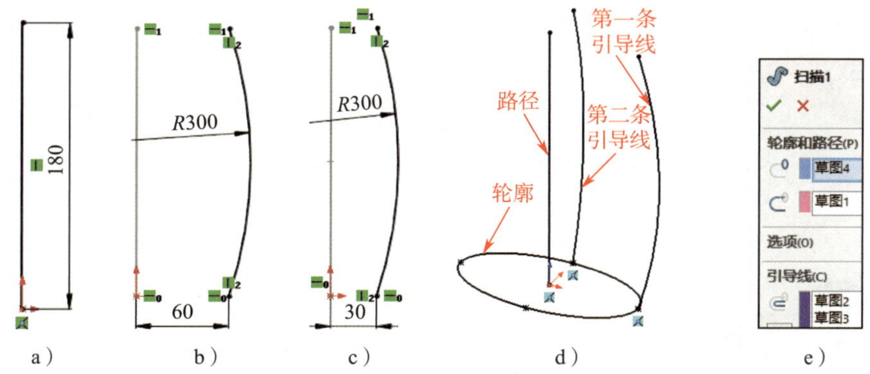

图 3–7–4　应用引导线扫描瓶身

a）绘制路径草图 1　b）绘制引导线草图 2　c）绘制引导线草图 3　d）绘制轮廓草图 4　e）“扫描”属性设置

2. 旋转瓶口

选择前视基准面作为草图平面，绘制如图 3-7-5a 所示的草图 5。单击“旋转凸台 / 基体”按钮，完成旋转瓶口，结果如图 3-7-3b 所示。

3. 创建圆角、抽壳

单击“圆角”按钮，对瓶身顶面边线创建 $R10$ 圆角，相关属性设置如图 3-7-5b 所示。单击“抽壳”按钮，相关属性设置如图 3-7-5c 所示，结果如图 3-7-3c 所示。

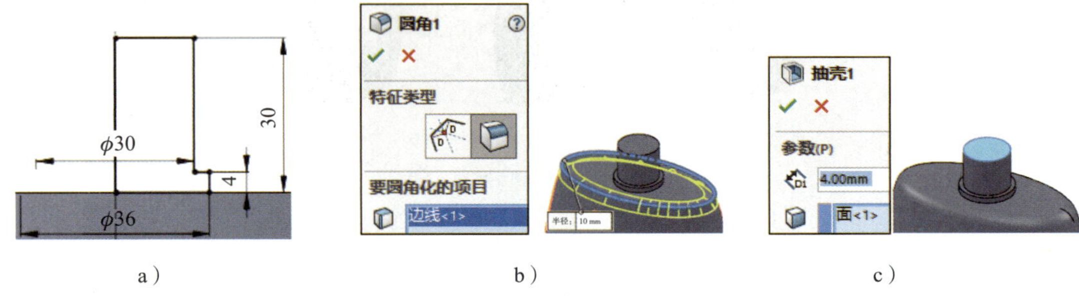

图 3-7-5　旋转瓶口、创建圆角、抽壳
a）绘制草图 5　b）“圆角”属性设置　c）“抽壳”属性设置

任务 8　门把手的设计

学习目标

能应用放样凸台 / 基体、拉伸凸台 / 基体等特征，以及应用引导线放样完成简单零件和产品的设计。

任务描述

根据如图 3-8-1 所示的门把手零件图及立体图，应用放样凸台 / 基体、拉伸凸台 /

基体、镜向等特征完成门把手零件的设计。

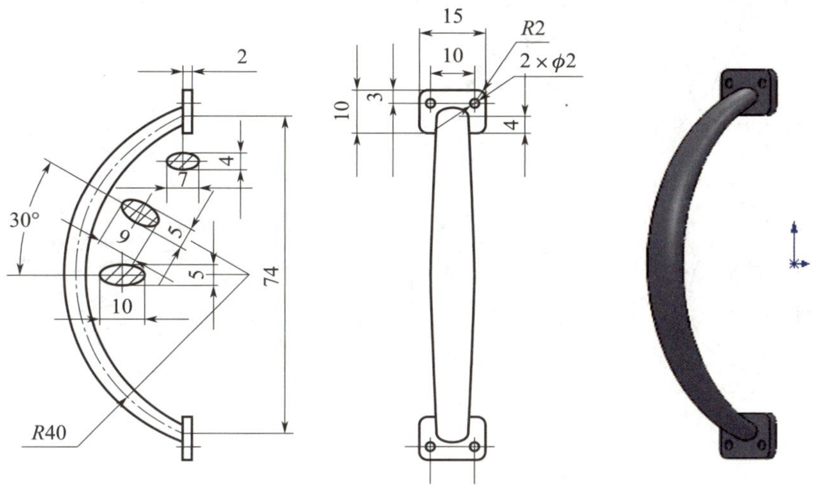

图 3-8-1　门把手零件图及立体图

一、放样特征

放样特征是指在两个以上轮廓草图之间过渡生成的特征，它包括放样凸台 / 基体特征和放样切除特征。

放样凸台 / 基体特征是指在两个以上轮廓草图之间生成的实体特征。

例：应用放样凸台 / 基体特征完成如图 3–8–2a 所示花瓶的建模。

1. 单击“基准面”按钮，创建与上视基准面平行且距离分别为 25 mm、80 mm、155 mm 的基准面 1、基准面 2、基准面 3，结果如图 3–8–2b 所示。

2. 分别选择上视基准面、基准面 1、基准面 2、基准面 3 作为草图平面，绘制如图 3–8–2c 所示的放样轮廓草图 1、草图 2、草图 3、草图 4。

3. 单击“特征”工具栏中的“放样凸台 / 基体”按钮，或单击菜单栏中的“插入”→“凸台 / 基体”→“放样”。在图形区中依次选取 4 个草图作为放样轮廓草图，选取时注意过渡点的位置应一致，相关属性设置如图 3–8–2d 所示，完成放样。单击“抽壳”按钮，厚度为 3 mm，顶面为要移除的面，完成花瓶建模，结果如图 3–8–2e 所示。

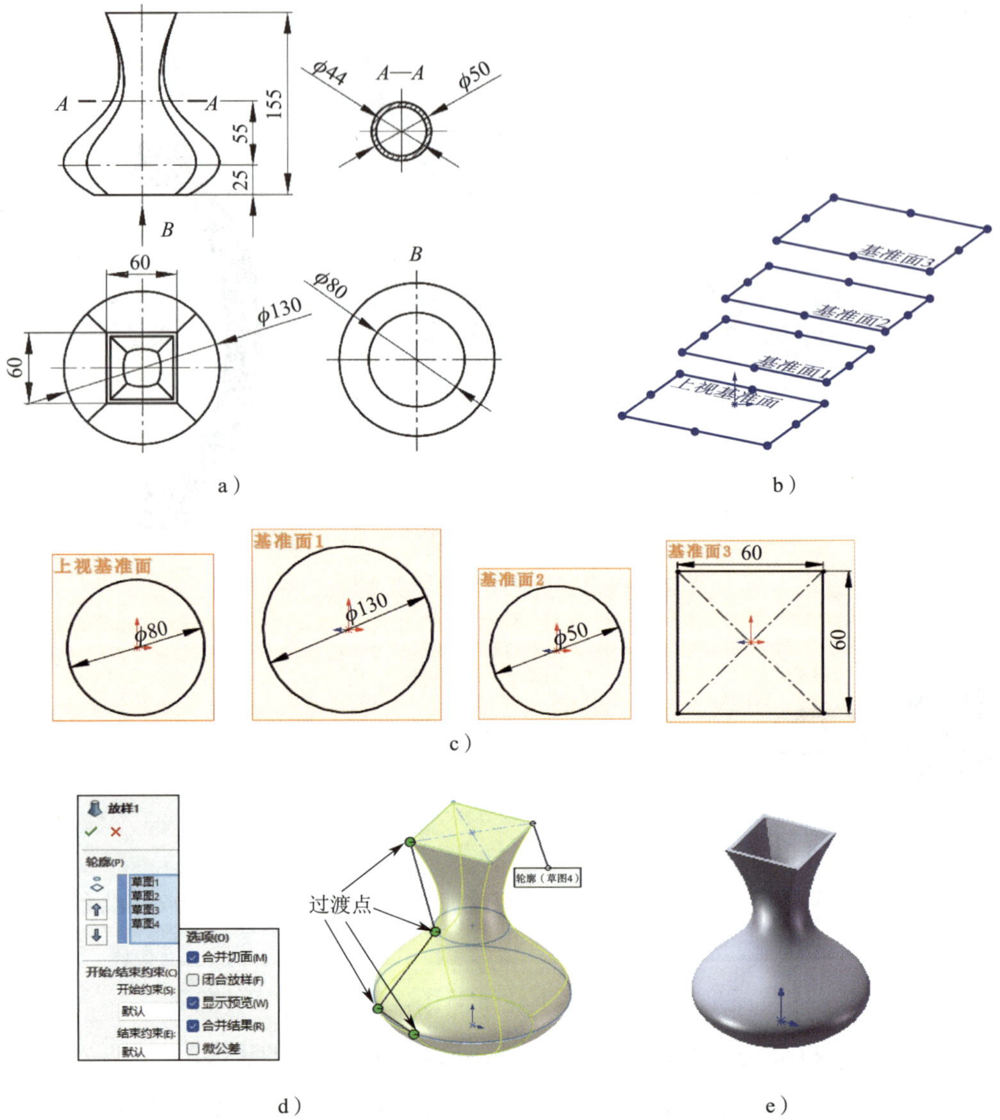

a）　　b）

c）

d）　　e）

图 3-8-2　放样凸台 / 基体特征建模

a）花瓶零件图　b）创建基准面　c）绘制放样轮廓草图　d）“放样”属性设置　e）完成花瓶建模

提示

放样特征中各轮廓草图不能在同一草图平面上，仅第一个或最后一个轮廓草图可以为单个点。在选取轮廓时应注意轮廓的先后顺序，否则会导致无法进行放样。可通过移动各轮廓上过渡点的位置控制放样形状。

二、应用引导线放样

应用引导线放样是指在两个以上轮廓草图之间过渡生成放样凸台/基体时，由引导线控制而生成实体。

应用引导线放样时，应先绘制放样的中心线和引导线草图，使草图完全定义，再绘制轮廓草图，以中心线和引导线草图为轮廓草图添加几何关系，使轮廓草图完全定义，最后进行放样操作。中心线、引导线、轮廓应分别在不同的草图平面上绘制，引导线端点必须在轮廓的边线上。

例：应用引导线放样完成如图 3-8-3 所示瓶子的建模。

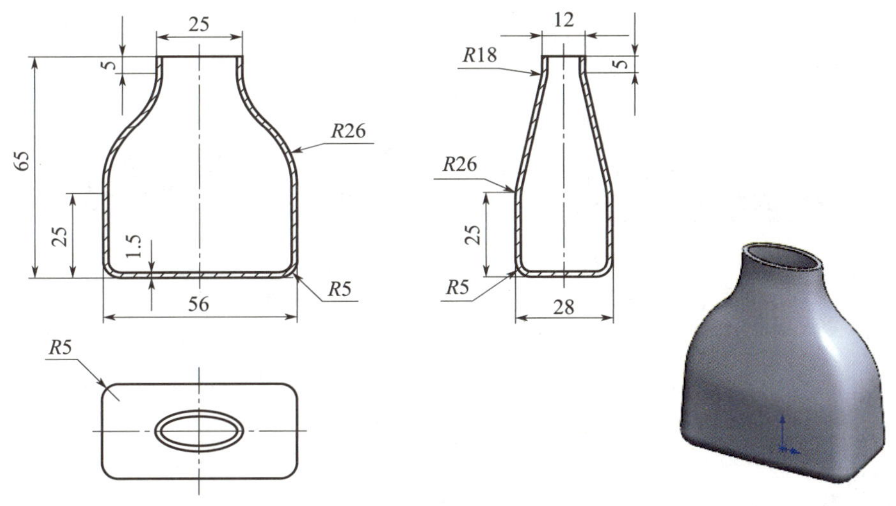

图 3-8-3　瓶子零件图及立体图

1. 绘制放样的引导线草图和轮廓草图

（1）选择前视基准面作为草图平面，绘制如图 3-8-4a 所示的第一组放样引导线草图 1，使草图完全定义。选择右视基准面作为草图平面，绘制如图 3-8-4b 所示的第二组放样引导线草图 2，使草图完全定义。

（2）选择上视基准面作为草图平面，绘制第一个轮廓草图 3，添加草图 3 中的带圆角矩形边线与草图 1 和草图 2 中的引导线端点的“重合”关系，使草图完全定义，如图 3-8-4c 所示。

（3）单击“基准面”按钮，创建经过 3 条引导线端点的基准面 1，如图 3-8-4d 所示。选择基准面 1 作为草图平面，绘制第二个轮廓草图 4，添加椭圆中心点与草图 1 中的中心线的“重合”关系，添加草图 4 中的椭圆边线与草图 1 和草图 2 中的各一条引导线端点的“重合”关系，使草图完全定义，如图 3-8-4e 所示。

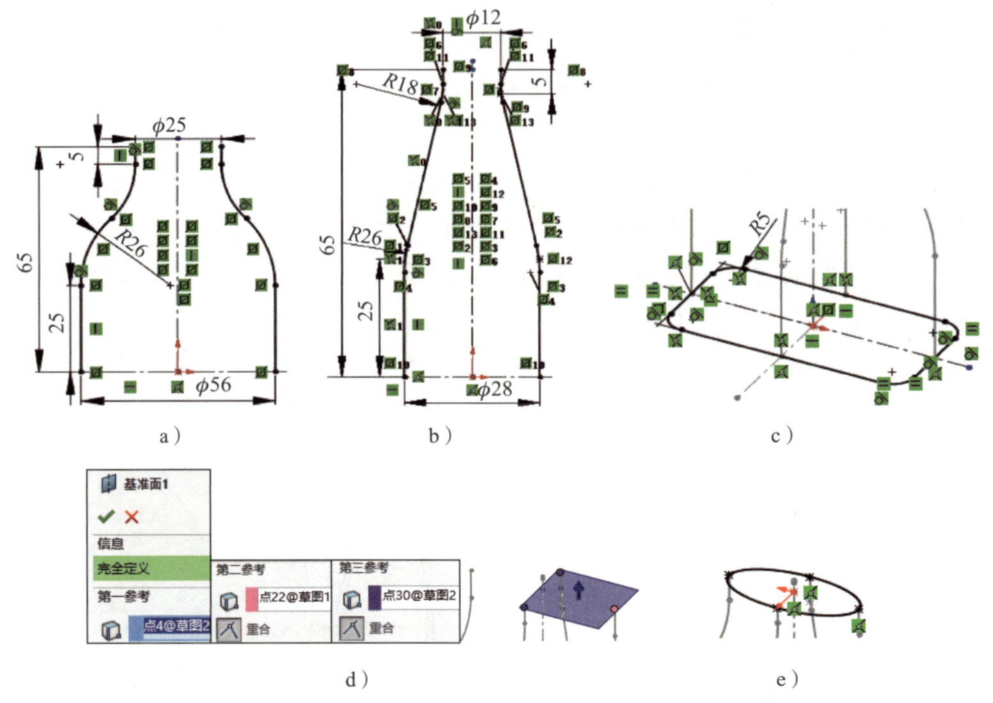

a）　　b）　　c）

d）　　e）

图 3-8-4　绘制放样的引导线草图和轮廓草图

a）绘制第一组放样引导线草图 1　b）绘制第二组放样引导线草图 2　c）绘制第一个轮廓草图 3

d）创建基准面 1　e）绘制第二个轮廓草图 4

2. 放样瓶身

（1）单击“放样凸台 / 基体”按钮，选取草图 3 和草图 4 作为放样轮廓草图。

（2）在“引导线”中单击鼠标右键，单击“SelectionManager”，如图 3-8-5a 所示。单击图形区中草图 1 左侧轮廓线，在图 3-8-5b 中单击“选择开环”按钮，获得第一条引导线（开环 <1>），采用同样的方法，选取草图 1 右侧轮廓线，获得第二条引导线（开环 <2>）。

（3）采用同样的方法，分别选取草图 2 前、后侧轮廓线，获得第三、第四条引导线（开环 <3>、开环 <4>）。在“引导线感应类型”中选择“整体”，相关属性设置如图 3-8-5c 所示，完成放样瓶身。

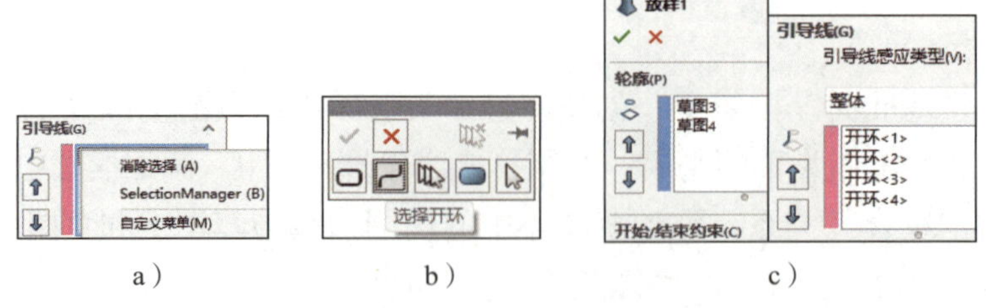

a）　　b）　　c）

图 3-8-5　放样瓶身

a）选取引导线　b）选择开环　c）“放样”属性设置

3. 创建圆角、抽壳

单击“圆角”按钮，相关属性设置如图 3–8–6a 所示。单击“抽壳”按钮，相关属性设置如图 3–8–6b 所示，结果如图 3–8–3 所示。

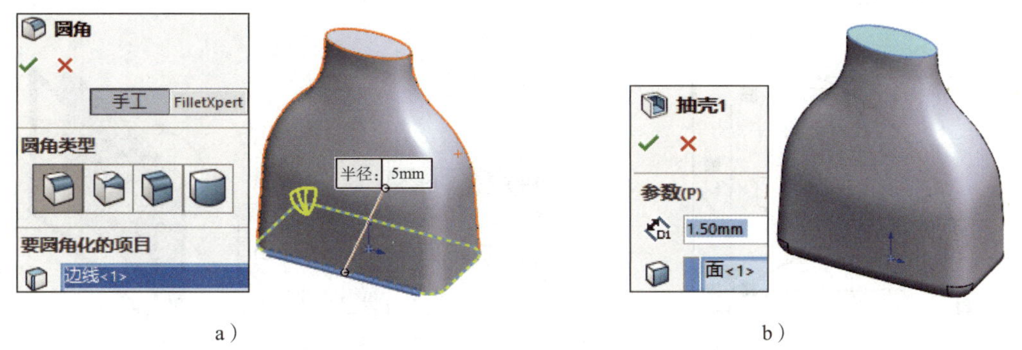

图 3–8–6　创建圆角、抽壳
a）“圆角”属性设置　b）“抽壳”属性设置

图 3–8–1 所示的门把手零件可通过绘制放样中心线、创建基准面、放样门把手、拉伸把手座、镜向等完成建模，其设计思路如图 3–8–7 所示。

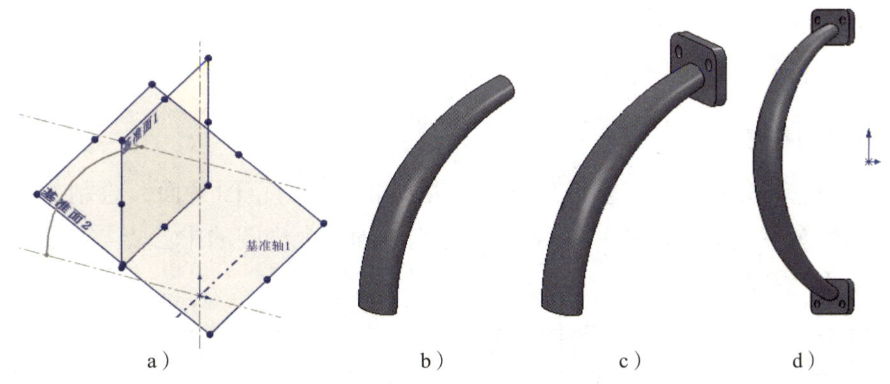

图 3–8–7　门把手零件的设计思路
a）绘制放样中心线、创建基准面　b）放样门把手　c）拉伸把手座　d）镜向

1. 绘制放样中心线、创建基准面

（1）选择前视基准面作为草图平面，绘制如图 3–8–8a 所示的放样中心线草图 1。

（2）单击“基准面”按钮，创建与右视基准面平行且通过放样中心线草图 1 端点的基准面 1，相关属性设置如图 3–8–8b 所示。

（3）单击“基准轴”按钮，创建上视基准面与右视基准面的交线基准轴 1，相关属性设置如图 3–8–8c 所示。单击“基准面”按钮，创建经过基准轴 1 且与上视基准面夹角为 150° 的基准面 2，相关属性设置如图 3–8–8d 所示，结果如图 3–8–7a 所示。

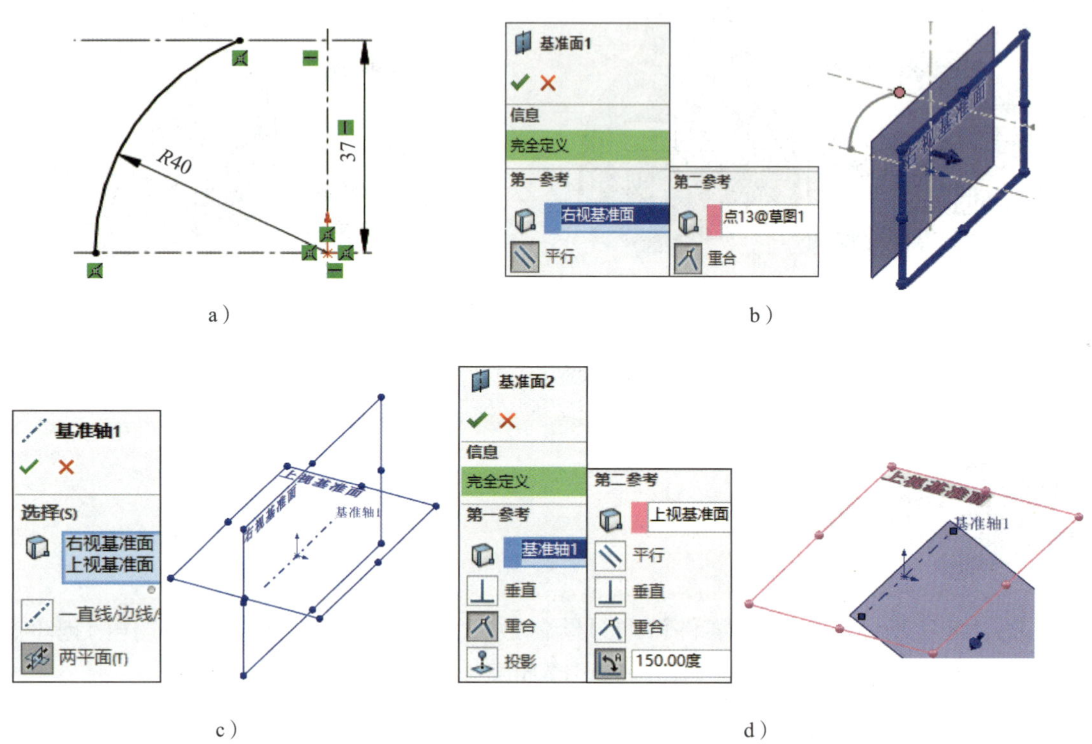

图 3–8–8　绘制放样中心线、创建基准面

a）绘制放样中心线草图 1　b）创建基准面 1　c）创建基准轴 1　d）创建基准面 2

2. 放样门把手

（1）分别选择基准面 1、基准面 2、上视基准面作为草图平面，绘制如图 3–8–9a 所示的放样轮廓草图 2、草图 3、草图 4，分别添加 3 个椭圆的中心点与放样中心线草图 1 的“穿透”关系。

（2）单击“放样凸台 / 基体”按钮，分别选取草图 2、草图 3、草图 4 作为放样轮廓草图，选取草图 1 作为中心线，相关属性设置如图 3–8–9b 所示，完成放样门把手，结果如图 3–8–7b 所示。

3. 拉伸把手座

选择基准面 1 作为草图平面，绘制如图 3–8–10a 所示的草图 5。单击“拉伸凸台 / 基体”按钮，拉伸深度为 2 mm，相关属性设置如图 3–8–10b 所示，完成拉伸把手座，结果如图 3–8–7c 所示。

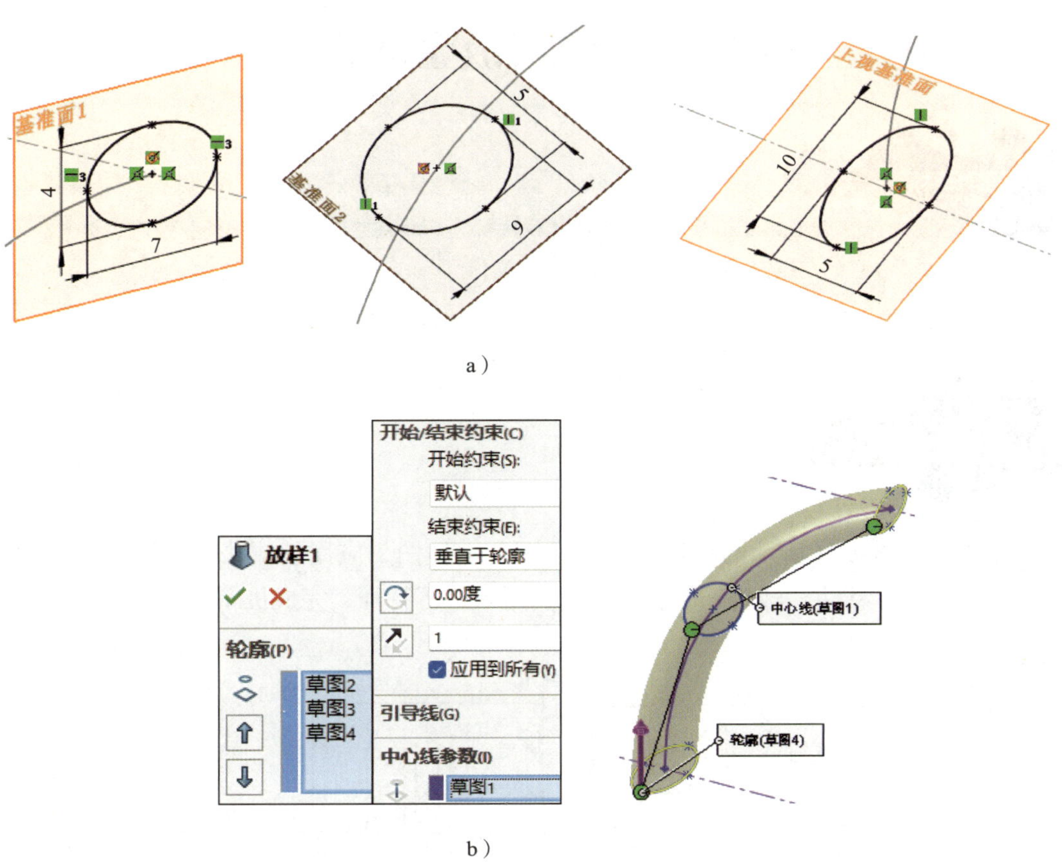

a）

b）

图 3-8-9　放样门把手

a）绘制放样轮廓草图 2、草图 3、草图 4　b）“放样”属性设置

4. 镜向

单击“镜向”按钮，相关属性设置如图 3-8-11 所示，结果如图 3-8-7d 所示。

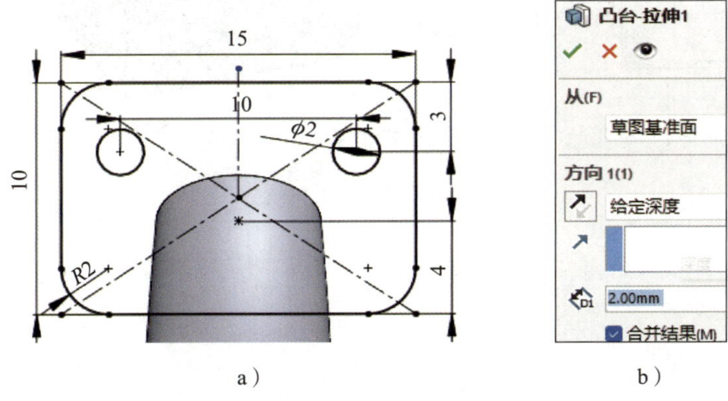

a）　b）

图 3-8-10　拉伸把手座

a）绘制草图 5　b）“凸台 - 拉伸”属性设置

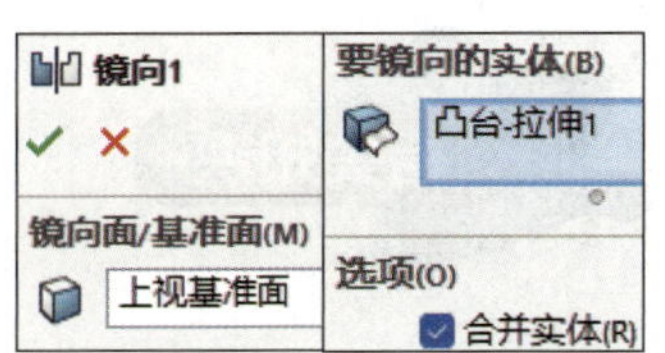

图 3-8-11　“镜向”属性设置

任务 9　机箱钣金的设计

学习目标

能应用基体法兰 / 薄片、边线法兰、斜接法兰、褶边、转折、绘制的折弯、通风口等特征完成机箱钣金零件的设计。

根据如图 3-9-1 所示的机箱钣金零件图及立体图，应用基体法兰 / 薄片、边线法兰、斜接法兰、褶边、转折、绘制的折弯、通风口等特征，完成机箱钣金零件的设计。

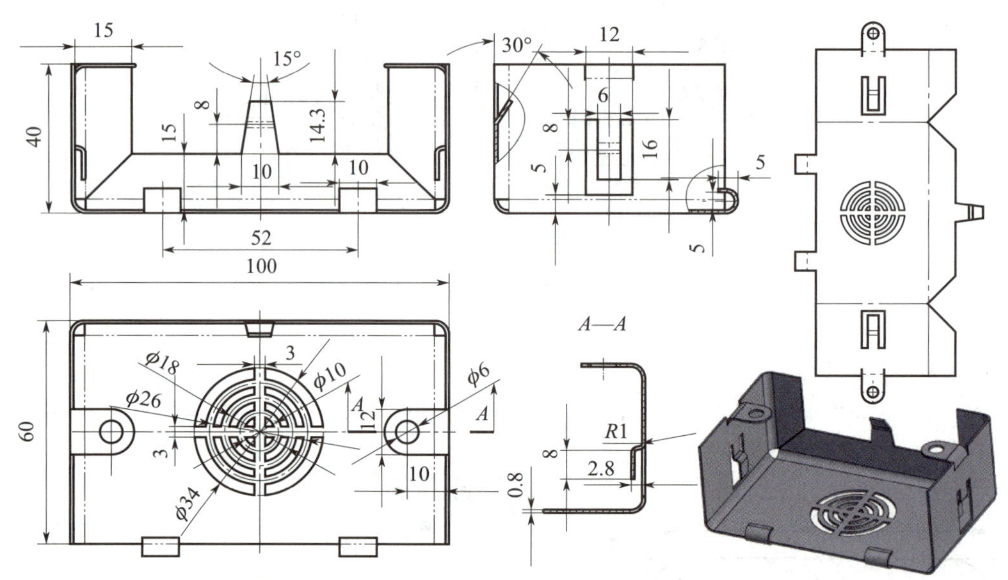

图 3-9-1　机箱钣金零件图及立体图

一、钣金零件

钣金零件是薄板五金零件，其加工工艺是一种针对金属薄板（通常厚度在 6 mm 以下）的综合冷加工工艺，包括剪、冲 / 切 / 复合、折、焊接、铆接、拼接、成型等，其显著的特征是在加工过程中板材厚度不变。“钣金”工具栏如图 3–9–2 所示。

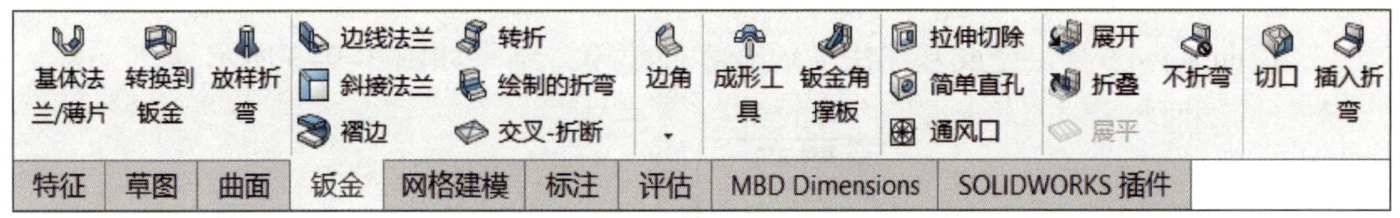

图 3–9–2　“钣金”工具栏

二、基体法兰 / 薄片特征

基体法兰 / 薄片特征是钣金零件的第一个特征，该特征被添加到零件后，系统就会将该零件标记为钣金零件。基体法兰 / 薄片特征是由草图生成的，草图可以是单一开环、单一闭环、多个连通闭环任何一种轮廓。基体法兰 / 薄片特征的厚度和折弯半径将成为其他钣金特征的默认值。

方法一：先在设计树中选取已绘制好的草图，单击“钣金”工具栏中的“基体法兰 / 薄片”按钮，或单击菜单栏中的“插入”→“钣金”→“基体法兰 / 薄片”。方法二：绘制完草图但不退出草图，单击“基体法兰 / 薄片”按钮。方法三：先单击“基体法兰 / 薄片”按钮，再在设计树中选取一个基准面绘制草图，单击“退出草图”按钮。

例：应用基体法兰 / 薄片特征，完成如图 3–9–3 所示的基体法兰钣金零件建模。

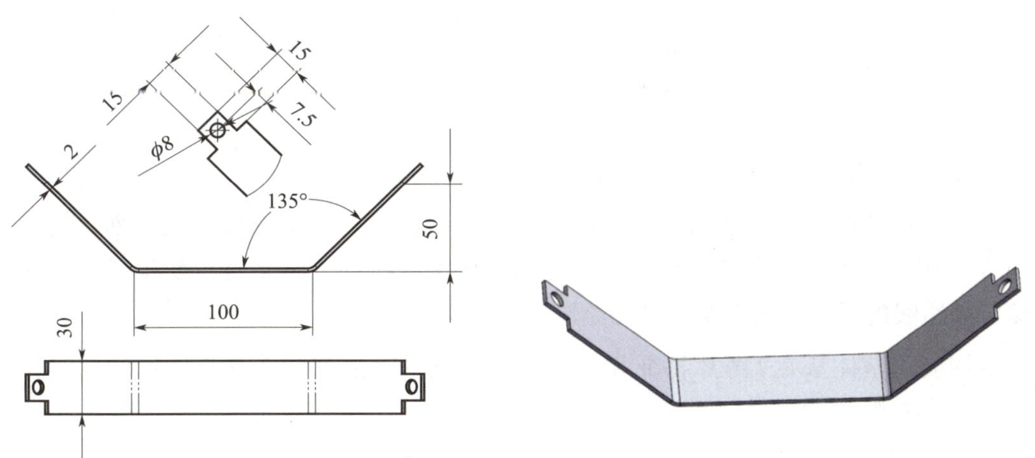

图 3–9–3　基体法兰钣金零件图及立体图

1. 选择前视基准面作为草图平面，绘制如图 3–9–4a 所示的草图 1，单击“基体法兰 / 薄片”按钮，相关属性设置如图 3–9–4b 所示，结果如图 3–9–4c 所示。

2. 选择基体法兰倾斜部分的表面作为草图平面，绘制如图 3-9-4d 所示的草图 2，单击“基体法兰 / 薄片”按钮，相关属性设置如图 3-9-4e 所示，结果如图 3-9-4f 所示。

3. 镜向基体法兰，完成基体法兰钣金零件建模，结果如图 3-9-3 所示。

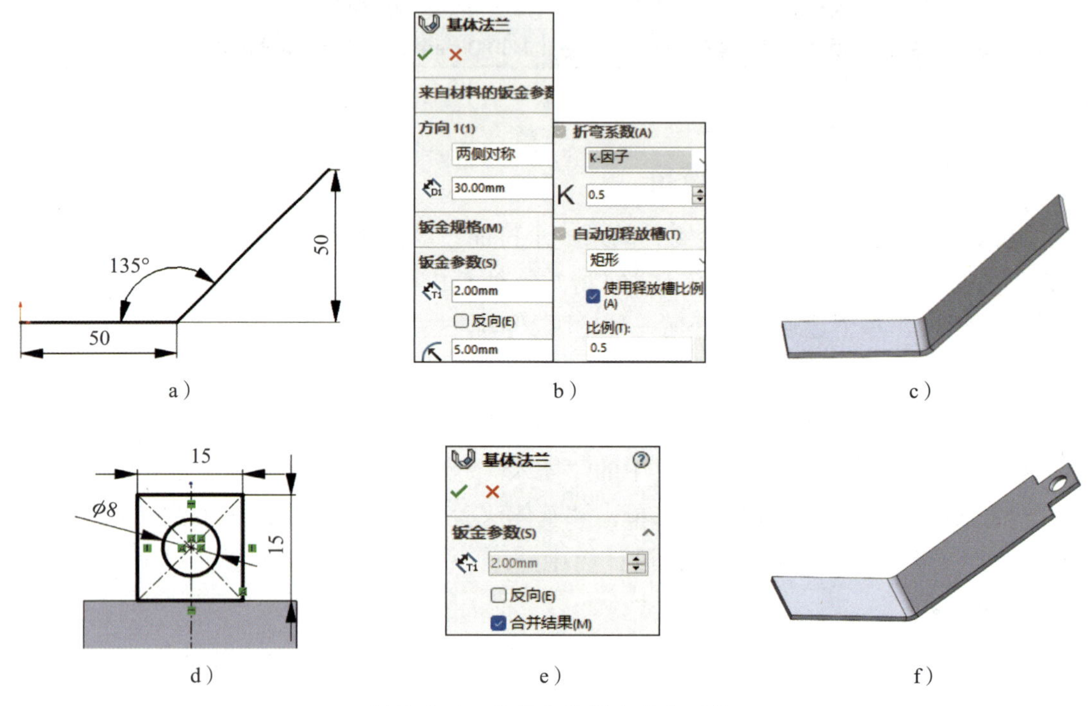

图 3-9-4　基体法兰钣金零件建模

a）绘制草图 1　b）“基体法兰”属性设置 1　c）创建基体法兰　d）绘制草图 2
e）“基体法兰”属性设置 2　f）创建薄片

三、斜接法兰特征

斜接法兰特征可将一系列法兰添加到钣金零件的一条或多条边线上。创建斜接法兰时，必须已经有钣金零件，否则无法应用斜接法兰特征。将垂直于要生成斜接法兰的第一条边线的平面作为草绘基准面绘制斜接法兰草图。

例：应用基体法兰 / 薄片特征和斜接法兰特征，完成如图 3-9-5 所示的斜接法兰钣金零件建模。

1. 选择前视基准面作为草图平面，绘制如图 3-9-6a 所示的草图 1，单击“基体法兰 / 薄片”按钮，相关属性设置如图 3-9-4b 所示，结果如图 3-9-6b 所示。

2. 选择基体法兰的左侧顶面作为草图平面，绘制如图 3-9-6c 所示的草图 2，单击“钣金”工具栏中的“斜接法兰”按钮，或单击菜单栏中的“插入”→“钣金”→“斜接法兰”，相关属性设置如图 3-9-6d 所示，完成斜接法兰钣金零件建模，结果如图 3-9-5 所示。

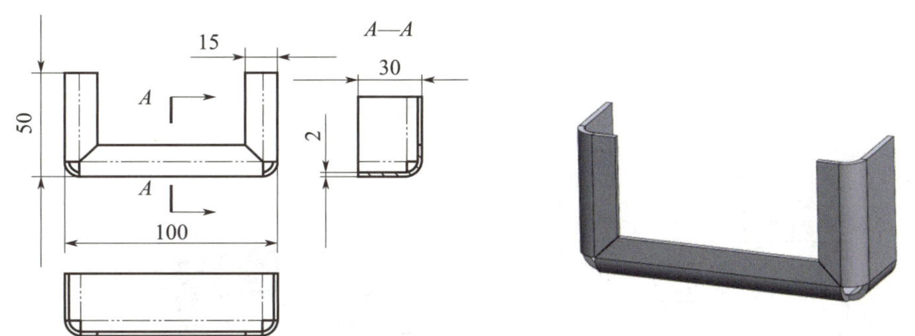

图 3-9-5　斜接法兰钣金零件图及立体图

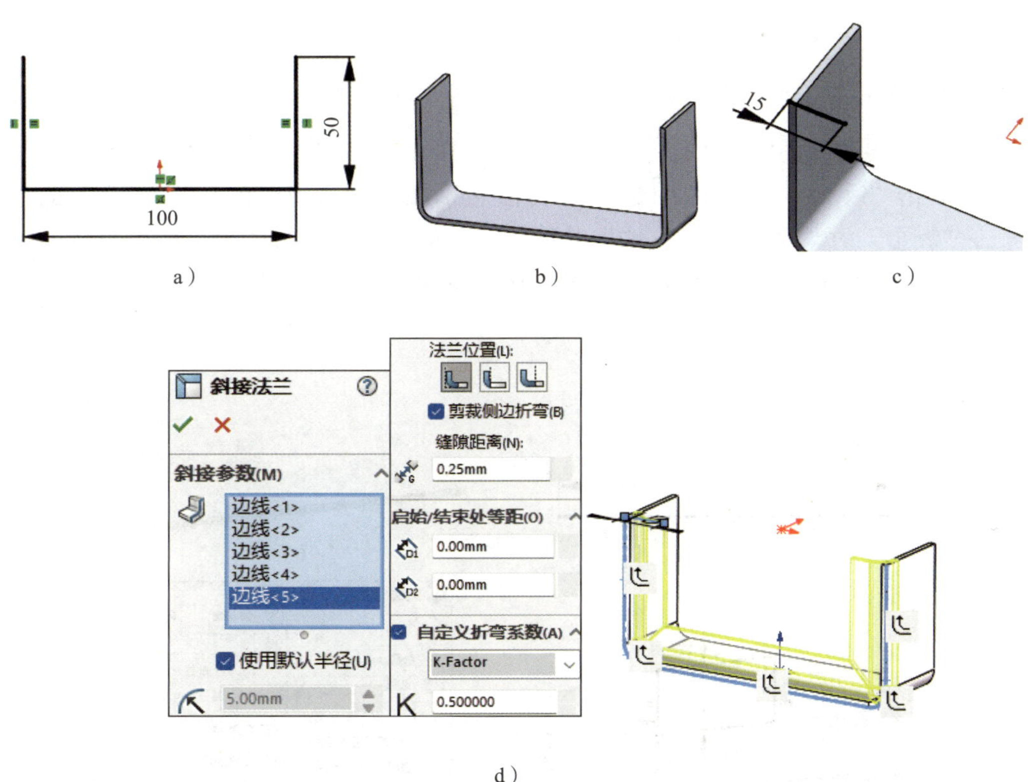

图 3-9-6　斜接法兰钣金零件建模

a）绘制草图 1　b）创建基体法兰　c）绘制草图 2　d）“斜接法兰”属性设置

四、边线法兰特征

边线法兰特征可将边线法兰添加到钣金零件的一条或多条边线上。创建边线法兰时，轮廓草图的一条直线必须位于生成边线法兰时所选的边线上，此直线不必与所选的边线长度相等。草图可以是多开环或闭环轮廓，或者多重封闭轮廓。

例：应用基体法兰 / 薄片特征和边线法兰特征，完成如图 3-9-7 所示的边线法兰钣金零件建模。

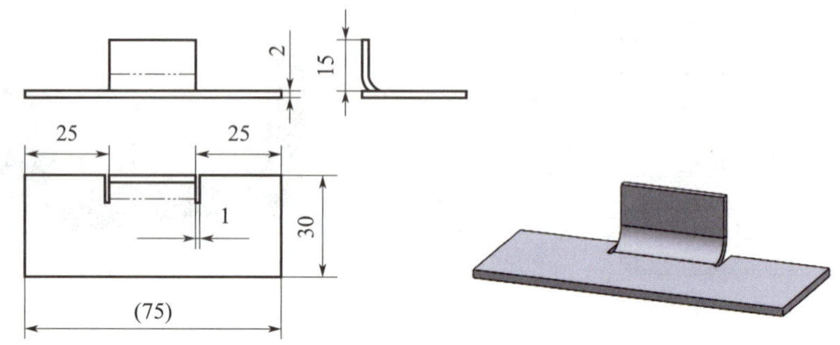

图 3-9-7　边线法兰钣金零件图及立体图

1. 选择前视基准面作为草图平面，绘制如图 3-9-8a 所示的草图 1，单击“基体法兰 / 薄片”按钮，相关属性设置如图 3-9-4b 所示，结果如图 3-9-8b 所示。

2. 单击“钣金”工具栏中的“边线法兰”按钮，或单击菜单栏中的“插入”→“钣金”→“边线法兰”，选取基体法兰顶面的长边作为边线，绘制如图 3-9-8c 所示的法兰轮廓草图 2，相关属性设置如图 3-9-8d 所示，完成边线法兰钣金零件建模，结果如图 3-9-7 所示。

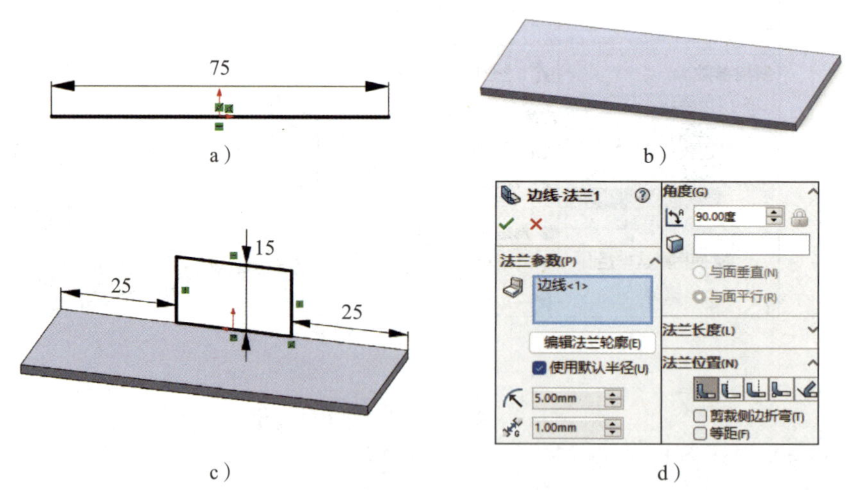

图 3-9-8　边线法兰钣金零件建模

a）绘制草图 1　b）创建基体法兰　c）绘制法兰轮廓草图 2　d）“边线 – 法兰”属性设置

五、转折特征

转折特征通过从草图线生成两个折弯而将材料添加到钣金零件上。先在钣金零件的平面上绘制一条直线，再生成转折特征。

例：应用基体法兰 / 薄片特征和转折特征，完成如图 3-9-9 所示的转折钣金零件建模。

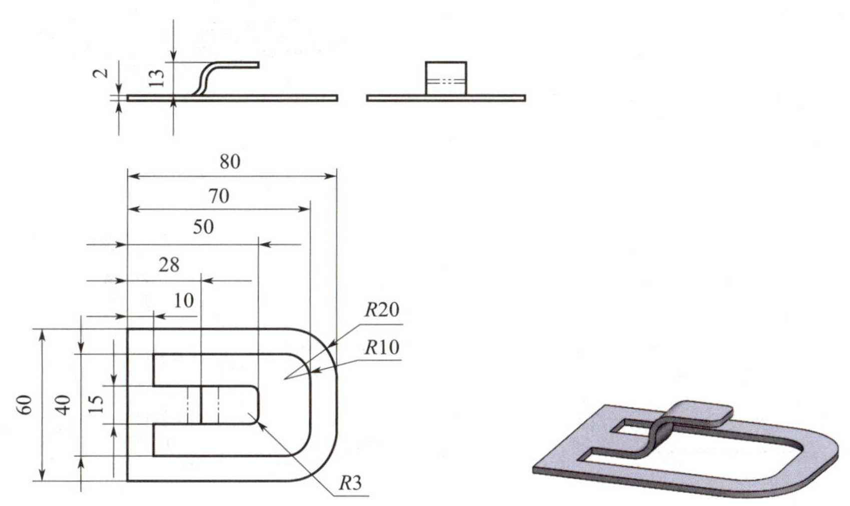

图 3-9-9　转折钣金零件图及立体图

1. 选择上视基准面作为草图平面，绘制如图 3-9-10a 所示的草图 1，单击“基体法兰 / 薄片”按钮，设置钣金厚度为 2 mm，其余参数保持默认设置，结果如图 3-9-10b 所示。

2. 选择基体法兰顶面作为草图平面，绘制如图 3-9-10c 所示的转折线草图 2。单击“钣金”工具栏中的“转折”按钮，或单击菜单栏中的“插入”→“钣金”→“转折”。选取草图 2 作为转折线草图，选取基体法兰顶面作为固定面，相关属性设置如图 3-9-10d 所示，完成转折钣金零件建模，结果如图 3-9-9 所示。

六、绘制的折弯特征

通过绘制的折弯特征可将折弯线添加到钣金零件的平面上。先在钣金零件的平面上绘制一直线，再生成折弯特征。

例：采用基体法兰 / 薄片特征和绘制的折弯特征，完成如图 3-9-11 所示的折弯钣金零件建模。

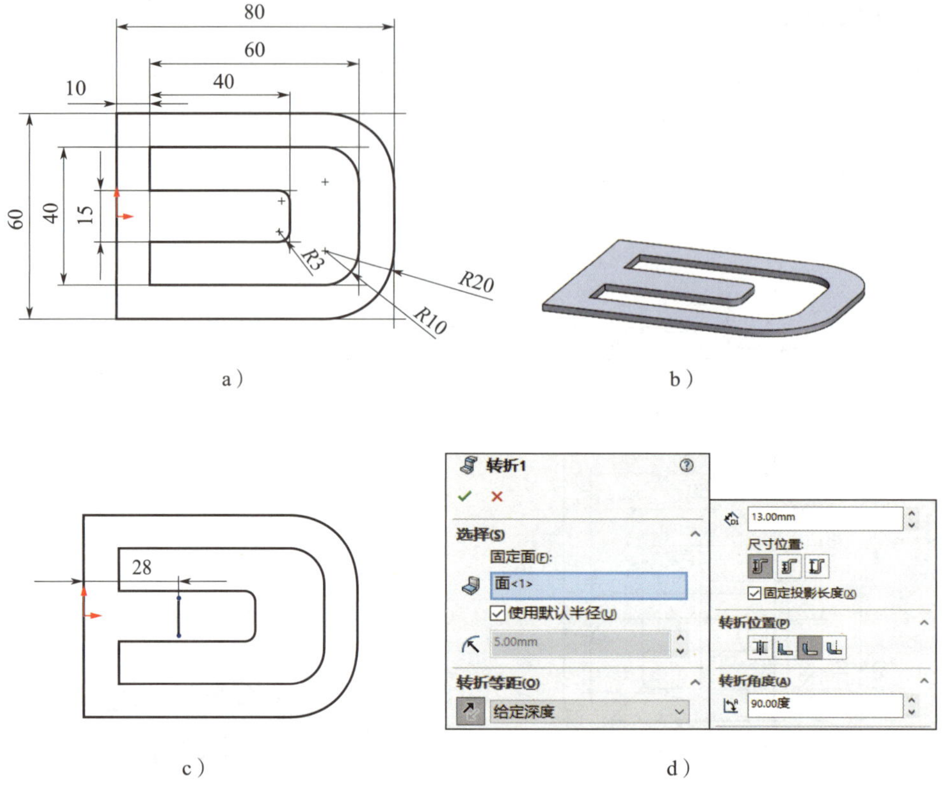

图 3-9-10 转折钣金零件建模

a）绘制草图 1 b）创建基体法兰 c）绘制转折线草图 2 d）“转折”属性设置

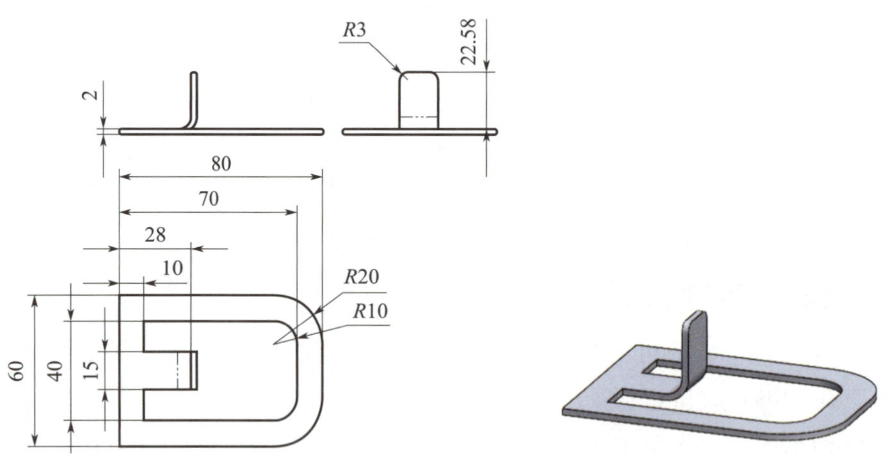

图 3-9-11 折弯钣金零件图及立体图

按照转折钣金零件建模操作，完成基体法兰创建和折弯线草图 2 绘制。单击“钣金”工具栏中的“绘制的折弯”按钮，或单击菜单栏中的“插入”→“钣金”→“绘制的折弯”。选取草图 2 作为折弯线草图，选取钣金顶面作为固定面，相关属性设置如图 3–9–12 所示，完成折弯钣金零件建模，结果如图 3–9–11 所示。

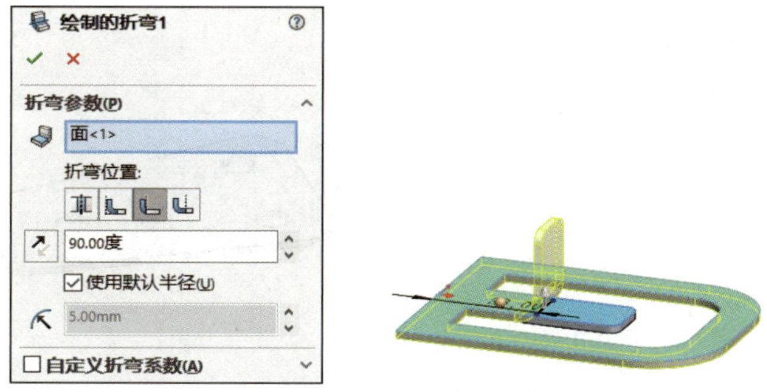

图 3–9–12　“绘制的折弯”属性设置

七、褶边特征

褶边特征可将褶边添加到钣金零件的边线上。选择想添加褶边的钣金零件边线，编辑选定边线的褶边长度生成褶边。

例：应用基体法兰 / 薄片特征和褶边特征，完成如图 3–9–13 所示的褶边钣金零件建模。

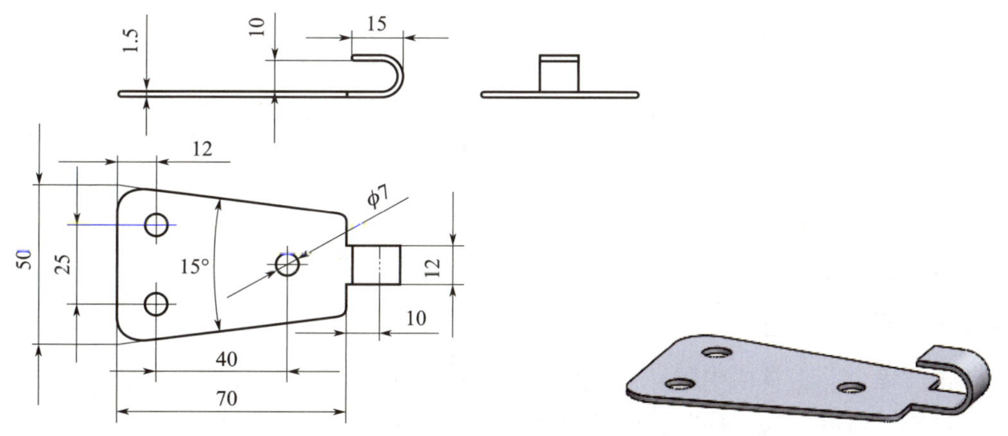

图 3–9–13　褶边钣金零件图及立体图

1. 选择上视基准面作为草图平面，绘制如图 3–9–14a 所示的草图 1，单击“基体法兰 / 薄片”按钮，设置钣金厚度为 2 mm，其余参数保持默认设置，结果如图 3–9–14b 所示。

2. 单击“钣金”工具栏中的“褶边”按钮，或单击菜单栏中的“插入”→“钣金”→“褶边”。选取基体法兰右端面边线作为褶边边线，如图 3–9–14c 所示，相关属性设置如图 3–9–14d 所示，完成褶边钣金零件建模，结果如图 3–9–13 所示。

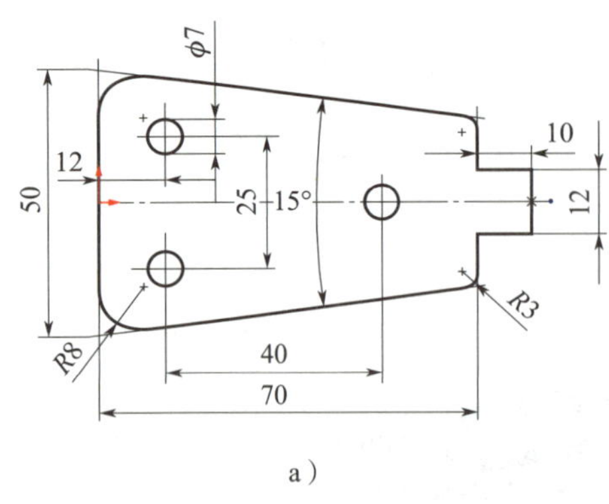

a）

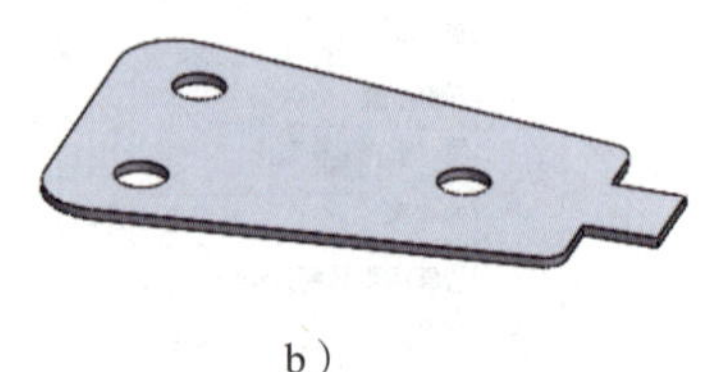
b）

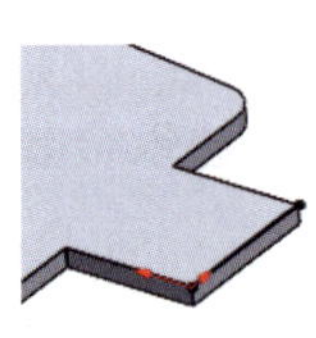
c）

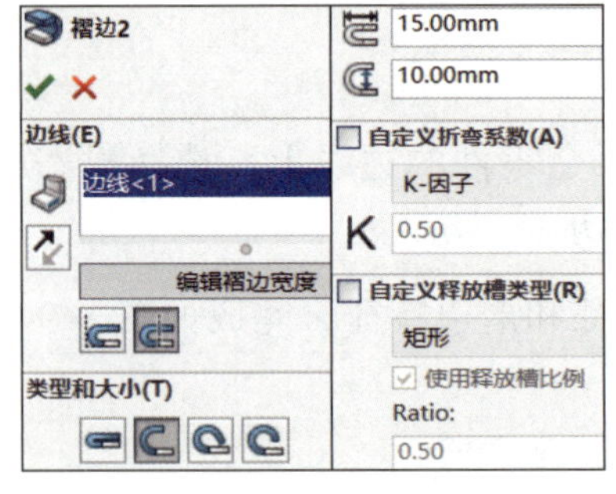

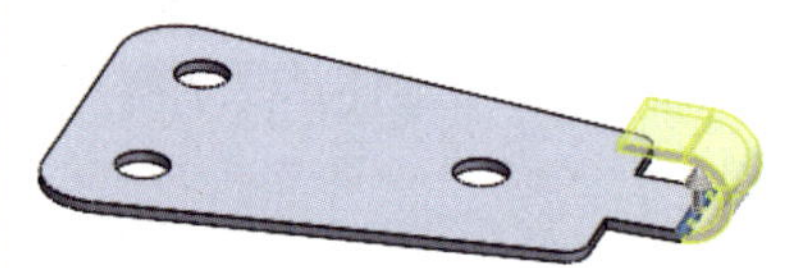
d）

图 3-9-14　褶边钣金零件建模

a）绘制草图 1　b）创建基体法兰　c）选取褶边边线　d）"褶边"属性设置

八、通风口特征

通风口特征用于设计钣金零件的散热孔系。先在钣金零件上绘制通风口草图，再启用通风口特征生成通风口。

单击"钣金"工具栏中的"通风口"按钮，或单击菜单栏中的"插入"→"扣合特征"→"通风口"，即可进行创建通风口特征操作。

图 3-9-1 所示的机箱钣金零件可通过创建基体法兰、斜接法兰、褶边、边线法兰、绘制的折弯、薄片、转折、通风口等完成建模，其设计思路如图 3-9-15 所示。

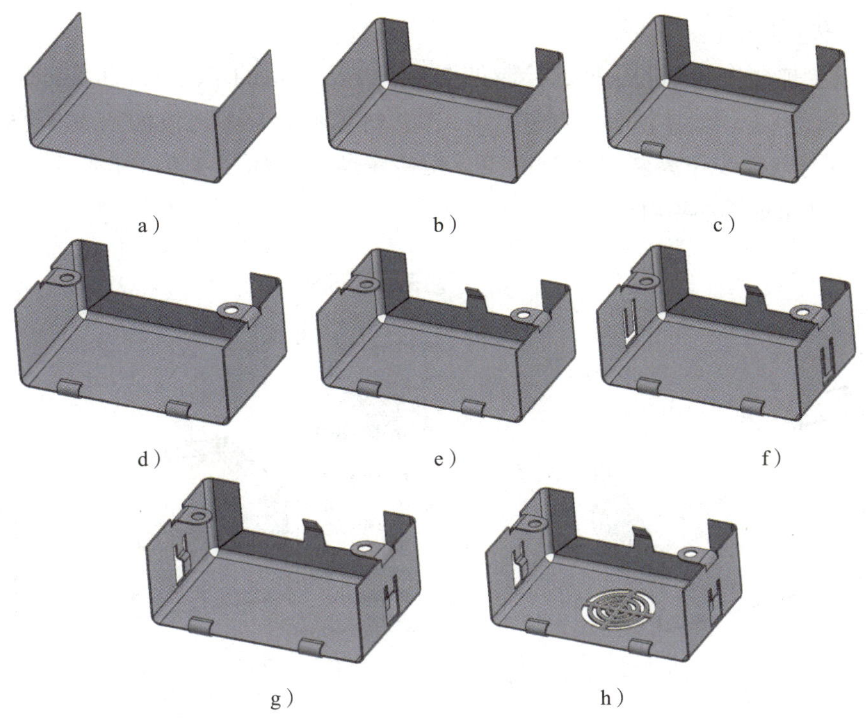

图 3-9-15　机箱钣金零件的设计思路

a）创建基体法兰　b）创建斜接法兰　c）创建褶边　d）创建边线法兰
e）创建绘制的折弯　f）创建薄片　g）创建转折　h）创建通风口

1．创建基体法兰

选择前视基准面作为草图平面，绘制如图 3-9-16a 所示的草图 1，单击“基体法兰 / 薄片”按钮，相关属性设置如图 3-9-16b 所示，完成创建基体法兰，结果如图 3-9-15a 所示。

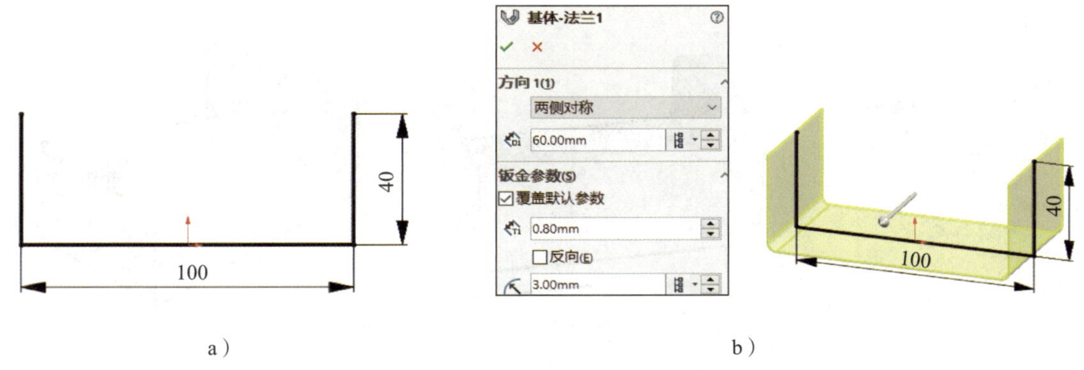

图 3-9-16　创建基体法兰

a）绘制基体法兰草图 1　b）“基体－法兰”属性设置

2. 创建斜接法兰

选择钣金顶面作为草图平面，绘制如图 3–9–17a 所示的草图 2，直线起点为顶面内侧边线端点。单击“斜接法兰”按钮，在“斜接参数”中选取如图 3–9–15a 所示的钣金后端面内侧边线作为斜接法兰边线，相关属性设置如图 3–9–17b 所示，完成创建斜接法兰，结果如图 3–9–15b 所示。

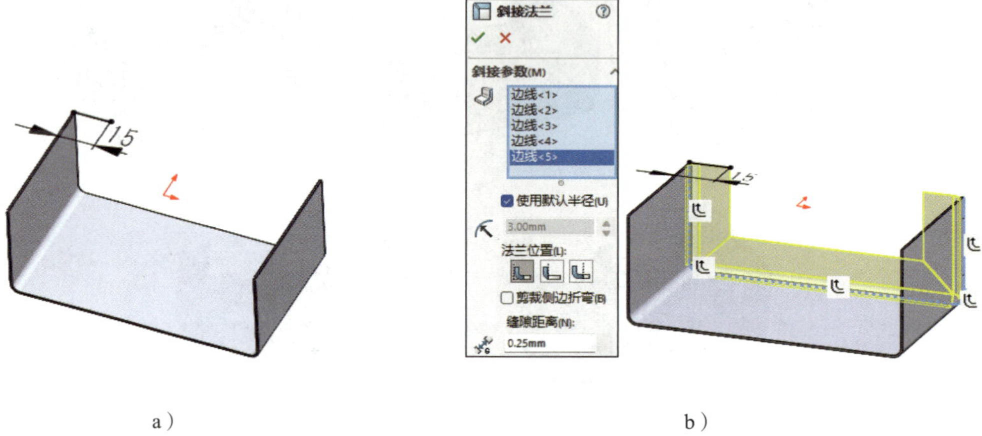

图 3–9–17 创建斜接法兰

a）绘制斜接法兰草图 2 b）“斜接法兰”属性设置

3. 创建褶边

（1）单击“褶边”按钮，选择钣金前端面内侧边线作为褶边边线，相关属性设置如图 3–9–18a 所示，单击“编辑褶边宽度”按钮，按照如图 3–9–18b 所示草图 3 的尺寸编辑褶边宽度，其他参数均为默认值，完成创建褶边，结果如图 3–9–18c 所示。

（2）选择右视基准面作为镜向面，镜向褶边特征，结果如图 3–9–15c 所示。

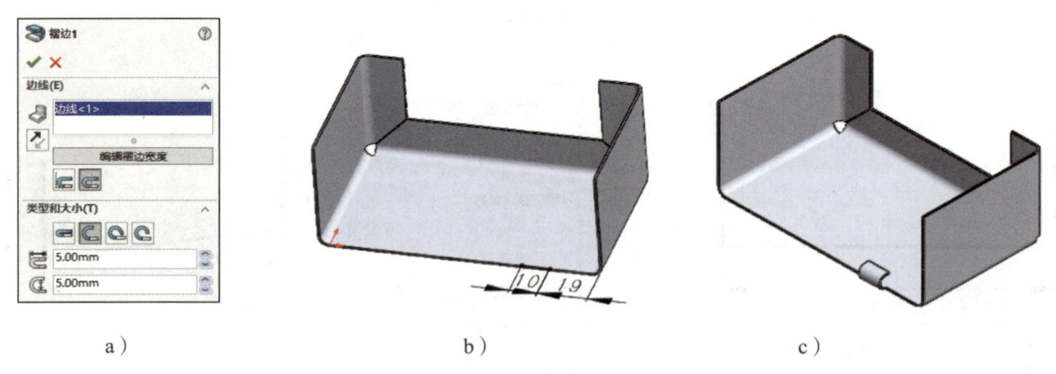

图 3–9–18 创建褶边

a）“褶边”属性设置 b）绘制褶边宽度草图 3 c）完成创建褶边

4. 创建边线法兰

（1）单击“边线法兰”按钮，选取钣金右侧顶面的内侧边线作为边线法兰边线，相关属性设置如图 3–9–19a 所示，单击“编辑法兰轮廓”按钮，按照如图 3–9–19b 所示草图 4 的尺寸编辑边线法兰轮廓，完成创建边线法兰，结果如图 3–9–19c 所示。

（2）选择右视基准面作为镜向面，镜向边线法兰特征，结果如图 3–9–15d 所示。

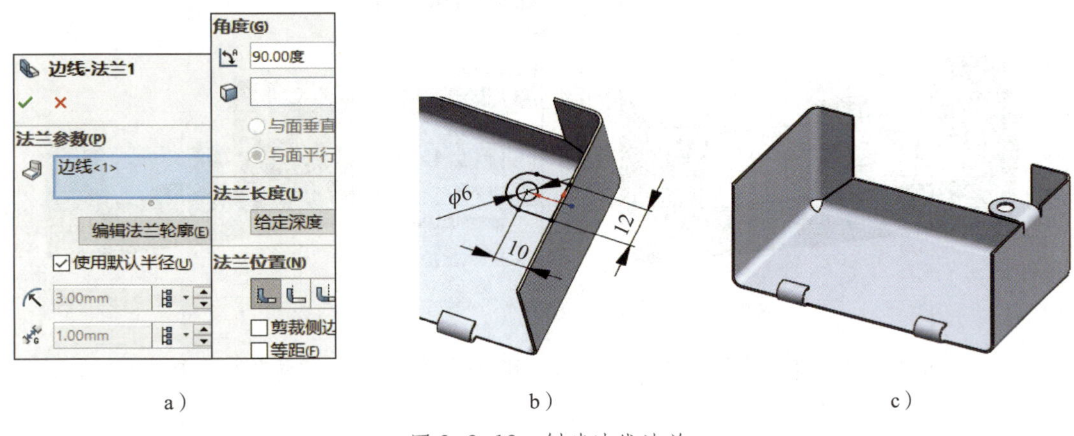

a）　　b）　　c）

图 3–9–19　创建边线法兰

a）“边线 – 法兰”属性设置　b）绘制边线法兰草图 4　c）完成创建边线法兰

5. 创建绘制的折弯

（1）选择斜接法兰内侧表面作为草图平面，绘制如图 3–9–20a 所示的草图 5。单击“基体法兰 / 薄片”按钮，相关属性设置如图 3–9–20b 所示，完成创建薄片 1。

（2）选择斜接法兰外侧表面作为草图平面，绘制如图 3–9–20c 所示的草图 6。单击“绘制的折弯”按钮，选取草图 6 作为折弯线草图，选取斜接法兰外侧表面作为固定面，相关属性设置如图 3–9–20d 所示，完成创建绘制的折弯，结果如图 3–9–15e 所示。

6. 创建薄片

（1）选择右视基准面作为草图平面，绘制如图 3–9–21a 所示的草图 7，单击“拉伸切除”按钮，选择“完全贯穿”，完成方孔切除。

（2）选择钣金外侧表面作为草图平面，绘制如图 3–9–21b 所示的草图 8。单击“基体法兰 / 薄片”按钮，相关属性设置如图 3–9–21c 所示，完成创建薄片 2。镜向薄片 2 特征，结果如图 3–9–15f 所示。

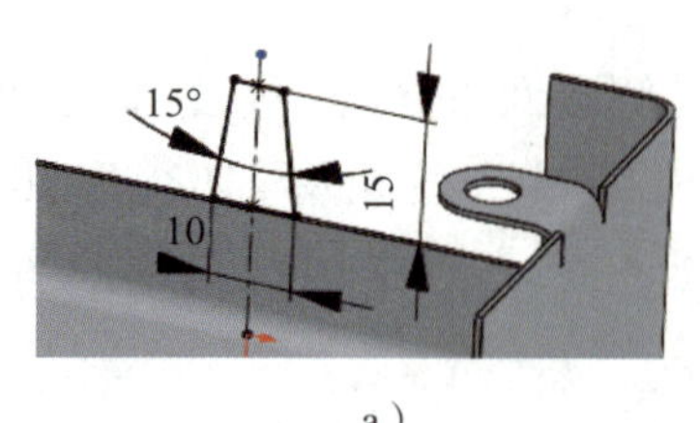

a）

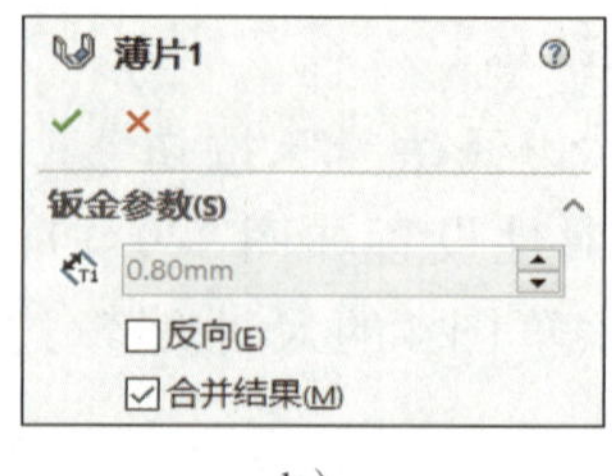

b）

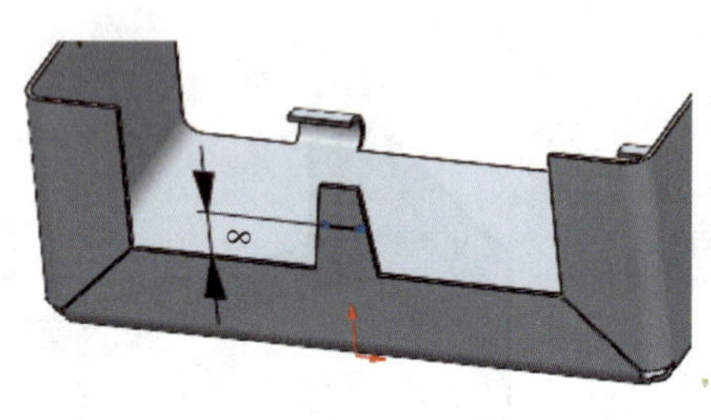

c）

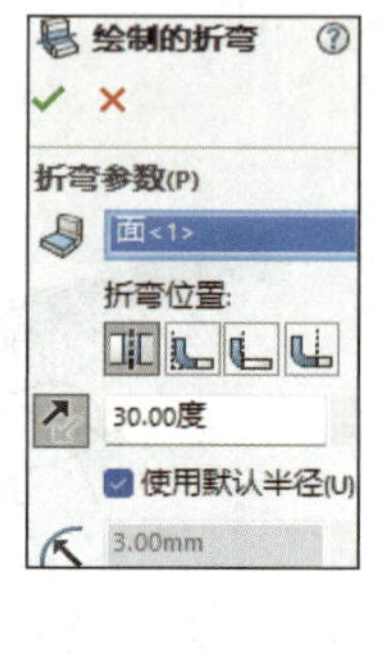

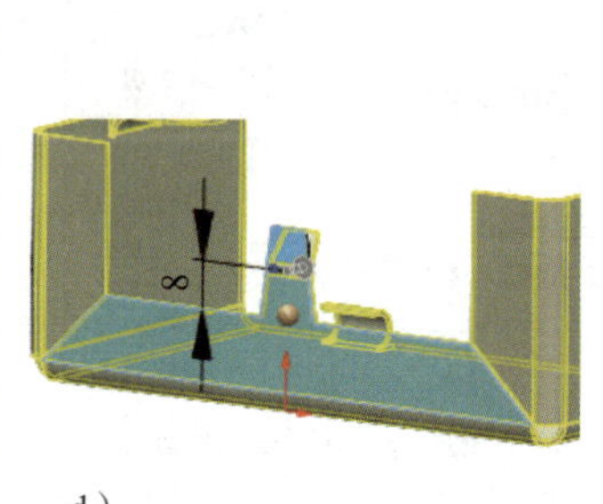

d）

图 3-9-20　创建绘制的折弯

a）绘制薄片草图 5　b）“薄片”属性设置　c）绘制折弯线草图 6　d）“绘制的折弯”属性设置

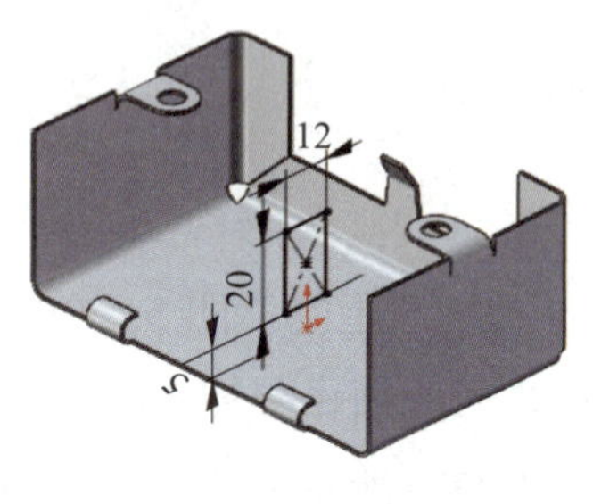

a）

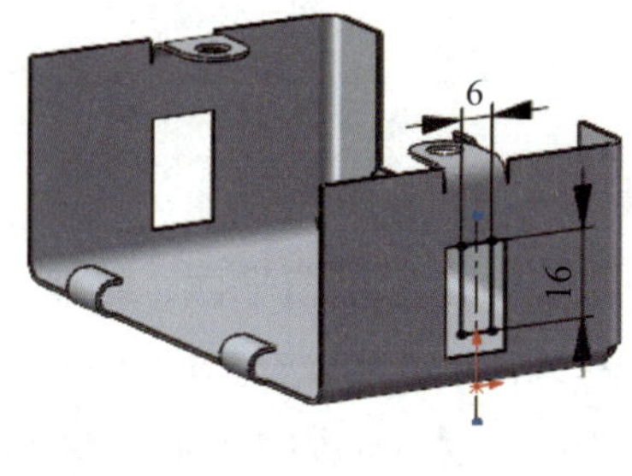

b）

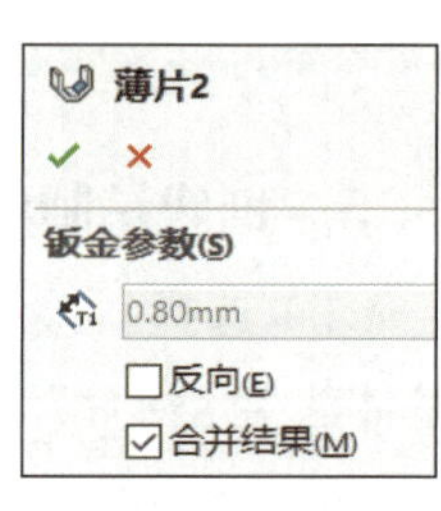

c）

图 3-9-21　创建薄片

a）绘制拉伸切除草图 7　b）绘制薄片草图 8　c）“薄片”属性设置

7. 创建转折

选择薄片 2 内侧表面作为草图平面，绘制如图 3-9-22a 所示的草图 9，单击“转折”按钮，以薄片 2 内侧表面为固定面，相关属性设置如图 3-9-22b 所示，完成创建转折特征。采用同样的方法，创建另一侧转折，结果如图 3-9-15g 所示。

8. 创建通风口

选择钣金底面作为草图平面，绘制如图 3-9-23a 所示的草图 10。单击“通风口”按钮，以 $\phi34$ 圆为边界，以十字线段为筋，以 $\phi26$ 圆、$\phi18$ 圆和 $\phi10$ 圆为翼梁，相关属性设置如图 3-9-23b 所示，完成创建通风口，结果如图 3-9-15h 所示。

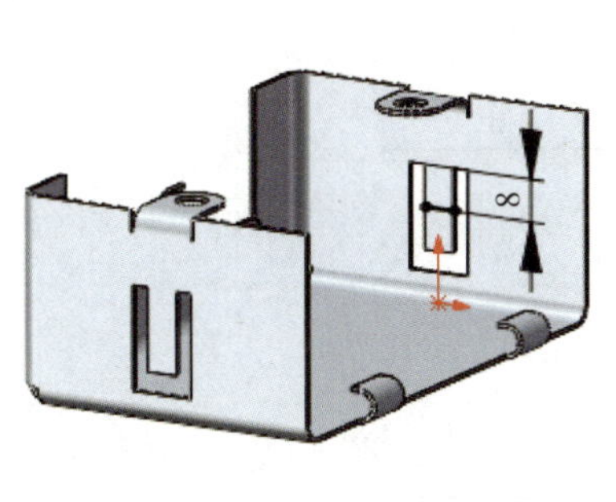

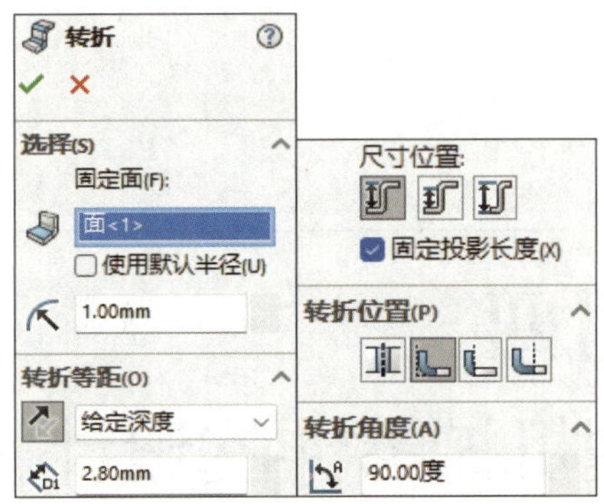

a）　　　　　　　　　　b）

图 3-9-22　创建转折

a）绘制转折线草图 9　b）“转折”属性设置

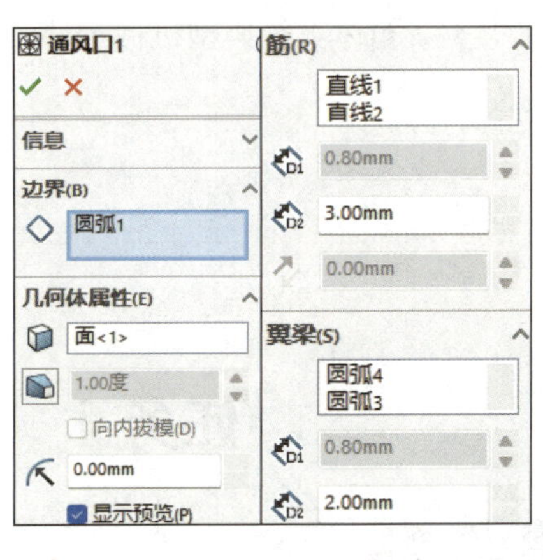

a）　　　　　　　　　　b）

图 3-9-23　创建通风口

a）绘制通风口草图 10　b）“通风口”属性设置

项目四
典型机械零件的设计

本项目主要学习综合应用草绘特征、放置特征、复制特征等，完成轴套类、盘盖类、叉架类、箱体类等典型机械零件的设计。

任务 1　齿轮轴的设计

1. 能调用设计库中的零件进行设计。
2. 能综合应用草绘特征、放置特征等，完成轴套类零件的设计。

根据如图 4-1-1 所示的齿轮轴零件图，通过调用设计库中的零件，综合应用旋转凸台 / 基体、拉伸切除、圆角、倒角等特征，完成齿轮轴零件的设计。

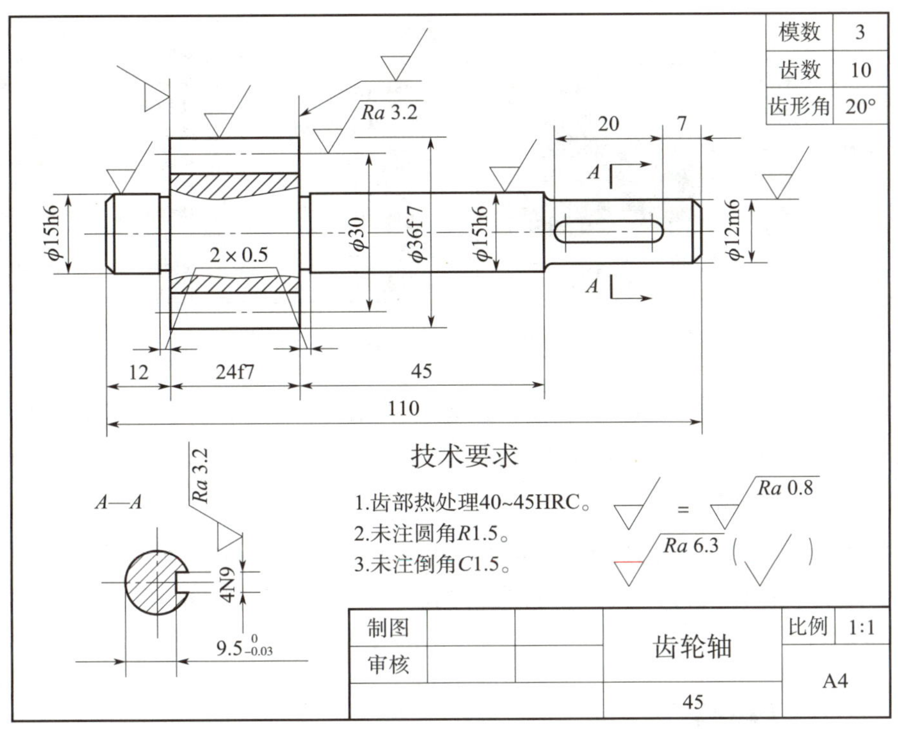

图 4-1-1　齿轮轴零件图

在建模过程中，零件和装配体设计经常会涉及螺栓、齿轮、轴承等标准件，这些标准件可先通过设计库中 Toolbox 插件直接调用，再通过修改参数将其另存为一个零件文件，然后在零件和装配体建模时使用。

例：从设计库中 Toolbox 插件中调用螺钉 GB/T 67—2000 M6×16，将文件另存至“项目四\任务 1\”中，将文件命名为“螺钉 .SLDPRT”。

1. 单击“任务窗格”工具栏中的“设计库”按钮，双击“Toolbox”按钮 Toolbox，单击“现在插入”按钮现在插入，双击“中国标准”按钮 GB，双击“螺钉”按钮 螺钉，双击“机械螺钉”按钮机械螺钉，如图 4-1-2 所示，打开机械螺钉库。

图 4-1-2 调用设计库中的螺钉标准件

2. 选中“开槽盘头螺钉 GB/T 67—2000”，单击鼠标右键，单击“生成零件”。在“配置零部件”属性管理器中添加零件号“1”，相关属性设置如图 4-1-3a 所示，生成如图 4-1-3b 所示的螺钉零件。

3. 如果当前软件还同时打开了其他文件，则单击按钮 ✓，修改参数后的零件文件会最小化。可将该文件最大化，将文件另存至“项目四 \ 任务 1\”中，将其命名为“螺钉 .SLDPRT”。

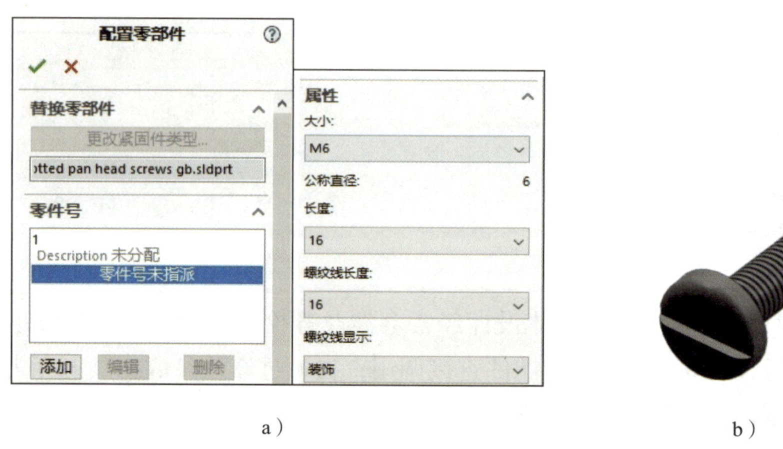

a） b）

图 4-1-3 修改设计库中的零件参数

a）“配置零部件”属性设置 b）生成螺钉零件

在 SolidWorks 软件中，将含有装配体及各个零件的文件夹复制至另一台计算机时，若其中某个零件是通过 Toolbox 插件调入后修改参数和名称并另存到该文件夹中的，则打开装配体文件时，这个零件将被替换为 Toolbox 插件中最原始的文件，导致装配错误。这时，单击菜单栏中的“工具”→“选项”→“系统选项”→“异型孔向导 / Toolbox”，通过取消勾选如图 4-1-4 所示的“将此文件夹设为 Toolbox 零部件的默认搜索位置”复选框即可解决这一问题。

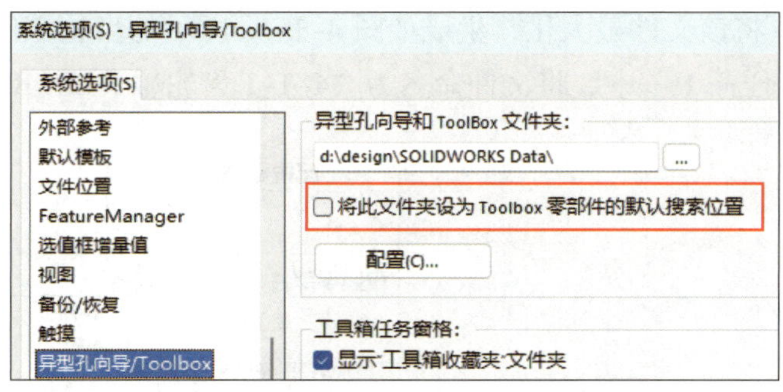

图 4-1-4　修改 Toolbox 系统选项

图 4-1-1 所示的齿轮轴零件可先通过调用设计库中的齿轮零件，在齿轮零件上创建齿轮轴，再通过创建键槽、倒角、圆角等完成建模，其设计思路如图 4-1-5 所示。

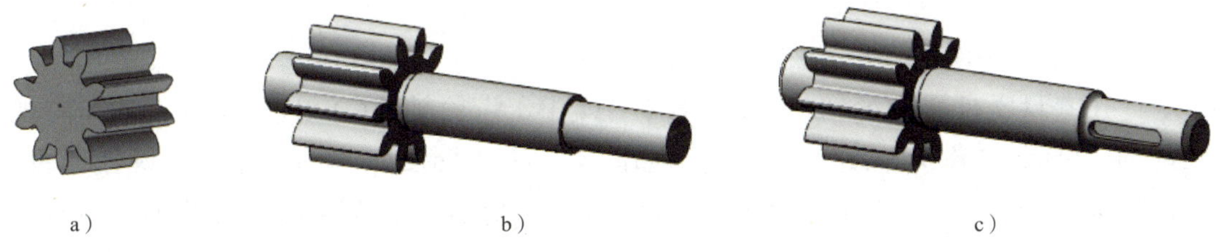

a）　　b）　　c）

图 4-1-5　齿轮轴零件的设计思路

a）调用设计库中的齿轮零件　b）创建齿轮轴　c）创建键槽、倒角、圆角

1. 调用设计库中的齿轮零件

（1）单击“设计库”按钮，双击“Toolbox”按钮 Toolbox，单击“现在插入”按钮 现在插入，双击“中国标准”按钮 GB，双击“动力传动”按钮 动力传动，双击“齿轮”按钮 齿轮，如图 4-1-6 所示。

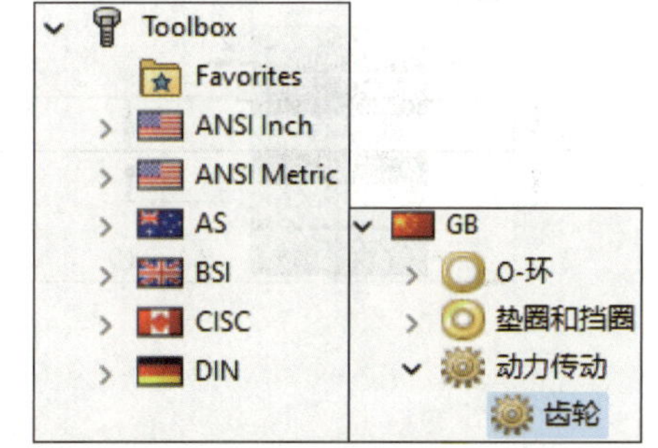

图 4-1-6　调用设计库中的齿轮零件

（2）选中如图 4-1-7a 所示的“正齿轮”，单击鼠标右键，单击“生成零件”，在“配置零部件”属性管理器中添加零件号“1”，相关属性设置如图 4-1-7b 所示。

（3）单击按钮 ✔，如果当前软件还同时打开了其他文件，则修改参数后的齿轮零件文件会最小化。将该文件最大化，生成如图 4-1-5a 所示的齿轮零件，将该齿轮零件另存至“项目四 \ 任务 1\”中，将文件命名为“4-1-1 齿轮轴 .SLDPRT”。

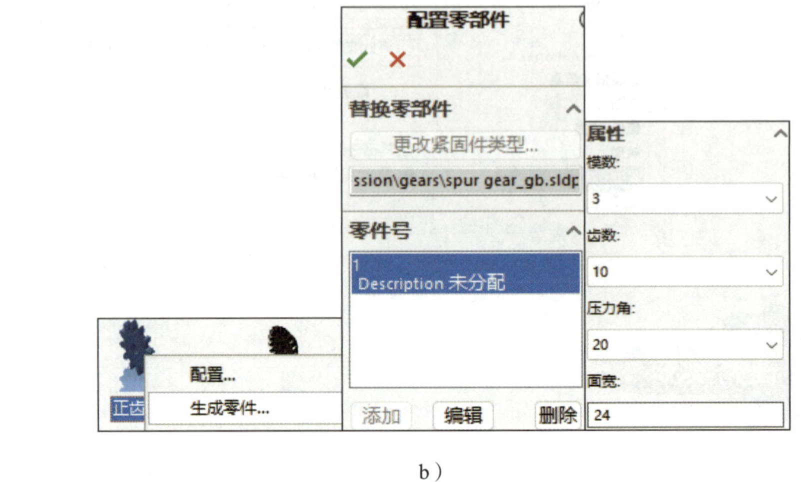

a）　　　　b）

图 4-1-7　调用设计库中的正齿轮零件

a）选中“正齿轮”　b）配置正齿轮零件

2. 创建齿轮轴

打开素材文件夹中的“项目四 \ 任务 1\4-1-1 齿轮轴 .SLDPRT”文件。选择左视基准面（Planel）作为草图平面，绘制如图 4-1-8a 所示的草图 1。单击“旋转凸台 / 基体”按钮，相关属性设置如图 4-1-8b 所示，完成创建齿轮轴，结果如图 4-1-5b 所示。

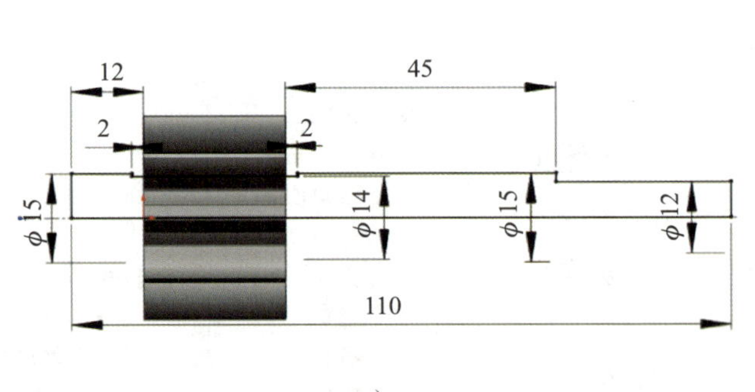

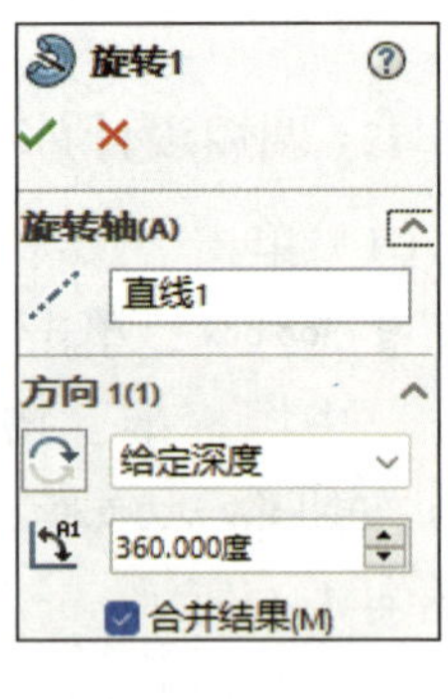

a）　　　　b）

图 4-1-8　创建齿轮轴

a）绘制草图 1　b）“旋转”属性设置

3. 创建键槽、倒角、圆角

（1）选择左视基准面（Planel）作为草图平面，绘制如图 4-1-9a 所示的草图 2。

单击“拉伸切除”按钮，相关属性设置如图 4-1-9b 所示，完成创建键槽，结果如图 4-1-9c 所示。

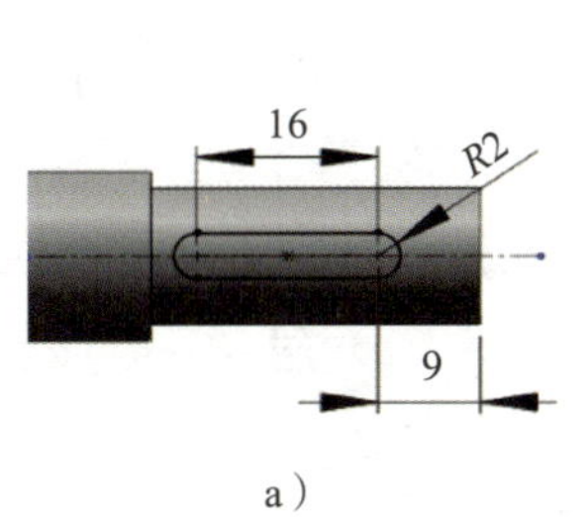

a）

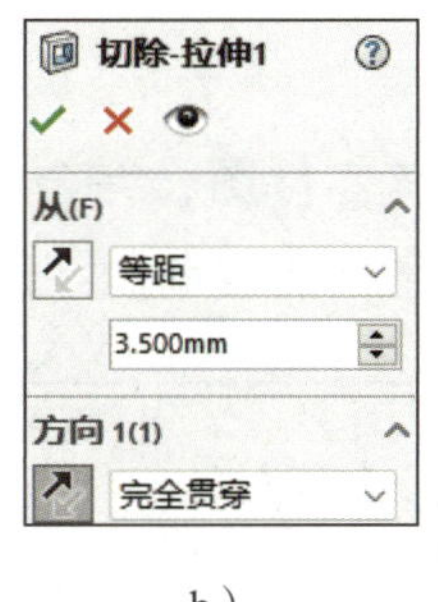

b）

c）

图 4-1-9 创建键槽

a）绘制草图 2 b）“切除 - 拉伸”属性设置 c）完成创建键槽

（2）单击“倒角”按钮，对齿轮轴两个轴端处创建 *C*1.5 倒角，如图 4-1-10 所示。单击“圆角”按钮，对轴肩处创建 *R*1.5 圆角，如图 4-1-11 所示，完成零件创建，结果如图 4-1-5c 所示。

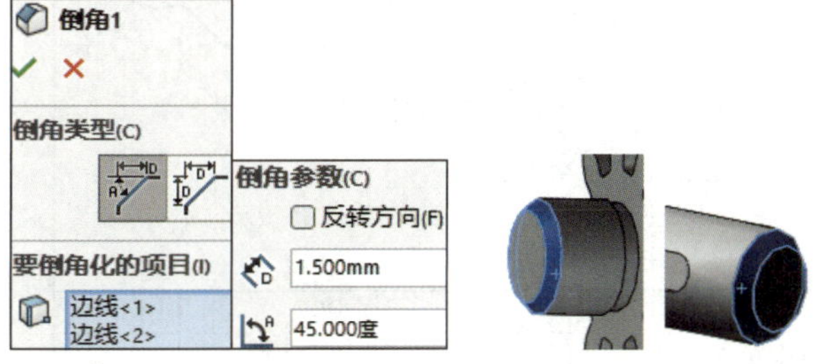

图 4-1-10 创建倒角

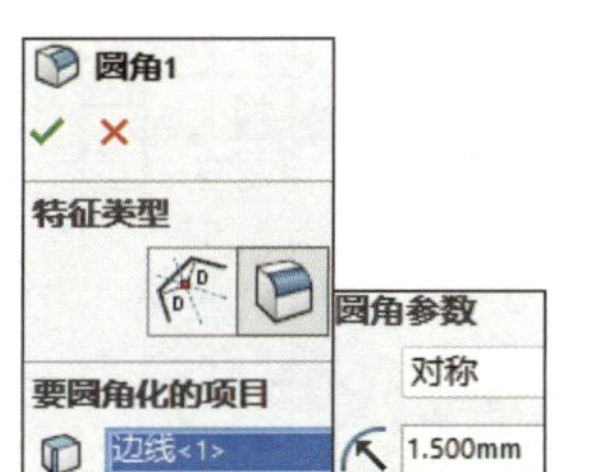

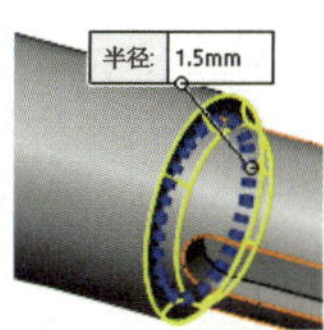

图 4-1-11 创建圆角

任务 2 轴承端盖的设计

能综合应用草绘特征、放置特征、复制特征等，完成盘盖类零件的设计。

任务描述

根据如图 4-2-1 所示的轴承端盖零件图，综合应用旋转凸台 / 基体、拉伸凸台 / 基体、筋、圆周阵列、圆角等特征，完成轴承端盖零件的设计。

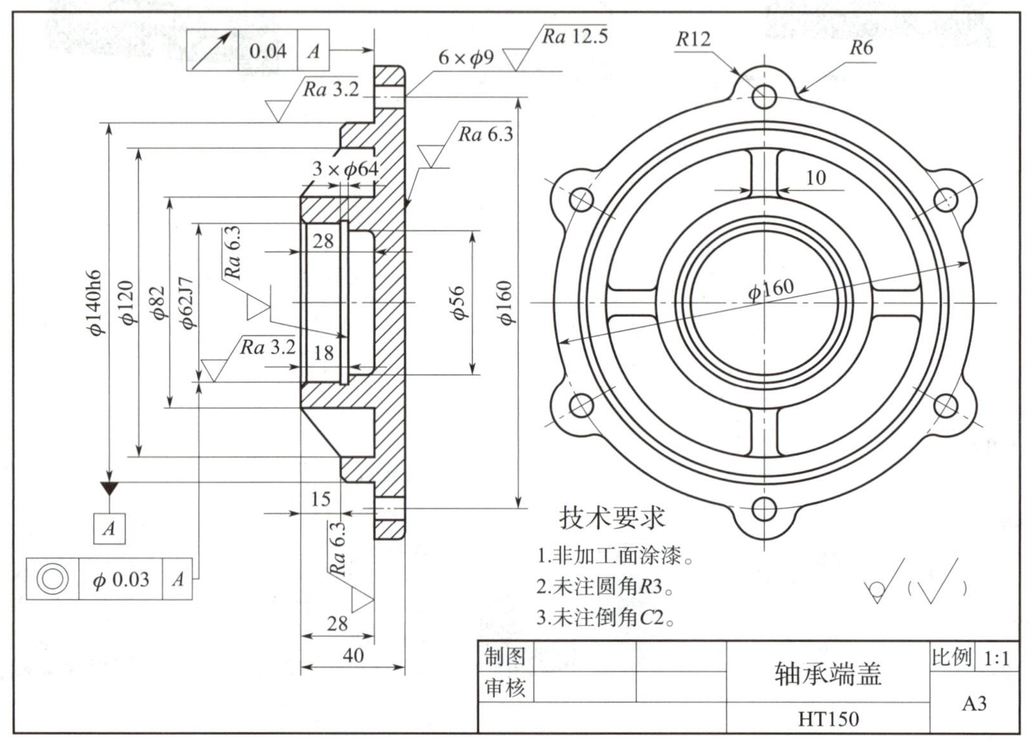

图 4-2-1　轴承端盖零件图

相关知识

一、筋特征

筋特征是从开环或闭环轮廓中生成的特殊类型的拉伸特征，用于在轮廓与现有零件之间添加指定方向和厚度的材料。

二、创建筋特征的方法

创建筋特征的方法有两种：一是先在设计树中选择已绘制好的草图，再单击“特征”工具栏中的“筋”按钮，或单击菜单栏中的“插入”→“特征”→“筋”；二是先单击“筋”按钮，再在设计树中选择一个基准面绘制草图，打开如图 4-2-2 所示的“筋”属性管理器。

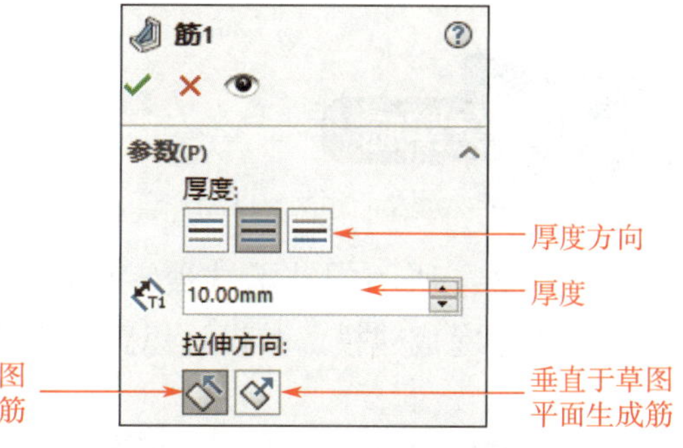

图 4-2-2　“筋”属性管理器

例：打开素材文件夹中的“项目四\任务 2\4-2-3a.SLDPRT”文件，在如图 4-2-3a 所示的实体中生成多处筋特征。

1. 选择前视基准面作为草图平面，绘制如图 4-2-3b 所示的草图 3，单击“筋”按钮，相关属性设置如图 4-2-3c 所示。单击“圆周阵列”按钮，显示临时轴，圆周阵列“筋 1”特征，实例数为 3，结果如图 4-2-3d 所示。

2. 选择基准面 1 作为草图平面，绘制如图 4-2-3e 所示的草图 4，单击“筋”按钮，相关属性设置如图 4-2-3f 所示，结果如图 4-2-3g 所示。

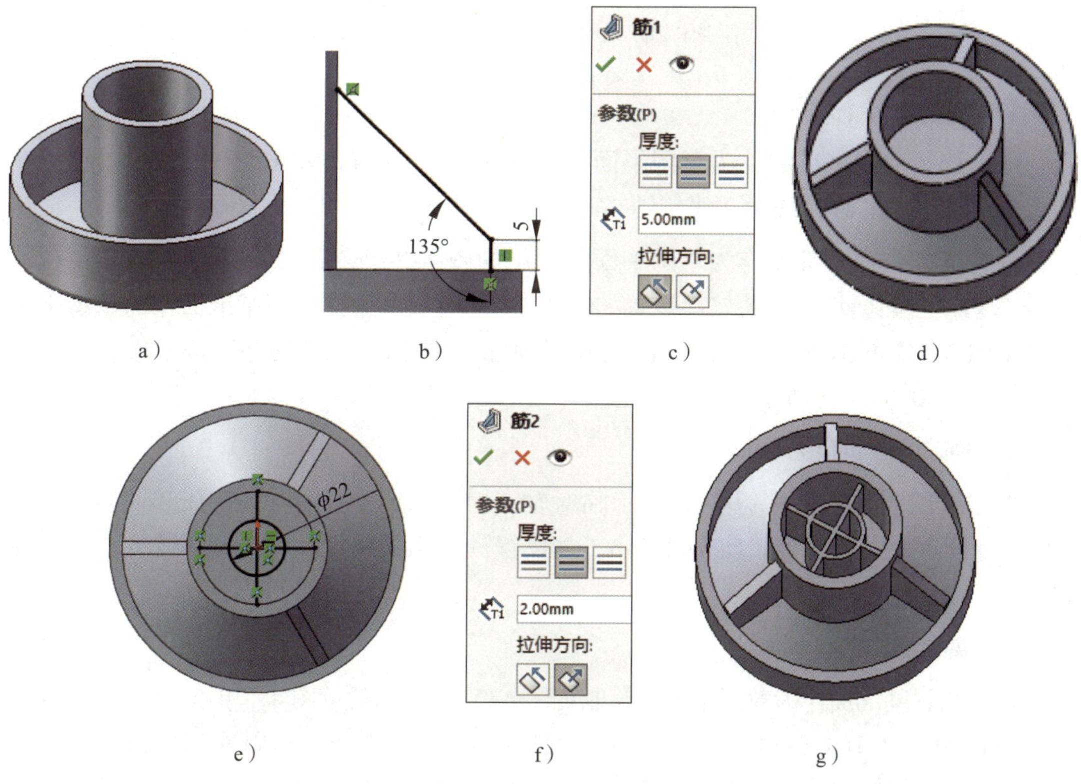

图 4-2-3　筋特征建模

a）原实体　b）绘制草图 3　c）“筋”属性设置 1　d）创建“筋 1”特征并圆周阵列　e）绘制草图 4　f）“筋”属性设置 2　g）创建“筋 2”特征

图 4-2-1 所示的轴承端盖零件可通过旋转、拉伸主体，圆周阵列耳板，创建筋，创建圆角等完成建模，其设计思路如图 4-2-4 所示。

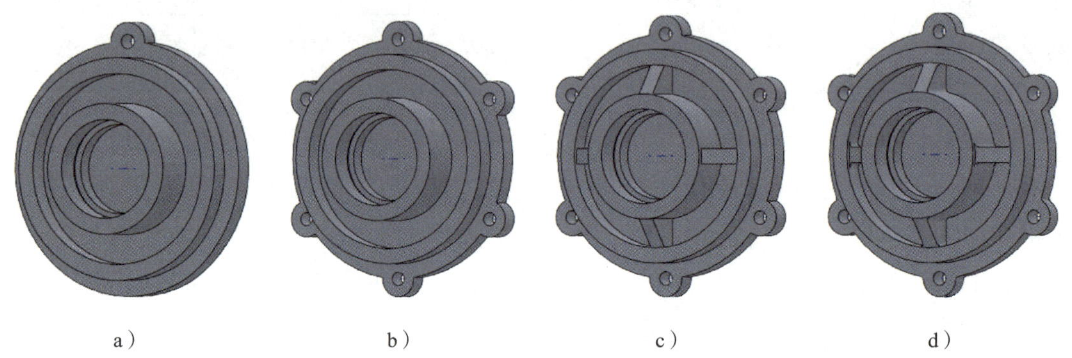

图 4-2-4 轴承端盖零件的设计思路

a）旋转、拉伸主体 b）圆周阵列耳板 c）创建筋 d）创建圆角

1. 旋转、拉伸主体

（1）选择前视基准面作为草图平面，绘制如图 4-2-5a 所示的草图 1，单击“旋转凸台 / 基体”按钮，绕中心线旋转 360° 完成旋转。

（2）选择右视基准面作为草图平面，绘制如图 4-2-5b 所示的草图 2，单击“拉伸凸台 / 基体”按钮，相关属性设置如图 4-2-5c 所示。选择右视基准面作为草图平面绘制草图 3，绘制草图 2 中 ϕ24 圆的同心圆 ϕ9 圆，单击“拉伸切除”按钮，完全贯穿，结果如图 4-2-4a 所示。

2. 圆周阵列耳板

单击“圆周阵列”按钮，显示临时轴，对“凸台 - 拉伸 1”特征和“切除 - 拉伸 1”特征进行圆周阵列，实例数为 6，并设置其他相关属性，完成圆周阵列耳板，结果如图 4-2-4b 所示。

3. 创建筋

选择前视基准面作为草图平面，绘制如图 4-2-6a 所示的草图 4，单击“筋”按钮，相关属性设置如图 4-2-6b 所示。单击“圆周阵列”按钮，圆周阵列“筋 1”特征，实例数为 4，相关属性设置如图 4-2-6c 所示，完成创建筋，结果如图 4-2-4c 所示。

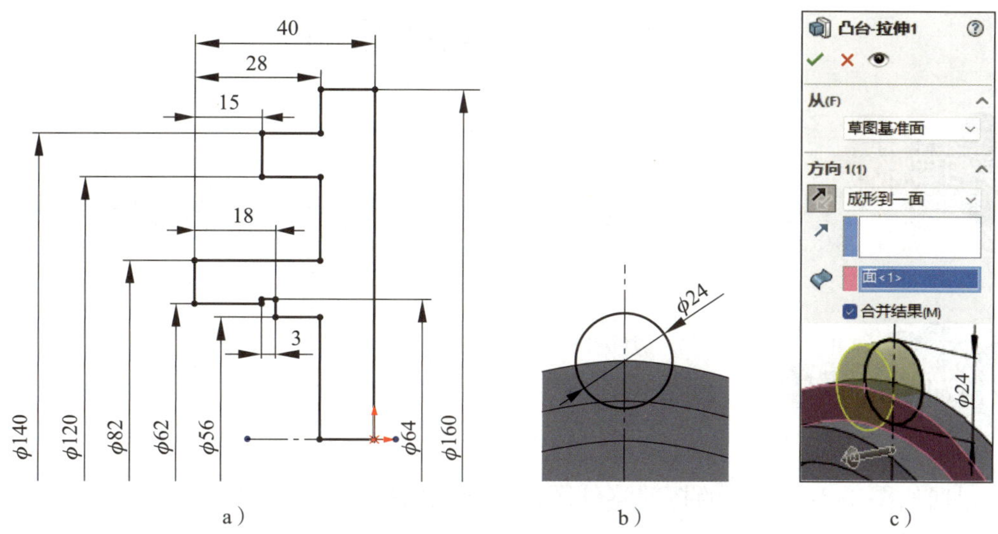

a）　　　　　　b）　　　　　　c）

图 4-2-5　旋转、拉伸主体

a）绘制草图 1　b）绘制草图 2　c）"凸台 – 拉伸" 属性设置

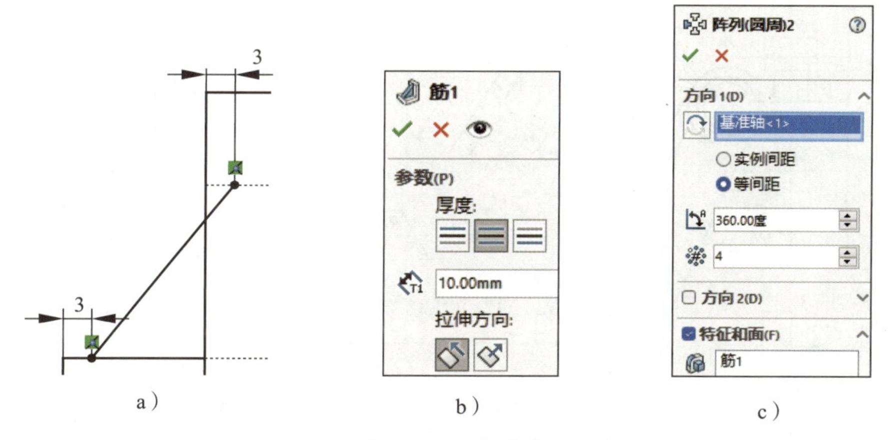

a）　　　　　　b）　　　　　　c）

图 4-2-6　创建筋

a）绘制草图 4　b）"筋" 属性设置　c）"阵列（圆周）" 属性设置

4. 创建圆角

单击 "圆角" 按钮，分别对相关边线创建圆角，如图 4–2–7 所示，结果如图 4–2–4d 所示。

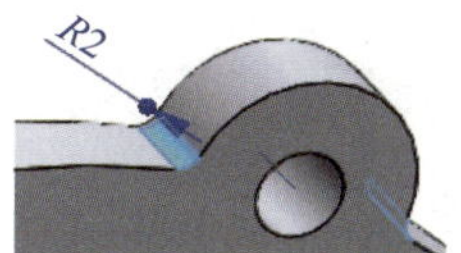

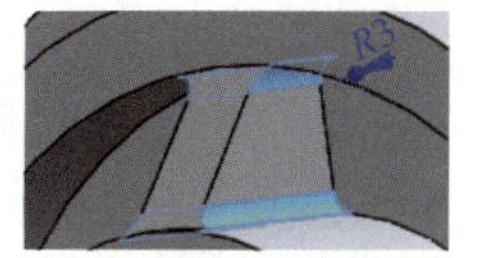

图 4-2-7　创建圆角

任务 3　托架的设计

学习目标

能综合应用草绘特征、放置特征、复制特征等，完成叉架类零件的设计。

任务描述

根据如图 4-3-1 所示的托架零件图，综合应用拉伸凸台 / 基体、基准面、拉伸切除、旋转切除、镜向、圆角、筋、异型孔向导等特征，完成托架零件的设计。

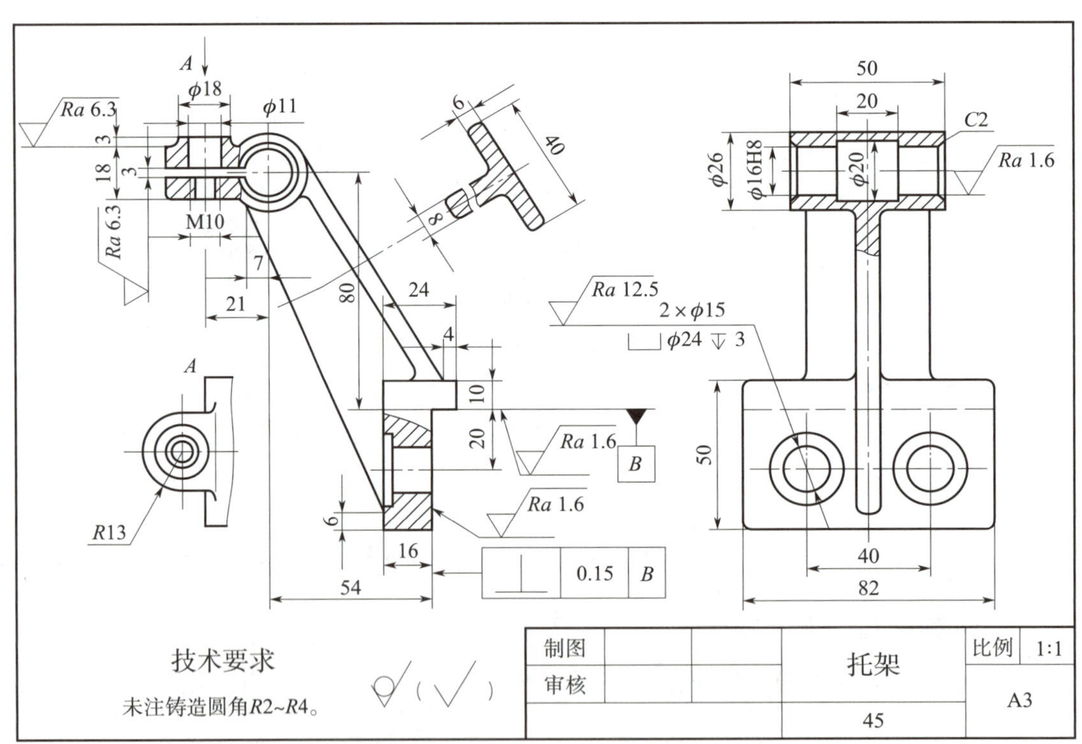

图 4-3-1　托架零件图

一、异型孔向导特征

应用异型孔向导特征可以在基准面、模型端面或表面上创建柱孔、锥孔、螺孔等特殊孔。

二、创建异型孔的方法

创建异型孔的方法有两种：一是先选取要放置孔的面，再单击“特征”工具栏中的“异型孔向导”按钮，或单击菜单栏中的“插入”→“特征”→“孔向导”；二是直接单击“异型孔向导”按钮，打开如图 4–3–2 所示的属性管理器。

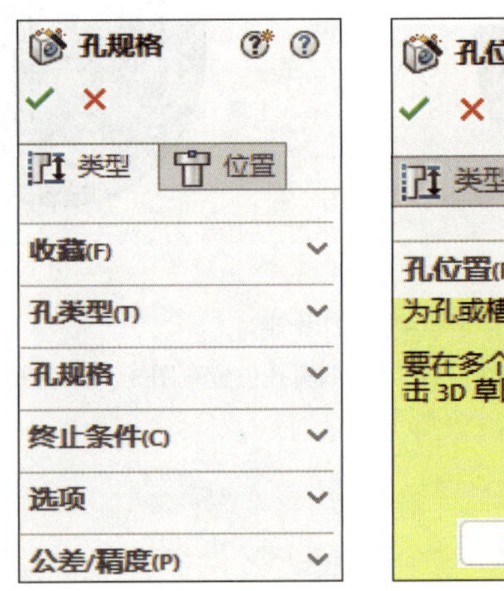

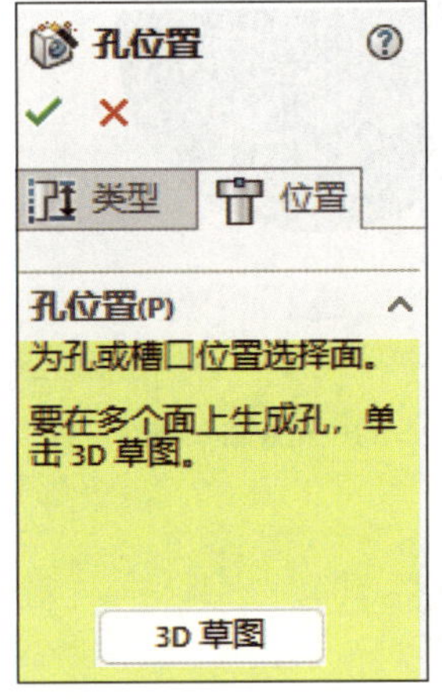

图 4–3–2　属性管理器

例：打开素材文件夹中的“项目四\任务 3\4–3–3a.SLDPRT”文件，按照如图 4–3–3a 所示的零件图在零件中创建螺孔。

1. 单击“异型孔向导”按钮，在属性管理器中单击“类型”选项卡，单击“直螺纹孔”按钮，相关属性设置如图 4–3–3b 所示。单击“位置”选项卡，单击实体左端面，在端面上单击指定点放置螺孔，生成 M6 螺孔。编辑设计树中“M6 螺纹孔”的孔位置草图 3，按照图 4–3–3c 中的尺寸定义孔的位置。

2. 单击“圆周阵列”按钮，圆周阵列螺孔，实例数为 6，完成螺孔创建，结果如图 4–3–3d 所示。

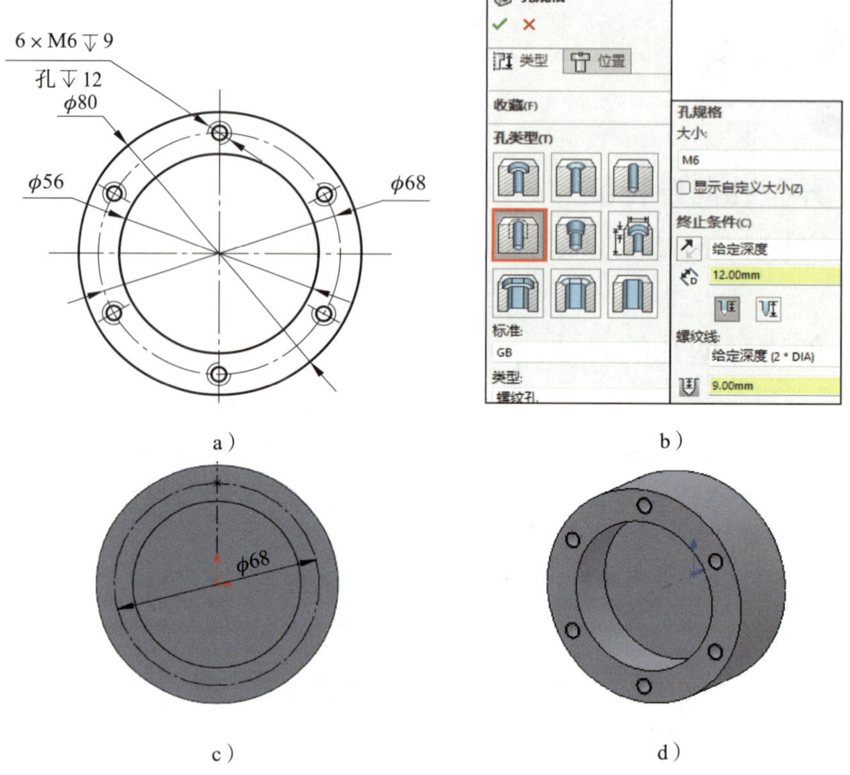

图 4-3-3 创建螺孔

a）零件图 b）“孔规格”属性设置 c）编辑孔位置草图 3 d）完成螺孔创建

图 4-3-1 所示的托架零件可通过创建安装部分，创建肋板，创建螺纹夹紧部分，创建支撑孔、圆角、倒角等完成建模，其设计思路如图 4-3-4 所示。

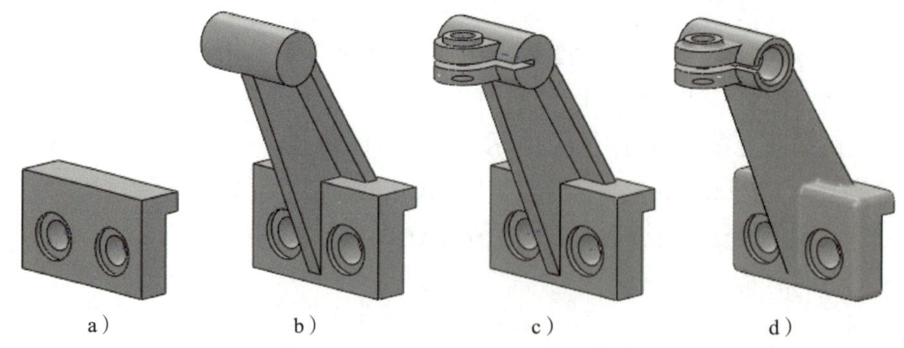

图 4-3-4 托架零件的设计思路

a）创建安装部分 b）创建肋板 c）创建螺纹夹紧部分 d）创建支撑孔、圆角、倒角

1. 创建安装部分

（1）选择前视基准面作为草图平面，绘制如图 4-3-5a 所示的草图 1，单击“拉伸凸台 / 基体”按钮，相关属性设置如图 4-3-5b 所示。

（2）单击“异型孔向导”按钮，在“类型”选项卡中，设置如图 4-3-5c 所示的相关属性；在“位置”选项卡中，选取实体左端面，在左端面上单击任意点放置、生成沉孔。编辑设计树中“打孔尺寸根据六角头螺栓 C 级的类型 1”的孔位置草图 3，按照图 4-3-5d 中的尺寸定义孔位置，结果如图 4-3-5e 所示。

（3）单击“镜向”按钮，相关属性设置如图 4-3-5f 所示，完成创建安装部分，结果如图 4-3-4a 所示。

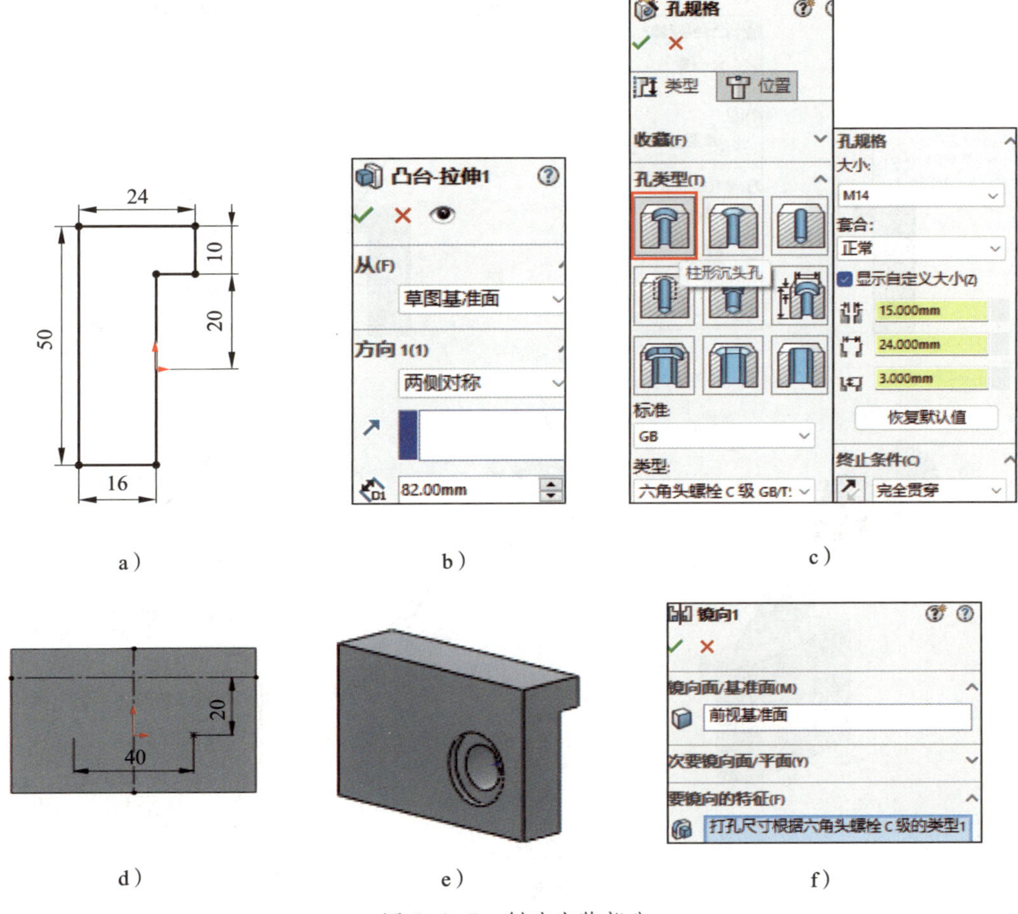

图 4-3-5　创建安装部分

a）绘制草图 1　b）“凸台 - 拉伸”属性设置　c）“孔规格”属性设置

d）编辑孔位置草图 3　e）创建沉孔　f）“镜向”属性设置

2. 创建肋板

（1）选择前视基准面作为草图平面，绘制如图 4–3–6a 所示的草图 4，单击“拉伸凸台 / 基体”按钮，相关属性设置如图 4–3–6b 所示，创建 $\phi 26$ 圆柱。

（2）选择前视基准面作为草图平面，绘制如图 4–3–6c 所示的草图 5，单击“拉伸凸台 / 基体”按钮，相关属性设置如图 4–3–6d 所示，完成创建连接部分，结果如图 4–3–6e 所示。

（3）选择前视基准面作为草图平面，绘制如图 4–3–6f 所示的草图 6，单击“筋”按钮，相关属性设置如图 4–3–6g 所示，完成创建肋板，结果如图 4–3–4b 所示。

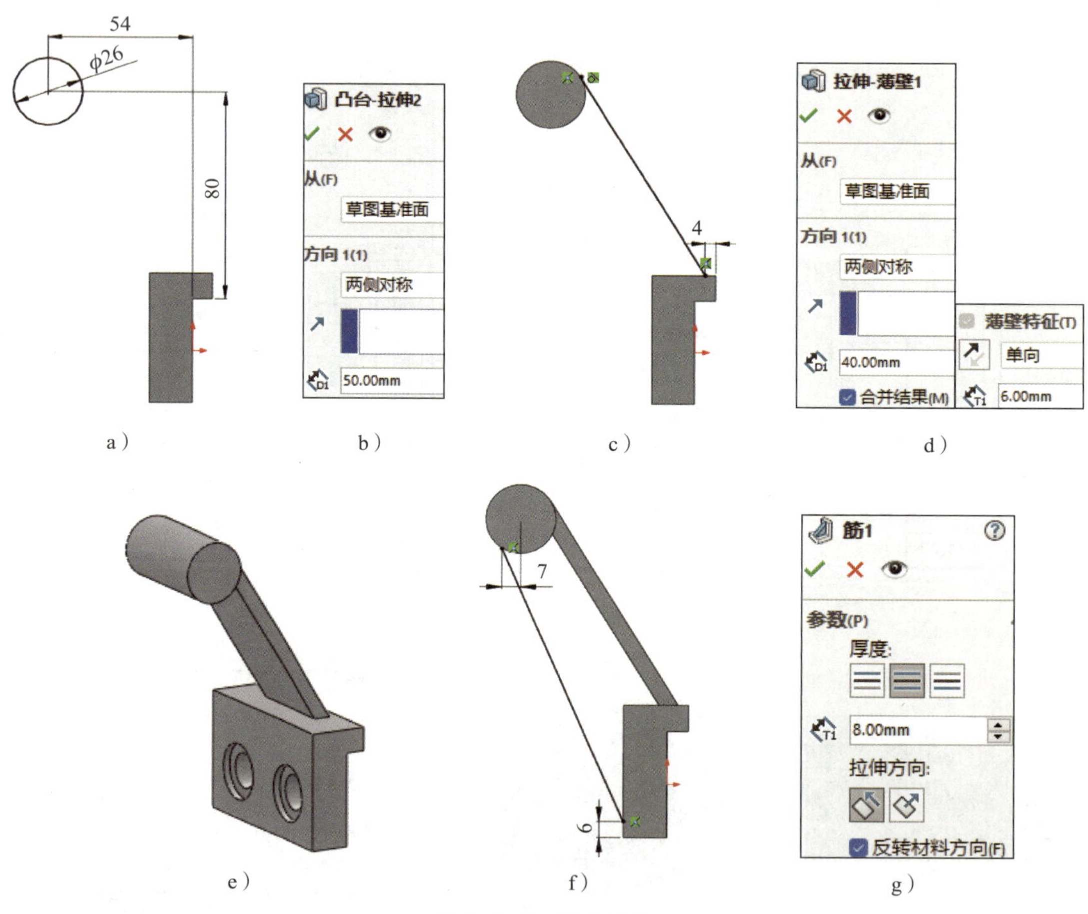

a）　b）　c）　d）　e）　f）　g）

图 4–3–6　创建肋板

a）绘制草图 4　b）“凸台 – 拉伸”属性设置　c）绘制草图 5　d）“拉伸 – 薄壁”属性设置
e）创建连接部分　f）绘制草图 6　g）“筋”属性设置

3. 创建螺纹夹紧部分

（1）显示临时轴，单击“基准面”按钮，创建与 $\phi 26$ 圆柱的轴线重合且与上视基准面平行的基准面 1，结果如图 4–3–7a 所示。

（2）选择基准面 1 作为草图平面，绘制如图 4–3–7b 所示的草图 7，单击“拉伸凸台 / 基体”按钮，相关属性设置如图 4–3–7c 所示。

（3）重新选择基准面 1 作为草图平面，绘制如图 4–3–7d 所示的草图 8，单击“拉伸凸台 / 基体”按钮，相关属性设置如图 4–3–7e 所示，完成创建螺纹夹紧凸台，结果如图 4–3–7f 所示。

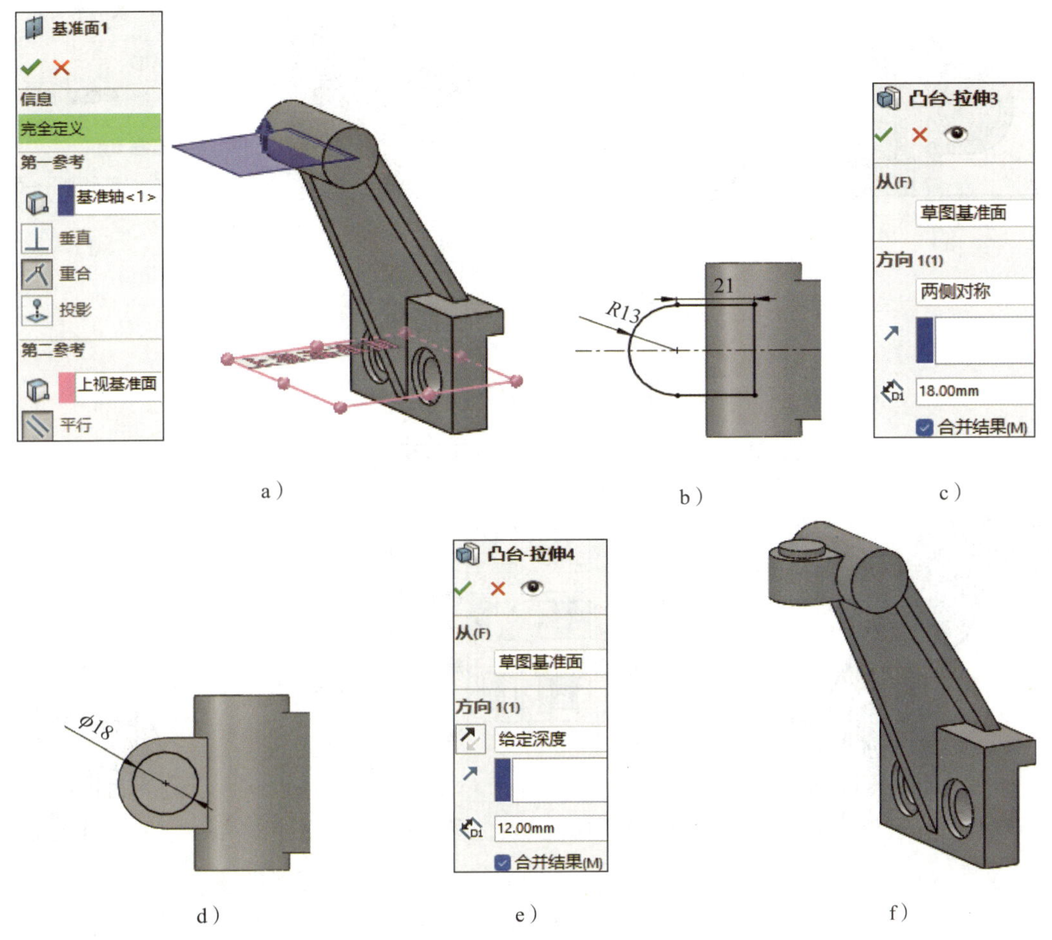

a）　b）　c）

d）　e）　f）

图 4–3–7　创建螺纹夹紧凸台

a）创建基准面 1　b）绘制草图 7　c）草图 7 的“凸台 – 拉伸”属性设置　d）绘制草图 8　e）草图 8 的“凸台 – 拉伸”属性设置　f）完成创建螺纹夹紧凸台

（4）重新选择基准面 1 作为草图平面，绘制如图 4–3–8a 所示的草图 9，单击“拉伸切除”按钮，相关属性设置如图 4–3–8b 所示。选择螺纹夹紧凸台顶面作为草图平面，绘制如图 4–3–8c 所示的草图 10，单击“拉伸切除”按钮，相关属性设置如图 4–3–8d 所示，完成创建螺纹夹紧部分的缺口和孔，结果如图 4–3–8e 所示。

（5）单击“异型孔向导”按钮，“类型”选项卡中的相关属性设置如图 4-3-8f 所示，单击“位置”选项卡，在图形区中选取螺纹夹紧部分的底面，单击圆心放置螺孔，孔位置草图 12 如图 4-3-8g 所示，完成创建螺纹夹紧部分，结果如图 4-3-4c 所示。

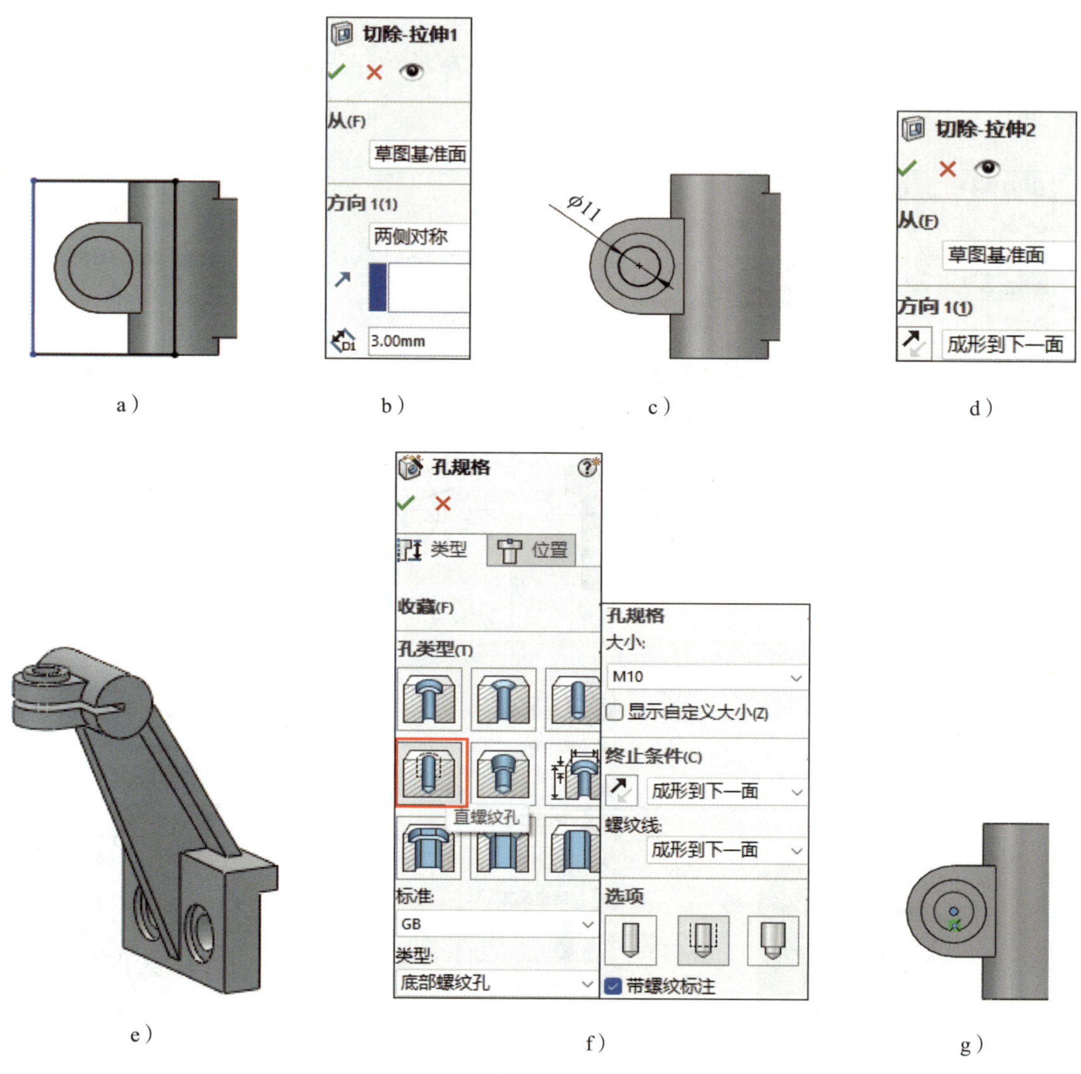

图 4-3-8 创建缺口、孔和螺孔

a）绘制草图 9 b）“切除－拉伸”属性设置 1 c）绘制草图 10 d）“切除－拉伸”属性设置 2
e）创建螺纹夹紧部分的缺口和孔 f）“孔规格”属性设置 g）绘制孔位置草图 12

4. 创建支撑孔、圆角、倒角

（1）选择基准面 1 作为草图平面，绘制如图 4-3-9a 所示的草图 13，单击“旋转切除”按钮，完成支撑孔创建。

（2）单击“圆角”按钮，分别对如图 4-3-9b 和图 4-3-9c 所示的边线创建 $R4$、

$R2$ 圆角。单击“倒角”按钮，对如图 4-3-9d 所示的 ϕ16H8 孔的两端面边线创建 $C2$ 倒角，结果如图 4-3-4d 所示。

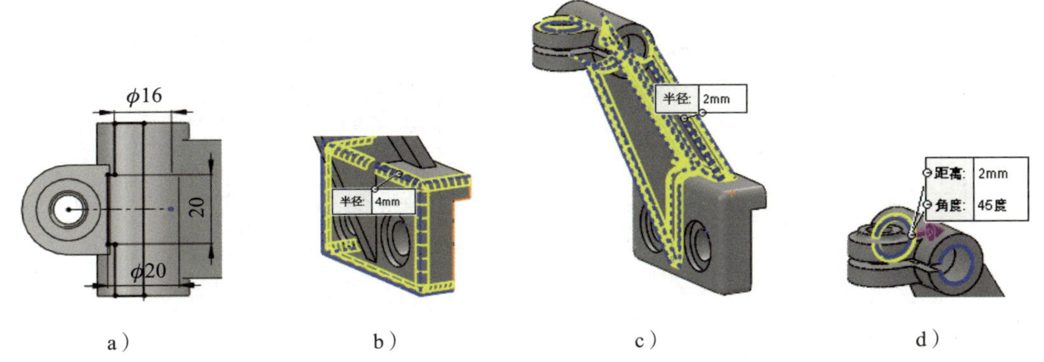

图 4-3-9　创建支撑孔、圆角、倒角

a）绘制草图 13　b）创建 $R4$ 圆角　c）创建 $R2$ 圆角　d）创建 $C2$ 倒角

任务 4　泵体的设计

能综合应用草绘特征、放置特征、复制特征等，完成箱体类零件的设计。

根据如图 4-4-1 所示的泵体零件图，综合应用草图驱动的阵列、拉伸凸台 / 基体、拉伸切除、圆角、抽壳、异型孔向导等特征完成泵体零件的设计。

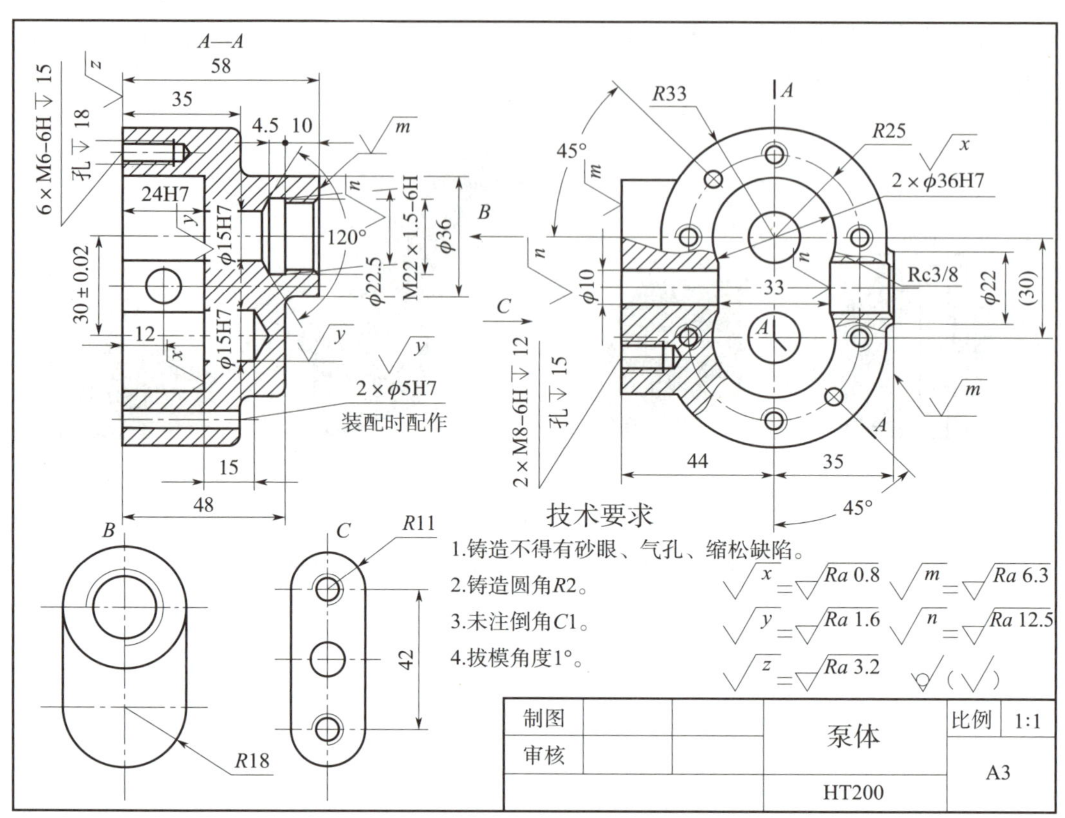

图 4-4-1　泵体零件图

一、草图驱动的阵列特征

草图驱动的阵列特征是指应用草图中的点指定特征阵列，将源特征复制到草图中的每个点上。

二、创建草图驱动的阵列特征的方法

单击“特征”工具栏中的“草图驱动的阵列”按钮，或单击菜单栏中的“插入”→“阵列 / 镜向”→“草图驱动的阵列”，打开如图 4-4-2 所示的“由草图驱动的阵列”属性管理器。

例：应用草图驱动的阵列等特征，完成如图 4-4-3 所示泵盖零件的建模。

1. 创建主体

（1）选择前视基准面作为草图平面，绘制如图 4-4-4a 所示的草图 1，单击“拉伸凸台/基体”按钮，相关属性设置如图 4-4-4b 所示，完成拉伸主体。

（2）单击“抽壳”按钮，选择实体前端面为要移除的面，相关属性设置如图 4-4-4c 所示，完成抽壳，结果如图 4-4-4d 所示。

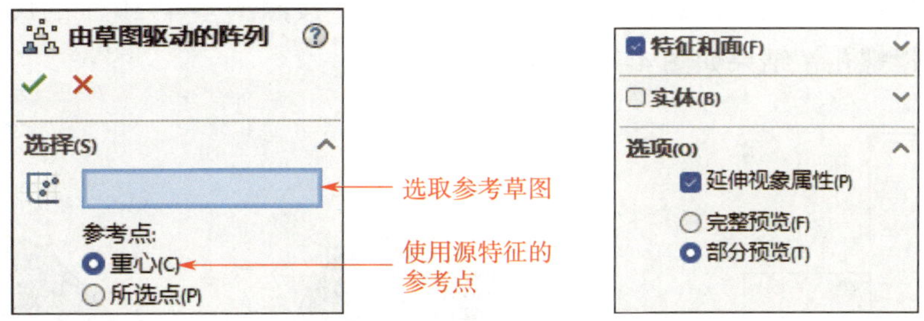

图 4-4-2　“由草图驱动的阵列”属性管理器

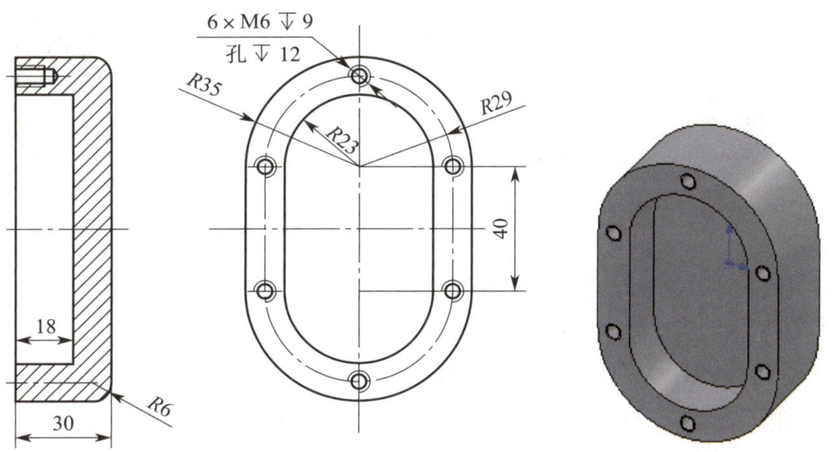

图 4-4-3　泵盖零件图及立体图

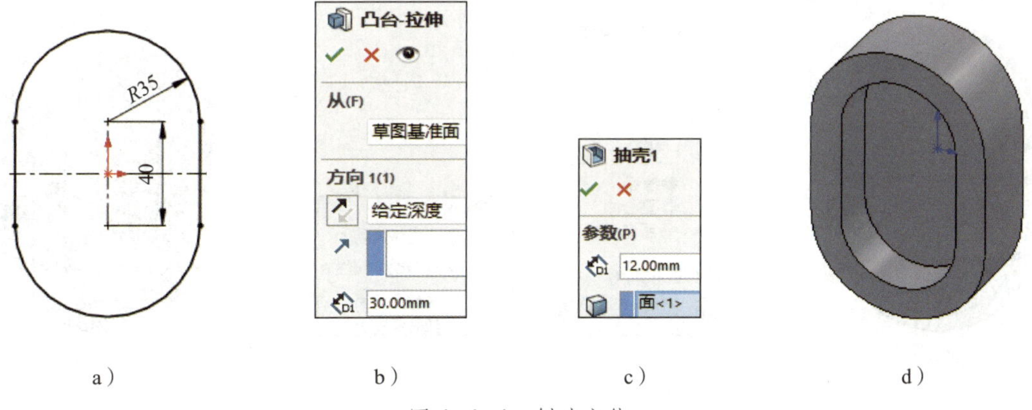

图 4-4-4　创建主体

a）绘制草图 1　b）“凸台－拉伸”属性设置　c）“抽壳”属性设置　d）完成拉伸主体与抽壳

2. 创建螺孔

单击“异型孔向导”按钮，在“类型”选项卡中设置如图 4–4–5a 所示的属性，单击“位置”选项卡，在图形区中选取泵盖前端面，单击任意点放置螺孔，生成 M6 螺孔。编辑设计树中“M6 螺纹孔 1”的孔位置草图 3，按照图 4–4–5b 中的尺寸定义孔位置，完成创建螺孔，结果如图 4–4–5c 所示。

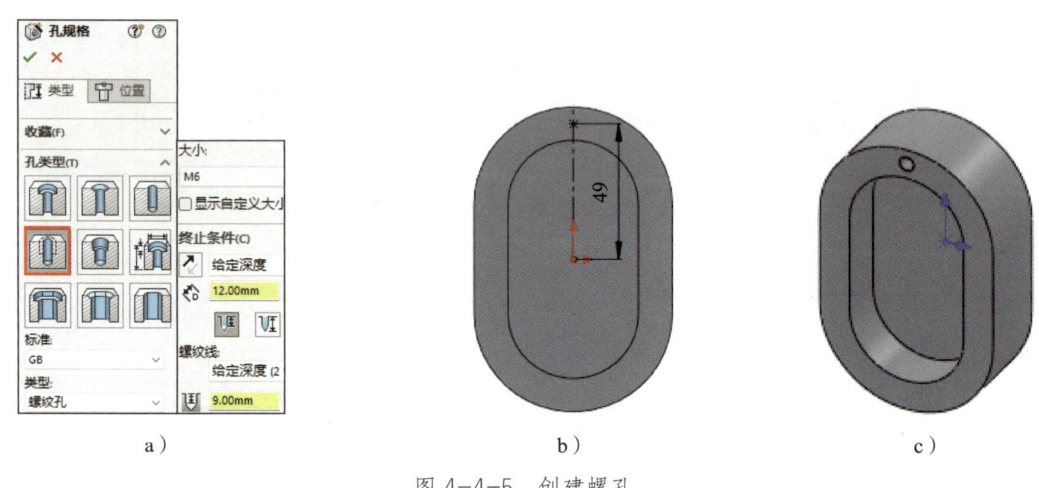

图 4–4–5 创建螺孔

a）“孔规格”属性设置 b）编辑草图 3 c）完成创建螺孔

3. 阵列螺孔

选择泵盖前端面作为草图平面，绘制直槽口轮廓，并将其转换为构造线，再绘制 5 个点，使草图完全定义，草图 4 如图 4–4–6a 所示。单击“草图驱动的阵列”按钮，勾选“几何体阵列”复选框，相关属性设置如图 4–4–6b 所示，完成阵列螺孔，结果如图 4–4–6c 所示。

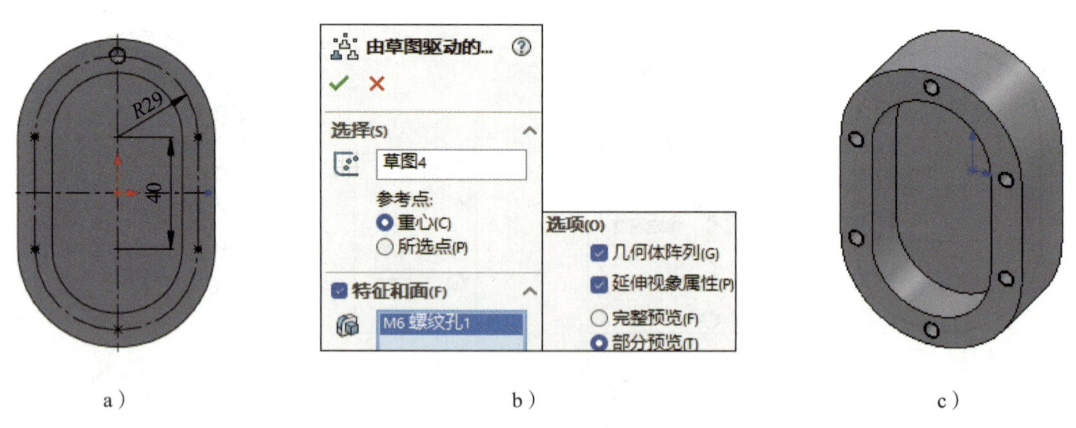

图 4–4–6 阵列螺孔

a）绘制草图 4 b）“由草图驱动的阵列”属性设置 c）完成阵列螺孔

4. 创建圆角

单击“圆角”按钮，对泵盖后端面边线创建 $R6$ 圆角，结果如图 4–4–7 所示。

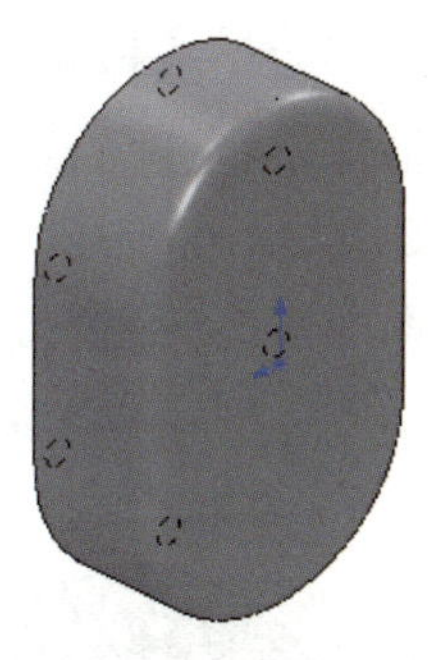
图 4–4–7 创建圆角

图 4–4–1 所示的泵体零件可通过创建泵体主体，创建槽、孔，创建异型孔，创建倒角、圆角等完成建模，其设计思路如图 4–4–8 所示。

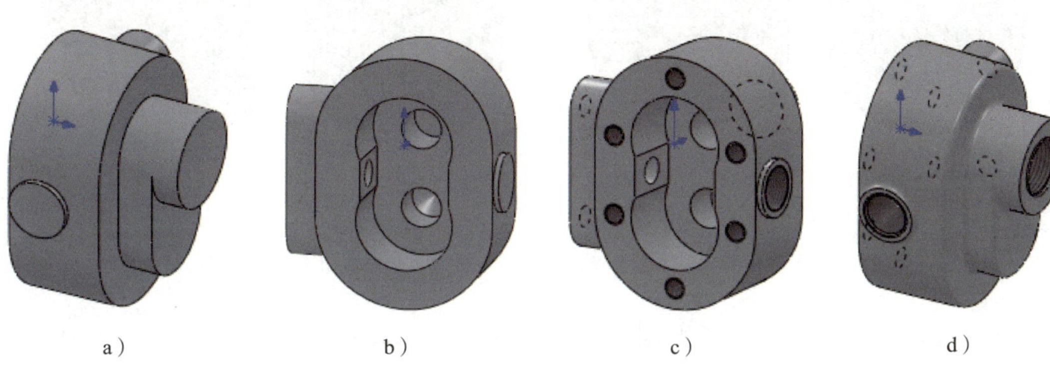

图 4–4–8 泵体零件的设计思路
a）创建泵体主体 b）创建槽、孔 c）创建异型孔 d）创建倒角、圆角

1. 创建泵体主体

（1）选择右视基准面作为草图平面，绘制如图 4–4–9a 所示的草图 1，单击“拉伸凸台 / 基体”按钮，相关属性设置如图 4–4–9b 所示，完成创建泵体主体 1，结果如图 4–4–9c 所示。

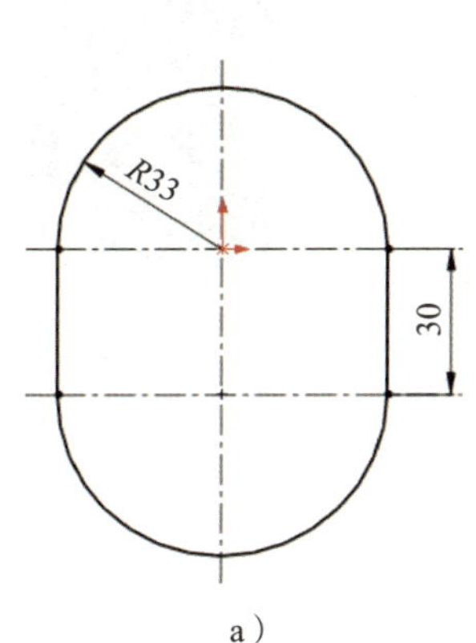

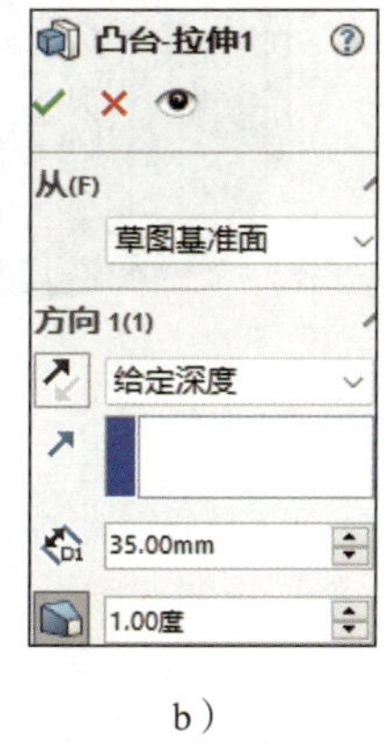

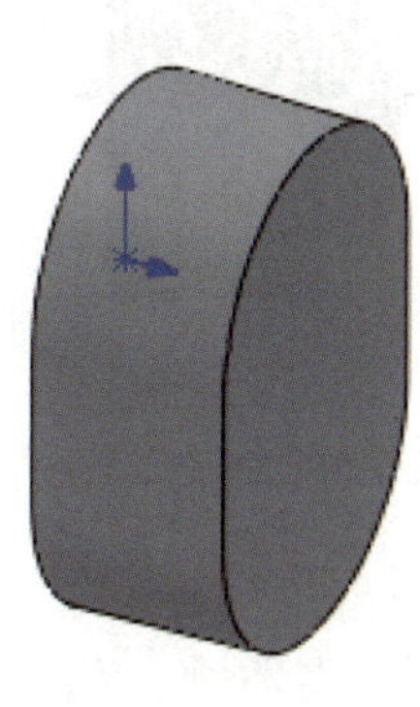

图 4–4–9 创建泵体主体 1
a）绘制草图 1 b）“凸台 – 拉伸”属性设置 c）拉伸泵体主体 1

（2）选择泵体主体 1 的右端面作为草图平面，绘制如图 4-4-10a 所示的草图 2，单击“拉伸凸台 / 基体”按钮，拉伸深度为 13 mm，完成创建泵体主体 2，结果如图 4-4-10b 所示。选择泵体主体 2 的右端面作为草图平面，绘制如图 4-4-11a 所示的草图 3，单击“拉伸凸台 / 基体”按钮，拉伸深度为 10 mm，完成创建泵体主体 3，结果如图 4-4-11b 所示。

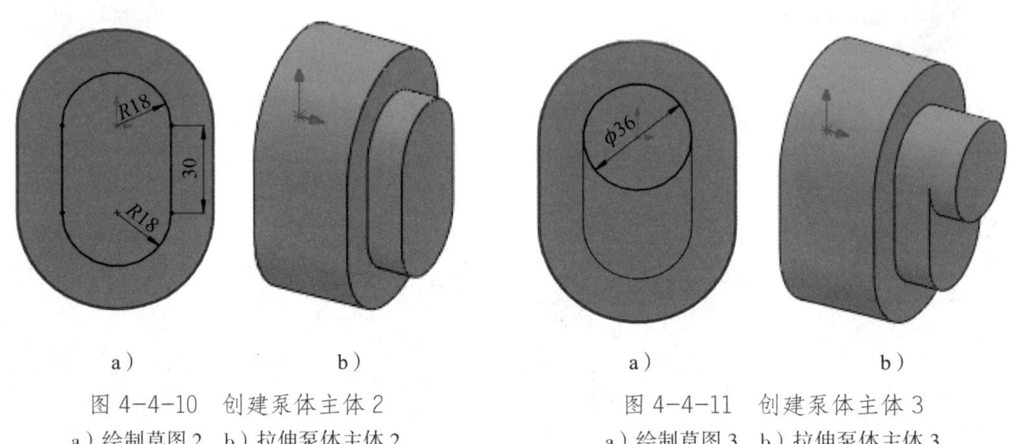

图 4-4-10　创建泵体主体 2
a）绘制草图 2　b）拉伸泵体主体 2

图 4-4-11　创建泵体主体 3
a）绘制草图 3　b）拉伸泵体主体 3

（3）选择前视基准面作为草图平面，绘制如图 4-4-12a 所示的草图 4，单击“拉伸凸台 / 基体”按钮，拉伸深度为 44 mm，结果如图 4-4-12b 所示。选择前视基准面作为草图平面，绘制如图 4-4-12c 所示的草图 5，单击“拉伸凸台 / 基体”按钮，拉伸深度为 35 mm，完成创建泵体主体 4，结果如图 4-4-8a 所示。

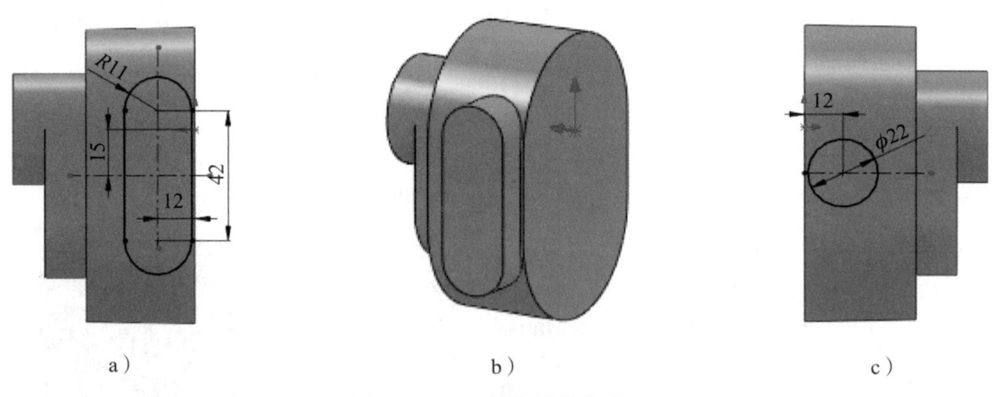

图 4-4-12　创建泵体主体 4
a）绘制草图 4　b）拉伸凸台 / 基体　c）绘制草图 5

2. 创建槽、孔

（1）选择右视基准面作为草图平面，绘制如图 4-4-13a 所示的草图 6，单击“拉伸切除”按钮，切除深度为 24 mm，完成创建槽、孔 1，结果如图 4-4-13b 所示。

（2）选择前视基准面作为草图平面，绘制如图 4–4–14a 所示的草图 7。单击“旋转切除”按钮，完成创建槽、孔 2，结果（剖视图显示效果）如图 4–4–14b 所示。

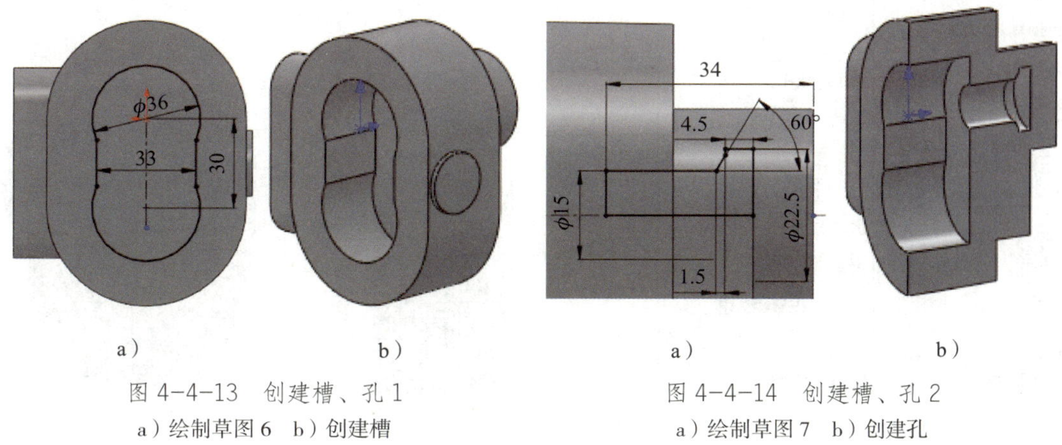

图 4–4–13　创建槽、孔 1
a）绘制草图 6　b）创建槽

图 4–4–14　创建槽、孔 2
a）绘制草图 7　b）创建孔

（3）选择前视基准面作为草图平面，绘制如图 4–4–15a 所示的草图 8。单击“旋转切除”按钮，完成创建槽、孔 3，结果（剖视图显示效果）如图 4–4–15b 所示。

（4）选择泵体主体后侧凸台的端面作为草图平面，绘制如图 4–4–15c 所示的草图 9。单击“拉伸切除”按钮，相关属性设置如图 4–4–15d 所示，完成创建槽、孔 4，结果如图 4–4–8b 所示。

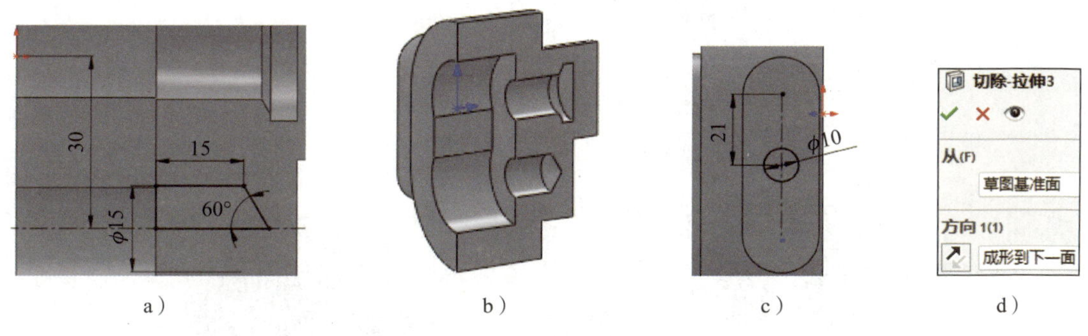

图 4–4–15　创建槽、孔 3
a）绘制草图 8　b）创建孔　c）绘制草图 9　d）“切除 – 拉伸”属性设置

3. 创建异型孔

（1）单击“异型孔向导”按钮，“类型”选项卡中的相关属性设置如图 4–4–16a 所示，在“位置”选项卡中选取 ϕ22 圆柱的凸台端面，单击任意点放置螺孔。编辑孔位置草图 11，按如图 4–4–16b 所示的尺寸定义孔位置，完成创建 Rc3/8 管螺纹孔，结果如图 4–4–16c 所示。

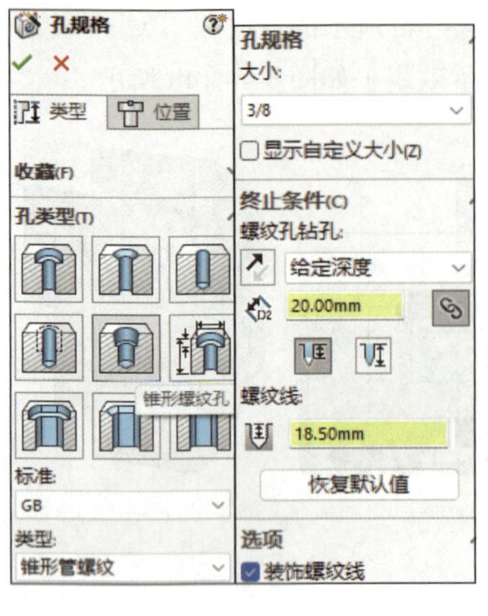

a）

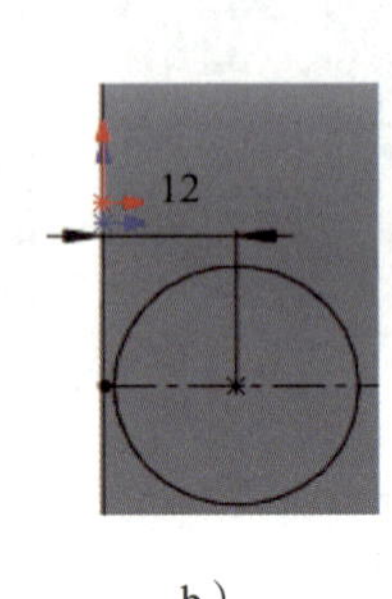

b）

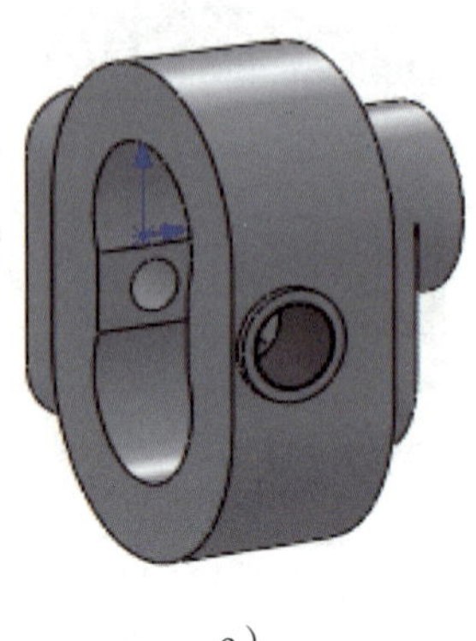

c）

图 4-4-16　创建 Rc3/8 管螺纹孔

a）“孔规格”属性设置　b）编辑草图 11　c）完成创建 Rc3/8 管螺纹孔

（2）单击“异型孔向导”按钮，“类型”选项卡中的相关属性设置如图 4-4-17a 所示，在“位置”选项卡中选取 $\phi36$ 圆柱的凸台端面，单击 $\phi36$ 圆的圆心作为孔的位置，完成创建 M22×1.5 螺孔，结果如图 4-4-17b 所示。

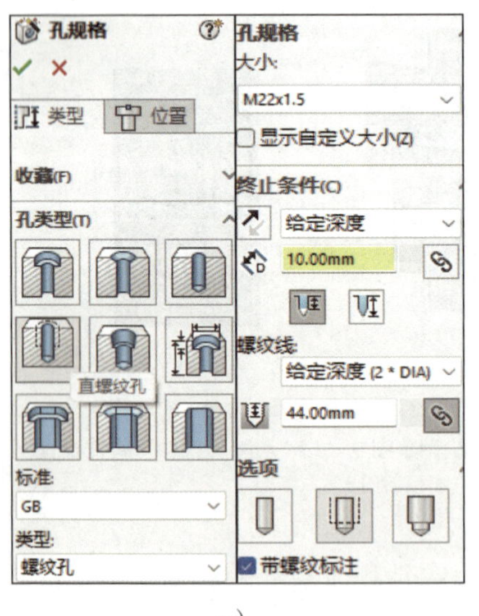

a）

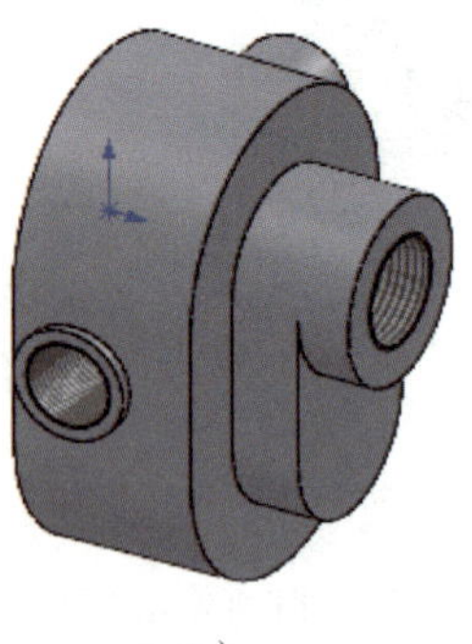

b）

图 4-4-17　创建 M22×1.5 螺孔

a）“孔规格”属性设置　b）完成创建 M22×1.5 螺孔

（3）单击“异型孔向导”按钮，“类型”选项卡中的相关属性设置如图 4–4–18a 所示，在“位置”选项卡中选取泵体后侧凸台端面，单击两个 *R*11 圆的圆心作为孔的位置，如图 4–4–18b 所示，完成创建 M8 螺孔，结果如图 4–4–18c 所示。

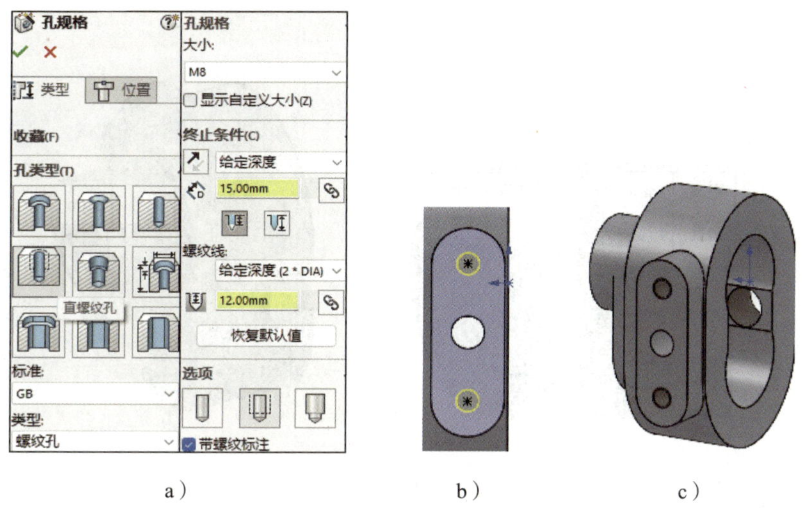

a）　　b）　　c）

图 4–4–18　创建 M8 螺孔

a）“孔规格”属性设置　b）定位孔位置　c）完成创建 M8 螺孔

（4）参照泵盖建模步骤创建一个 M6 螺孔，相关属性设置如图 4–4–19a 所示。选择泵体左端面作为草图平面，绘制如图 4–4–19b 所示的草图 18，单击“草图驱动的阵列”按钮，勾选“几何体阵列”复选框，相关属性设置如图 4–4–19c 所示，完成创建 M6 螺孔，结果如图 4–4–8c 所示。

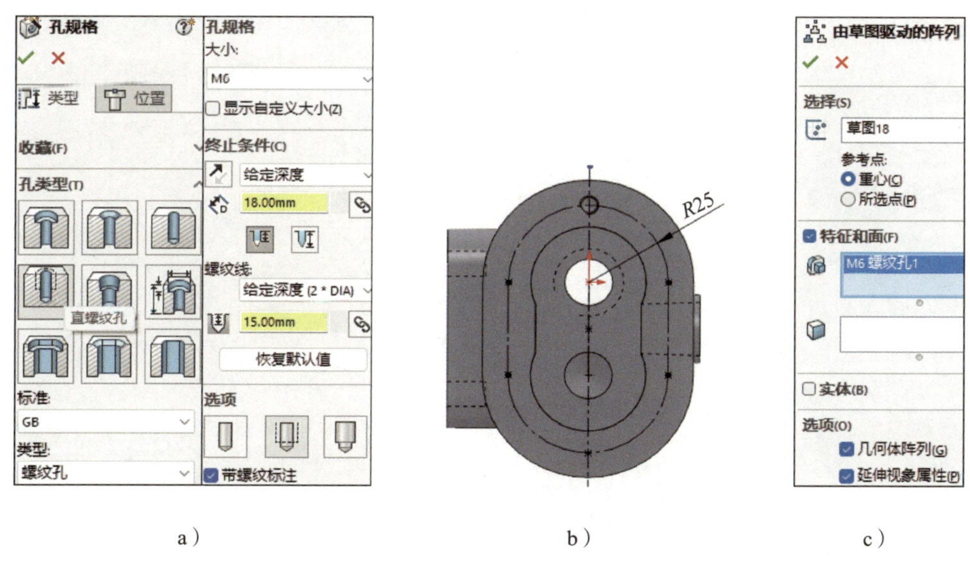

a）　　b）　　c）

图 4–4–19　创建 M6 螺孔

a）“孔规格”属性设置　b）绘制草图 18　c）“由草图驱动的阵列”属性设置

4. 创建倒角、圆角

单击“倒角”按钮，对图 4-4-20a 中的 M22×1.5 螺孔和 Rc3/8 管螺纹孔边线创建 $C1$ 倒角。单击“圆角”按钮，对图 4-4-20b 中的边线创建 $R2$ 圆角，结果如图 4-4-8d 所示。

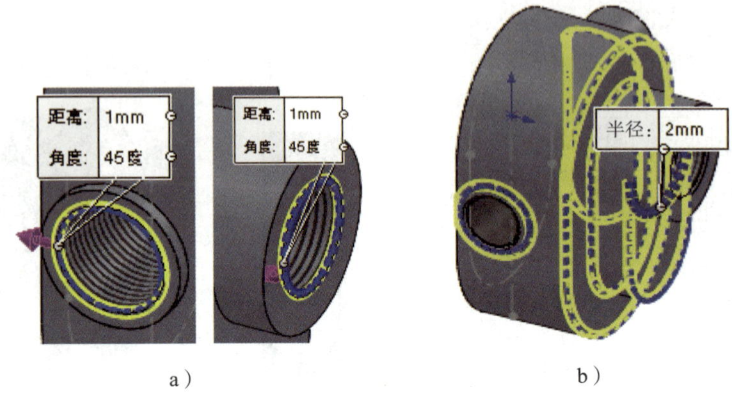

a） b）

图 4-4-20 创建倒角、圆角
a）创建倒角 b）创建圆角

提示

图 4-4-1 所示的泵体零件图中两个 $\phi5$ 销孔为装配时配作，此处不进行相关建模操作。

项目五
曲面型零件和产品的设计

本项目主要学习创建投影曲线、创建螺旋线的方法，应用拉伸曲面、旋转曲面、扫描曲面、放样曲面、填充曲面、剪裁曲面等特征，完成曲面型零件和产品的设计。

任务 1　铁架的设计

学习目标

能应用面上草图和草图上草图的投影类型创建曲线，完成曲面型零件和产品的设计。

根据如图 5–1–1 所示的铁架零件图及立体图，创建投影曲线，应用拉伸凸台 / 基体、扫描、圆周阵列等特征，完成铁架产品的设计。

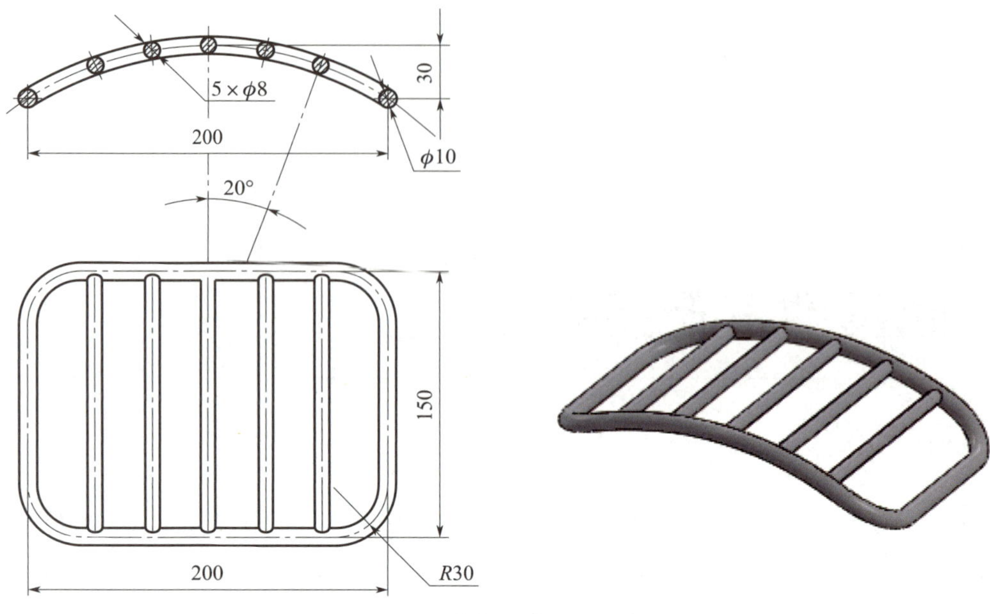

图 5-1-1　铁架零件图及立体图

一、曲线概述

曲线是构成实体和曲面的基本元素。在曲面建模时，经常会用到曲线。曲线分为投影曲线、分割线、螺旋线 / 涡状线、组合曲线等。“曲线”工具栏如图 5-1-2 所示。

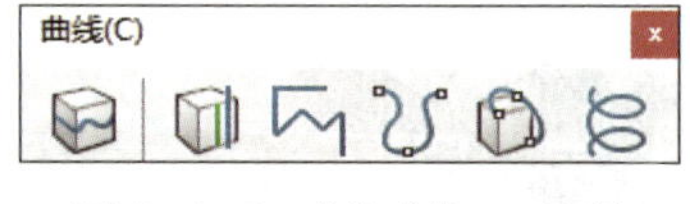

图 5-1-2　“曲线”工具栏

二、投影曲线特征

投影曲线特征是指将 2D 草图投影到指定的曲面、平面或草图上生成的曲线特征，主要有面上草图和草图上草图两种投影类型。

1. 面上草图的投影类型

面上草图的投影类型可将草图投影到所选的面上形成曲线。

例 1：打开素材文件夹中的“项目五 \ 任务 1\5-1-3a.SLDPRT”文件，将如图 5-1-3a 所示的草图投影到曲面上形成曲线。

单击“曲线”工具栏中的“投影曲线”按钮，或单击菜单栏中的“插入”→“曲线”→“投影曲线”，打开“投影曲线”属性管理器，相关属性设置如图 5-1-3b 所示，勾选“反转投影”复选框，使草图投影到曲面上，结果如图 5-1-3c 所示。

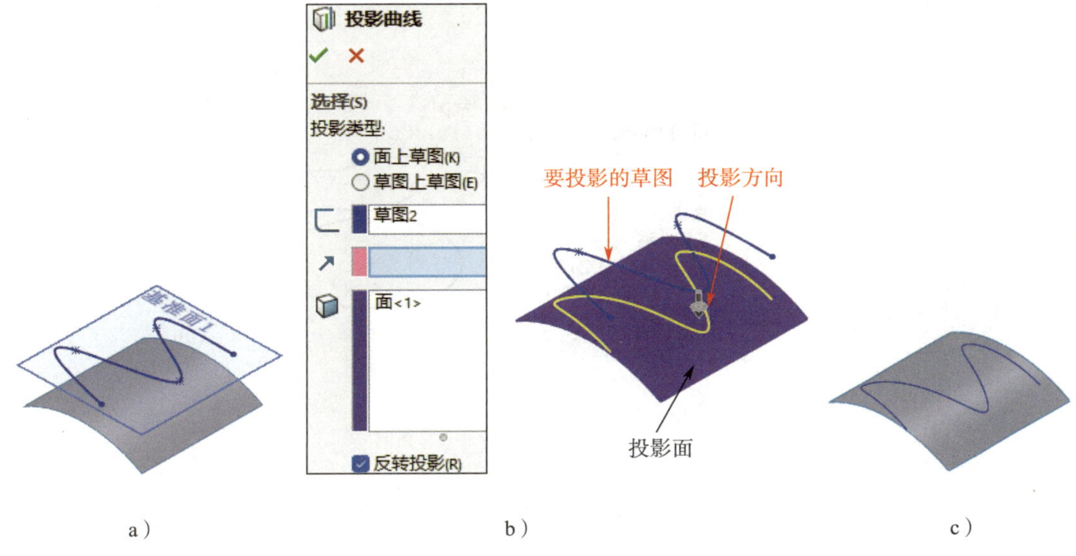

图 5-1-3　面上草图的投影曲线 1

a）原文件　b）“投影曲线”属性设置　c）创建投影曲线

例 2：打开素材文件夹中的“项目五 \ 任务 1\5-1-4a.SLDPRT”和“项目五 \ 任务 1\5-1-4c.SLDPRT”文件，如图 5-1-4a 和图 5-1-4c 所示，将草图投影至曲面上形成曲线，结果如图 5-1-4b 和图 5-1-4d 所示。

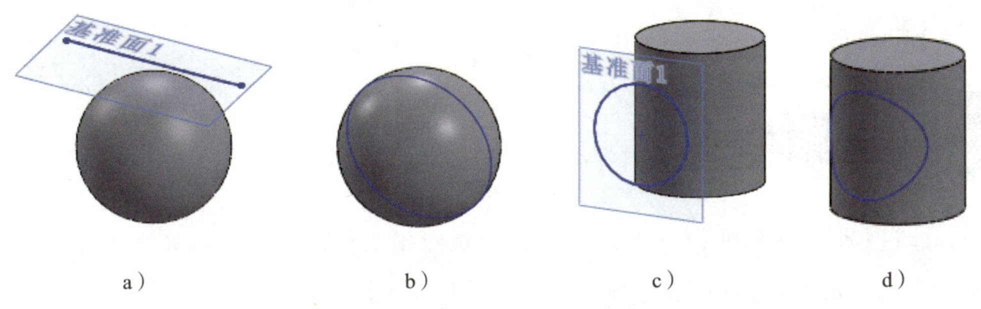

图 5-1-4　面上草图的投影曲线 2

a）原文件 1　b）创建投影曲线 1　c）原文件 2　d）创建投影曲线 2

2. 草图上草图的投影类型

草图上草图的投影类型可将两个相交基准面上的草图曲线进行投影，由此获得 3D 曲线。

例：打开素材文件夹中的“项目五 \ 任务 1\5-1-5a.SLDPRT”文件，如图 5-1-5a 所示，样条曲线和圆分别在前视基准面和上视基准面上，将圆投影至样条曲线上形成

3D 曲线。

单击“投影曲线”按钮，打开“投影曲线”属性管理器，相关属性设置如图 5-1-5b 所示，结果如图 5-1-5c 所示。

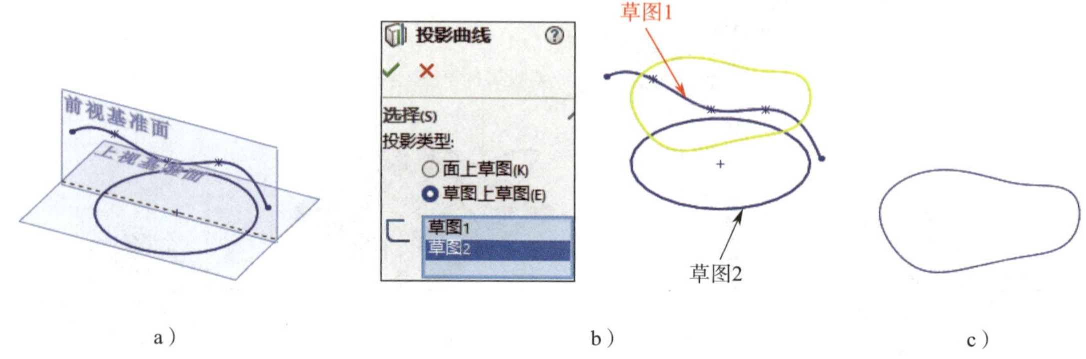

a）　　　b）　　　c）

图 5-1-5　草图上草图的投影曲线

a）原文件　b）“投影曲线”属性设置　c）创建投影曲线

提示

使用草图上草图的投影类型时，系统将每个草图向其所在基准面的垂直方向投影，由此获得空间相交的 3D 曲线。因此，这两个草图所在的基准面必须相交，否则创建的投影曲线达不到预想的效果。

任务实施

图 5-1-1 所示的铁架产品可通过以投影曲线作为扫描路径，创建外圈实体、创建内圈支杆、阵列内圈支杆等完成建模，其设计思路如图 5-1-6 所示。

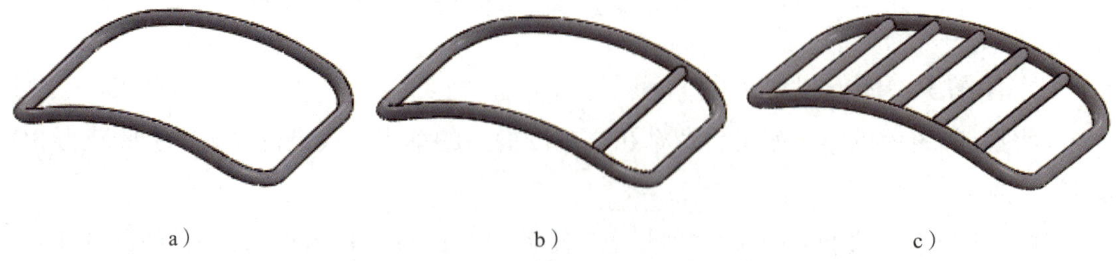

a）　　　b）　　　c）

图 5-1-6　铁架产品的设计思路

a）创建外圈实体　b）创建内圈支杆　c）阵列内圈支杆

1. 创建外圈实体

（1）选择上视基准面作为草图平面，绘制如图 5-1-7a 所示的草图 1，选择前视基准面作为草图平面，绘制如图 5-1-7b 所示的草图 2。单击“投影曲线”按钮，相关属性设置如图 5-1-7c 所示，创建投影曲线，结果如图 5-1-7d 所示。

（2）选择前视基准面作为草图平面，绘制扫描轮廓草图 3，添加 ϕ10 圆的圆心与路径曲线 1 的“穿透”关系，如图 5-1-7e 所示。单击“扫描”按钮，相关属性设置如图 5-1-7f 所示，完成创建外圈实体，结果如图 5-1-6a 所示。

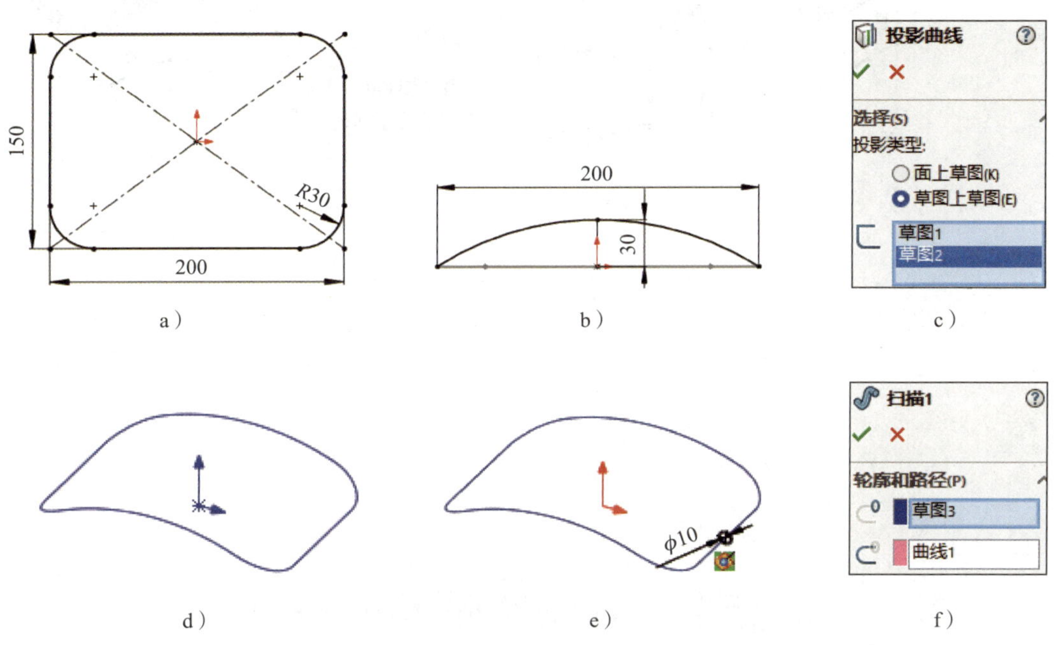

a）　　b）　　c）

d）　　e）　　f）

图 5-1-7　创建外圈实体

a）绘制草图 1　b）绘制草图 2　c）“投影曲线”属性设置　d）创建投影曲线

e）绘制草图 3　f）“扫描”属性设置

2. 创建内圈支杆

在设计树中选取“草图 2”，单击鼠标右键，单击“显示”按钮。选择前视基准面作为草图平面，绘制如图 5-1-8a 所示的草图 4。单击“拉伸凸台 / 基体”按钮，相关属性设置如图 5-1-8b 所示，完成创建内圈支杆，结果如图 5-1-6b 所示。

3. 阵列内圈支杆

显示临时轴，单击“圆周阵列”按钮，相关属性设置如图 5-1-8c 所示，完成阵列内圈支杆，结果如图 5-1-6c 所示。

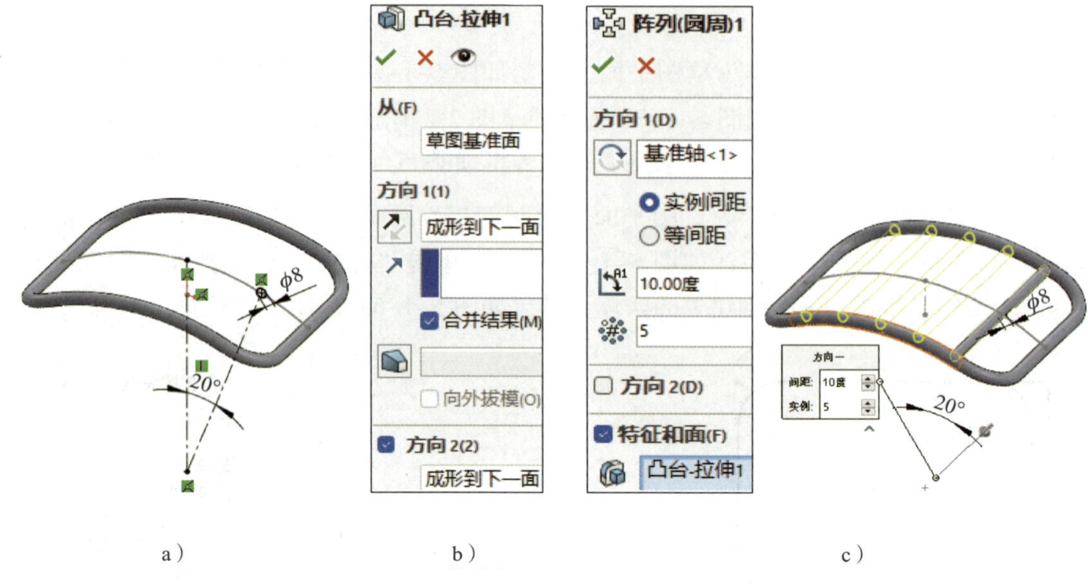

图 5-1-8　创建、阵列内圈支杆

a）绘制草图 4　b）“凸台－拉伸”属性设置　c）“阵列（圆周）”属性设置

任务 2　六角头螺栓的设计

能应用螺旋线 / 涡状线等特征，完成曲面型零件和产品的设计。

根据如图 5-2-1 所示的六角头螺栓零件图及立体图，应用螺旋线 / 涡状线、拉伸凸台 / 基体、扫描切除、圆角、倒角等特征，完成六角头螺栓零件的设计。

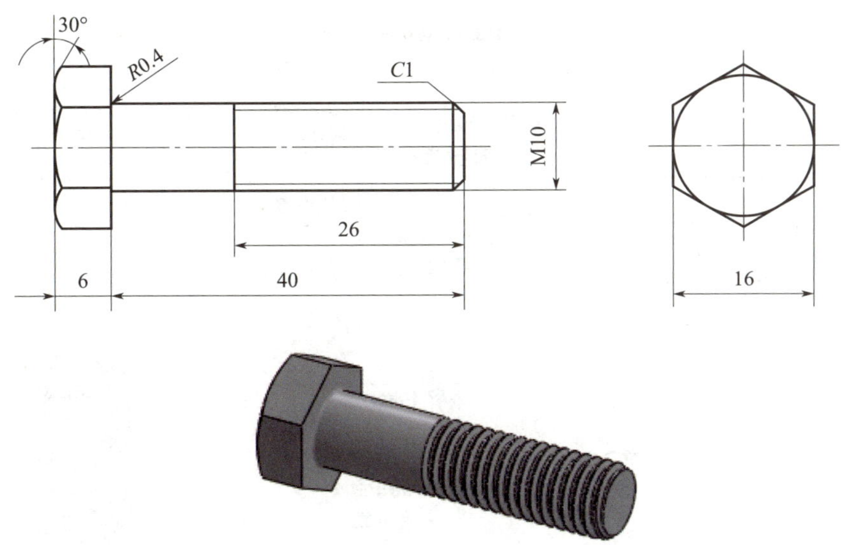

图 5-2-1　六角头螺栓零件图及立体图

一、螺旋线 / 涡状线特征

螺旋线是在三维空间中呈螺旋状延伸的曲线，可用于创建弹簧、内外螺纹等。涡状线是在平面内呈漩涡状展开的曲线，可用于创建涡簧。在创建螺旋线 / 涡状线前须先绘制一个圆作为基体，然后在属性管理器中设置相关参数生成曲线。

二、螺旋线的定义方式

螺旋线有 3 种定义方式，分别是“螺距和圈数”“高度和圈数”“高度和螺距”。

例：创建螺旋线基体圆直径为 $\phi30$、线径为 5 mm、中径为 30 mm、螺距为 10 mm、有效圈数为 8、不含支承圈的弹簧。

1. 选择上视基准面作为草图平面，绘制如图 5-2-2a 所示的草图 1，将该圆作为螺旋线基体。单击“曲线”工具栏中的“螺旋线和涡状线”按钮，或单击菜单栏中的“插入”→“曲线”→“螺旋线 / 涡状线”，打开“螺旋线 / 涡状线”属性管理器，相关属性设置如图 5-2-2b 所示，创建如图 5-2-2c 所示的螺旋线。

2. 选择右视基准面作为草图平面，绘制扫描轮廓草图 2，添加该圆圆心与路径螺旋线的“穿透”关系，如图 5-2-2d 所示。单击“扫描”按钮，相关属性设置如图 5-2-2e 所示，完成创建弹簧，结果如图 5-2-2f 所示。

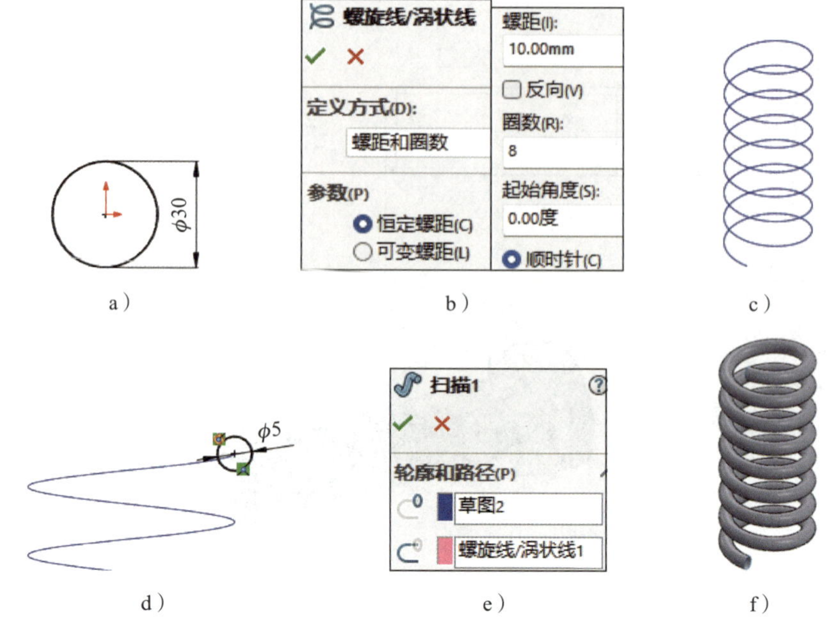

a） b） c） d） e） f）

图 5-2-2 创建弹簧

a）绘制草图 1 b）“螺旋线 / 涡状线”属性设置 c）创建螺旋线 d）绘制扫描轮廓草图 2
e）“扫描”属性设置 f）完成创建弹簧

图 5-2-1 所示的六角头螺栓零件可通过创建螺栓头、创建螺杆、创建螺栓螺纹等完成建模，其设计思路如图 5-2-3 所示。

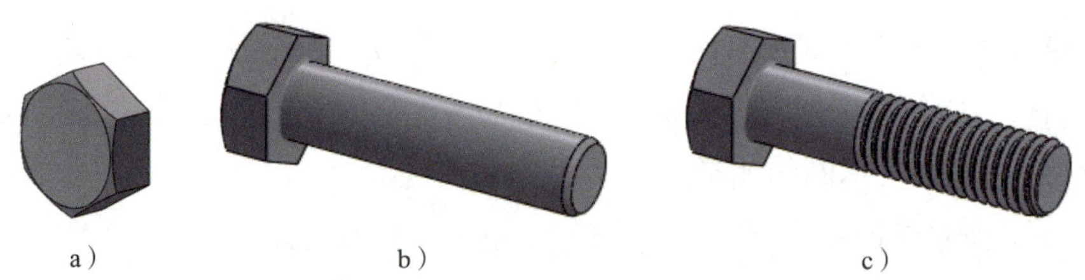

a） b） c）

图 5-2-3 六角头螺栓零件的设计思路

a）创建螺栓头 b）创建螺杆 c）创建螺栓螺纹

1. 创建螺栓头

选择右视基准面作为草图平面，绘制如图 5-2-4a 所示的草图 1，单击“拉伸凸台 / 基体”按钮，相关属性设置如图 5-2-4b 所示。选择螺栓头实体左端面作为草图平面，绘制如图 5-2-4c 所示的草图 2，单击“拉伸切除”按钮，相关属性设置如

图 5-2-4d 所示，完成创建螺栓头，结果如图 5-2-3a 所示。

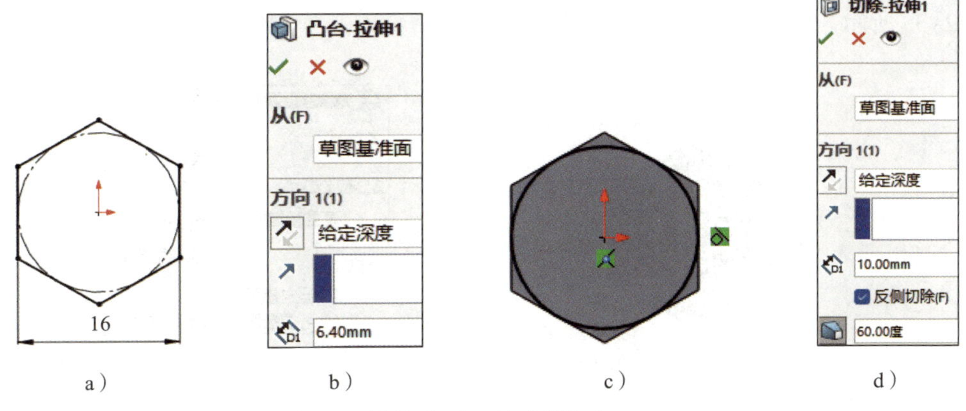

图 5-2-4　创建螺栓头

a）绘制草图 1　b）“凸台 - 拉伸”属性设置　c）绘制草图 2　d）“切除 - 拉伸”属性设置

2. 创建螺杆

（1）选择螺栓头右端面作为草图平面，绘制如图 5-2-5a 所示的草图 3，单击“拉伸凸台 / 基体”按钮，相关属性设置如图 5-2-5b 所示。

（2）单击“倒角”按钮，在螺杆末端创建 $C1$ 倒角，如图 5-2-5c 所示。单击“圆角”按钮，在螺杆与螺栓头相接处创建 $R0.4$ 圆角，如图 5-2-5d 所示，完成创建螺杆，结果如图 5-2-3b 所示。

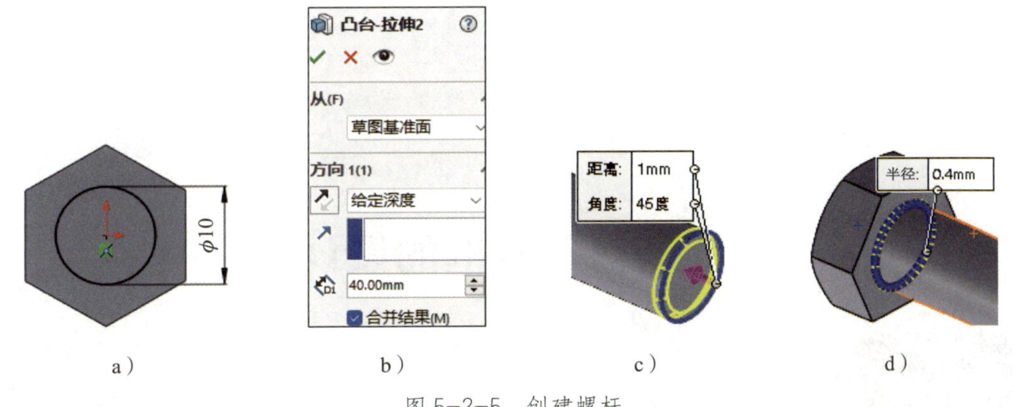

图 5-2-5　创建螺杆

a）绘制草图 3　b）“凸台 - 拉伸”属性设置　c）创建倒角　d）创建圆角

3. 创建螺栓螺纹

（1）选择螺杆右端面作为草图平面，绘制如图 5-2-6a 所示的螺旋线基体草图 4，单击“螺旋线和涡状线”按钮，相关属性设置如图 5-2-6b 所示，创建螺旋线。

（2）选择上视基准面作为草图平面，绘制如图 5-2-6c 所示的扫描轮廓草图 5，单击“扫描切除”按钮，相关属性设置如图 5-2-6d 所示，完成创建螺栓螺纹，结果如图 5-2-3c 所示。

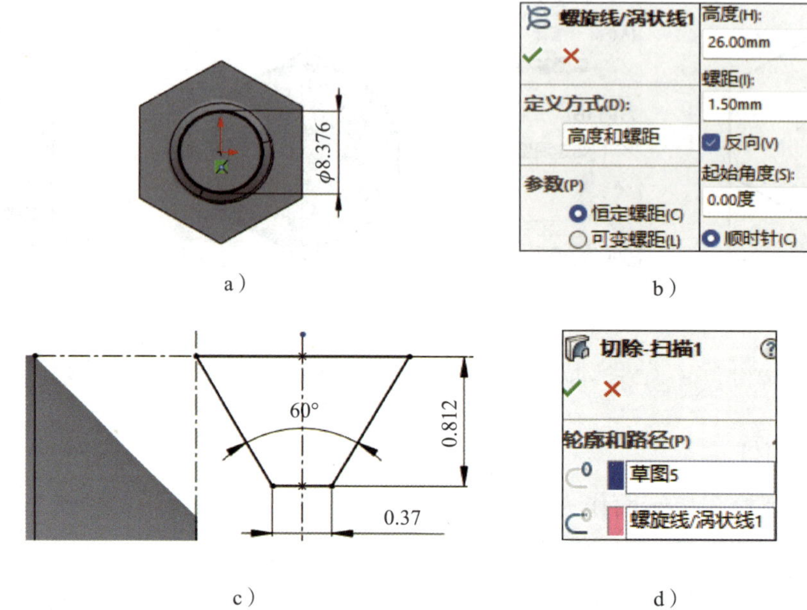

图 5-2-6　创建螺栓螺纹

a）绘制草图 4　b）“螺旋线 / 涡状线”属性设置　c）绘制草图 5　d）“切除 – 扫描”属性设置

任务 3　相框的设计

学习目标

能应用拉伸曲面、移动 / 复制、剪裁曲面、缝合曲面等特征，完成曲面型零件和产品的设计。

根据如图 5–3–1 所示的相框零件图及立体图，应用拉伸曲面、移动 / 复制、剪裁曲面、缝合曲面等特征，完成相框产品的设计。

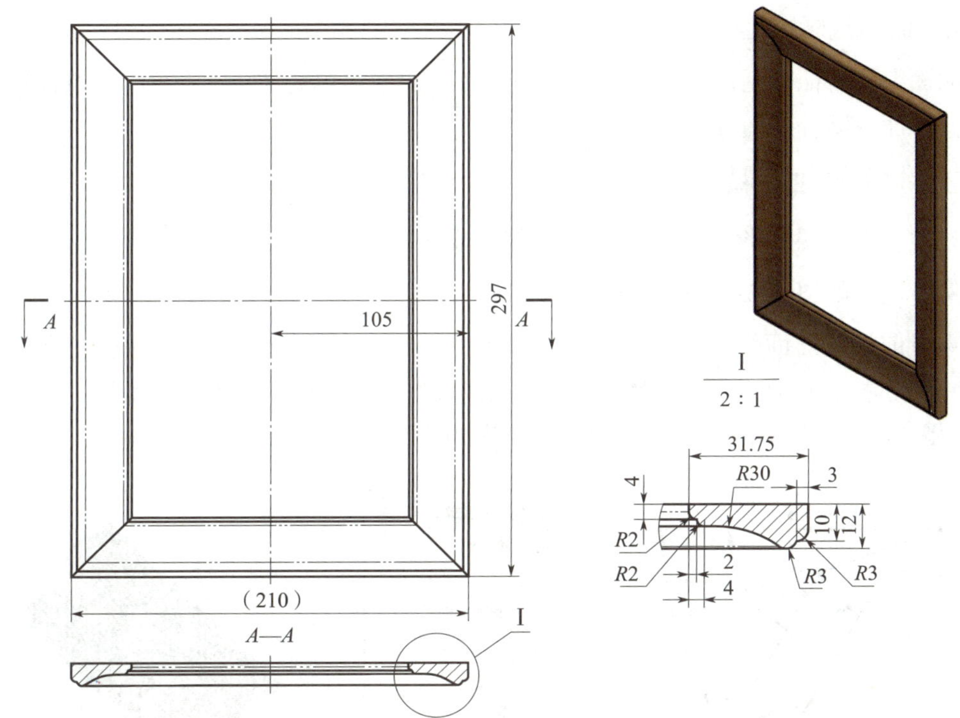

图 5–3–1　相框零件图及立体图

一、曲面概述

实体是一个完整的几何模型，创建曲面是具有不规则造型的实体建模的重要一环。曲面是厚度为零的几何体，因此实体建模时需将曲面转换成实体。曲面建模操作与实体建模操作类似，但它可以针对开放式的曲面做处理，因此操作更灵活。“曲面”工具栏如图 5–3–2 所示。

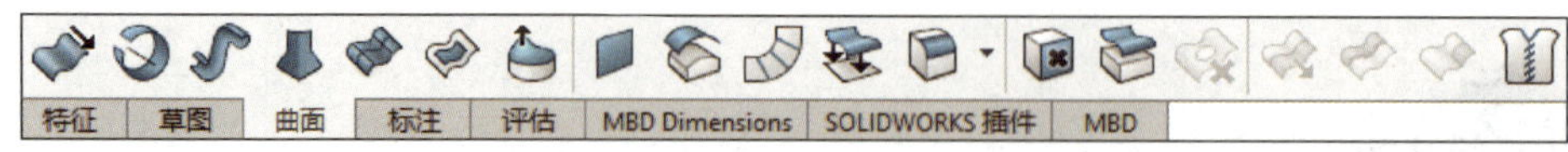

图 5-3-2 “曲面”工具栏

1. 曲面特征

曲面特征有拉伸曲面、旋转曲面、扫描曲面、放样曲面、边界曲面、平面区域、等距曲面等。

2. 曲面编辑特征

曲面编辑特征有延伸曲面、剪裁曲面、圆角曲面、填充曲面、移动 / 复制曲面、删除和修补面、缝合曲面等。

二、拉伸曲面特征

拉伸曲面特征可将 2D 或 3D 草图拉伸生成曲面。

例：创建如图 5-3-3c 所示的曲面。

选择前视基准面作为草图平面，绘制如图 5-3-3a 所示的草图 1。单击“曲面”工具栏中的“拉伸曲面”按钮，或单击菜单栏中的“插入”→“曲面”→“拉伸曲面”，相关属性设置如图 5-3-3b 所示，结果如图 5-3-3c 所示。

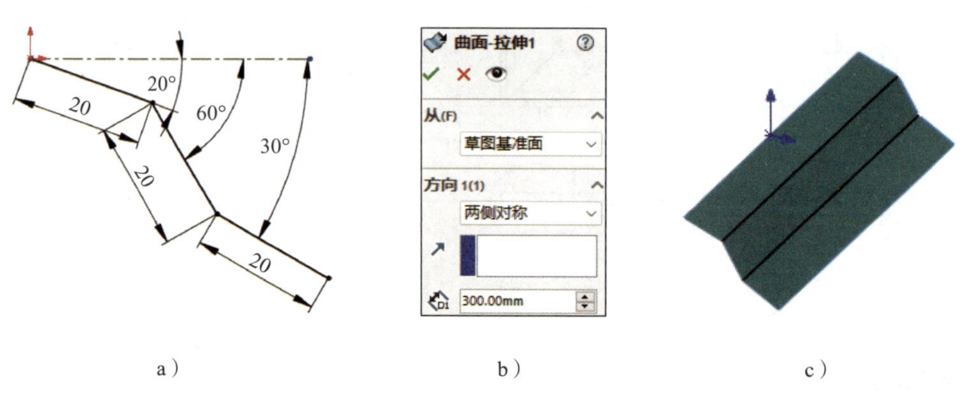

a） b） c）

图 5-3-3 拉伸曲面

a）绘制草图 1 b）“曲面 – 拉伸”属性设置 c）创建拉伸曲面

三、移动 / 复制特征

移动 / 复制特征可对曲面进行移动、旋转，并复制曲面。

例：将如图 5-3-3c 所示的曲面进行旋转、复制，结果如图 5-3-4b 所示。

单击菜单栏中的“插入”→“曲面”→“移动 / 复制”，在“移动 / 复制实体”属性管理器中单击“平移 / 旋转”按钮，在打开的“实体 – 移动 / 复制”属性管理器中设置如图 5-3-4a 所示的相关属性，完成移动 / 复制后的结果如图 5-3-4b 所示。

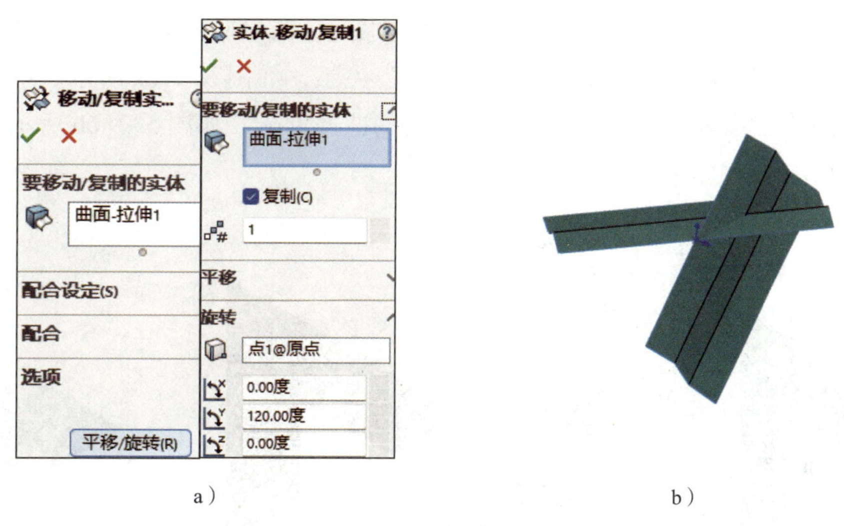

a）　　　　b）

图 5-3-4　移动 / 复制曲面

a）属性设置　b）完成移动 / 复制

四、剪裁曲面特征

剪裁曲面特征可将曲面、基准面或草图作为剪裁工具剪裁相交曲面，也可以将多个曲面作为相互的剪裁工具进行剪裁。

例：将如图 5-3-4b 所示的曲面进行剪裁，结果如图 5-3-6c 所示。

1. 单击“曲面”工具栏中的“剪裁曲面”按钮，或单击菜单栏中的“插入”→“曲面”→“剪裁曲面”，设置相关属性，在图形区中选取要移除的曲面部分，如图 5-3-5a 所示，结果如图 5-3-5b 所示。

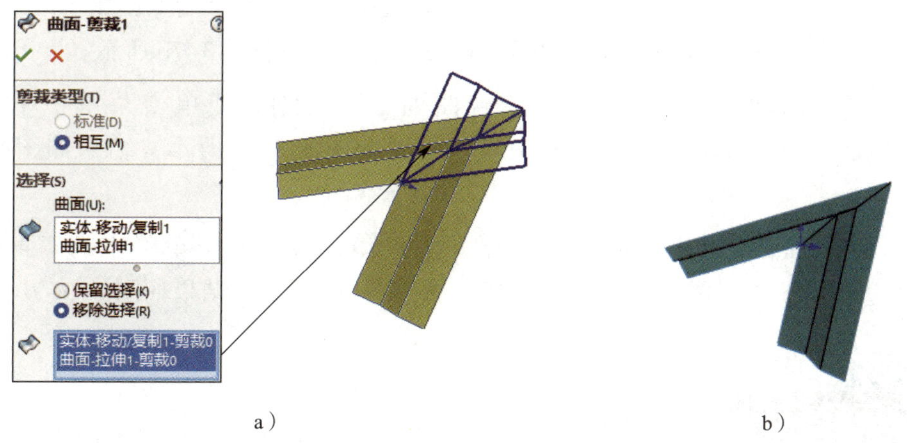

a）　　　　b）

图 5-3-5　剪裁曲面 1

a）“曲面 – 剪裁”属性设置并选取要移除的曲面部分　b）完成剪裁曲面

2. 选择上视基准面作为草图平面，绘制草图 2，添加原点为该直线的“中点”关系，添加该直线两端点与曲面边线的“重合”关系，如图 5-3-6a 所示。单击“剪裁曲面”按钮，设置相关属性，选取要保留的曲面部分，如图 5-3-6b 所示，结果如图 5-3-6c 所示。

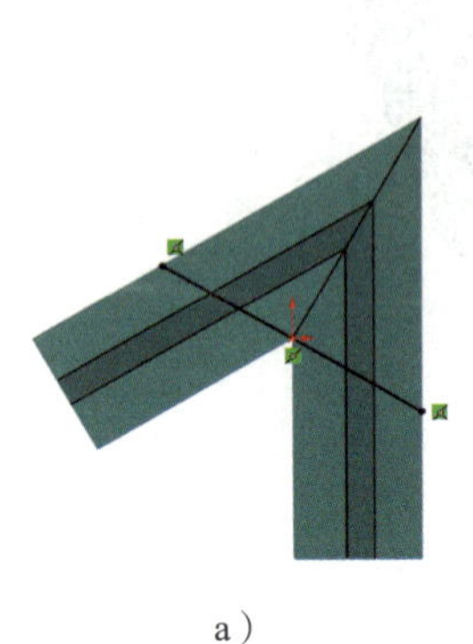

a）

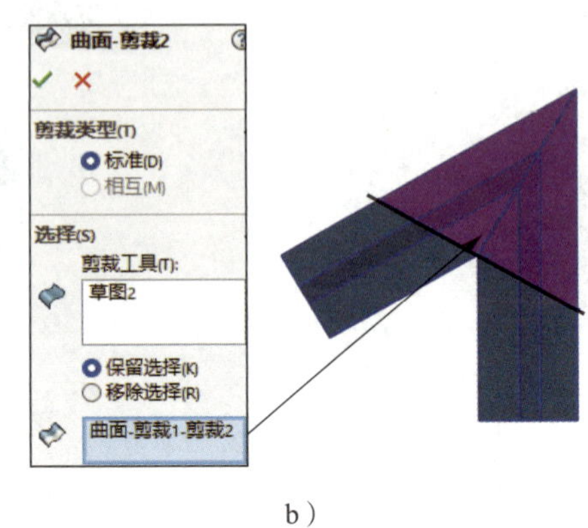

b）

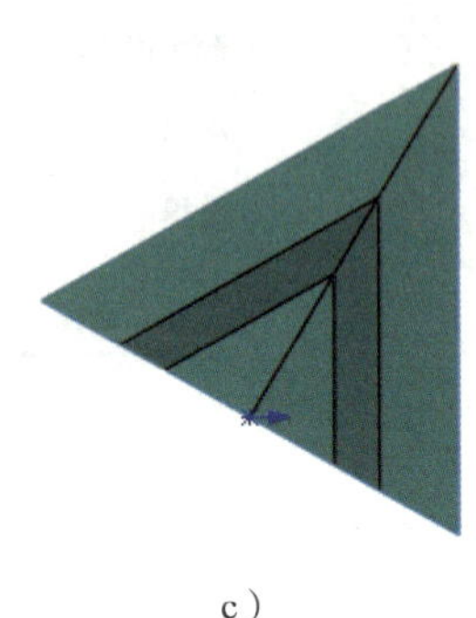

c）

图 5-3-6　剪裁曲面 2

a）绘制草图 2　b）“曲面 – 剪裁”属性设置并选取要保留的曲面部分　c）完成剪裁曲面

五、缝合曲面特征

缝合曲面特征可将两个或多个面和曲面组合成一个曲面，若缝合后的曲面为封闭曲面，则缝合时可生成实体。

例：将如图 5-3-6c 所示的曲面应用镜向、缝合曲面、加厚特征进行操作，结果如图 5-3-7f 所示。

1. 单击“基准面”按钮，单击曲面左侧边线的任意 3 个端点创建基准面 1，如图 5-3-7a 所示。单击“镜向”按钮，相关属性设置如图 5-3-7b 所示。

2. 单击“曲面”工具栏中的“缝合曲面”按钮，或单击菜单栏中的“插入”→“曲面”→“缝合曲面”，相关属性设置如图 5-3-7c 所示，结果如图 5-3-7d 所示。

3. 单击“曲面”工具栏中的“加厚”按钮，或单击菜单栏中的“插入”→“凸台 / 基体”→“加厚”，相关属性设置如图 5-3-7e 所示，结果如图 5-3-7f 所示。

图 5-3-1 所示的相框产品可通过拉伸曲面、移动 / 复制曲面、剪裁和缝合曲面、编辑材质等完成建模，其设计思路如图 5-3-8 所示。

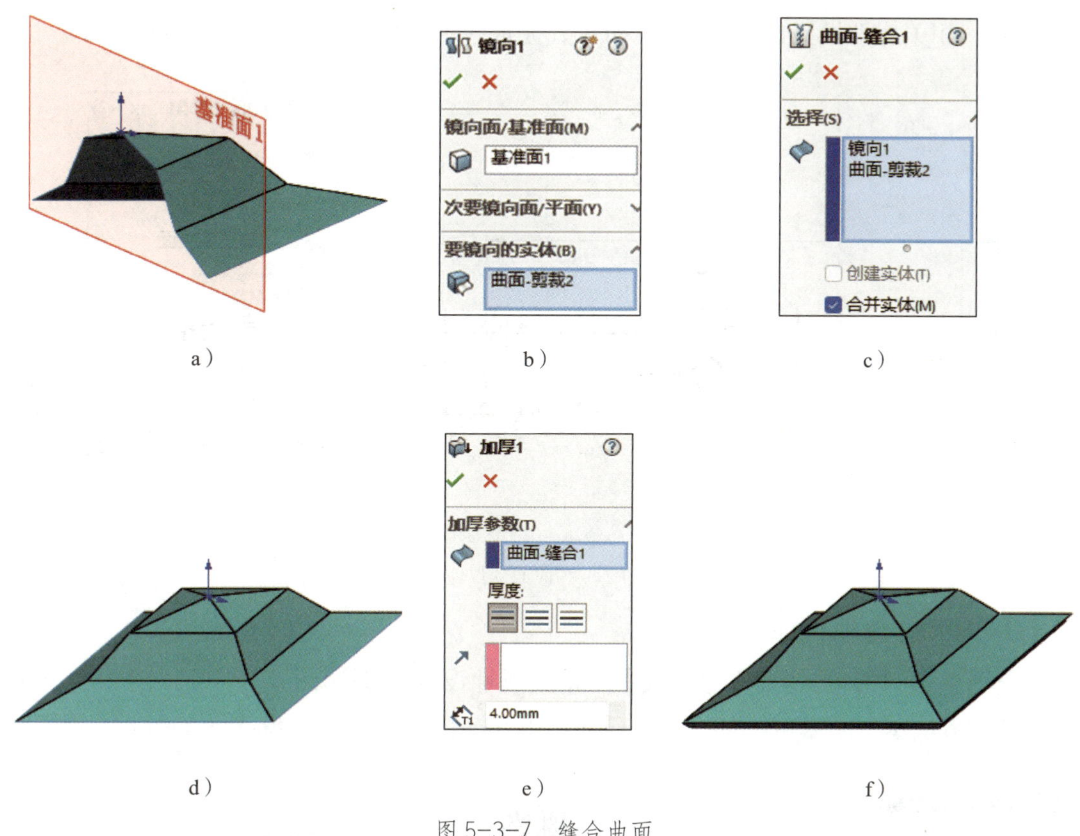

a）　b）　c）

d）　e）　f）

图 5-3-7　缝合曲面

a）创建基准面 1　b）“镜向”属性设置　c）“曲面－缝合”属性设置
d）完成缝合曲面　e）“加厚”属性设置　f）完成加厚曲面

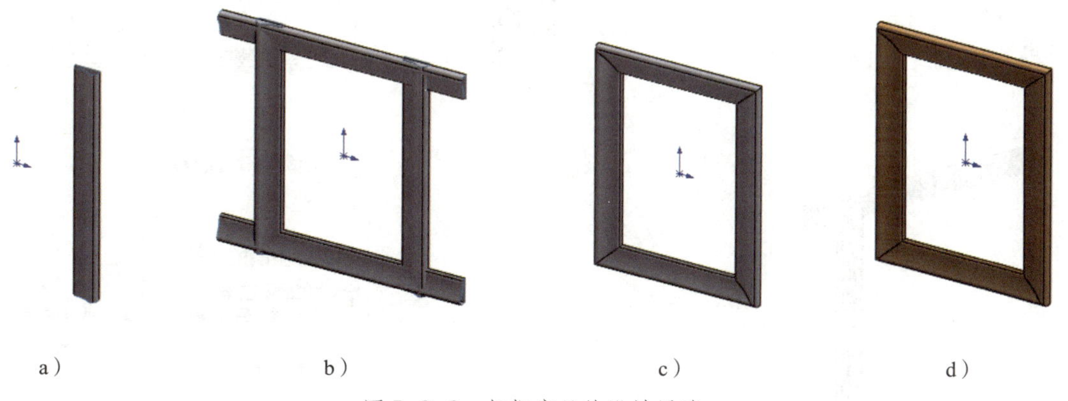

a）　b）　c）　d）

图 5-3-8　相框产品的设计思路

a）拉伸曲面　b）移动 / 复制曲面　c）剪裁和缝合曲面　d）编辑材质

1. 拉伸曲面

选择上视基准面作为草图平面，绘制如图 5-3-9a 所示的草图 1。单击“拉伸曲面”

按钮，相关属性设置如图 5-3-9b 所示，完成拉伸曲面，结果如图 5-3-8a 所示。

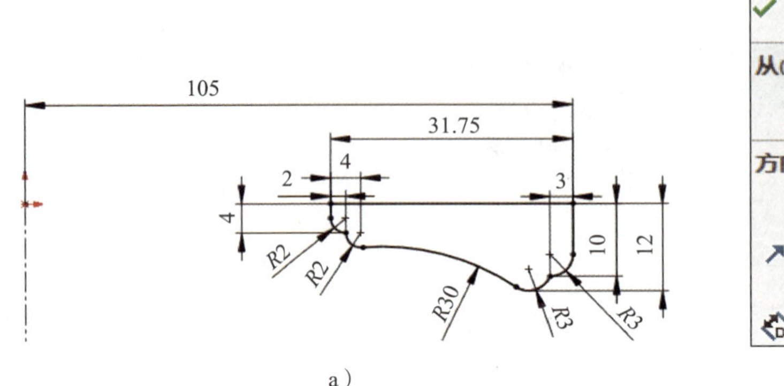

a）

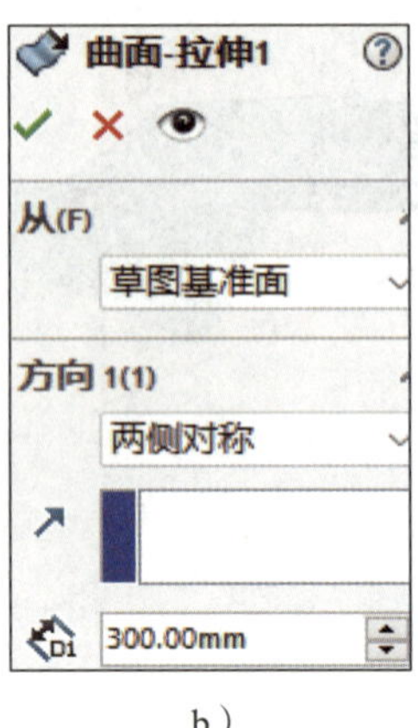

b）

图 5-3-9　拉伸曲面

a）绘制草图 1　b）“曲面 – 拉伸”属性设置

2. 移动 / 复制曲面

分别单击“移动 / 复制”按钮，相关属性设置分别如图 5-3-10a、图 5-3-10c、图 5-3-10e 所示，结果分别如图 5-3-10b、图 5-3-10d、图 5-3-8b 所示。

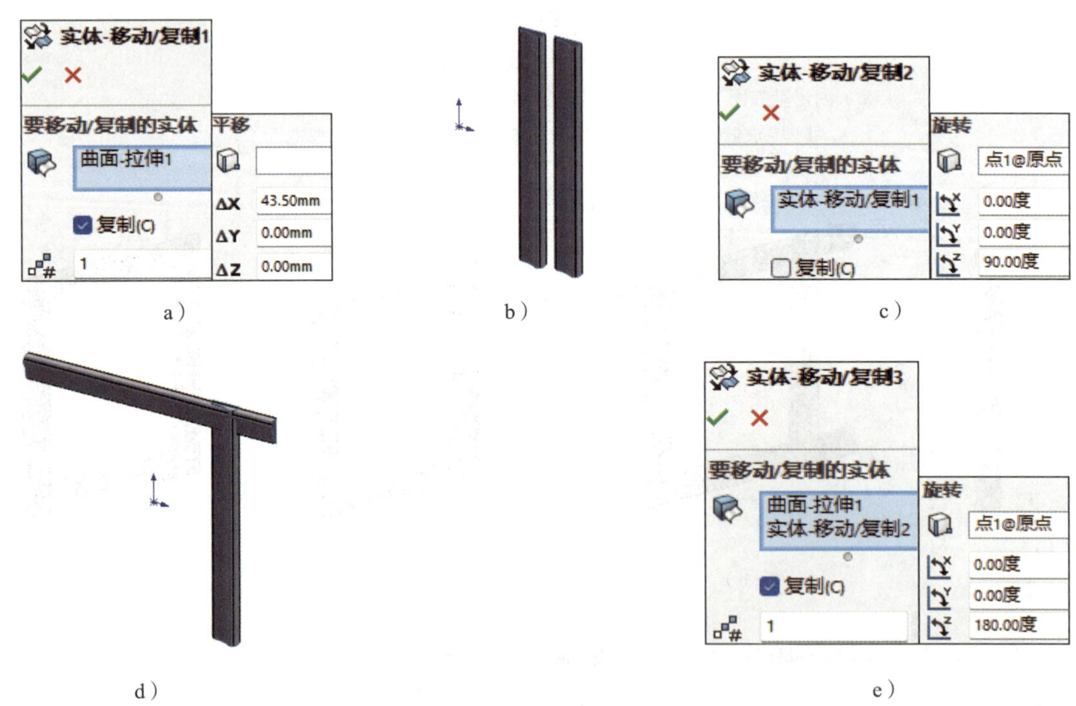

图 5-3-10　移动 / 复制曲面

a）“实体 – 移动 / 复制”属性设置 1　b）移动 / 复制生成曲面

c）“实体 – 移动 / 复制”属性设置 2　d）旋转生成曲面　e）“实体 – 移动 / 复制”属性设置 3

3. 剪裁和缝合曲面

选择前视基准面作为草图平面，绘制草图 2，添加草图几何关系使草图完全定义，如图 5-3-11a 所示。单击“剪裁曲面”按钮，相关属性设置如图 5-3-11b 所示，选取要保留的曲面，如图 5-3-11c 所示。单击“缝合曲面”按钮，相关属性设置如图 5-3-11d 所示，完成剪裁和缝合曲面，结果如图 5-3-8c 所示。

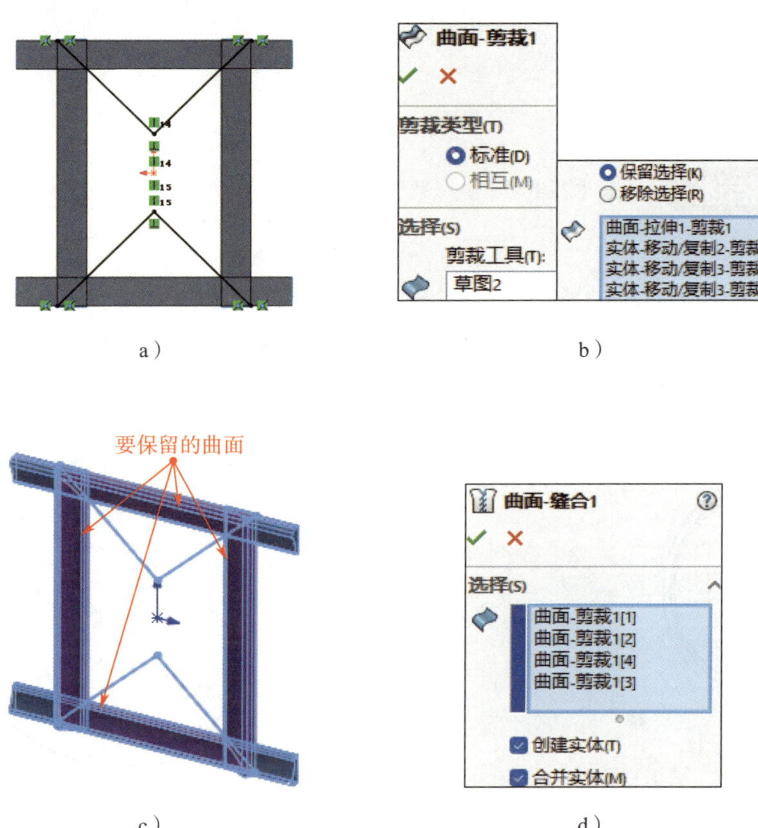

a）　b）　c）　d）

图 5-3-11　剪裁和缝合曲面

a）绘制草图 2　b）“曲面－剪裁”属性设置

c）选取要保留的曲面　d）“曲面－缝合”属性设置

4. 编辑材质

单击“任务窗格”工具栏中的“外观、布景和贴图”按钮，单击“外观”按钮 外观(color)，选取材质，如图 5-3-12a 所示，按住鼠标左键拖动图 5-3-12b 所示的材质到图形区中，相框产品的外观就会变成抛光樱桃木纹理，结果如图 5-3-8d 所示。

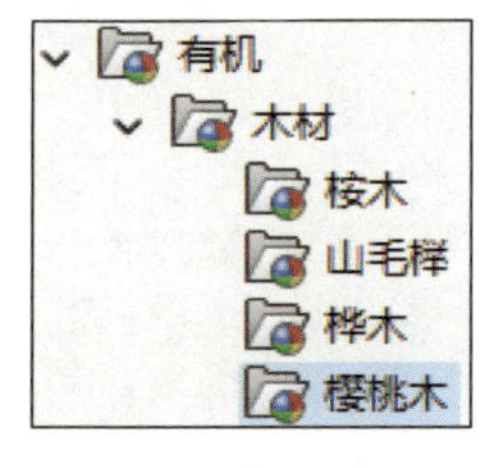

a）

b）

图 5-3-12　编辑材质

a）选取材质　b）添加材质

任务 4　旋钮的设计

能应用旋转曲面、放样曲面、剪裁曲面、平面区域等特征，以及使用曲面切除实体的操作方法，完成曲面型零件和产品的设计。

任务描述

根据如图 5-4-1 所示的旋钮零件图及立体图，应用旋转曲面、放样曲面、平面区域、剪裁曲面、镜向、抽壳、拉伸凸台 / 基体、圆角等特征，以及使用曲面切除实体的操作方法，完成旋钮产品的设计。

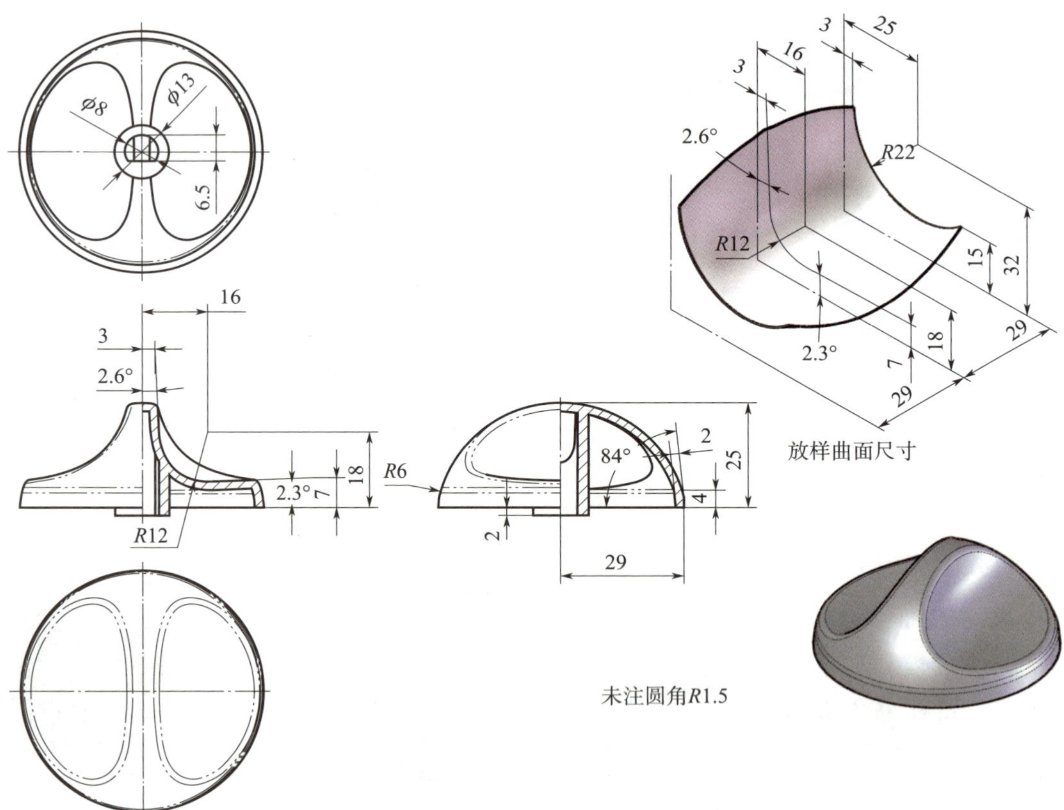

图 5-4-1　旋钮零件图及立体图

一、旋转曲面特征

开环或闭环轮廓绕旋转轴旋转可生成旋转曲面。

例：打开素材文件夹中的“项目五\任务 4\5-4-2a.SLDPRT”文件，如图 5-4-2a 所示，旋转曲线生成曲面。

单击“曲面”工具栏中的“旋转曲面”按钮，或单击菜单栏中的“插入”→“曲面”→“旋转曲面”，相关属性设置如图 5-4-2b 所示，结果如图 5-4-2c 所示，若将旋转角度设置为 270°，则结果如图 5-4-2d 所示。

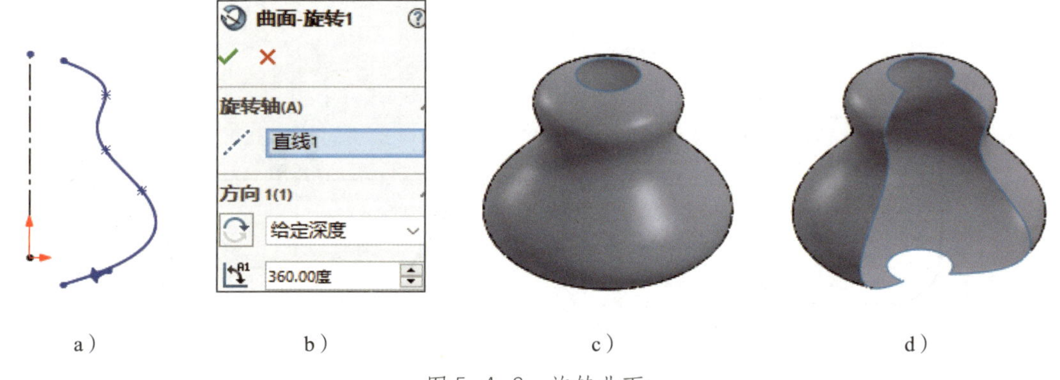

图 5-4-2　旋转曲面

a）原文件　b）“曲面－旋转”属性设置　c）生成旋转曲面 1　d）生成旋转曲面 2

二、放样曲面特征

在两个或多个轮廓之间可生成放样曲面。

例：根据如图 5-4-3a 所示的曲面零件图，生成放样曲面。

1. 单击“基准面”按钮，创建与上视基准面平行、距离为 16 mm 的基准面 1。选择基准面 1 作为草图平面，绘制如图 5-4-3b 所示的草图 1，选择上视基准面作为草图平面，绘制如图 5-4-3c 所示的草图 2。分别选择前视、右视基准面作为草图平面，绘制如图 5-4-3d 所示的草图 3、草图 4。

2. 单击“曲面”工具栏中的“放样曲面”按钮，或单击菜单栏中的“插入”→“曲面”→“放样曲面”。选取草图 1 和草图 2 作为放样曲面轮廓，在“引导线”中单击鼠标右键，单击“SelectionManager”，单击草图 3 左侧轮廓线，单击“选择开环”按钮，获取第一条引导线（开环 <1>），选取草图 3 右侧轮廓线，获取第二条

引导线（开环 <2>）。采用同样的方法，选取草图 4 前、后侧轮廓线，获取第三、第四条引导线（开环 <3>、开环 <4>），相关属性设置如图 5-4-3e 所示，完成生成放样曲面，结果如图 5-4-3f 所示。

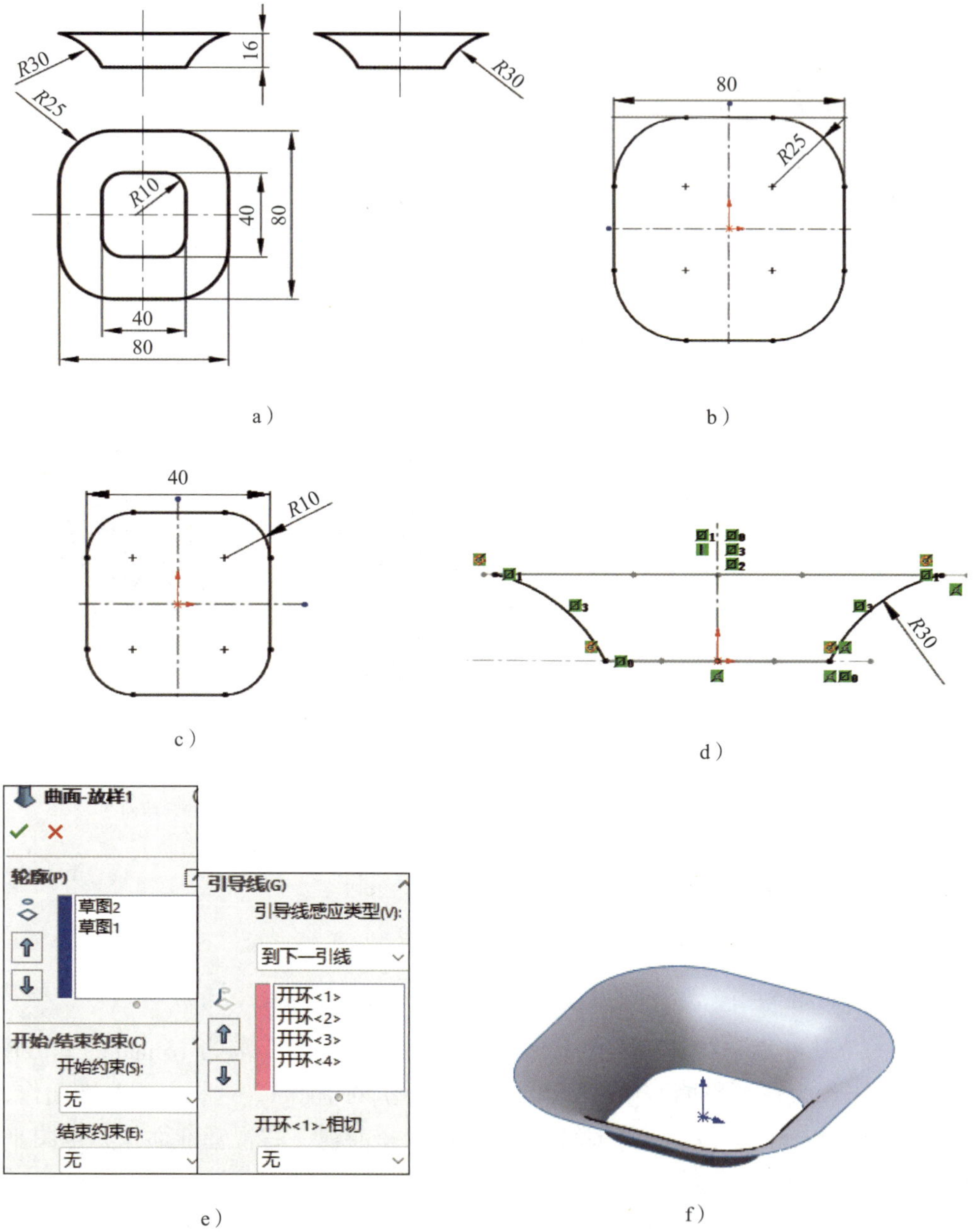

a）　　b）

c）　　d）

e）　　f）

图 5-4-3　放样曲面

a）曲面零件图　b）绘制草图 1　c）绘制草图 2　d）绘制草图 3、草图 4

e）“曲面－放样”属性设置　f）生成放样曲面

三、平面区域特征

使用草图或一组边线可生成平面区域。

例：分别打开素材文件夹中的“项目五\任务 4\5-4-4a.SLDPRT”和“项目五\任务 4\5-4-4d.SLDPRT”文件，将如图 5-4-4a 和图 5-4-4d 所示的特征生成平面区域。

单击“曲面”工具栏中的“平面区域”按钮，或单击菜单栏中的“插入”→“曲面”→“平面区域”，分别选取图 5-4-4a 所示草图和图 5-4-4d 所示曲面上端 4 条边线为边界实体，相关属性设置如图 5-4-4b 和图 5-4-4e 所示，结果如图 5-4-4c 和图 5-4-4f 所示。

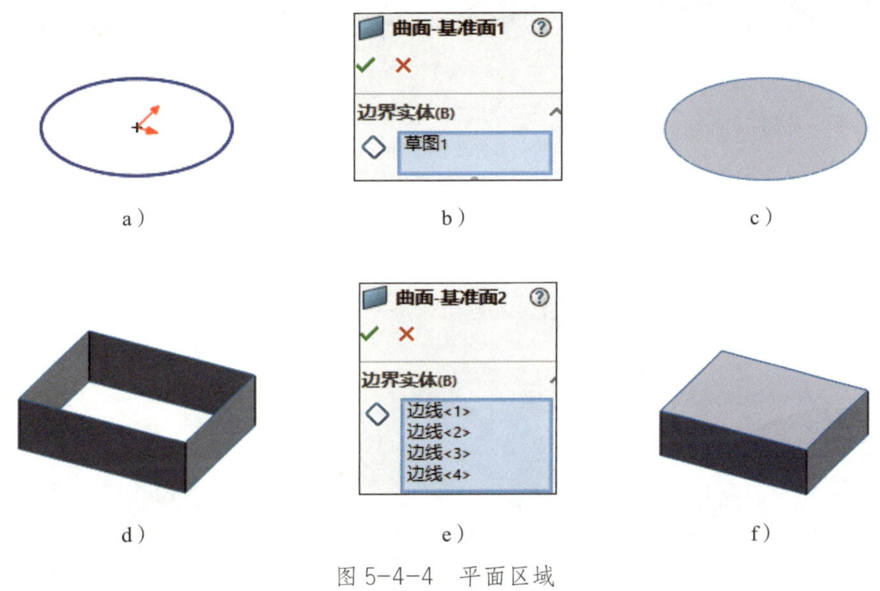

图 5-4-4　平面区域

a）原文件 1　b）“曲面－基准面”属性设置 1　c）生成平面区域 1
d）原文件 2　e）“曲面－基准面”属性设置 2　f）生成平面区域 2

图 5-4-1 所示的旋钮产品有两种建模方法。

方法一：先通过旋转曲面、放样曲面、剪裁曲面、平面区域等特征生成曲面，再通过缝合曲面、圆角、抽壳、拉伸凸台 / 基体等特征创建实体，其设计思路如图 5-4-5 所示。

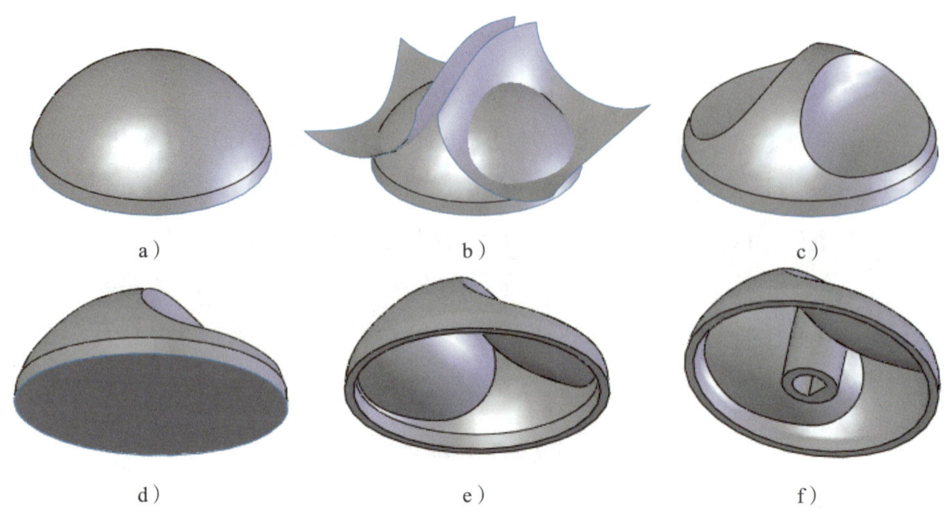

图 5-4-5 旋钮产品的设计思路 1
a）旋转曲面 b）放样曲面 c）剪裁曲面
d）平面区域、缝合曲面 e）圆角、抽壳 f）拉伸凸台 / 基体

方法二：通过旋转凸台 / 基体、放样曲面、使用曲面切除实体、圆角、抽壳、拉伸凸台 / 基体等特征创建实体，其设计思路如图 5-4-6 所示。

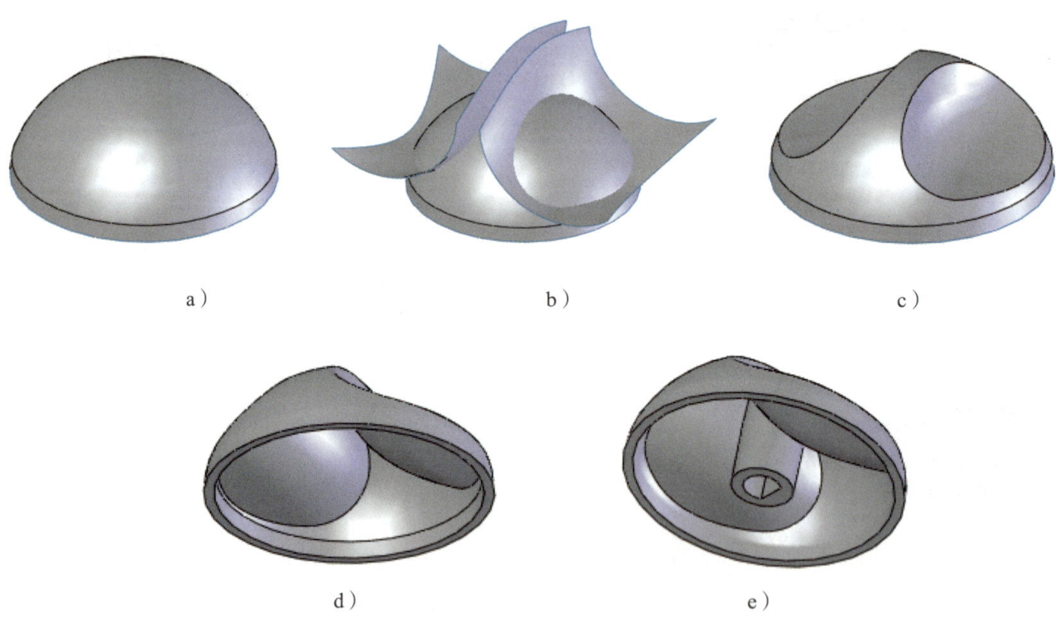

图 5-4-6 旋钮产品的设计思路 2
a）旋转凸台 / 基体 b）放样曲面 c）使用曲面切除实体
d）圆角、抽壳 e）拉伸凸台 / 基体

1. 方法一

（1）旋转曲面、放样曲面

1）选择前视基准面作为草图平面，绘制如图 5–4–7a 所示的草图 1，单击“旋转曲面”按钮，相关属性设置如图 5–4–7b 所示，结果如图 5–4–5a 所示。

2）单击“基准面”按钮，分别创建与前视基准面平行、在其前后两侧的距离为 29 mm 的基准面 1 和基准面 2，结果如图 5–4–7c 所示。分别选择前视基准面、基准面 1 作为草图平面，绘制如图 5–4–7d、图 5–4–7e 所示的草图 2、草图 3。选取基准面 2，单击“草图绘制”按钮，单击“转换实体引用”按钮，选取草图 3 中的圆弧作为要转换的实体，完成草图 4 的绘制，如图 5–4–7f 所示。

3）单击“放样曲面”按钮，相关属性设置如图 5–4–7g 所示，结果如图 5–4–7h 所示。单击“镜向”按钮，相关属性设置如图 5–4–7i 所示，结果如图 5–4–5b 所示。

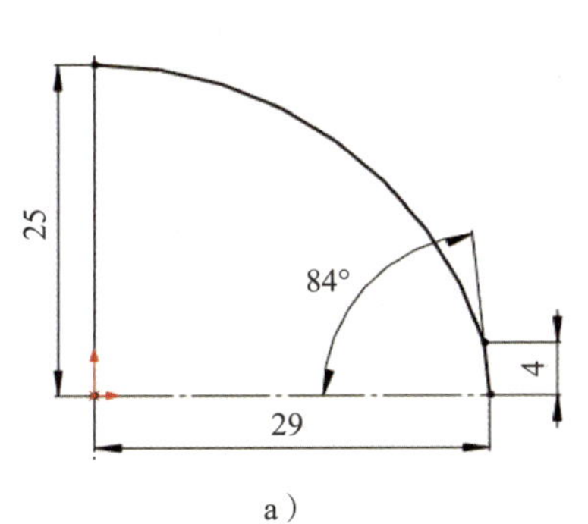

a）

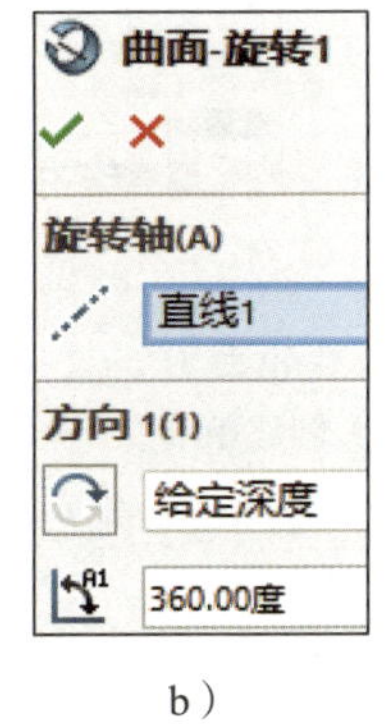

b）

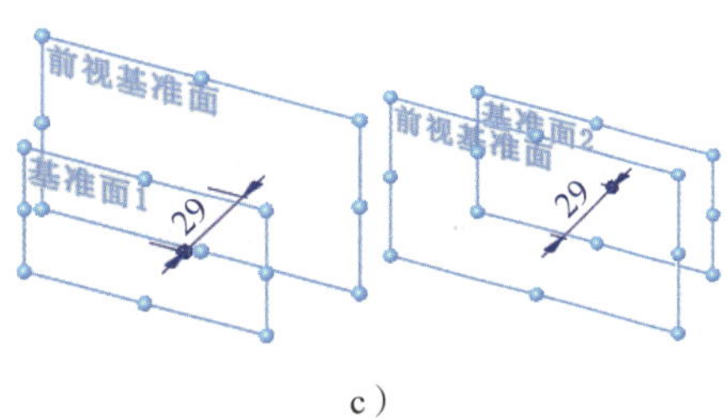

c）

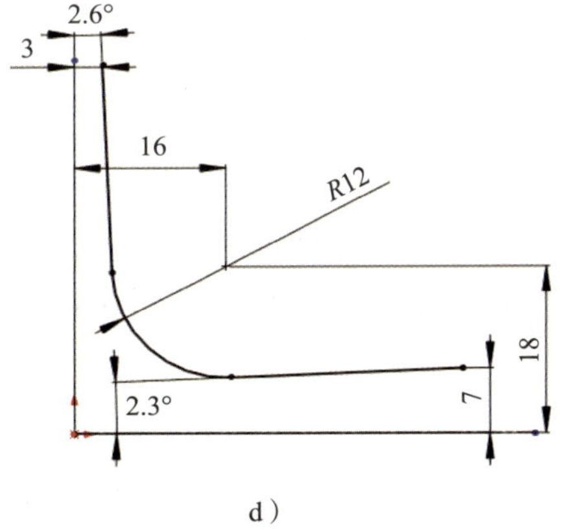

d）

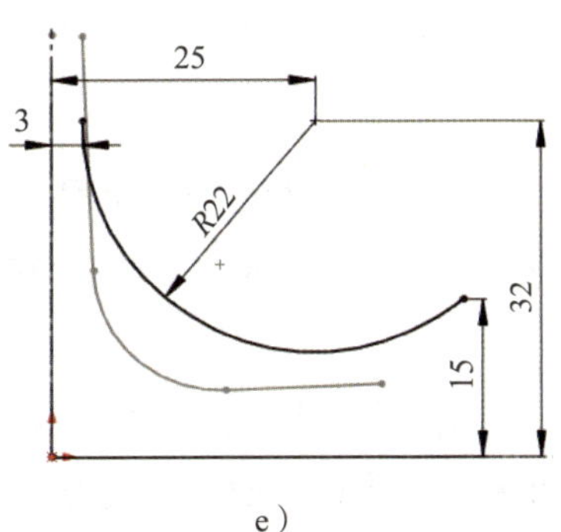

e）

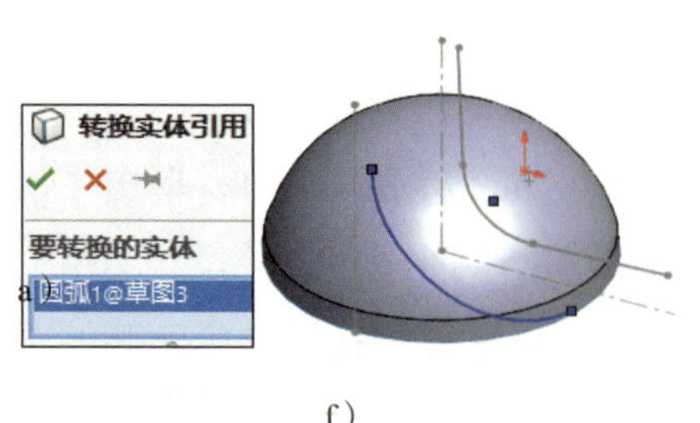

f）

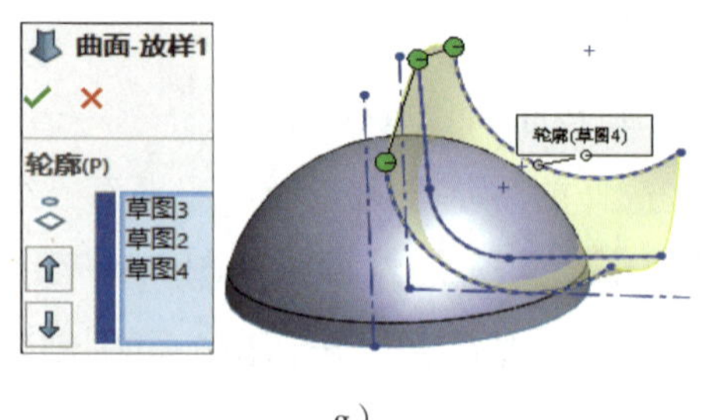

g）

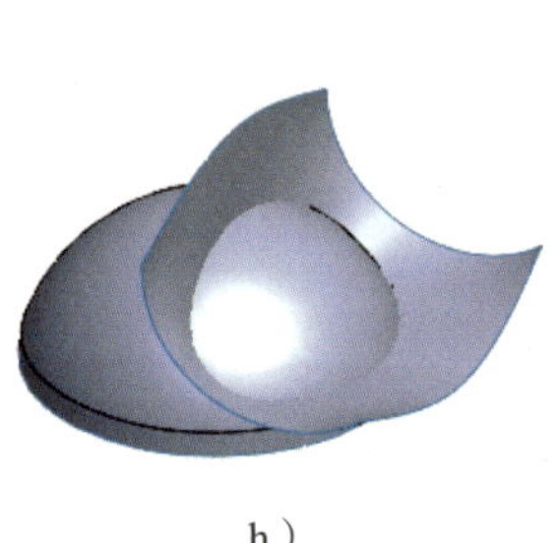

h）

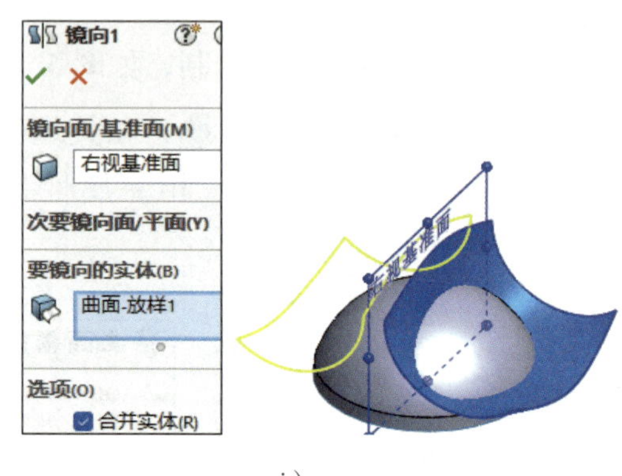

i）

图 5-4-7　旋转曲面、放样曲面

a）绘制草图 1　b）“曲面 – 旋转”属性设置　c）创建基准面 1 和基准面 2　d）绘制草图 2　e）绘制草图 3　f）绘制草图 4　g）“曲面 – 放样”属性设置　h）生成放样曲面　i）“镜向”属性设置

（2）剪裁曲面、平面区域、缝合曲面

单击“剪裁曲面”按钮，相关属性设置如图 5-4-8a 所示，结果如图 5-4-5c 所示。单击“平面区域”按钮，选取底部边线为边界实体，相关属性设置如图 5-4-8b 所示，生成平面区域。单击“缝合曲面”按钮，勾选“创建实体”和“合并实体”复选框，相关属性设置如图 5-4-8c 所示，结果如图 5-4-5d 所示。

（3）圆角、抽壳、拉伸凸台 / 基体

1）单击“圆角”按钮，对如图 5-4-9a 所示的 3 条边线分别创建 $R1.5$、$R1.5$、$R6$ 圆角。单击“抽壳”按钮，相关属性设置如图 5-4-9b 所示，结果如图 5-4-5e 所示。

2）单击“基准面”按钮，在上视基准面下方创建与之平行、距离为 2 mm 的基准面 3。选择基准面 3 作为草图平面，绘制如图 5-4-9c 所示的草图 5，单击“拉伸凸台 / 基体”按钮，相关属性设置如图 5-4-9d 所示，结果如图 5-4-5f 所示。

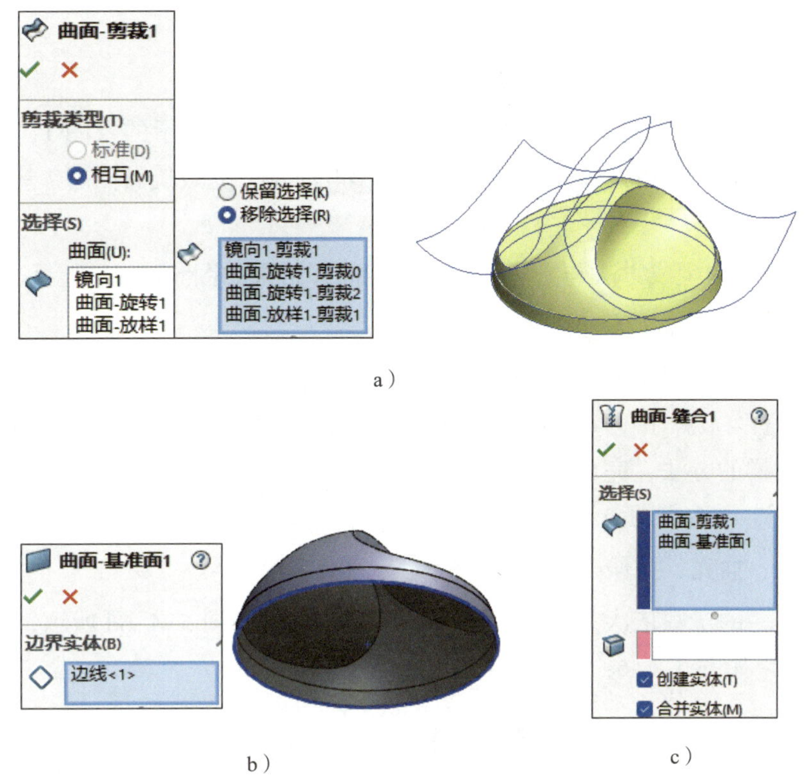

图 5-4-8　剪裁曲面、平面区域、缝合曲面

a）"曲面－剪裁"属性设置　b）"曲面－基准面"属性设置　c）"曲面－缝合"属性设置

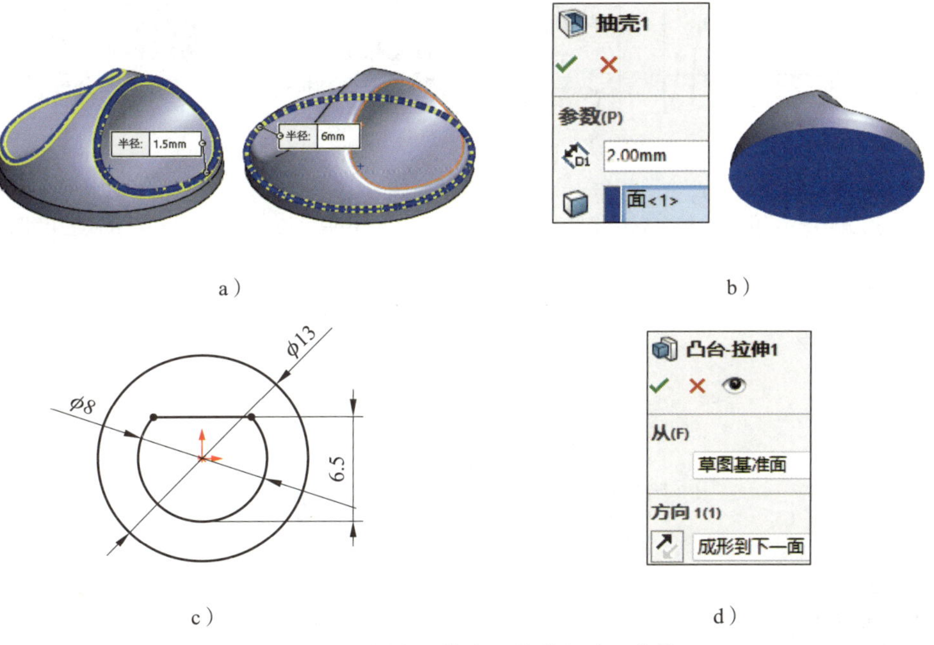

图 5-4-9　圆角、抽壳、拉伸凸台 / 基体

a）创建圆角　b）"抽壳"属性设置　c）绘制草图 5　d）"凸台－拉伸"属性设置

2. 方法二

（1）旋转凸台 / 基体、放样曲面

1）选择前视基准面作为草图平面，绘制如图 5–4–10a 所示的草图 1，单击“旋转凸台 / 基体”按钮，相关属性设置如图 5–4–10b 所示，完成旋转凸台 / 基体，结果如图 5–4–6a 所示。

2）放样曲面的生成方法与方法一的步骤相同，结果如图 5–4–6b 所示。

（2）使用曲面切除实体

单击菜单栏中的“插入”→“切除”→“使用曲面”，相关属性设置如图 5–4–11a 所示，选择“曲面 – 放样 1”为切除曲面，单击箭头确定要切除实体的一侧，如图 5–4–11b 所示，采用同样的方法，完成另一侧实体切除。隐藏“曲面 – 放样 1”和“镜向 1”特征，结果如图 5–4–6c 所示。

（3）圆角、抽壳、拉伸凸台 / 基体

按照方法一的步骤依次完成创建圆角、抽壳，结果如图 5–4–6d 所示，完成拉伸凸台 / 基体，结果如图 5–4–6e 所示。

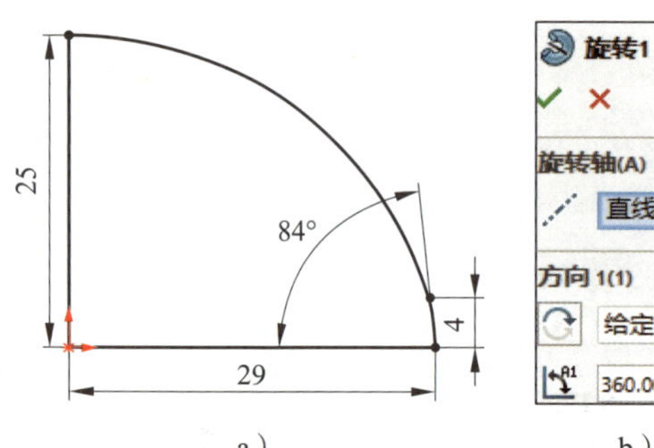

a）　　b）

图 5–4–10　旋转凸台 / 基体

a）绘制草图 1　b）“旋转”属性设置

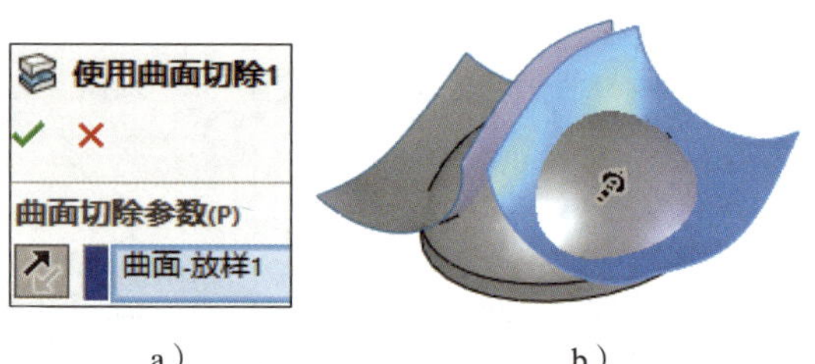

a）　　b）

图 5–4–11　使用曲面切除实体

a）“使用曲面切除”属性设置　b）选择切除曲面

任务 5　盘子的设计

能应用扫描曲面、填充曲面等特征，完成曲面型零件和产品的设计。

根据如图 5-5-1 所示的盘子零件图及立体图，应用扫描曲面、填充曲面、拉伸凸台 / 基体、加厚、圆角等特征，完成盘子产品的设计。

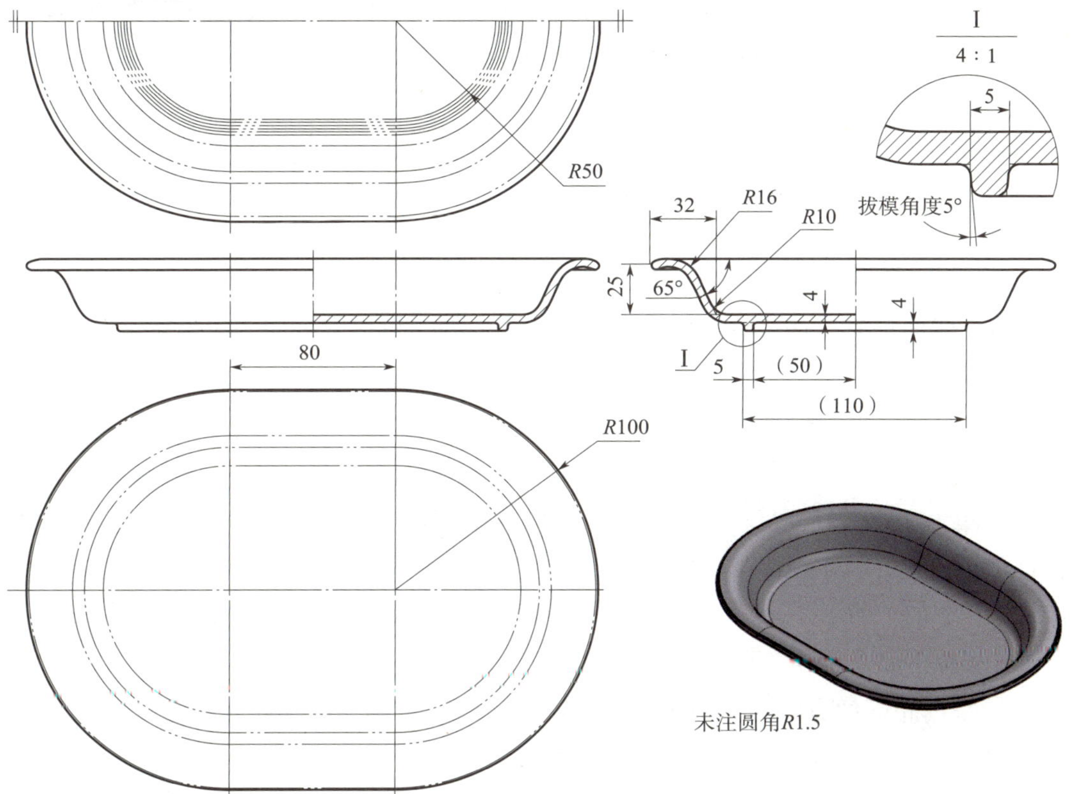

图 5-5-1　盘子零件图及立体图

一、扫描曲面特征

通过沿一条路径（开环或闭环）移动一个轮廓（开环或闭环截面）生成扫描曲面。

例：打开素材文件夹中的“项目五 \ 任务 5\5-5-2a.SLDPRT”文件，如图 5-5-2a

所示，生成扫描曲面。

单击“曲面”工具栏中的“扫描曲面”按钮，或单击菜单栏中的“插入”→“曲面”→“扫描曲面”，相关属性设置如图 5–5–2b 所示，结果如图 5–5–2c 所示。

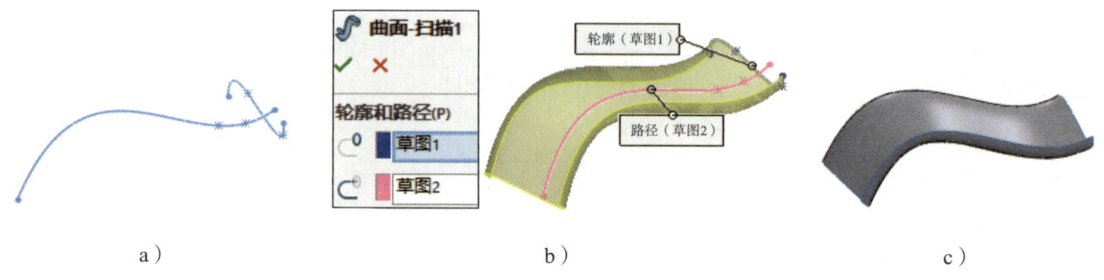

图 5–5–2　扫描曲面
a）原文件　b）“曲面 – 扫描”属性设置　c）生成扫描曲面

二、填充曲面特征

填充曲面特征可在现有模型边线、草图或曲线（包括组合曲线）所定义的边界内构建曲面修补。

例：打开素材文件夹中的“项目五\任务 5\5–5–3a.SLDPRT”文件，在如图 5–5–3a 所示的曲面中生成 3 个填充曲面。

1. 单击“草图”工具栏中的“3D 草图”按钮，在如图 5–5–3b 所示的位置处绘制直线，完成 3D 草图 1 的绘制。单击“曲面”工具栏中的“填充曲面”按钮，或单击菜单栏中的“插入”→“曲面”→“填充”，选择边界线，相关属性设置如图 5–5–3c 所示，生成如图 5–5–3d 所示的填充曲面 1。

2. 采用相同的方法，完成如图 5–5–3e 所示 3D 草图 2 的绘制，单击“填充曲面”按钮，生成如图 5–5–3f 所示的填充曲面 2。

3. 采用相同的方法，生成如图 5–5–3g 所示的填充曲面 3。

图 5–5–1 所示的盘子产品可先通过扫描曲面、填充曲面等特征生成盘子主体曲面，再通过加厚、圆角、拉伸凸台 / 基体等特征生成盘子产品，其设计思路如图 5–5–4 所示。

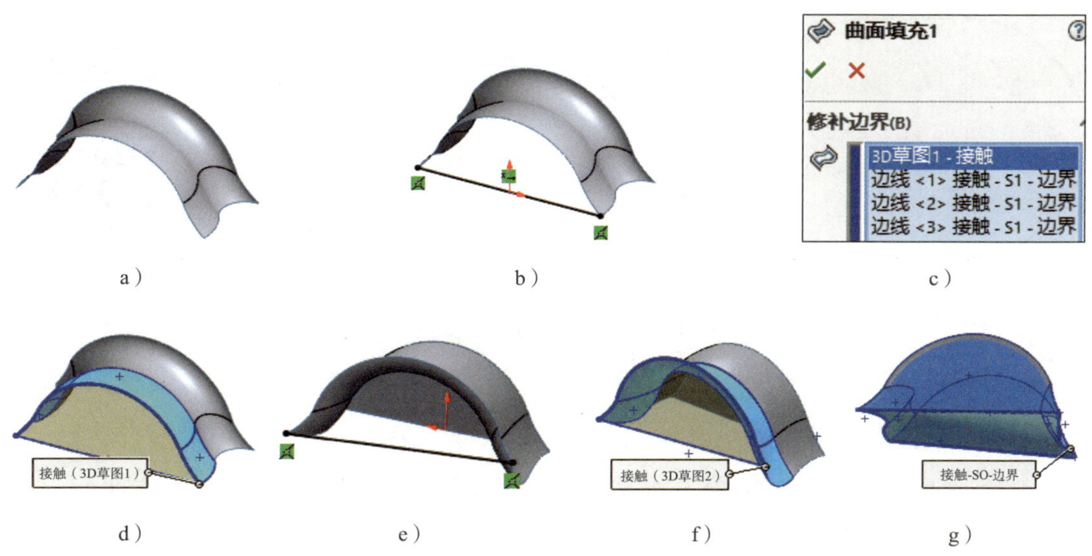

a）　b）　c）
d）　e）　f）　g）

图 5-5-3　填充曲面

a）原文件　b）绘制 3D 草图 1　c）“曲面填充”属性设置　d）生成填充曲面 1　e）绘制 3D 草图 2　f）生成填充曲面 2　g）生成填充曲面 3

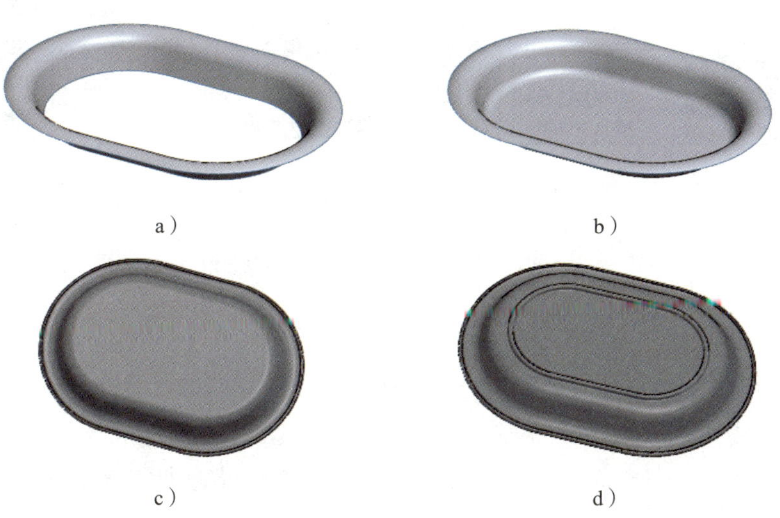

a）　b）
c）　d）

图 5-5-4　盘子产品的设计思路

a）扫描曲面　b）填充曲面、圆角　c）加厚、圆角　d）拉伸凸台 / 基体、圆角

1. 扫描曲面

分别选择上视、右视基准面作为草图平面，绘制如图 5-5-5a、图 5-5-5b 所示的草图 1、草图 2，添加草图 2 端点与草图 1 边线的“重合”且“穿透”关系。单击“扫描曲面”按钮，相关属性设置如图 5-5-5c 所示，结果如图 5-5-4a 所示。

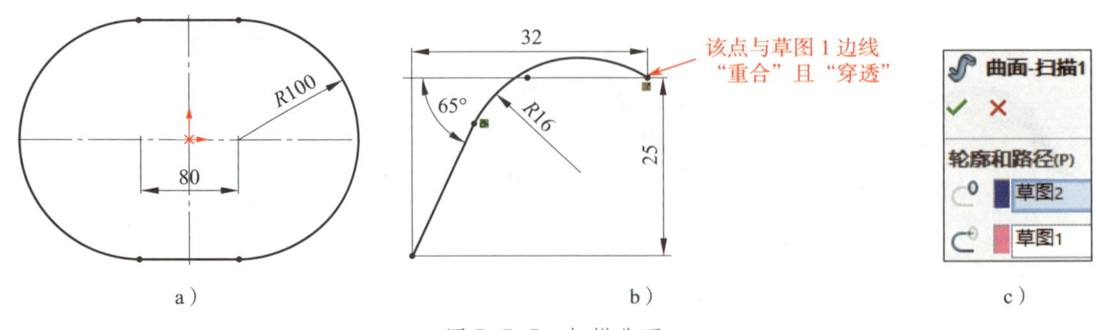

图 5-5-5 扫描曲面

a）绘制草图 1 b）绘制草图 2 c）“曲面 – 扫描”属性设置

2. 填充曲面、圆角

单击“填充曲面”按钮，相关属性设置如图 5-5-6a 所示，生成填充曲面。单击“圆角”按钮，对底面边线创建 $R10$ 圆角，如图 5-5-6b 所示，结果如图 5-5-4b 所示。

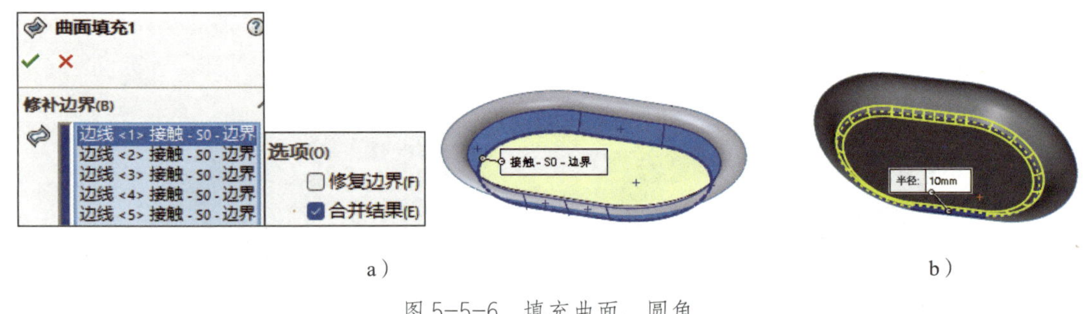

图 5-5-6 填充曲面、圆角

a）“曲面填充”属性设置 b）创建圆角

3. 加厚、圆角

单击“加厚”按钮，相关属性设置如图 5-5-7a 所示，使曲面向外加厚 4 mm。单击“圆角”按钮，单击“完整圆角”类型按钮，分别选取盘子边沿 3 个相邻的面作为边侧面组 1、中央面组、边侧面组 2，相关属性设置如图 5-5-7b 所示，结果如图 5-5-4c 所示。

4. 拉伸凸台 / 基体、圆角

选择盘子底面作为草图平面，绘制如图 5-5-8a 所示的草图 3。单击“拉伸凸台 / 基体”按钮，相关属性设置如图 5-5-8b 所示。单击“圆角”按钮，相关属性设置如图 5-5-8c 所示，对底座创建 $R1.5$ 圆角，结果如图 5-5-4d 所示。

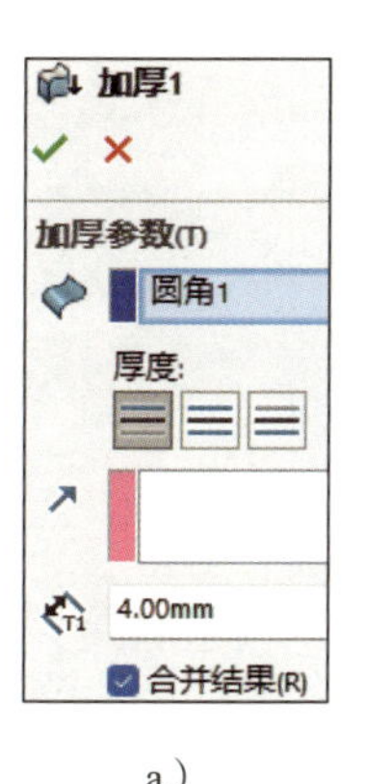

a）

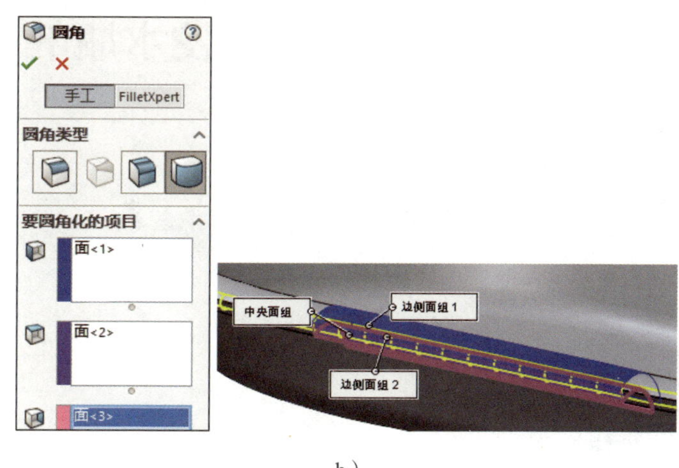

b）

图 5-5-7　加厚、圆角

a）“加厚”属性设置　b）“圆角”属性设置

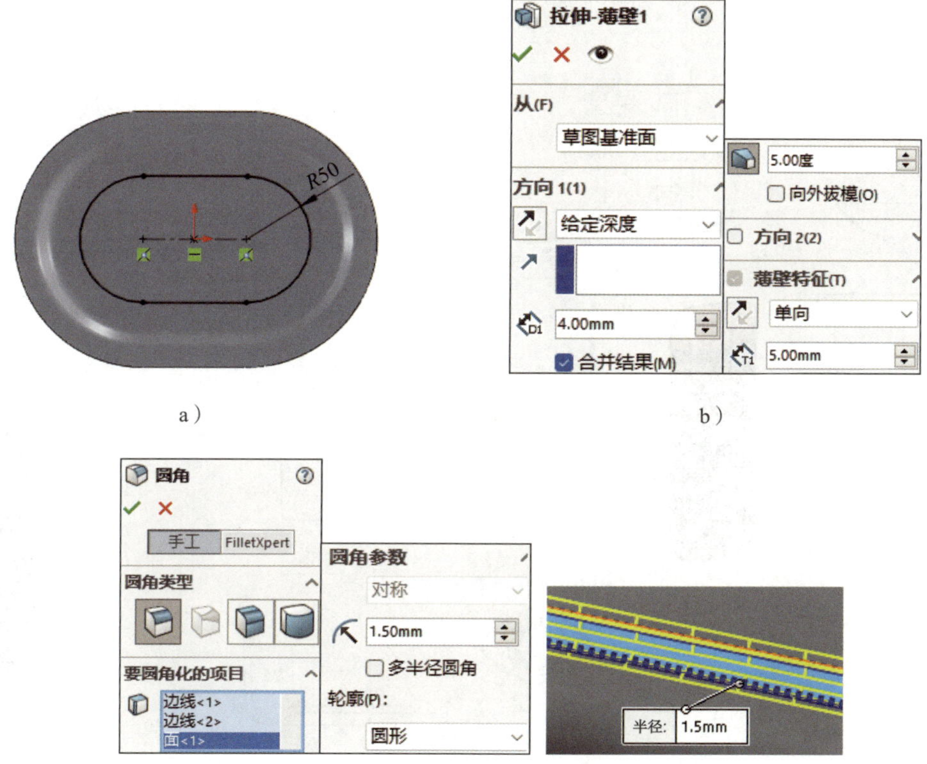

a）　b）

c）

图 5-5-8　拉伸凸台 / 基体、圆角

a）绘制草图 3　b）“拉伸 – 薄壁”属性设置　c）“圆角”属性设置

任务 6　洗发水瓶的设计

能综合应用曲面特征，完成较复杂曲面型零件和产品的设计。

根据如图 5-6-1 所示的洗发水瓶零件图及立体图，综合应用扫描曲面、放样曲面、旋转曲面、填充曲面、剪裁曲面、删除面、缝合曲面、螺旋线 / 涡状线、扫描、抽壳、圆角等特征，完成洗发水瓶产品的设计。

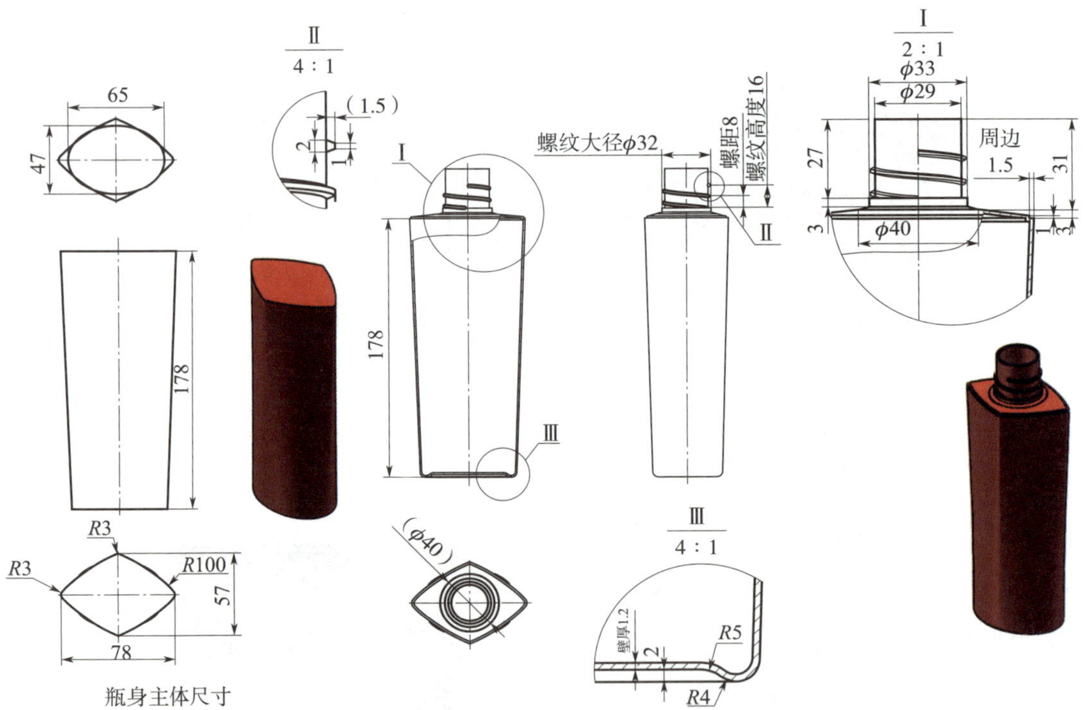

图 5-6-1　洗发水瓶零件图及立体图

可使用删除面特征执行删除、删除并修补和删除并填补操作。

一、删除

删除可从曲面中删除面，或从实体中删除一个或多个面，使实体转变为曲面。

例：打开素材文件夹中的“项目五\任务 6\5-6-2a.SLDPRT”文件，如图 5-6-2a 所示，不进行特征识别，将 5 个青色面删除。

单击“曲面”工具栏中的“删除面”按钮，或单击菜单栏中的“插入”→“面”→“删除”，选择 5 个青色面为要删除的面，参照图 5-6-2b 所示设置相关属性，结果如图 5-6-2c 所示，此时实体变成曲面。

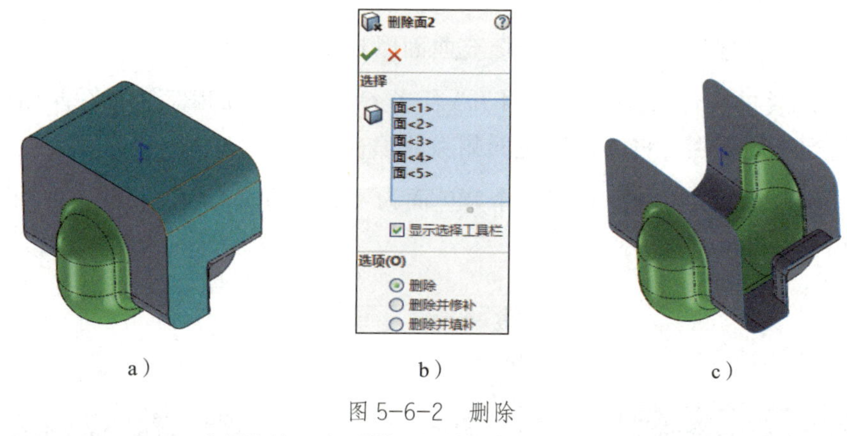

a）　　b）　　c）

图 5-6-2　删除

a）原文件　b）“删除面”属性设置　c）完成删除

二、删除并修补

删除并修补可从曲面中或实体中删除一个面，并自动修补和剪裁。

例：打开素材文件夹中的“项目五\任务 6\5-6-3a.SLDPRT”文件，如图 5-6-3a 所示，不进行特征识别，将所有的绿色面删除并修补。

单击“删除面”按钮，选择所有的绿色面为要删除的面，相关属性设置如图 5-6-3b 所示，结果如图 5-6-3c 所示。

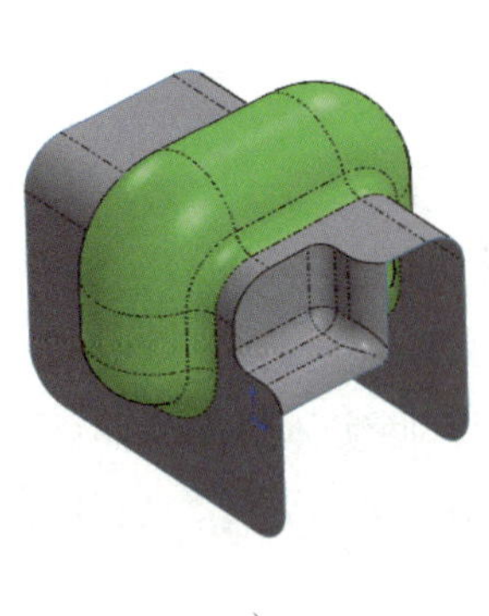

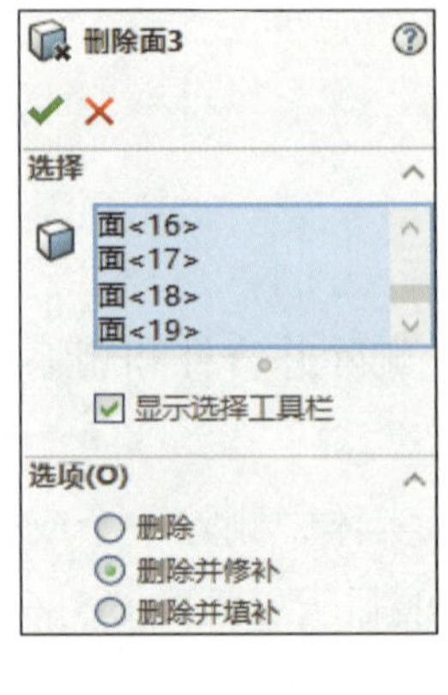

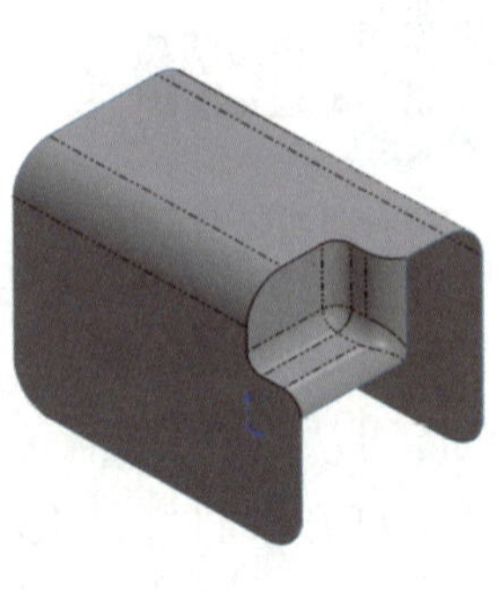

a） b） c）

图 5-6-3 删除并修补

a）原文件 b）“删除面” 属性设置 c）完成删除并修补

三、删除并填补

删除并填补可删除面并生成单个填充曲面以封闭任何间隙。

例：打开素材文件夹中的“项目五\任务 6\5-6-4a.SLDPRT”文件，如图 5-6-4a 所示，不进行特征识别，将 3 个紫色面删除并填补。

单击“删除面”按钮。选择 3 个紫色面为要删除的面，相关属性设置如图 5-6-4b 所示，结果如图 5-6-4c 所示。

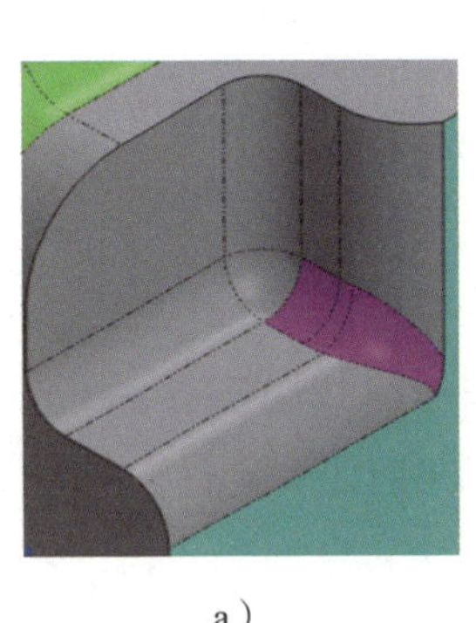

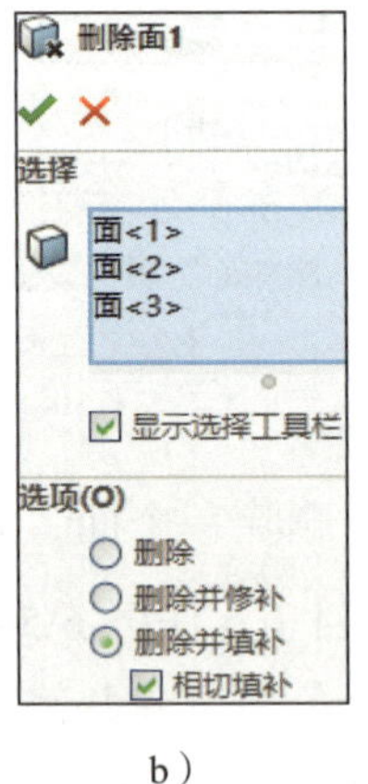

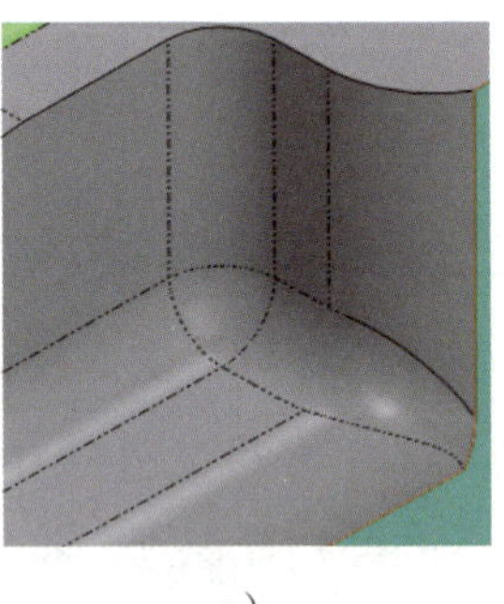

a） b） c）

图 5-6-4 删除并填补

a）原文件 b）“删除面” 属性设置 c）完成删除并填补

图 5–6–1 所示的洗发水瓶产品可通过放样曲面、平面区域、填充曲面、圆角、删除面、扫描曲面、拉伸曲面、剪裁曲面、旋转曲面、缝合曲面、抽壳、扫描等特征完成建模，其设计思路如图 5–6–5 所示。

a）　b）　c）　d）　e）

f）　g）　h）　i）

图 5–6–5　洗发水瓶产品的设计思路

a）放样曲面　b）平面区域、填充曲面、圆角、删除面　c）扫描曲面、填充曲面

d）拉伸曲面、剪裁曲面　e）放样曲面　f）旋转曲面　g）缝合曲面、抽壳　h）扫描　i）编辑材质

1．放样曲面

（1）选择上视基准面作为草图平面，绘制如图 5–6–6a 所示的草图 1。单击“基准面”按钮，在上视基准面下方创建如图 5–6–6b 所示的基准面 1，选择基准面 1 作为

草图平面，绘制如图 5–6–6c 所示的草图 2。

（2）单击“放样曲面”按钮，相关属性设置如图 5–6–6d 所示。在图形区空白处单击鼠标右键，单击“显示所有接头”，两个轮廓上所有的接头（每个端点上的青色小圆点）会显示出来，如图 5–6–6e 所示。将接头拖动到如图 5–6–6f 所示的位置，则曲面产生扭转的效果，生成放样曲面，结果如图 5–6–5a 所示。

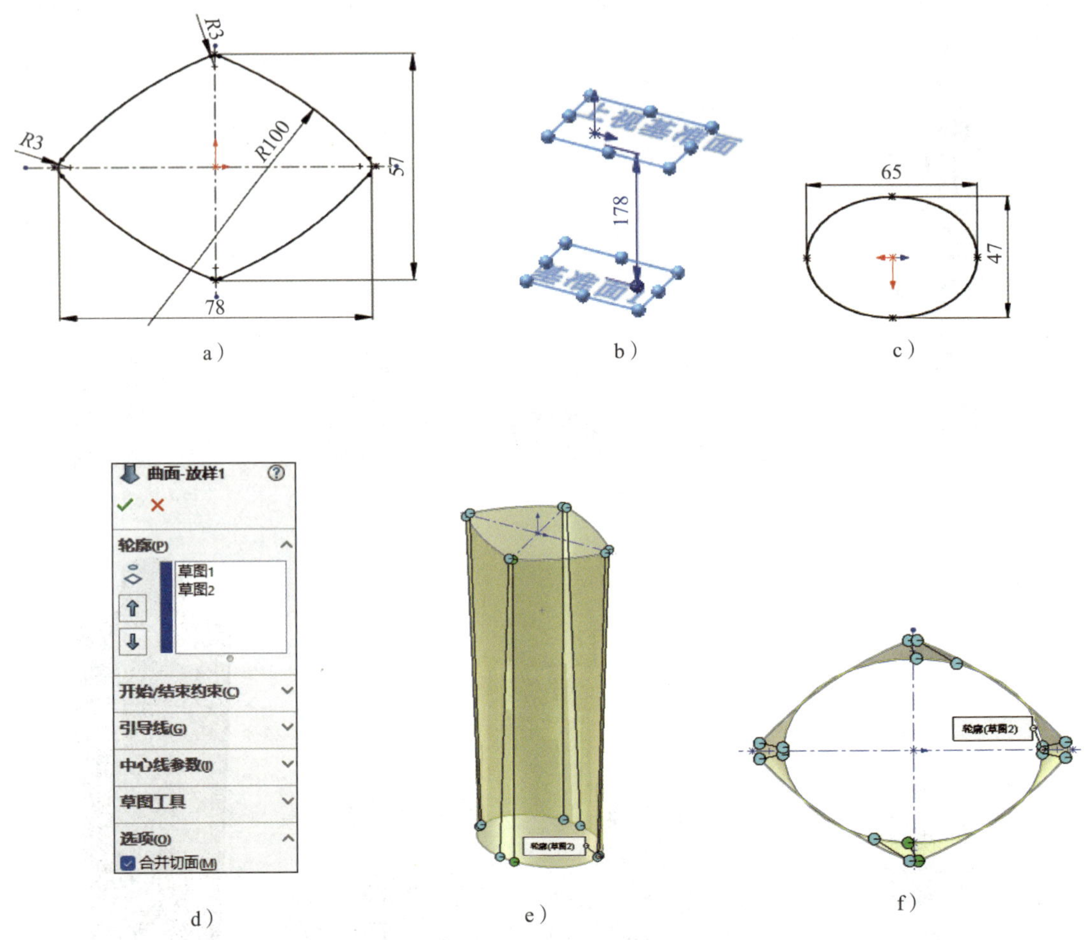

图 5–6–6　放样曲面

a）绘制草图 1　b）创建基准面 1　c）绘制草图 2　d）“曲面 – 放样”属性设置
e）显示所有接头　f）调整接头位置

2. 平面区域、填充曲面、圆角、删除面

（1）单击“平面区域”按钮，相关属性设置如图 5–6–7a 所示，在曲面顶部边线处生成平面区域。单击“填充曲面”按钮，勾选“合并结果”复选框，相关属性设置如图 5–6–7b 所示，在曲面底部边线处生成填充曲面，将该填充曲面与放样曲面合并成一个曲面。

（2）单击“圆角”按钮，对底面边线创建 $R4$ 圆角，如图 5–6–7c 所示。单击“删除面”按钮，相关属性设置如图 5–6–7d 所示，将如图 5–6–7d 所示的底面删除，结果如图 5–6–5b 所示。

a）　　　　b）

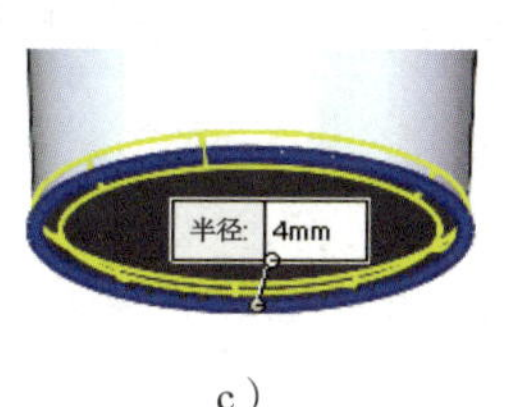

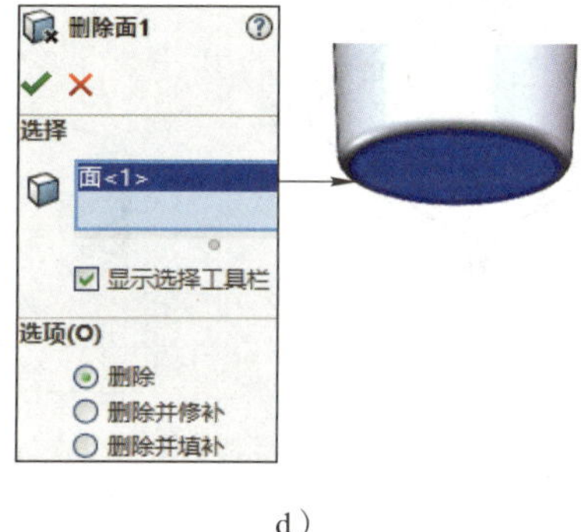

c）　　　　d）

图 5–6–7　平面区域、填充曲面、圆角、删除面

a）“曲面 – 基准面”属性设置　b）“曲面填充”属性设置　c）创建圆角　d）“删除面”属性设置

3. 扫描曲面、填充曲面

（1）选择前视基准面作为草图平面，绘制草图 3，添加草图 3 端点与删除面边线的“穿透”关系，如图 5–6–8a 所示。单击“扫描曲面”按钮，相关属性设置如图 5–6–8b 所示。

（2）单击“填充曲面”按钮，在瓶子底部生成填充曲面，如图 5–6–8c 所示，结果如图 5–6–5c 所示。

4. 拉伸曲面、剪裁曲面

（1）选择上视基准面作为草图平面，绘制草图 4，单击“转换实体引用”按钮和“等距实体”按钮，将顶面边线向内等距 1.5 mm，再将顶面边线转换为构造线，如图 5–6–9a 所示。单击“拉伸曲面”按钮，拉伸深度为 1 mm，完成拉伸曲面，结果如图 5–6–9b 所示。

（2）单击“剪裁曲面”按钮，相关属性设置如图 5–6–9c 所示，将“曲面 – 基准面 1”的部分面保留，完成剪裁曲面，结果如图 5–6–5d 所示。

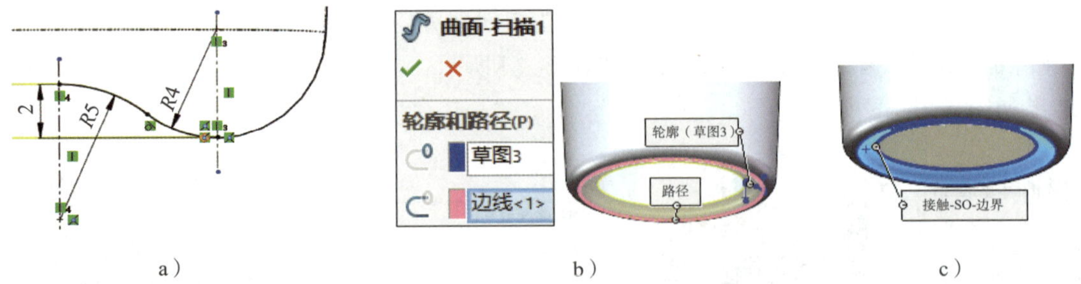

a)　　b)　　c)

图 5-6-8　扫描曲面、填充曲面

a）绘制草图 3　b）“曲面 - 扫描”属性设置　c）生成填充曲面

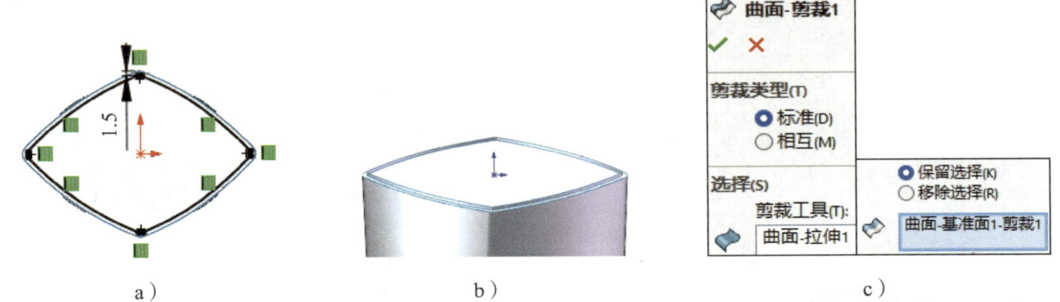

a)　　b)　　c)

图 5-6-9　拉伸曲面、剪裁曲面

a）绘制草图 4　b）完成拉伸曲面　c）“曲面 - 剪裁”属性设置

5. 放样曲面

（1）单击“基准面”按钮，在上视基准面上方创建与之平行、距离为 3 mm 的基准面 2，选择基准面 2 作为草图平面，绘制如图 5-6-10a 所示的草图 5。单击“组合曲线”按钮，将“曲面 - 拉伸 1”的顶部边线进行组合，相关属性设置如图 5-6-10b 所示。

（2）单击“放样曲面”按钮，相关属性设置如图 5-6-10c 所示，完成放样曲面，结果如图 5-6-5e 所示。

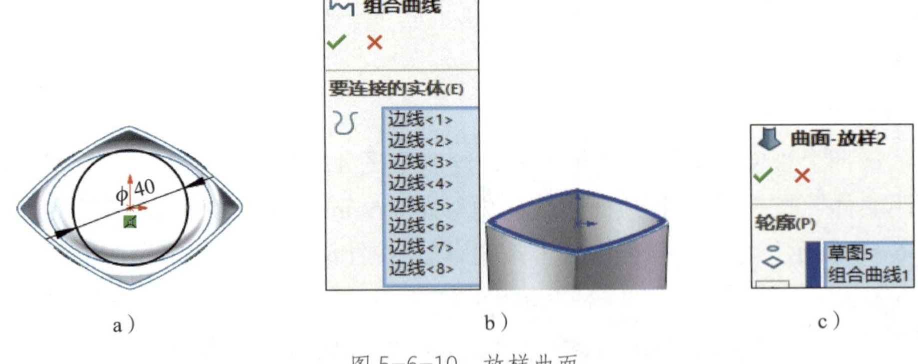

a)　　b)　　c)

图 5-6-10　放样曲面

a）绘制草图 5　b）“组合曲线”属性设置　c）“曲面 - 放样”属性设置

6. 旋转曲面

选择前视基准面作为草图平面，绘制草图6，添加草图6的端点与“曲面－放样2”边线的“穿透”关系，如图5-6-11a所示。单击“旋转曲面”按钮，相关属性设置如图5-6-11b所示，完成旋转曲面，结果如图5-6-5f所示。

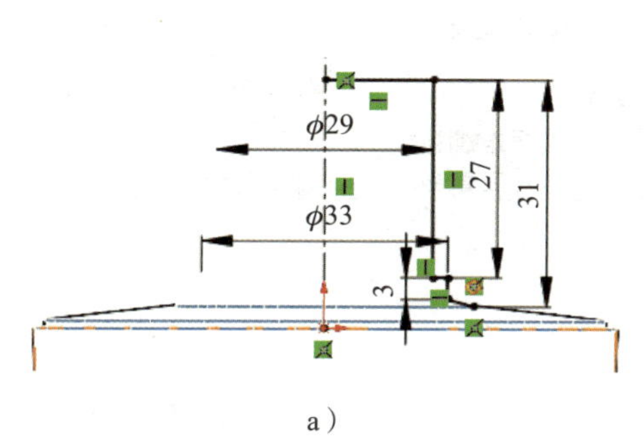

a）

b）

图5-6-11 旋转曲面
a）绘制草图6 b）“曲面－旋转”属性设置

7. 缝合曲面、抽壳

单击“缝合曲面”按钮，选取所有曲面，相关属性设置如图5-6-12a所示，完成缝合曲面。单击“抽壳”按钮，相关属性设置如图5-6-12b所示，结果如图5-6-5g所示。

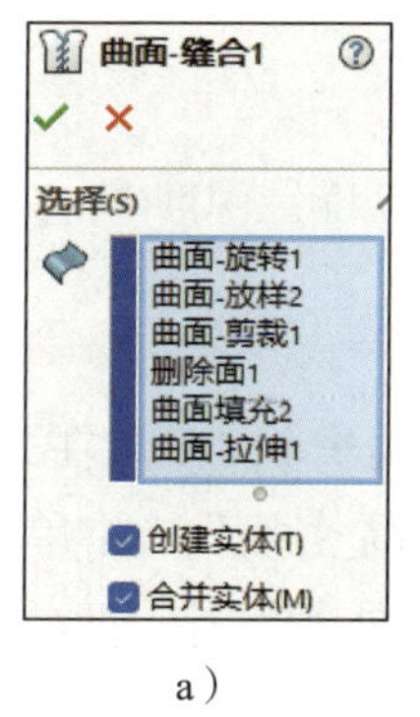

a）

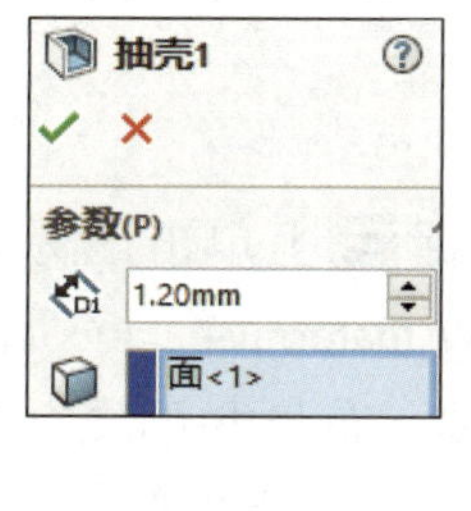

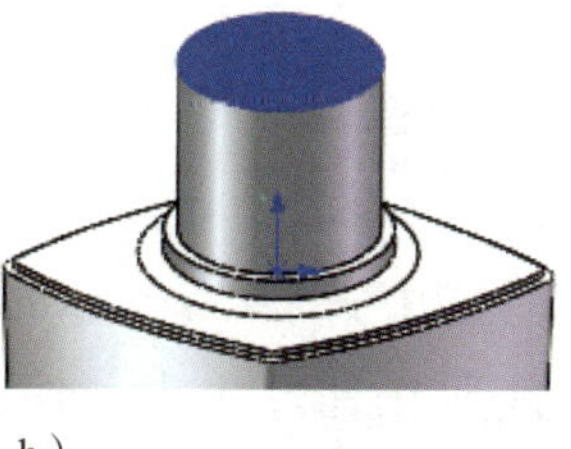

b）

图5-6-12 缝合曲面、抽壳
a）“曲面－缝合”属性设置 b）“抽壳”属性设置

8. 扫描

选择瓶口下方台阶面作为草图平面，绘制如图5-6-13a所示的草图7。单击“螺旋线和涡状线”按钮，相关属性设置如图5-6-13b所示，创建螺旋线。选择右视基准面作为草图平面，绘制草图8，添加梯形上底边端点与螺旋线的“穿透”关系，如图5-6-13c所示。单击“扫描”按钮，相关属性设置如图5-6-13d所示，完成创建螺纹，结果如图 5–6–5h 所示。

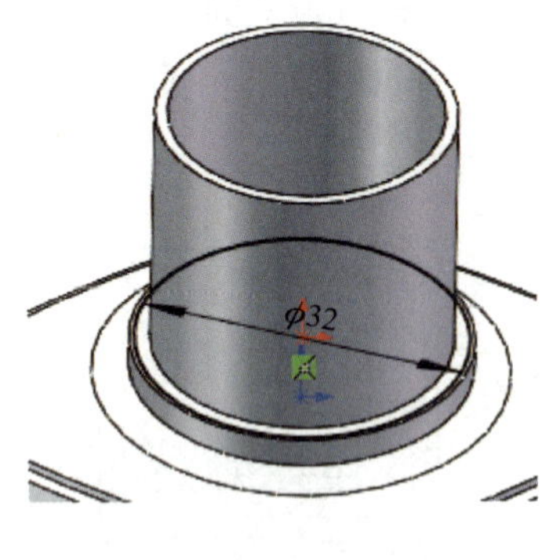

a）

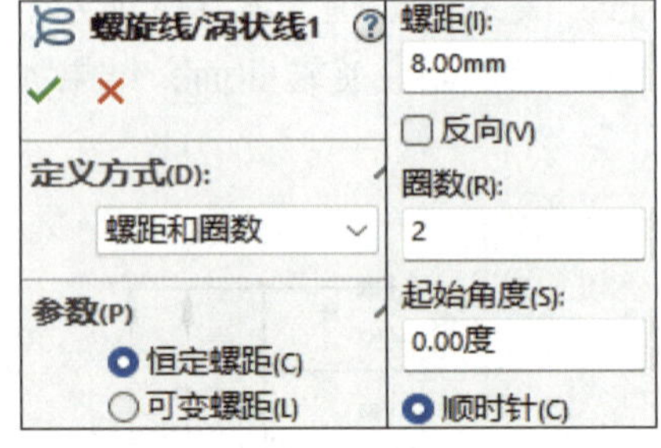

b）

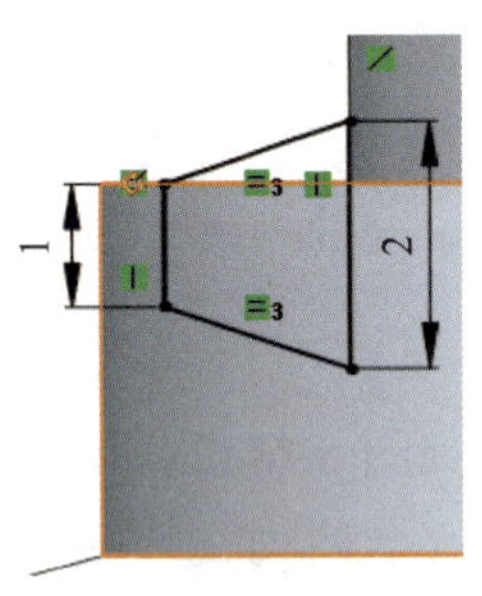

c）

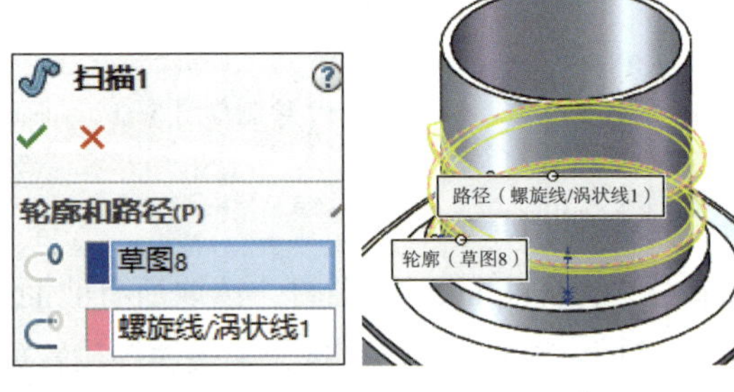

d）

图 5–6–13　扫描

a）绘制草图 7　b）“螺旋线 / 涡状线”属性设置　c）绘制草图 8　d）“扫描”属性设置

9. 编辑材质

在设计树中的“材质”图标上单击鼠标右键，单击“编辑材料”。在“材料”属性管理器中选择“solidworks materials”→“塑料”→“PE 高密度”，并单击“应用”“关闭”按钮。单击“外观、布景和贴图”按钮，在“外观”中选取“单色”中的“红色”，双击“红色”图标，结果如图 5–6–5i 所示。

任务 7　勺子的设计

能综合应用曲线、曲面特征，以及草绘特征、放置特征等，完成较复杂曲面型零件和产品的设计。

根据如图 5-7-1 所示的勺子零件图及立体图，综合应用创建曲线、创建曲面等方法，完成勺子产品的设计。

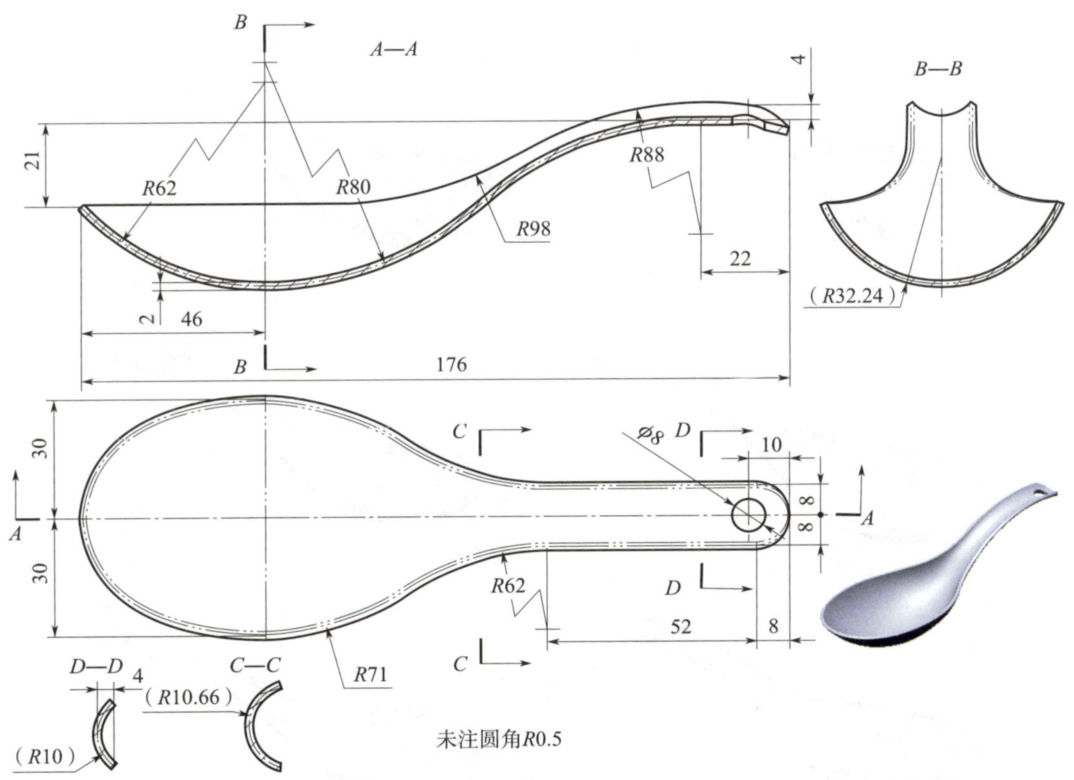

图 5-7-1　勺子零件图及立体图

任务实施

图 5-7-1 所示的勺子产品可先通过拉伸曲面、投影曲线、放样曲面、扫描曲面、剪裁曲面、延伸曲面、缝合曲面等特征生成曲面，再通过加厚、拉伸切除、圆角等特征完成建模，其设计思路如图 5-7-2 所示。

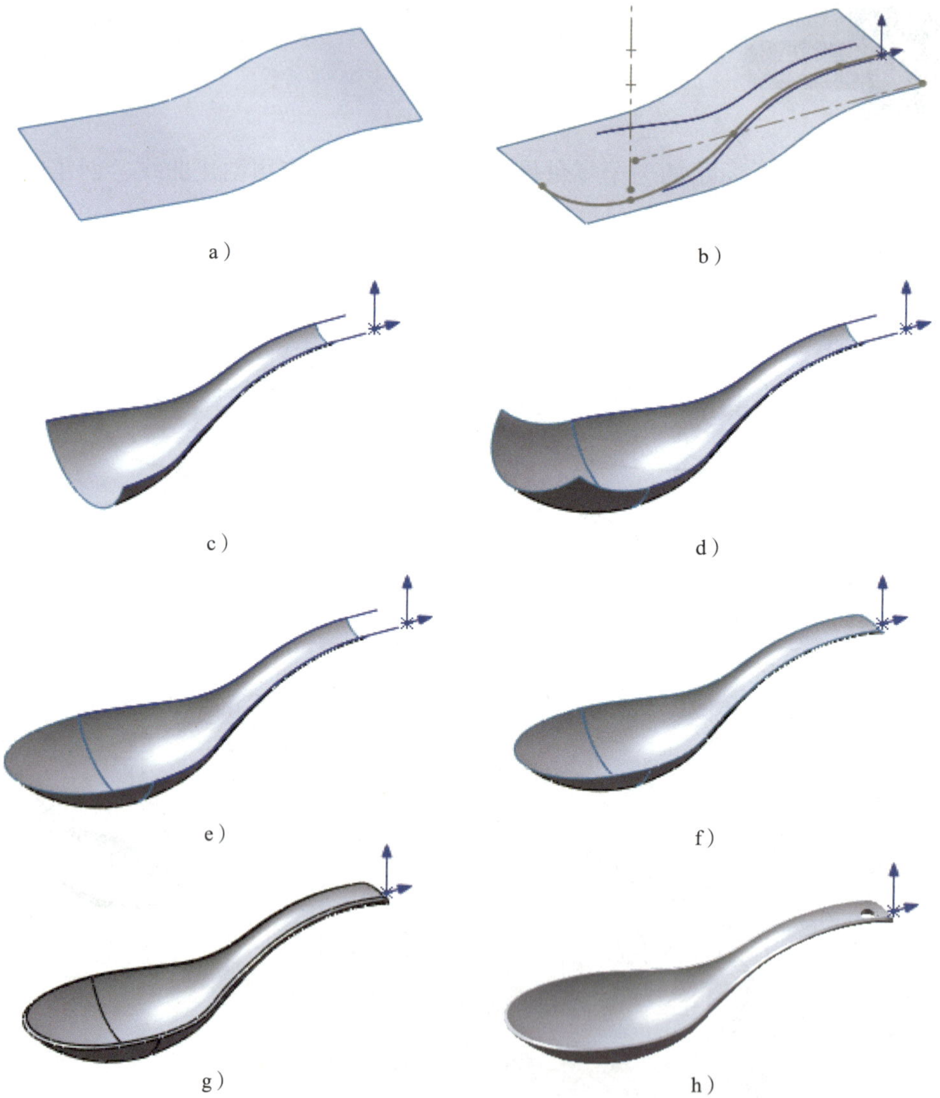

a） b）

c） d）

e） f）

g） h）

图 5-7-2　勺子产品的设计思路

a）拉伸曲面　b）投影曲线　c）放样曲面　d）扫描曲面　e）剪裁曲面
f）延伸曲面、剪裁曲面　g）缝合曲面、加厚　h）拉伸切除、圆角

1. 拉伸曲面

（1）选择前视基准面作为草图平面，绘制草图 1，添加草图 1 的端点与原点的“重合”关系，如图 5-7-3a 所示。单击“基准面”按钮，分别经过草图 1 的点 1、点 2、点 3 创建与右视基准面平行的基准面 1、2、3。在上视基准面上方创建与之平行、距离为 4 mm 的基准面 4，结果如图 5-7-3b 所示。

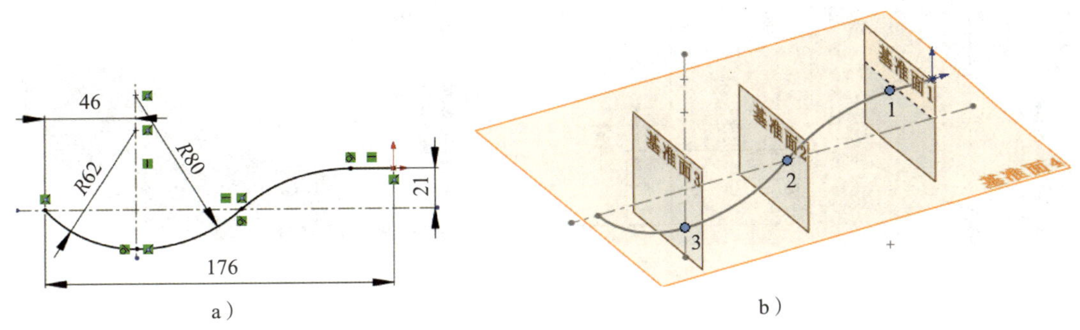

a）　　b）

图 5-7-3　绘制草图 1 和创建基准面 1、2、3、4

a）绘制草图 1　b）创建基准面 1、2、3、4

（2）选择前视基准面作为草图平面，绘制草图 2，添加 $R88$ 圆的圆心与基准面 1 的“重合”关系，添加右侧端点与原点的“竖直”关系，添加左侧端点与草图 1 左侧端点的“重合”关系，如图 5-7-4a 所示。单击“拉伸曲面”按钮，相关属性设置如图 5-7-4b 所示，完成拉伸曲面，结果如图 5-7-2a 所示。

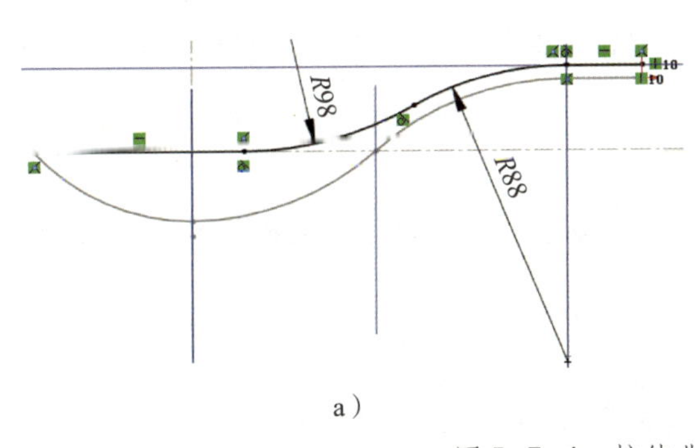

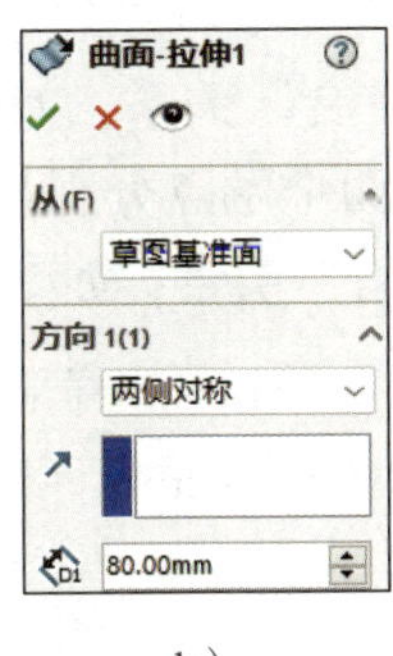

a）　　b）

图 5-7-4　拉伸曲面

a）绘制草图 2　b）“曲面－拉伸”属性设置

2. 投影曲线

（1）选择基准面 4 作为草图平面，绘制草图 3，添加左侧端点与基准面 3 的“重合”关系，如图 5-7-5a 所示。单击“投影曲线”按钮，将草图 3 向“曲面－拉伸 1”的 4 个面投影，相关属性设置如图 5-7-5b 所示，完成曲线 1 的创建。

（2）选择基准面 4 作为草图平面，绘制与草图 3 以通过原点的水平线为镜向轴镜向的草图 4，使草图完全定义。单击“投影曲线”按钮，将草图 4 向“曲面－拉伸 1”的 4 个面投影，完成曲线 2 的创建，结果如图 5-7-2b 所示。

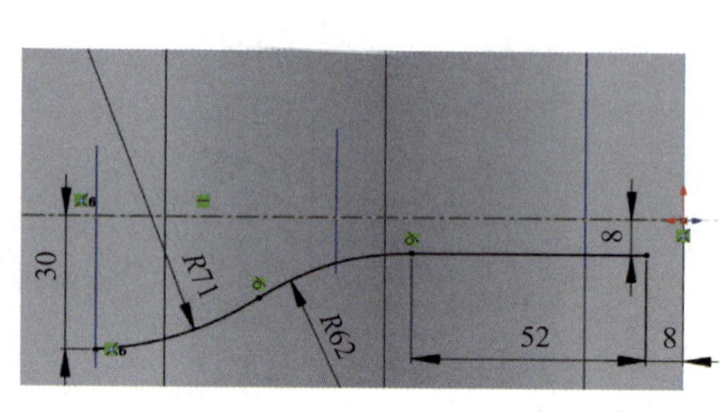

a）

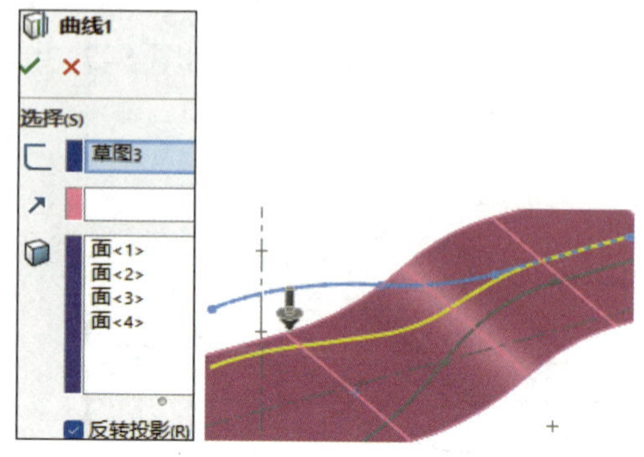

b）

图 5-7-5　投影曲线
a）绘制草图 3　b）“曲线”属性设置

3. 放样曲面

（1）隐藏“曲面－拉伸 1”特征。选择基准面 1 作为草图平面，绘制草图 5，添加圆弧两个端点分别与曲线 1、曲线 2 的“穿透”关系，添加圆弧与图 5-7-3b 中点 1（原点）的“重合”关系，如图 5-7-6a 所示。选择基准面 2 作为草图平面，绘制草图 6，添加圆弧两个端点分别与曲线 1、曲线 2 的“穿透”关系，添加圆弧与图 5-7-3b 中点 2 的“重合”关系，如图 5-7-6b 所示。选择基准面 3 作为草图平面，绘制草图 7，添加圆弧两个端点分别与曲线 1、曲线 2 的“穿透”关系，添加圆弧与图 5-7-3b 中点 3 的“重合”关系，如图 5-7-6c 所示。

（2）单击“放样曲面”按钮，相关属性设置如图 5-7-6d 所示，完成放样曲面，结果如图 5-7-2c 所示。

4. 扫描曲面

（1）选取基准面 3，单击“草图绘制”按钮，单击“转换实体引用”按钮，引用放样曲面边界线得到草图 8，结果如图 5-7-7a 所示。

（2）显示“草图 1”特征。单击“扫描曲面”按钮，选取草图 8 为扫描轮廓，在“路径”列表中单击鼠标右键，单击“SelectionManager”。单击“选择组”按钮，在图形区中选取草图 1 中如图 5-7-7b 所示的曲线部分作为扫描路径，相关属性设置如图 5-7-7c 所示，完成扫描曲面，结果如图 5-7-2d 所示。

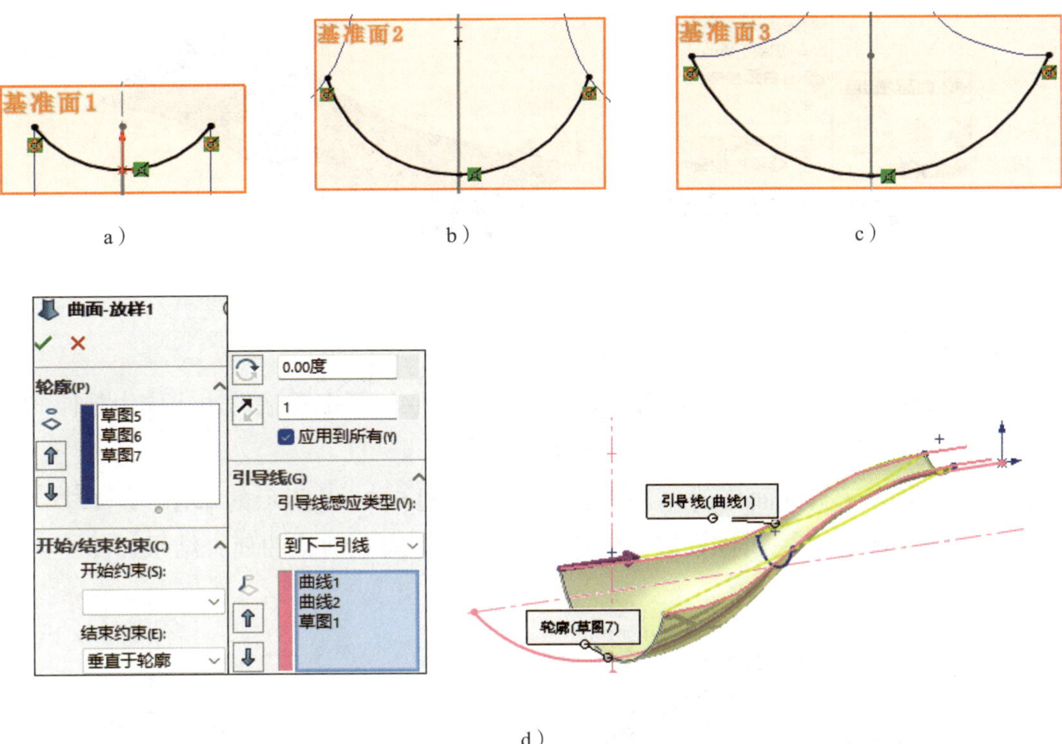

a)　　b)　　c)

d)

图 5-7-6　放样曲面

a）绘制草图 5　b）绘制草图 6　c）绘制草图 7　d）“曲面 - 放样”属性设置

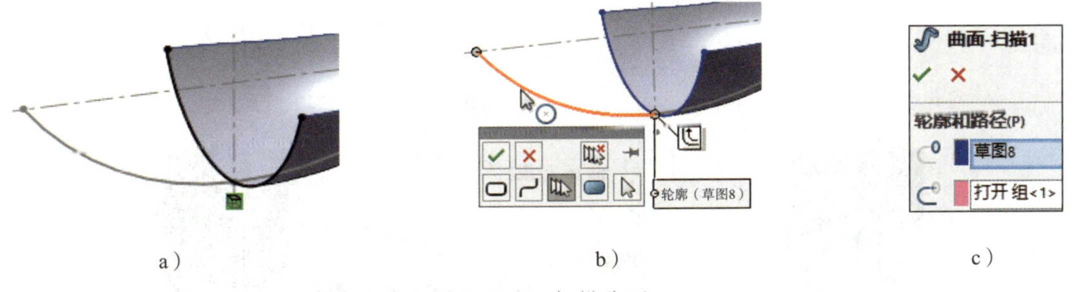

a)　　b)　　c)

图 5-7-7　扫描曲面

a）绘制草图 8　b）选取扫描路径　c）“曲面 - 扫描”属性设置

5. 剪裁曲面

显示“曲面 - 拉伸 1”特征。单击“剪裁曲面”按钮，相关属性设置如图 5-7-8 所示，完成剪裁曲面，结果如图 5-7-2e 所示。隐藏“曲面 - 拉伸 1”特征。

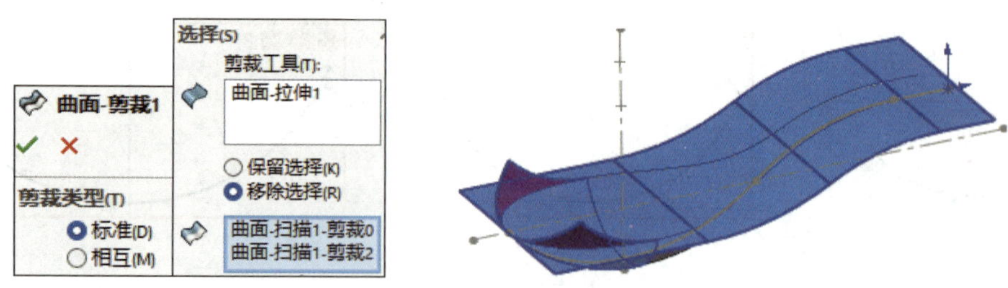

图 5-7-8 剪裁曲面

6. 延伸曲面、剪裁曲面

（1）单击“延伸曲面”按钮，在图形区中选取勺子把手端的边线作为延伸的边线，相关属性设置如图 5-7-9a 所示，完成延伸曲面。

（2）选择上视基准面作为草图平面，绘制如图 5-7-9b 所示的草图 9，单击“剪裁曲面”按钮，相关属性设置如图 5-7-9c 所示，完成剪裁曲面，结果如图 5-7-2f 所示。

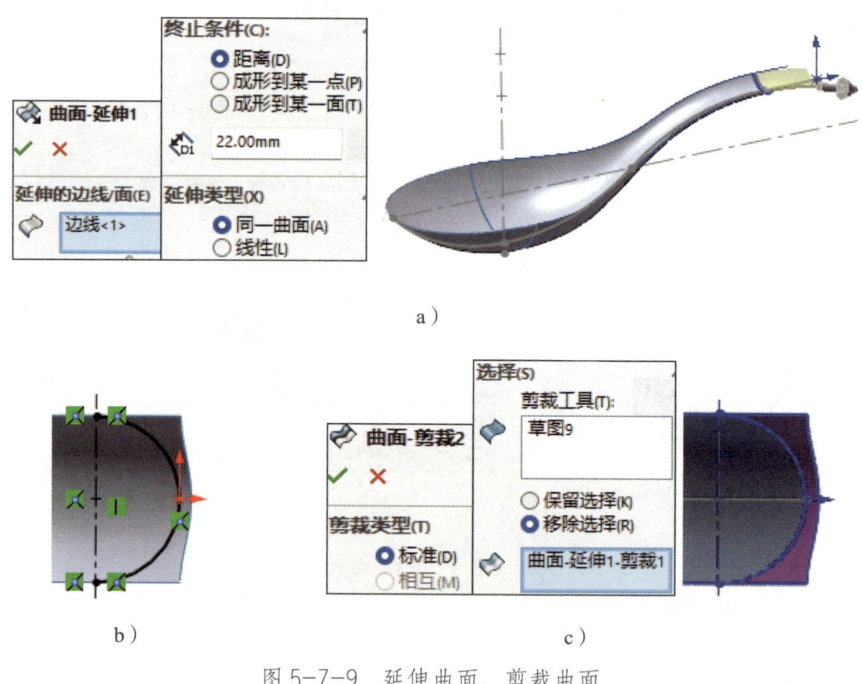

图 5-7-9 延伸曲面、剪裁曲面

a）“曲面 – 延伸”属性设置 b）绘制草图 9 c）“曲面 – 剪裁”属性设置

7. 缝合曲面、加厚

单击“缝合曲面”按钮，相关属性设置如图 5-7-10a 所示，完成缝合曲面。单击“加厚”按钮，相关属性设置如图 5-7-10b 所示，结果如图 5-7-2g 所示。

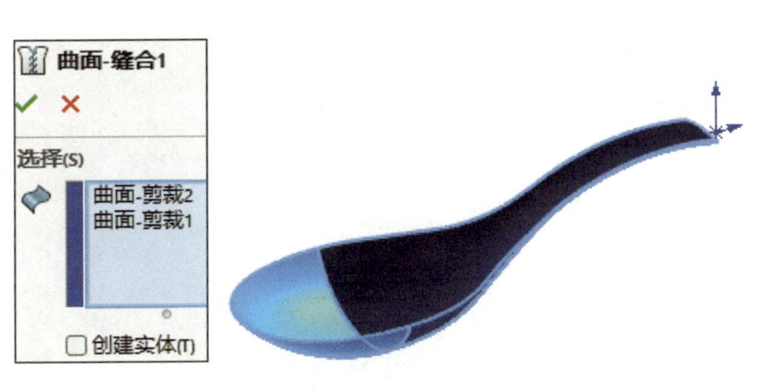

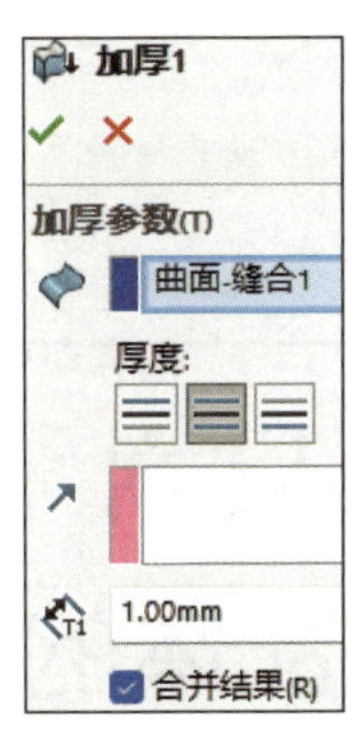

a）　　　　b）

图 5-7-10　缝合曲面、加厚

a）“曲面－缝合”属性设置　b）“加厚”属性设置

8. 拉伸切除、圆角

选择上视基准面作为草图平面，绘制如图 5-7-11a 所示的草图 10。单击“拉伸切除”按钮，相关属性设置如图 5-7-11b 所示，完成拉伸切除。单击“圆角”按钮，相关属性设置如图 5-7-11c 所示。在“前导视图”工具栏中单击“显示类型”→“上色”按钮，结果如图 5-7-2h 所示。

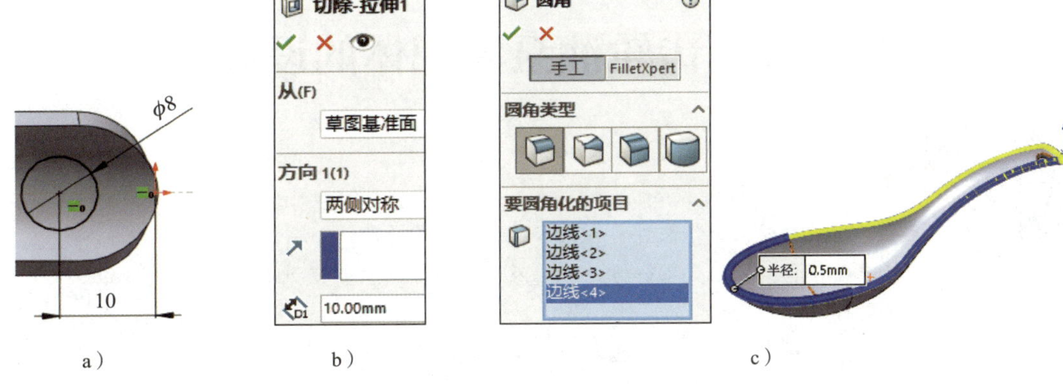

a）　　b）　　c）

图 5-7-11　拉伸切除、圆角

a）绘制草图 10　b）“切除－拉伸”属性设置　c）“圆角”属性设置

项目六
装配体的设计

本项目主要学习装配体设计方法、装配体干涉检查操作方法，以及创建装配体爆炸视图及爆炸动画的操作方法。

任务 1　齿轮油泵装配体的设计

学习目标

1. 能新建装配体文件，会插入、移动、旋转零件，能应用重合、同轴心等标准配合和机械配合操作方法，以及装配体中零部件阵列和镜向等操作方法，完成自下而上装配体的设计。

2. 能进行装配体干涉检查和消除干涉。

根据如图 6-1-1 所示的齿轮油泵装配图，利用“项目六 \ 任务 1\ 齿轮油泵 \”中的零件，调用设计库中的标准件，应用自下而上的装配体设计方法完成齿轮油泵装配体的设计。

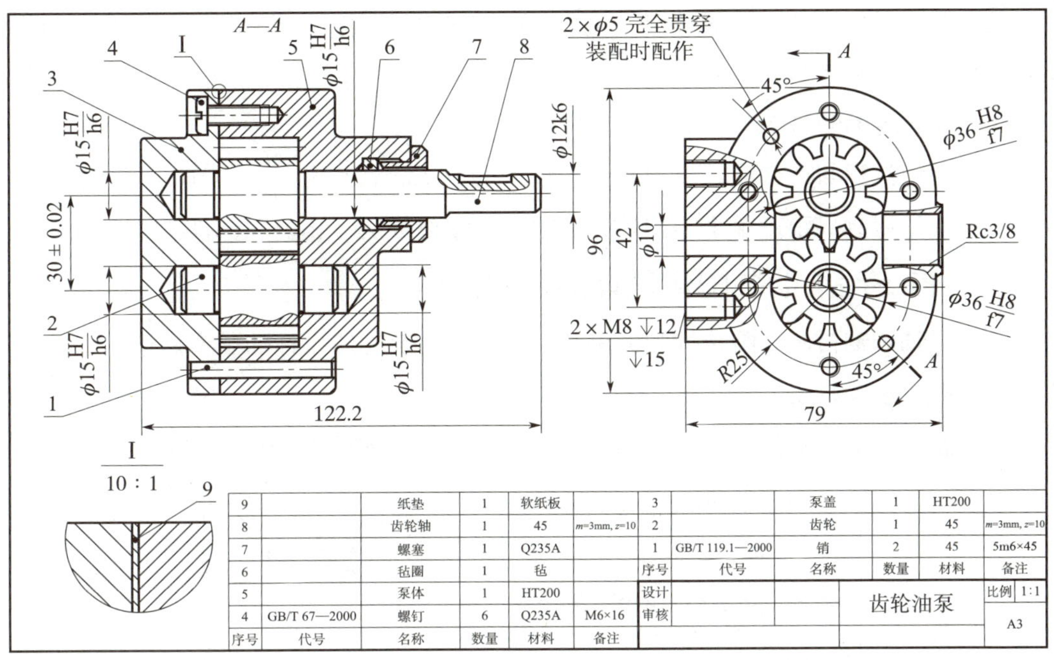

序号	代号	名称	数量	材料	备注
9		纸垫	1	软纸板	
8		齿轮轴	1	45	m=3mm, z=10
7		螺塞	1	Q235A	
6		毡圈	1	毡	
5		泵体	1	HT200	
4	GB/T 67—2000	螺钉	6	Q235A	M6×16

序号	代号	名称	数量	材料	备注
3		泵盖	1	HT200	
2		齿轮	1	45	m=3mm, z=10
1	GB/T 119.1—2000	销	2	45	5m6×45

设计		齿轮油泵	比例	1:1
审核			A3	

图 6-1-1　齿轮油泵装配图

一、装配体概述

装配体是由若干个零部件组成的，零部件可以是单个零件也可以是一个子装配体。零部件之间通过添加配合形成装配关系。

二、装配体设计方法

在机械设计行业中，装配体设计方法主要有自下而上和自上而下两种，可单独使用其中一种方法，也可两种方法结合使用。本任务中主要讲解自下而上的装配体设计方法；项目六任务 3 中主要讲解自上而下的装配体设计方法。

1．自下而上的装配体设计方法

自下而上的装配体设计方法是比较传统的方法。在自下而上的装配体设计中，先对每个零部件单独进行设计，再按设计要求将它们进行配合。

2．自下而上的装配体设计方法的优点

（1）由于零部件单独设计，彼此间没有相互关联参考，建模简单，不易出错，初学者易掌握。

（2）零部件之间没有关联参考，修改局限于单个零件或子装配体，所以运算量较小，对硬件的要求相对较低。

3. 自下而上的装配体设计方法的缺点

（1）设计流程与产品设计流程相反，较少用于新产品开发。

（2）设计修改局限于单个零部件，修改单个零部件后，相关零部件不能自动更新。

三、自下而上的装配体设计的基本操作

下面以轴和轴衬的装配设计为例讲解自下而上的装配体设计的基本操作。

1. 插入零件

（1）新建装配体文件后，进入如图 6-1-2 所示的装配体设计环境。

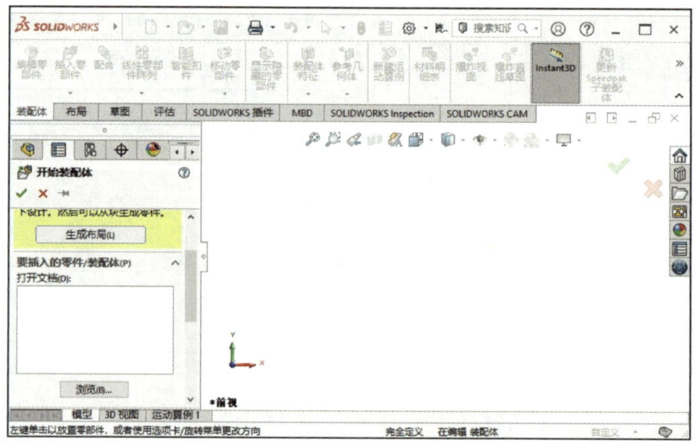

图 6-1-2　装配体设计环境

（2）单击“开始装配体”属性管理器中的“浏览”按钮，在“打开”对话框中单击“显示预览窗格”按钮□，当选中对象时出现预览窗格，如图 6-1-3 所示。

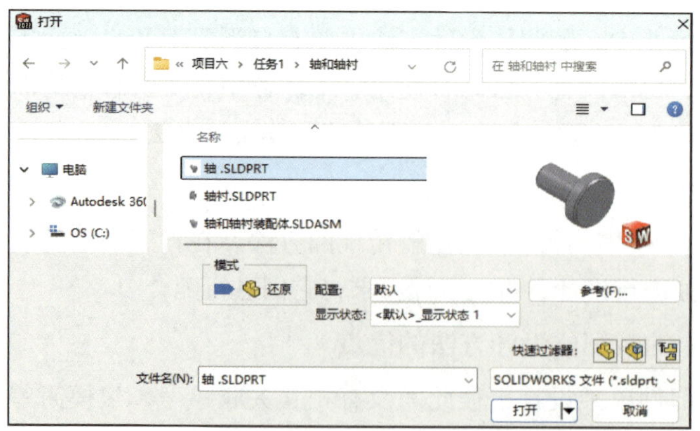

图 6-1-3　“打开”对话框

（3）单击菜单栏中的“视图”→“隐藏 / 显示”→“原点”，切换原点的显示或隐藏。选择“项目六 \ 任务 1\ 轴和轴衬 \ 轴 .SLDPRT”零件，单击“打开”按钮，光标在图形区中出现，将光标移动至装配体设计环境的原点处并单击，轴的原点与装配体设计环境的原点重合，如图 6-1-4 所示，使轴固定。也可在零件调入时，单击图形区右上角的按钮✔，使该零件原点与装配体设计环境的原点重合。

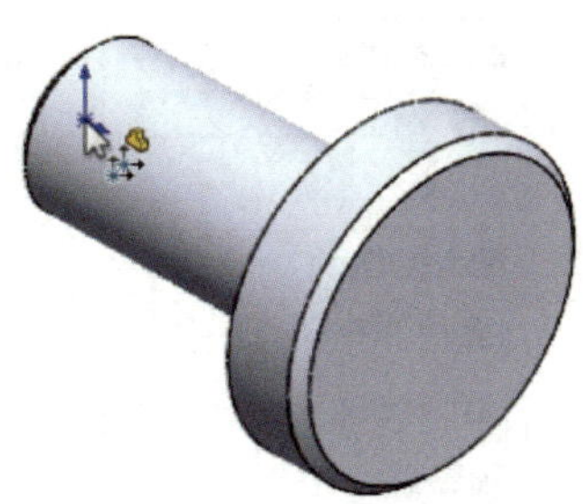

图 6-1-4　两个原点重合

（4）将轴衬插入，将光标拖动至任意位置，轴衬是浮动的。

（5）将装配体文件保存至原文件夹下，将文件命名为“轴和轴衬 .SLDASM”。

2. 移动、旋转零件

可通过单击“装配体”工具栏中的“移动”按钮，在浮动的零件上按住鼠标左键移动光标来移动零件；也可直接在浮动的零件上按住鼠标左键移动光标来移动零件。

可通过单击“装配体”工具栏中的“旋转”按钮，在浮动的零件上按住鼠标左键移动光标来旋转零件；也可直接在浮动的零件上按住鼠标右键移动光标来旋转零件。

提示

一般情况下，第一个插入装配体的零件的位置是固定的，在设计树中该零件名称前标注“固定”；插入第二个零件时，如果光标不移动至装配体设计环境原点处，而是任意放置时，则该零件是浮动的，在设计树中该零件名称前标注“–”。

若将固定的零件改为浮动状态，则在设计树中选中该零件，单击鼠标右键，单击“浮动”即可。采用同样的方法，也可将浮动的零件改为固定状态。

3. 配合

通过使用配合可以确保零部件按照设计意图正确地组装在一起，从而实现零部件之间相对位置和运动的精确控制。配合的种类有标准配合、高级配合、机械配合和分析配合，如图 6–1–5 所示。

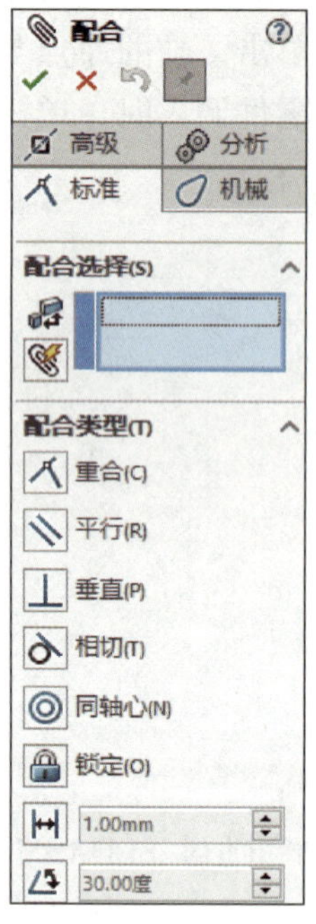

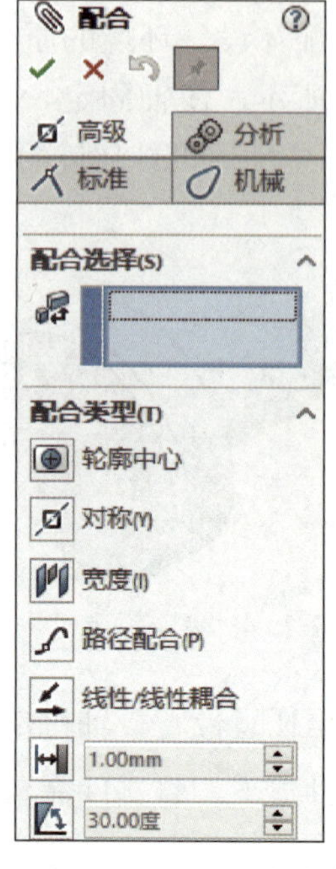

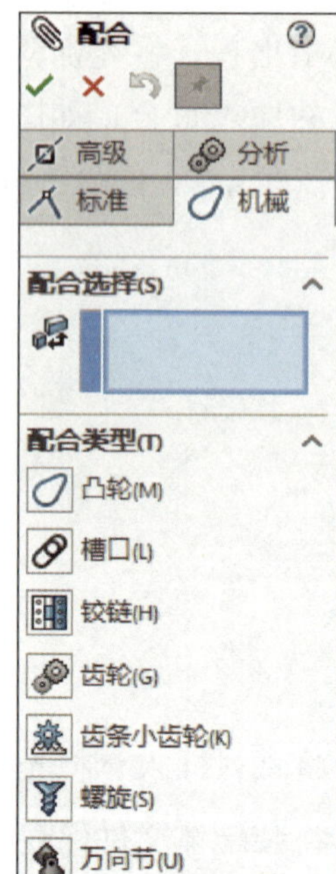

图 6–1–5　配合的种类

例：打开素材文件夹中的“项目六 \ 任务 1\ 轴和轴衬 \ 轴和轴衬装配体 .SLDASM”文件，完成轴和轴衬的配合。

（1）单击“装配体”工具栏中的“配合”按钮，打开“配合”属性管理器。选择轴表面与轴衬孔表面，使其“同轴心”配合，如图 6–1–6 所示，完成“同轴心”配合的添加。

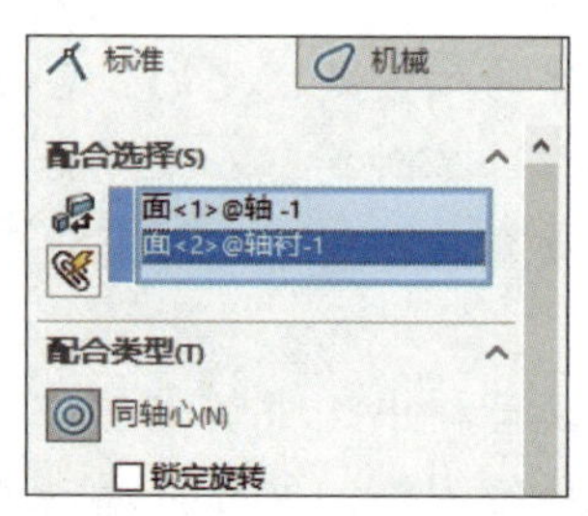

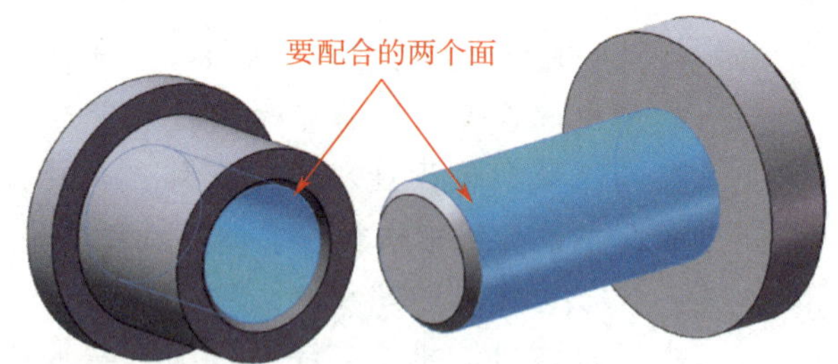

图 6–1–6　轴表面与轴衬孔表面“同轴心”配合

（2）选择轴端面与轴衬端面，使其“重合”配合，如图 6–1–7a 所示，完成“重合”配合的添加，结果如图 6–1–7b 所示。

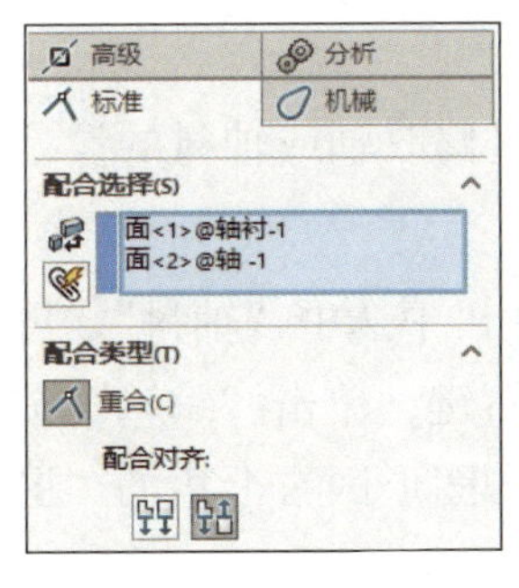

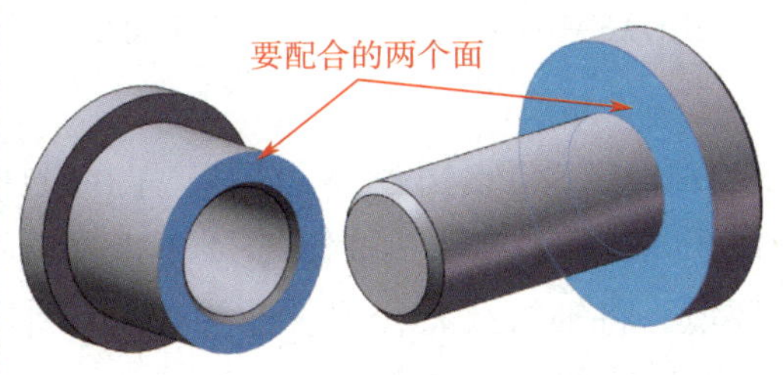

a）

b）

图 6-1-7　轴端面与轴衬端面“重合”配合
a）设置轴端面与轴衬端面“重合”配合　b）完成配合

提示

可用智慧组装快速准确地将零部件组装在一起，对于装配体中的两个零部件的操作方法为：选中一个零部件要配合的表面，按住 Alt 键并移动光标至要配合的另一个零部件表面上，可建立自动配合。

4. 干涉检查

利用干涉检查可以自动检查零部件之间发生干涉的部位，可通过修改零部件的设计参数或配合关系消除干涉。

例：打开素材文件夹中的“项目六 \ 任务 1\ 轴和轴衬 \ 轴和轴衬装配体 .SLDASM”文件，进行干涉检查。

单击“评估”工具栏中的“干涉检查”按钮，打开如图 6–1–8a 所示的“干涉检查”属性管理器。在“所选零部件”中选择装配体，单击“计算”按钮，在“结果”中出现如图 6–1–8b 所示的干涉信息，红色表示干涉部位，如图 6–1–8c 所示。

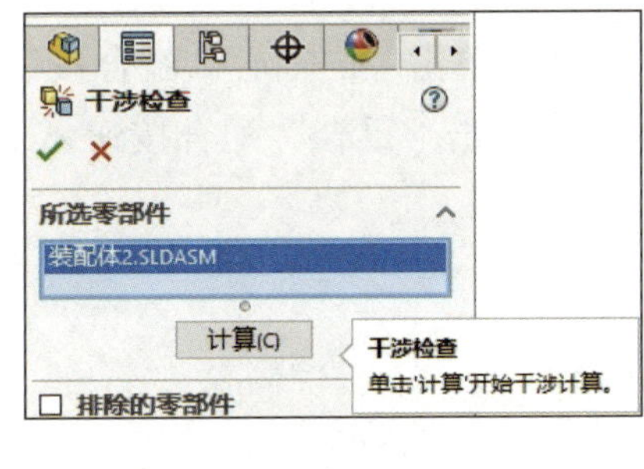

a）

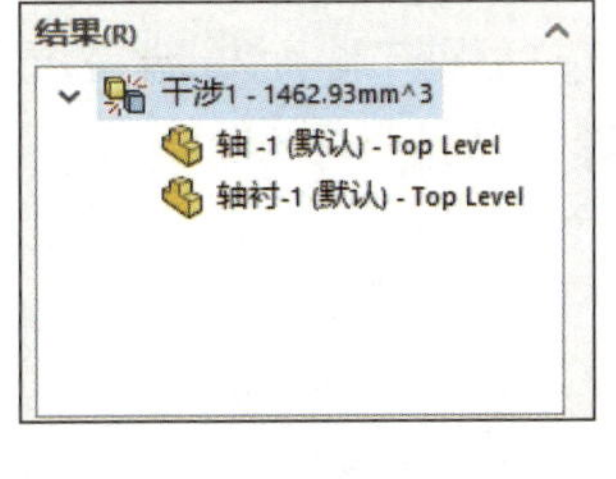

b）

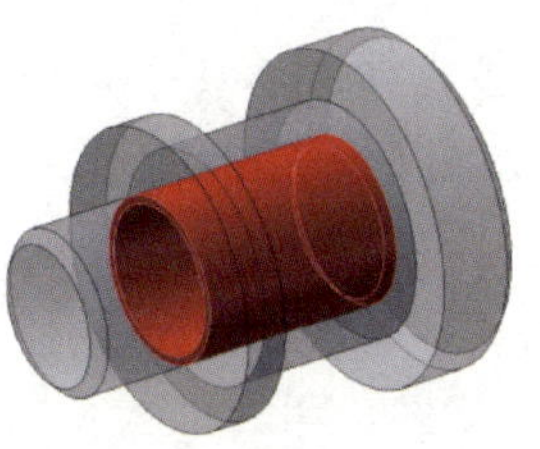

c）

图 6-1-8　干涉检查
a）“干涉检查”属性管理器　b）干涉信息　c）干涉部位

5. 消除干涉

例：检查“轴和轴衬.SLDASM”装配体中出现的干涉，通过修改轴或轴衬的设计参数消除干涉。

（1）在“轴和轴衬.SLDASM”装配体设计环境中，先在设计树中选中“轴衬”，再单击“装配体”工具栏中的“编辑零部件”按钮或单击鼠标右键，单击“编辑”按钮，进入轴衬的编辑环境，将轴衬孔直径尺寸改为$\phi 20$，单击图形区右上角的“退出零部件编辑”按钮，退出零部件编辑环境。

（2）先单击“重建模型”按钮，再进行干涉检查，计算结果显示无干涉。

提示

如果装配体的干涉原因是外螺纹与内螺纹之间产生干涉，则可在“干涉检查”属性管理器中单击“忽略”按钮忽略此干涉。

四、装配体中零部件操作

在装配体中可对零部件进行阵列和镜向操作。

例：调用“项目六\任务1\套筒和端盖\”中的零件，完成装配体设计。

1. 装配套筒和端盖

（1）依次插入套筒、端盖、螺钉，使套筒原点与装配体设计环境的原点重合。

（2）单击“配合”按钮，选择套筒螺孔表面与端盖沉孔表面，单击“同轴心”配合按钮，如图 6-1-9a 所示。选择套筒端面与端盖端面，单击“重合”配合按钮，如图 6-1-9b 所示。选择套筒外表面与端盖外表面，单击“同轴心”配合按钮，如图 6-1-9c 所示，完成套筒和端盖装配。

2. 装配螺钉

单击“配合”按钮，选择螺钉表面与端盖沉孔表面，单击“同轴心”配合按钮，如图 6-1-10a 所示。选择螺钉端面与端盖沉孔端面，单击“重合”配合按钮，如图 6-1-10b 所示，完成螺钉装配。

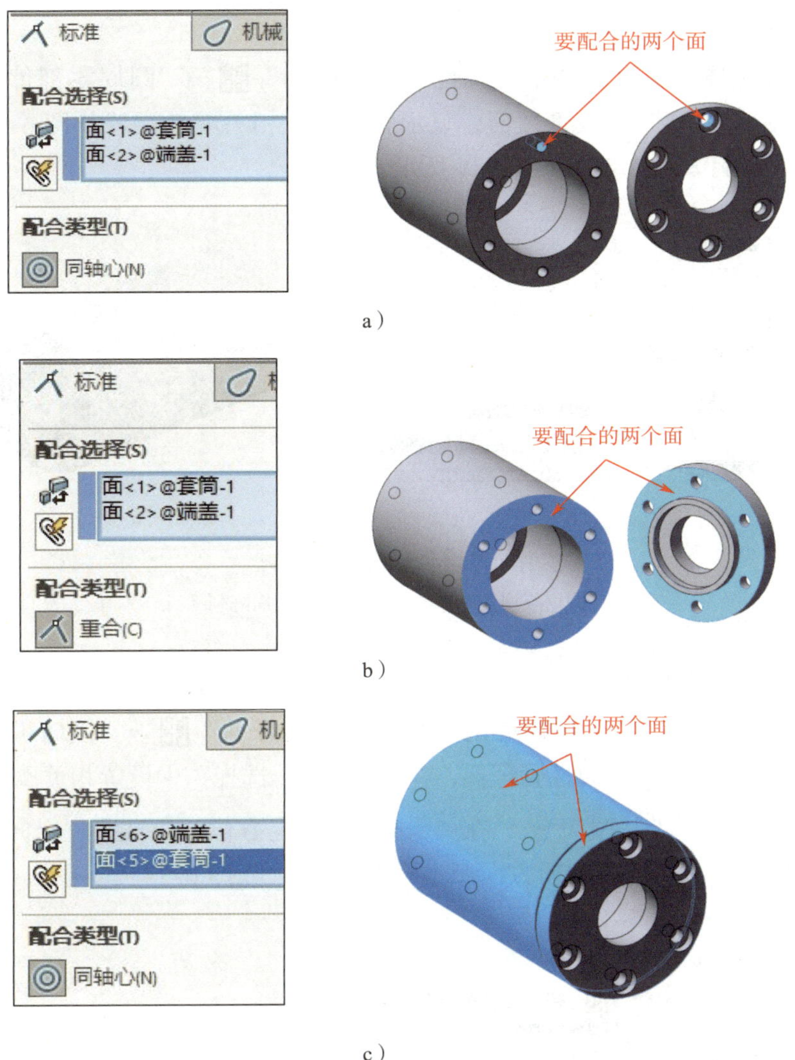

图 6-1-9　装配套筒和端盖

a）套筒螺孔表面与端盖沉孔表面“同轴心”配合　b）套筒端面与端盖端面“重合”配合

c）套筒外表面与端盖外表面“同轴心”配合

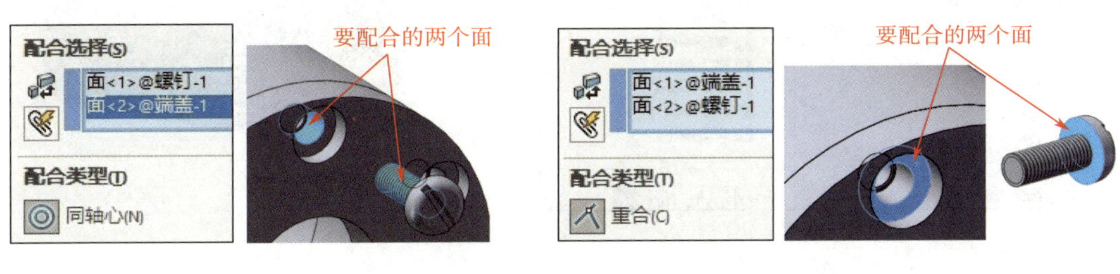

图 6-1-10　装配螺钉

a）螺钉表面与端盖沉孔表面“同轴心”配合　b）螺钉端面与端盖沉孔端面“重合”配合

3. 圆周阵列螺钉

单击“装配体”工具栏中的“线性零部件阵列”→“圆周零部件阵列”按钮，打开“圆周阵列”属性管理器，显示临时轴，相关属性设置如图 6–1–11a 所示，完成圆周阵列螺钉，结果如图 6–1–11b 所示。

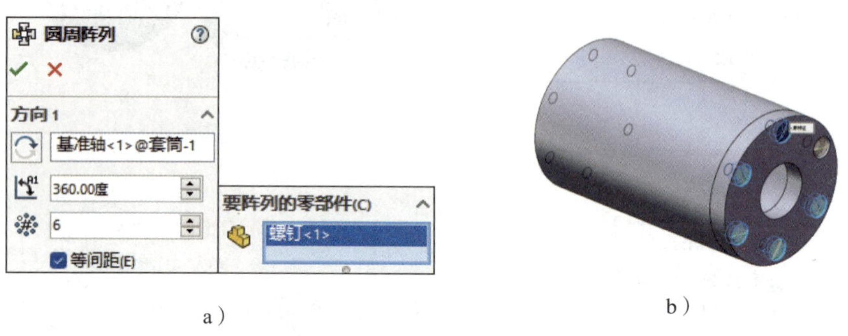

图 6–1–11　圆周阵列螺钉
a）“圆周阵列”属性设置　b）完成圆周阵列螺钉

4. 镜向端盖和螺钉

（1）单击“装配体”工具栏中的“线性零部件阵列”→“镜向零部件”按钮，打开“镜向零部件”属性管理器，在“步骤 1：选择”中设置相关属性。

（2）单击“下一步”按钮，在“步骤 2：设定方位”中选中“定向零部件”中的“端盖 –1”，单击“创建相反方向版本”按钮，如图 6–1–12a 所示，则反向创建端盖、螺钉，结果如图 6–1–12b 所示。

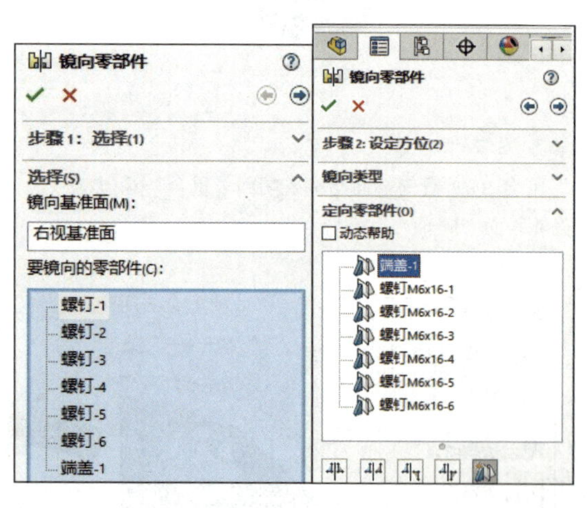

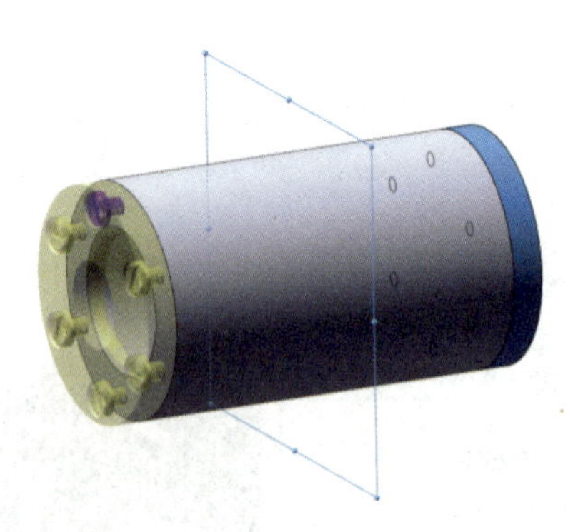

图 6–1–12　镜向端盖和螺钉
a）“镜向零部件”属性设置　b）完成镜向端盖和螺钉

5. 保存文件

将装配体文件保存至原文件夹下，将文件命名为“套筒和端盖 .SLDASM”。

可采用自下而上的装配体设计方法，通过装配泵体、毡圈、齿轮轴、齿轮，齿轮轴与齿轮配合，装配螺塞、纸垫、泵盖、螺钉，配作销孔，装配销等完成如图 6–1–1 所示齿轮油泵装配体的设计，其设计思路如图 6–1–13 所示。

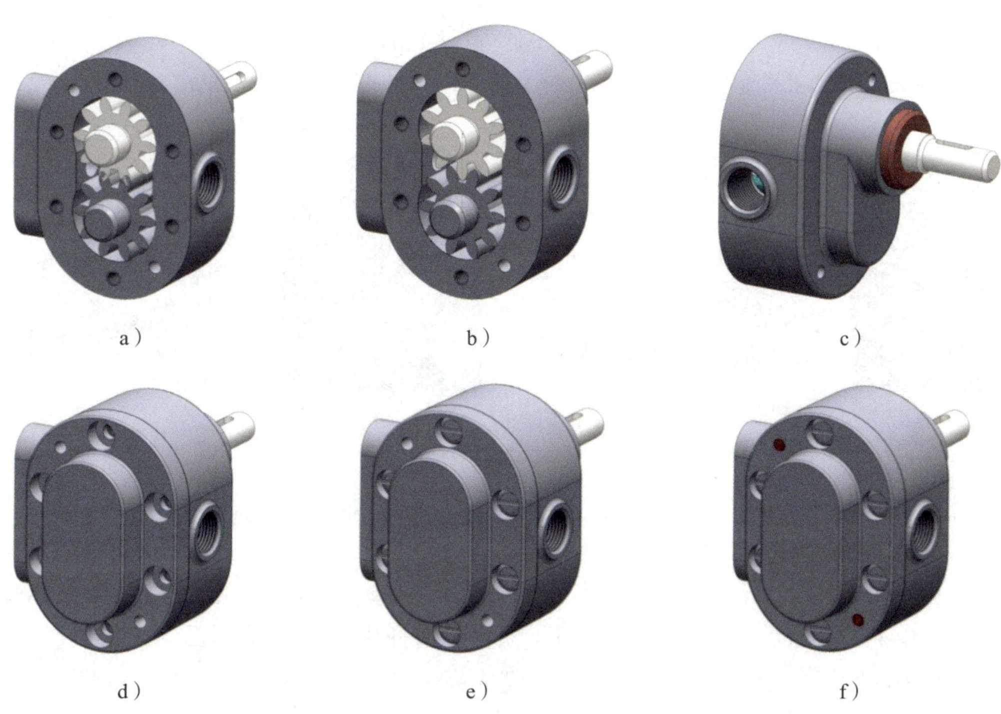

图 6–1–13 齿轮油泵装配体的设计思路

a）装配泵体、毡圈、齿轮轴、齿轮 b）齿轮轴与齿轮配合 c）装配螺塞
d）装配纸垫、泵盖 e）装配螺钉 f）配作销孔、装配销

1. 装配泵体、毡圈、齿轮轴、齿轮

（1）装配泵体。插入泵体，使泵体的原点与装配体设计环境的原点重合。

（2）装配毡圈。插入毡圈，单击“配合”按钮，选择毡圈外表面与泵体孔表面，如图 6–1–14a 所示，使其“同轴心”配合。选择毡圈端面与泵体孔端面，如图 6–1–14b 所示，使其“重合”配合。完成毡圈装配，结果如图 6–1–14c 所示。

（3）装配齿轮轴。插入齿轮轴，单击“配合”按钮，选择齿轮轴表面与泵体孔表面，如图 6–1–15a 所示，使其“同轴心”配合。选择齿轮轴齿轮端面与泵体内壁端面，如图 6–1–15b 所示，使其“重合”配合，完成齿轮轴装配。

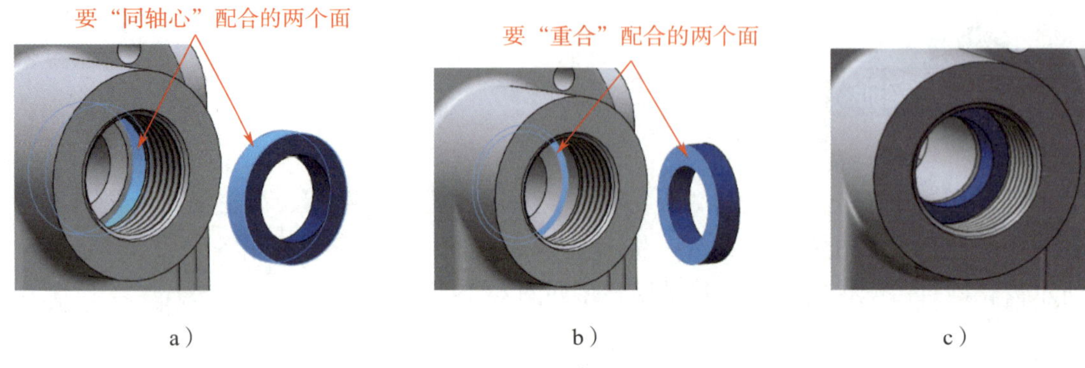

图 6–1–14　装配毡圈

a）毡圈外表面与泵体孔表面“同轴心”配合　b）毡圈端面与泵体孔端面“重合”配合　c）完成毡圈装配

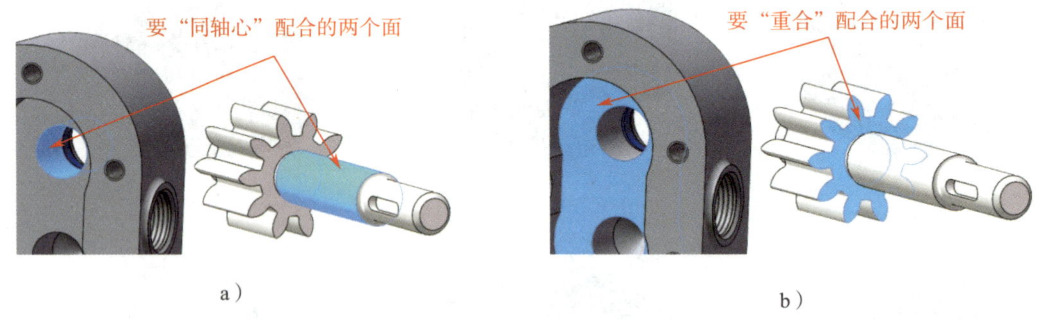

图 6–1–15　装配齿轮轴

a）齿轮轴表面与泵体孔表面“同轴心”配合　b）齿轮轴齿轮端面与泵体内壁端面“重合”配合

（4）装配齿轮。插入齿轮，单击“配合”按钮，选择齿轮轴表面与泵体孔表面，如图 6–1–16a 所示，使其“同轴心”配合。选择齿轮轴齿轮端面与泵体内壁端面，如图 6–1–16b 所示，使其“重合”配合，完成齿轮装配，结果如图 6–1–13a 所示。

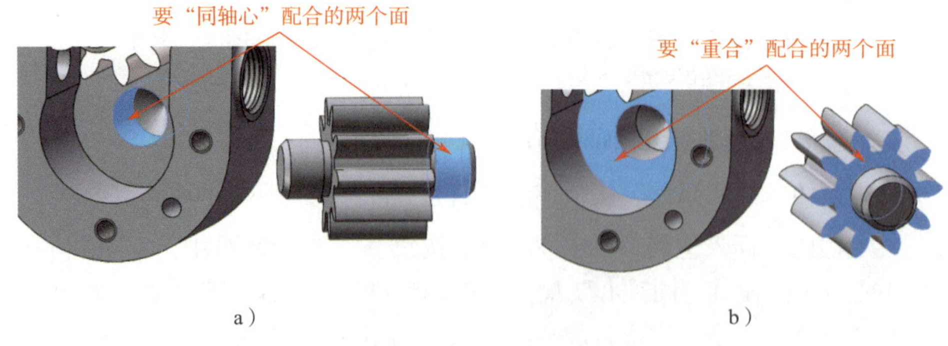

图 6–1–16　装配齿轮

a）齿轮轴表面与泵体孔表面“同轴心”配合　b）齿轮轴齿轮端面与泵体内壁端面“重合”配合

2. 齿轮轴与齿轮配合

（1）在设计树中选取“齿轮轴”，单击鼠标右键，单击“编辑零件”按钮，进入齿轮轴的编辑环境。选择齿轮轴齿轮端面，绘制一条过中心点与齿顶线中点的参考线（构造线），如图 6–1–17a 所示，退出齿轮轴的编辑环境。

（2）进入齿轮的编辑环境，选择齿轮端面，绘制一条过中心点与齿根线中点的参考线（构造线），如图 6–1–17b 所示，退出齿轮的编辑环境。

（3）单击“配合”按钮，选择如图 6–1–17c 所示的两条参考线，使其“重合”配合，结果如图 6–1–17d 所示，此时已将齿轮轴与齿轮的位置对齐。

（4）在“配合”属性管理器中单击“机械配合”中的“齿轮”按钮，在“配合选择”中选择齿轮轴的齿顶面与齿轮的齿顶面，设置比率（齿数比值），如图 6–1–17e 所示。此时，设计树中出现“齿轮配合 1（齿轮轴 <2>，齿轮 <2>）”。

（5）在设计树中选取“重合 4(齿轮轴 <2>，齿轮 <2>)”配合，如图 6–1–17f 所示，单击鼠标右键，单击“压缩”按钮，使齿轮能够转动，完成齿轮轴与齿轮配合，结果如图 6–1–13b 所示。此时，如果拖动齿轮或齿轮轴，两零件会配合转动。

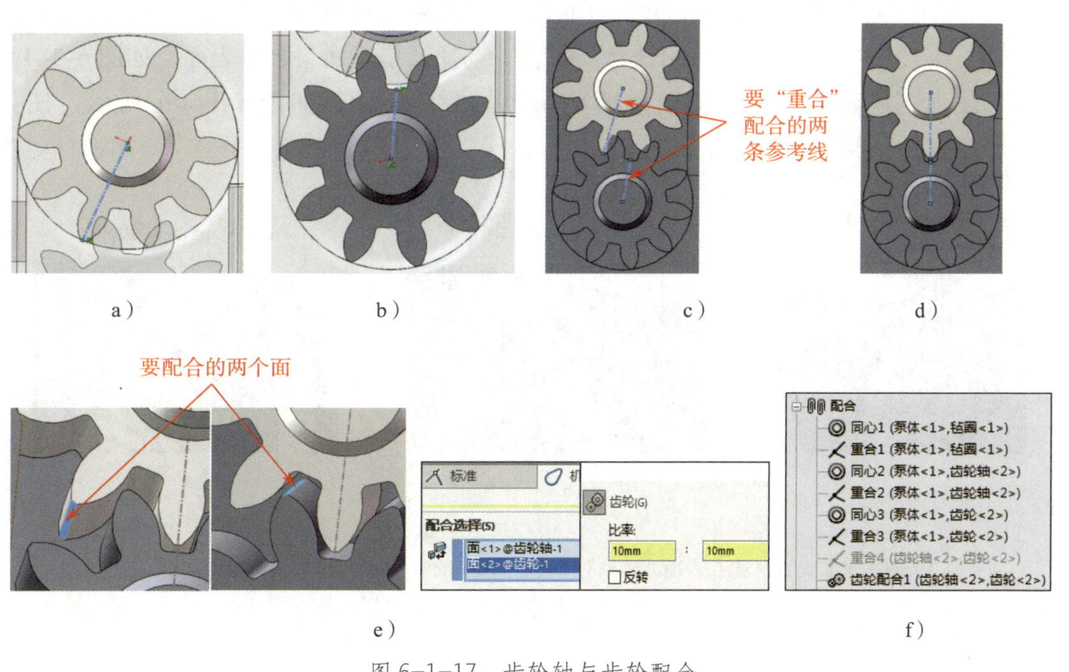

图 6–1–17　齿轮轴与齿轮配合

a）绘制齿轮轴参考线　b）绘制齿轮参考线　c）选择参考线　d）参考线“重合”配合
e）齿轮轴的齿顶面与齿轮的齿顶面配合　f）选取配合

3. 装配螺塞

插入螺塞，单击“配合”按钮，选择螺塞螺纹表面与泵体螺孔表面，如图 6–1–18a

所示，使其“同轴心”配合。选择螺塞端面与泵体端面，如图 6–1–18b 所示，使其“重合”配合，完成螺塞装配，结果如图 6–1–13c 所示。

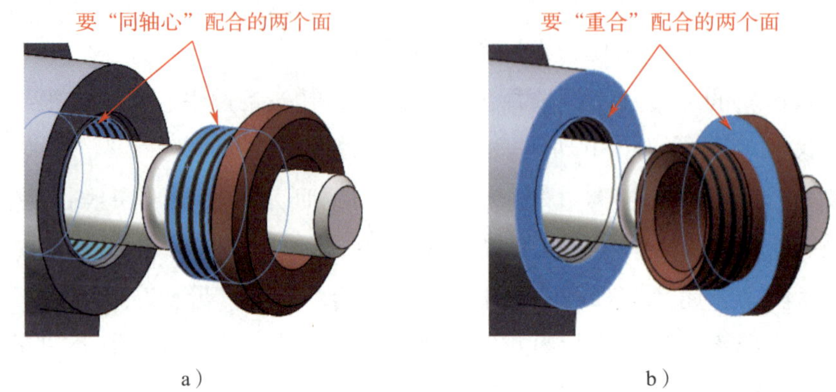

图 6–1–18 装配螺塞
a）螺塞螺纹表面与泵体螺孔表面“同轴心”配合 b）螺塞端面与泵体端面“重合”配合

4. 装配纸垫、泵盖

（1）装配纸垫。插入纸垫，单击“配合”按钮，选择纸垫孔表面与泵体螺孔表面，如图 6–1–19a 所示，使其“同轴心”配合。选择纸垫表面与泵体表面，如图 6–1–19b 所示，使其“同轴心”配合。选择纸垫端面与泵体端面，如图 6–1–19c 所示，使其“重合”配合，完成纸垫装配。

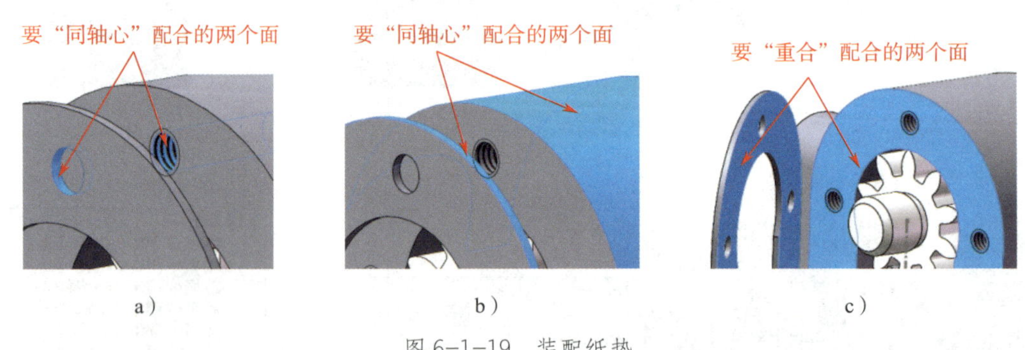

图 6–1–19 装配纸垫
a）纸垫孔表面与泵体螺孔表面“同轴心”配合 b）纸垫表面与泵体表面“同轴心”配合
c）纸垫端面与泵体端面“重合”配合

（2）装配泵盖。插入泵盖，单击“配合”按钮，选择泵盖孔表面与泵体螺孔表面，如图 6–1–20a 所示，使其“同轴心”配合。选择泵盖表面与泵体表面，如图 6–1–20b 所示，使其“同轴心”配合。选择泵盖端面与纸垫端面，如图 6–1–20c 所示，使其“重合”配合，完成泵盖装配，结果如图 6–1–13d 所示。

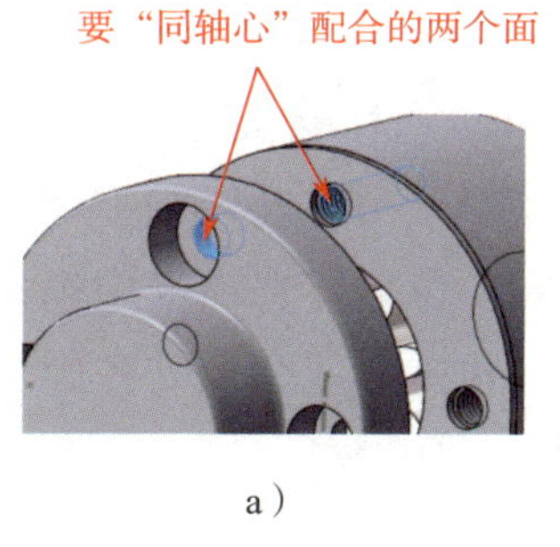

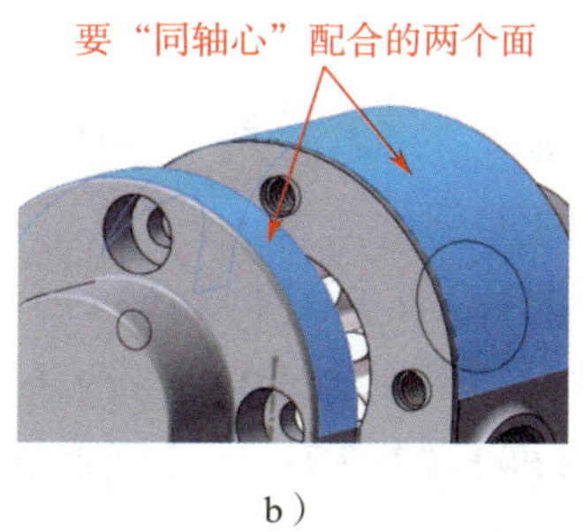

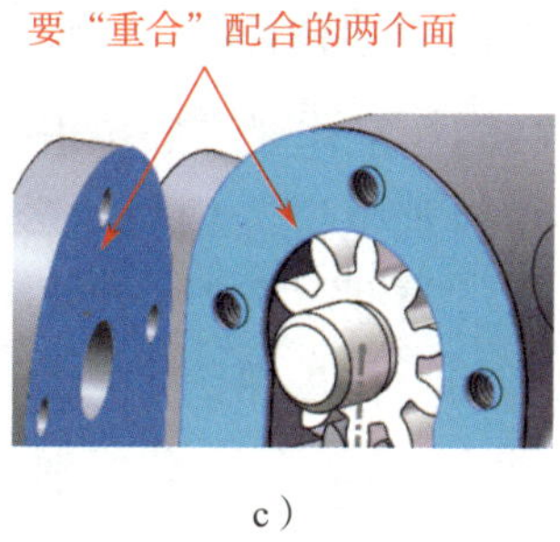

a）　　b）　　c）

图 6-1-20　装配泵盖

a）泵盖孔表面与泵体螺孔表面“同轴心”配合　b）泵盖表面与泵体表面“同轴心”配合
c）泵盖端面与纸垫端面“重合”配合

5. 装配螺钉

（1）从设计库中的 Toolbox 插件中调用螺钉 GB/T 67—2000 M6×16，按规格设置相关参数，将其另存为“螺钉.SLDPRT”零件，保存至“项目六\任务 1\齿轮油泵\”中。

（2）单击“配合”按钮，选择螺钉螺纹表面与泵体沉孔表面，如图 6-1-21a 所示，使其“同轴心”配合。选择螺钉端面与泵体沉孔端面，如图 6-1-21b 所示，使其“重合”配合，完成螺钉装配，结果如图 6-1-21c 所示。

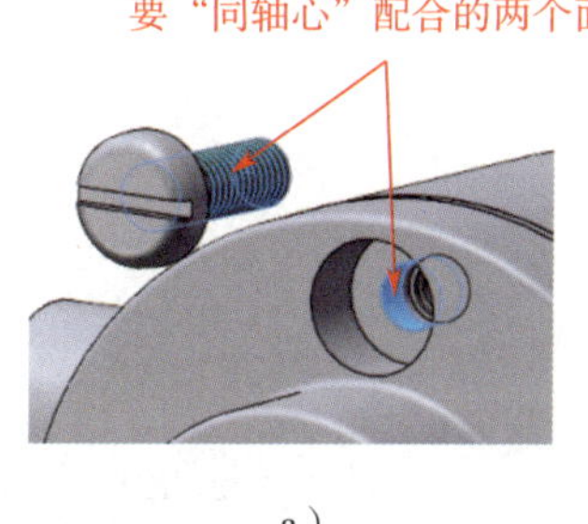

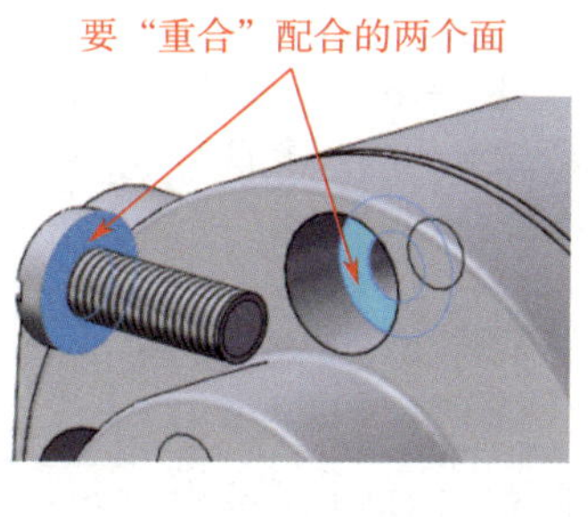

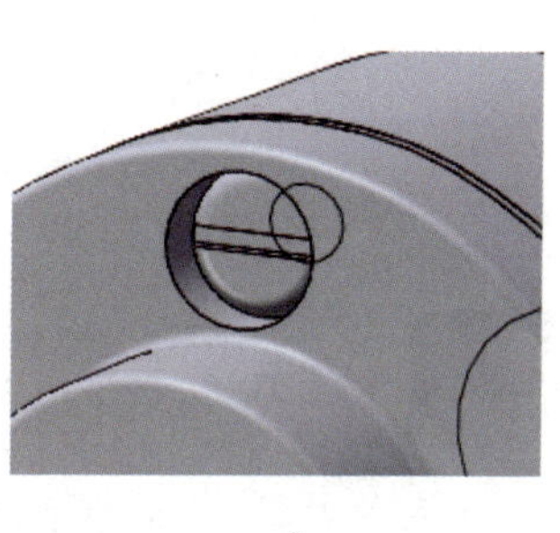

a）　　b）　　c）

图 6-1-21　装配螺钉

a）螺钉螺纹表面与泵体沉孔表面“同轴心”配合　b）螺钉端面与泵体沉孔端面“重合”配合　c）完成螺钉装配

（3）单击“装配体”工具栏中的“线性零部件阵列”→“阵列驱动零部件阵列”按钮，打开“阵列驱动”属性管理器。在设计树中选取“螺钉”为要阵列的零部件，在“驱动特征或零部件”中选取图形区中泵盖中由草图驱动的阵列得到的沉孔，相关属性设置如图 6-1-22 所示，完成螺钉阵列，结果如图 6-1-13e 所示。

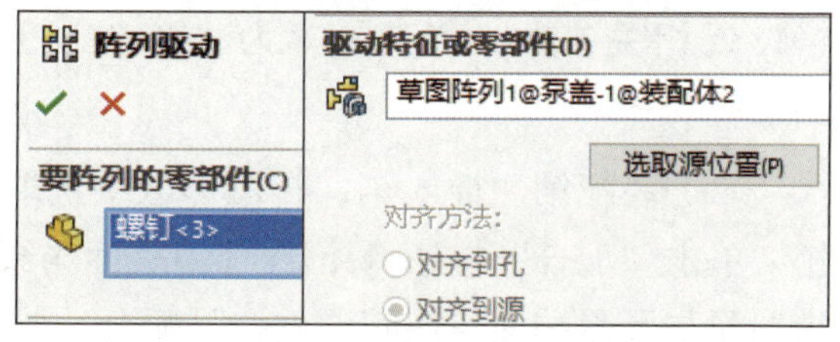

图 6-1-22　“阵列驱动”属性设置

6. 配作销孔、装配销

（1）配作销孔。单击“装配体”工具栏中的“特征”→“异型孔向导”按钮，在“特征范围”中的“影响到的零部件”中选取设计树中的“泵盖”“纸垫”“泵体”，“类型”选项卡中的相关属性设置如图 6–1–23a 所示，在“位置”选项卡中选择泵盖端面作为草图平面绘制草图，在两个 $\phi50$ 圆与两条 45° 夹角中心线交点处各画一个圆点，圆点即为孔位置，如图 6–1–23b 所示，完成销孔配作。

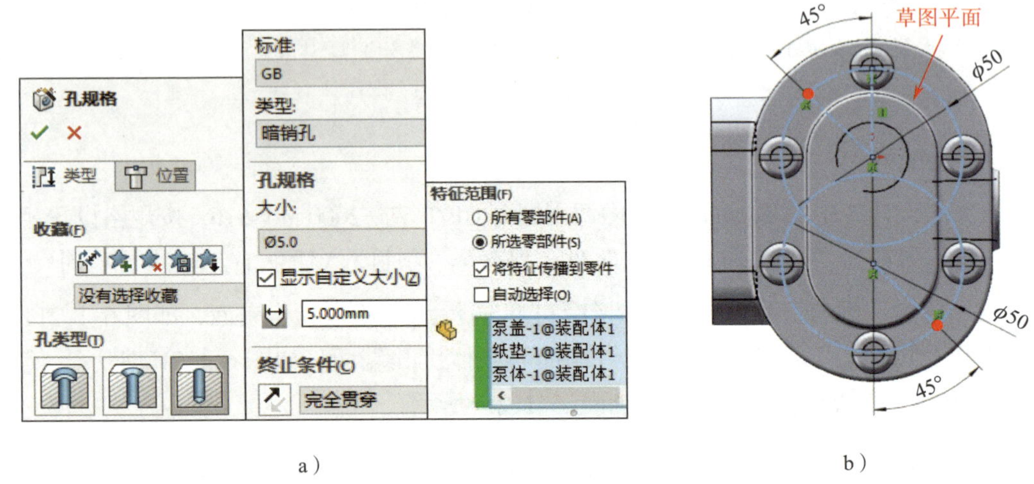

a）　　　　b）

图 6–1–23　配作销孔

a）“类型”选项卡中的属性设置　b）设置孔位置

提示

在装配体中创建特征时，若在“特征范围”中勾选“将特征传播到零件”复选框，则该特征涉及的零件都会体现该特征，否则该特征只在装配体中体现。

（2）从设计库中的 Toolbox 插件中调用圆柱销 GB/T 119.1—2000 5m6×45，按规格设置相关参数，将其另存为“销 .SLDPRT”零件，保存至“项目六\任务 1\齿轮油泵\”中。

（3）装配销。插入销，在图形区中选取销，按住 Ctrl 键并移动光标，得到第二个销。单击“配合”按钮，选择销表面与泵盖销孔表面，使其“同轴心”配合；选择销端面与泵盖端面，使其“重合”配合，如图 6–1–24 所示。采用同样的方法，完成另一处销与泵盖的配合，结果如图 6–1–13f 所示。

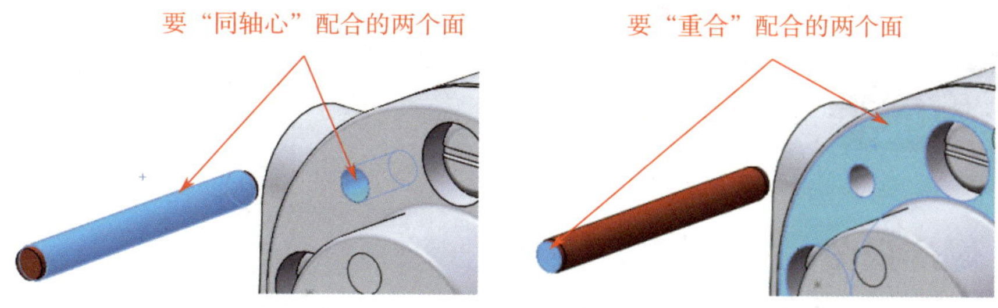

图 6-1-24　装配销

7. 干涉检查

单击“干涉检查”按钮，单击“计算”按钮，出现如图 6-1-25 所示的干涉信息。这些干涉均为内螺纹与外螺纹的配合干涉，可单击“忽略”按钮忽略所有干涉。

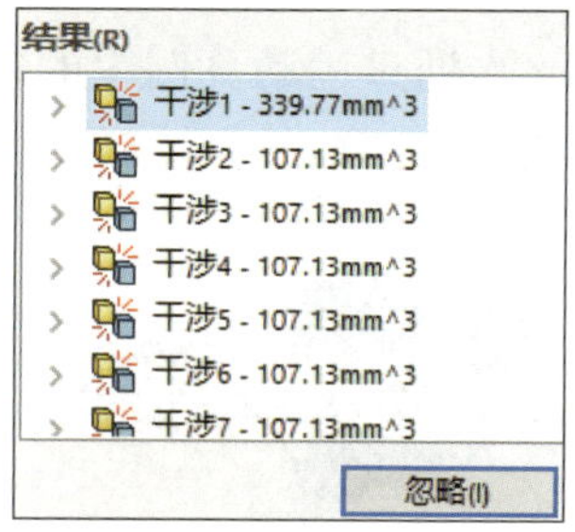

图 6-1-25　干涉信息

8. 保存文件

将装配体文件保存至“项目六 \ 任务 1\ 齿轮油泵 \”中，文件名为“齿轮油泵 .SLDASM”。

任务 2　齿轮油泵装配体爆炸视图及动画的创建

能创建和编辑装配体爆炸视图，制作装配体爆炸动画或解除爆炸动画。

根据项目六任务 1 中完成的齿轮油泵装配体，创建齿轮油泵装配体的爆炸视图，并完成爆炸动画制作。

一、爆炸视图

为表达装配体中各零部件的相对位置，装配体的爆炸视图可将其各个零部件沿着坐标轴和直线移动，使各个零部件从装配体中分离出来。

二、爆炸动画

通过运动算例中的动画向导功能可以模拟装配体的爆炸效果，生成爆炸动画或解除爆炸动画。

1．创建爆炸视图

（1）单击装配体设计环境左侧管理区域中的“配置管理器（ConfigurationManager）”按钮，在“默认［齿轮油泵］”上单击鼠标右键，单击“新爆炸视图”，如图 6–2–1 所示，或单击菜单栏中的“插入”→“爆炸视图”，打开如图 6–2–2 所示的“爆炸”属性管理器。

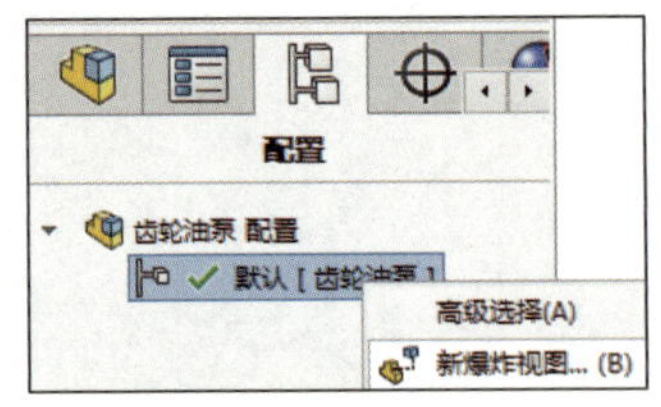

图 6–2–1　单击“新爆炸视图”

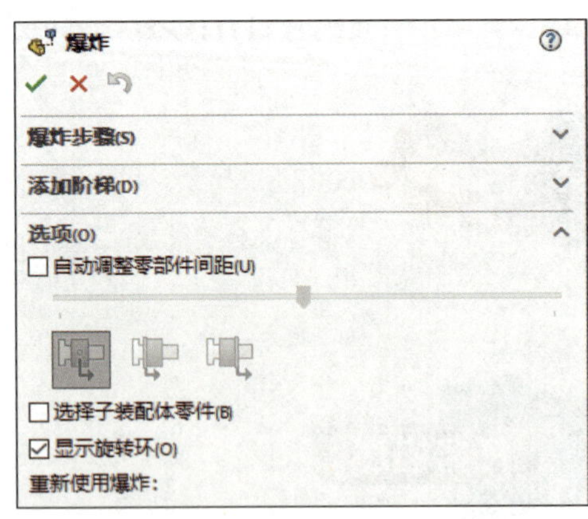

图 6–2–2　“爆炸”属性管理器

（2）在设计树中选取“螺钉”“草图驱动的阵列 1”或在图形区中选中 6 个螺钉，出现如图 6–2–3a 所示的三重轴，单击 *X* 轴正方向箭头并拖动鼠标至合适位置；也可单击 *X* 轴正方向箭头，在“爆炸距离”中输入距离值，单击“反向”按钮改变爆炸方向，如图 6-2-3b 所示，使 6 个螺钉沿 *X* 轴负方向移动 410 mm，结果如图 6-2-3c 所示。

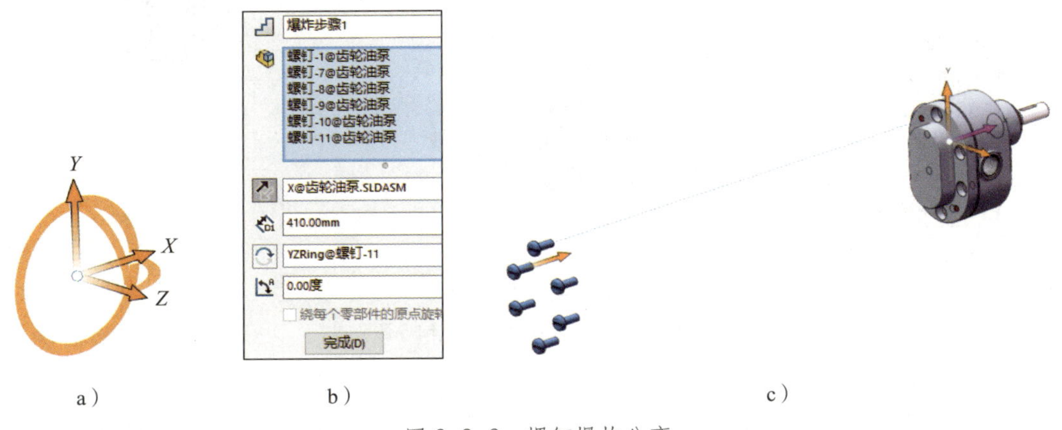

图 6-2-3　螺钉爆炸分离

a）三重轴　b）螺钉的爆炸属性设置　c）完成螺钉爆炸分离

（3）在图形区中选中泵盖，按如图 6-2-4a 所示的属性设置使泵盖沿 *X* 轴负方向移动 325 mm，结果如图 6-2-4b 所示。

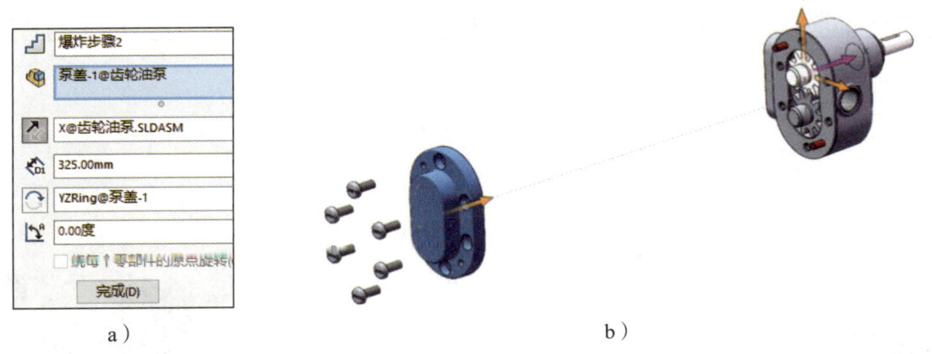

图 6-2-4　泵盖爆炸分离

a）泵盖的爆炸属性设置　b）完成泵盖爆炸分离

（4）在图形区中选中两个销，按如图 6-2-5a 所示的属性设置使两个销沿 *X* 轴负方向移动 280 mm，结果如图 6-2-5b 所示。

（5）采用同样的方法，完成纸垫、螺塞、毡圈、齿轮、齿轮轴爆炸分离，爆炸属性设置如图 6-2-6 所示。图 6-2-7a 所示的“爆炸视图”属性管理器中显示所有的爆炸步骤，爆炸分离结果如图 6-2-7b 所示。

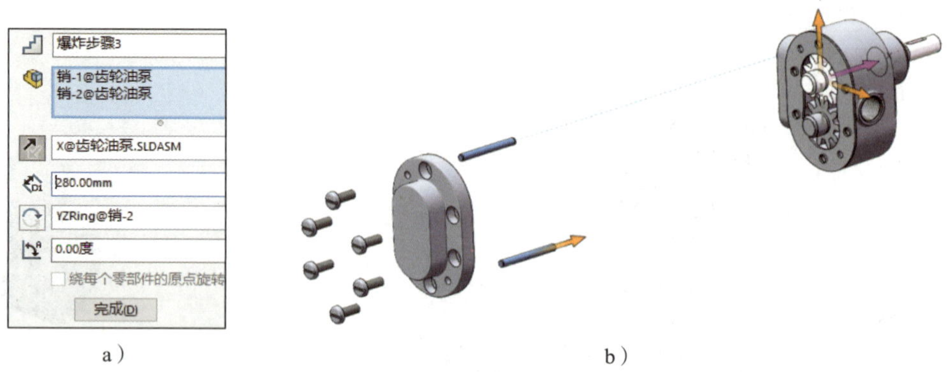

a） b）

图 6-2-5 销爆炸分离

a）销的爆炸属性设置 b）完成销爆炸分离

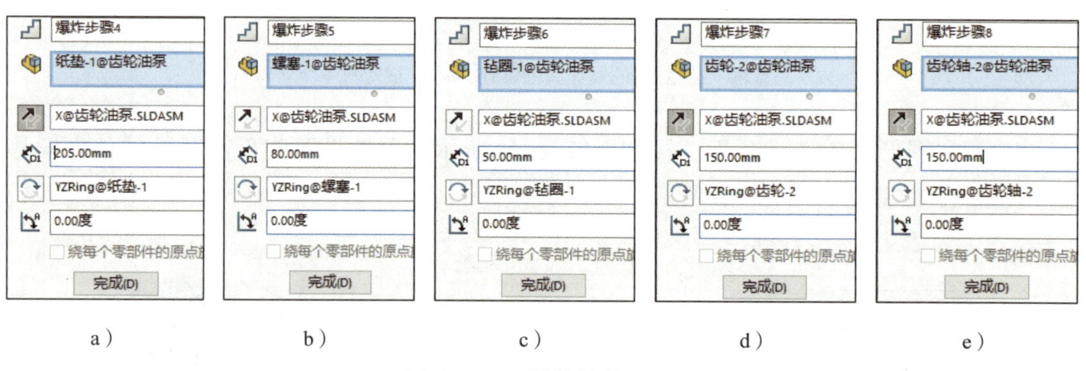

a） b） c） d） e）

图 6-2-6 爆炸属性设置

a）纸垫 b）螺塞 c） 毡圈 d）齿轮 e）齿轮轴

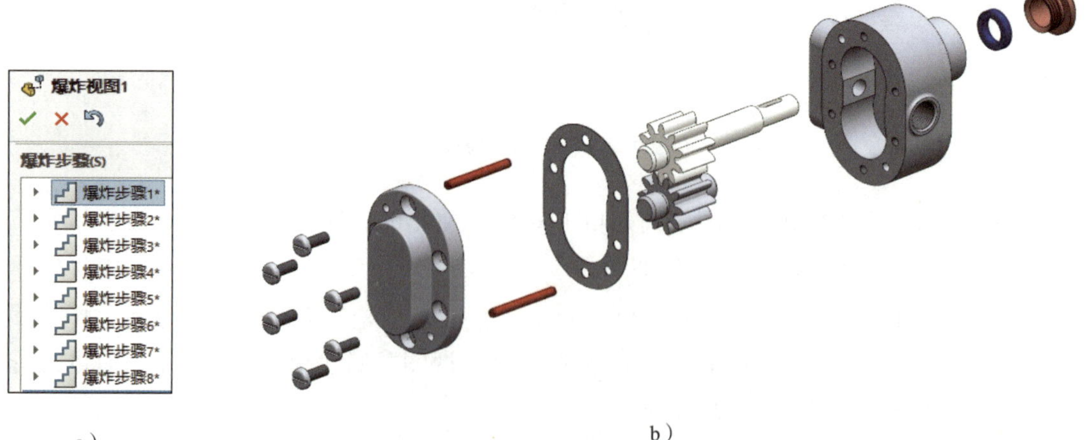

a） b）

图 6-2-7 爆炸分离

a）“爆炸视图”属性管理器中的爆炸步骤 b）完成爆炸分离

2. 编辑爆炸视图

若需调整已创建好的爆炸步骤中零件的爆炸方向和距离，则可通过编辑爆炸视图实现。单击“爆炸视图 1”，单击鼠标右键，单击“编辑特征”，在“爆炸步骤”中选择要编辑的爆炸步骤，更改爆炸方向和距离。

3. 解除爆炸

若需将已创建好的“爆炸视图 1”的爆炸解除，则可在“爆炸视图 1”上单击鼠标右键，单击“解除爆炸”，如图 6–2–8 所示，或在图形区的任意位置处单击鼠标右键，单击“解除爆炸”，将爆炸解除，结果如图 6–1–13f 所示。

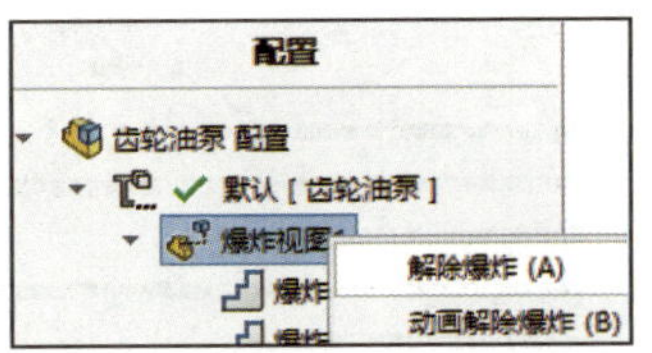

图 6–2–8　单击“解除爆炸”

4. 动画爆炸、动画解除爆炸

如图 6–2–9 所示，在“爆炸视图 1”上单击鼠标右键，单击“动画爆炸”后可以在图形区中观察装配体的爆炸动画效果；在“爆炸视图 1”上单击鼠标右键，单击“动画解除爆炸”后可以在图形区中观察装配体的解除爆炸动画效果。

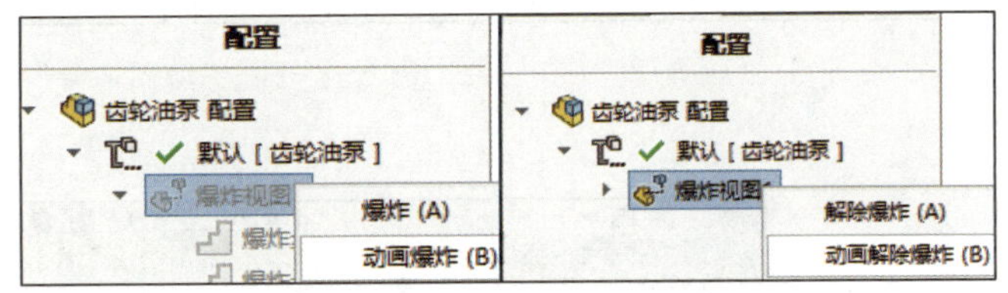

图 6–2–9　单击“动画爆炸”和“动画解除爆炸”

5. 制作爆炸动画、制作解除爆炸动画

（1）单击图形区下方的“运动算例 1”选项卡 运动算例 1 ，进入如图 6–2–10 所示的动画制作界面。单击“动画向导”按钮，相关设置如图 6–2–11 所示，单击“完成”按钮，完成动画制作。单击“播放”按钮 ▶ 播放爆炸动画，单击“保存动画”按钮将动画保存至“项目六 \ 任务 1\ 齿轮油泵 \”中，将其命名为“爆炸动画 .avi”，爆炸动画制作完成后的运动算例的键码结果如图 6–2–12 所示。

（2）采用同样的方法，可制作解除爆炸动画，将动画保存为“解除爆炸动画 .avi”，也可以在同一个运动算例中先后制作爆炸动画和解除爆炸动画。

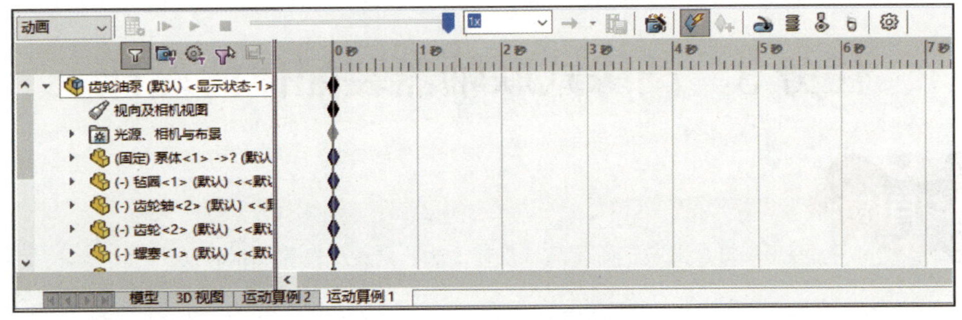

图 6–2–10　动画制作界面

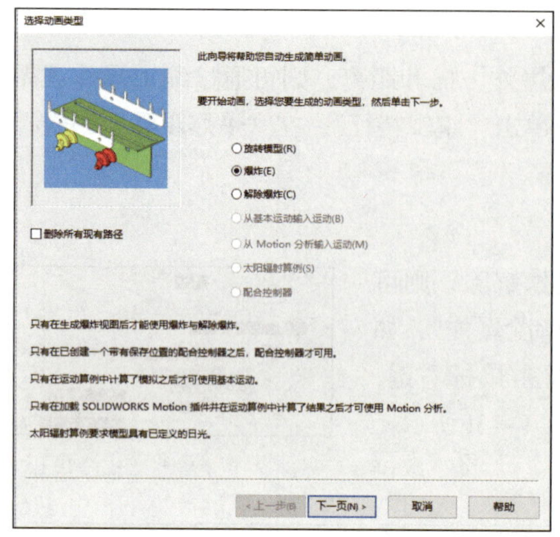

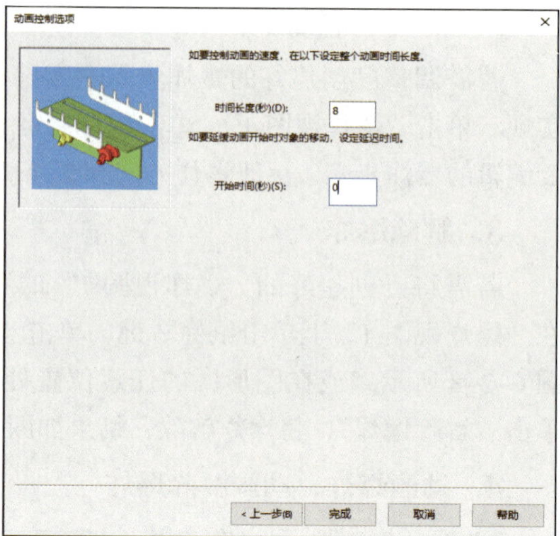

图 6-2-11 “动画向导”设置

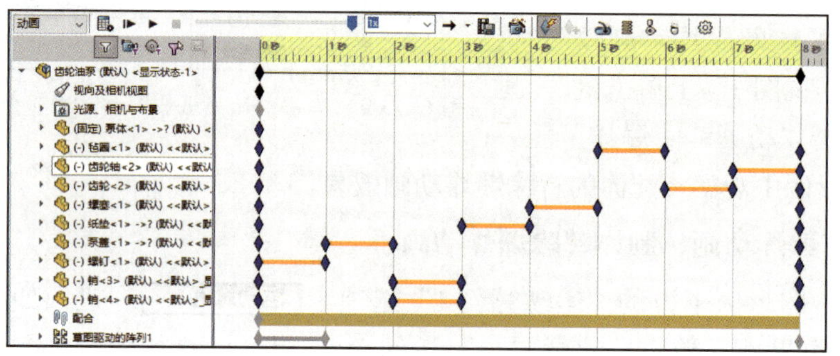

图 6-2-12 爆炸动画制作完成后的运动算例的键码结果

任务 3 凸缘式联轴器装配体的设计

能应用自上而下的装配体设计方法，完成机械装配体的设计。

根据如图 6-3-1 所示的凸缘式联轴器装配图、非标准件零件图，调用设计库中的标准件，应用自上而下的装配体设计方法完成凸缘式联轴器装配体的设计。

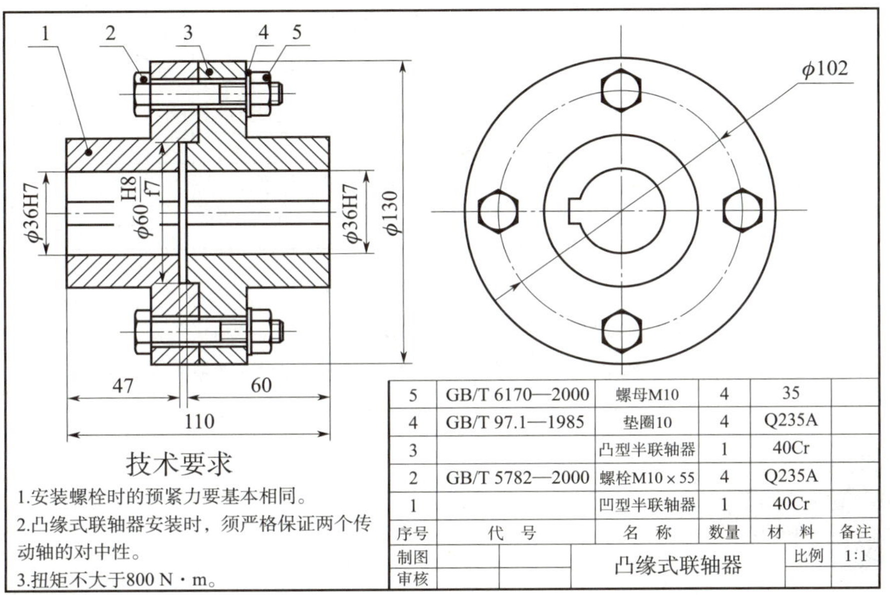

a）

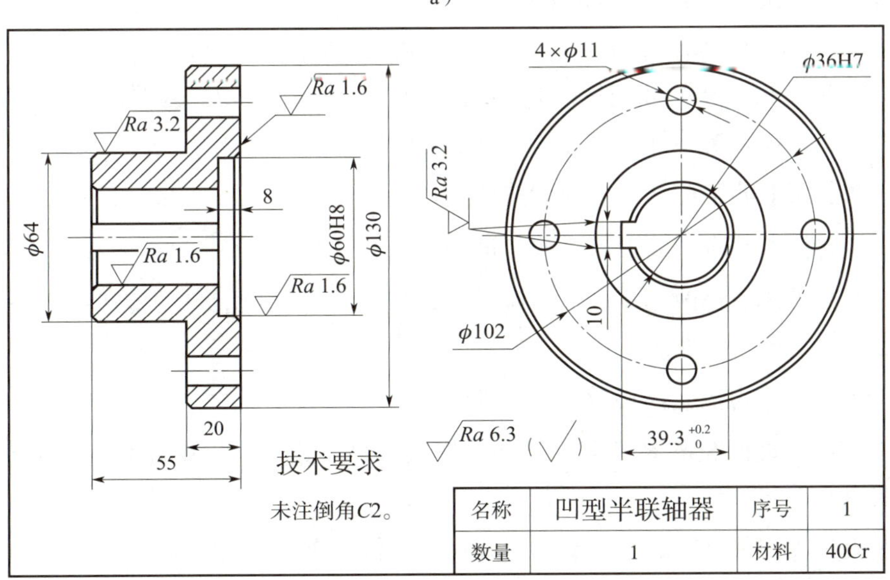

b）

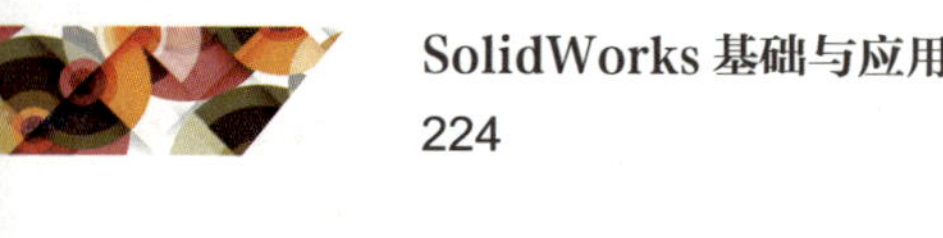

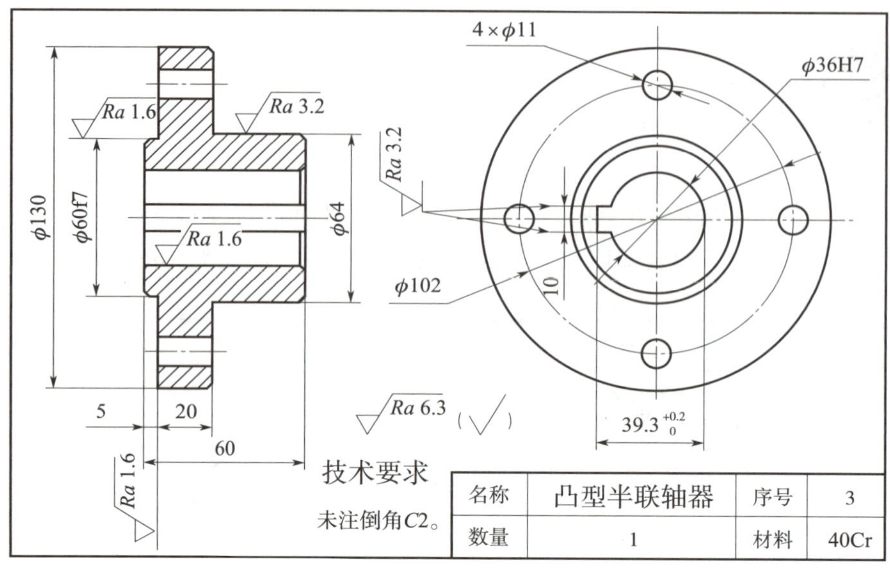

c）

图 6-3-1　凸缘式联轴器装配图、非标准件零件图

a）凸缘式联轴器装配图　b）凹型半联轴器零件图　c）凸型半联轴器零件图

一、自上而下的装配体设计方法

自上而下的装配体设计方法属于 SolidWorks 软件的高级设计方法，适用于精度要求很高、装配关系复杂的装配体。它要求先创建装配体，再在装配体中完成零件的设计与配合，由此设计的零件与装配体自动建立关联。

1. 自上而下的装配体设计方法的优点

（1）设计流程符合产品设计流程，适用于新产品开发。

（2）全局性强、修改效率高。装配体修改后，设计变更能自动传递到相关零部件，从而保证了设计的一致性。

2. 自上而下的装配体设计方法的难点

（1）零部件之间关联参考多、复杂，修改时易出错。设计难度高，不易掌握，对设计者要求高。

（2）大量零部件之间的关联参考对计算机硬件要求高，对数据文件管理要求高。

二、自上而下的装配体设计方法的分类

自上而下的装配体设计方法可分为关联参考、外部参考和布局 3 类。

1．关联参考

关联参考是基础设计方法，通过零部件之间的关联参考传递设计关联，当修改一个零部件时，其关联零部件将自动更新。本任务主要讲解关联参考设计方法。

2．外部参考

外部参考是在一个主零件中完成整体设计，应用多体或分割的方法将主零件分解为多个局部并传递到单独的零件中，对分解后的零件进行详细设计，最后在装配体内进行汇总完成设计。

3．布局

布局是先进行装配体布局，再进行任务分解，在详细设计后再进行汇总。

可采用自上而下的装配体设计方法，通过在装配体中创建凹型半联轴器和凸型半联轴器，装配并圆周阵列螺栓、螺母、平垫圈等完成如图 6–3–1 所示的凸缘式联轴器装配体的设计，其设计思路如图 6–3–2 所示。

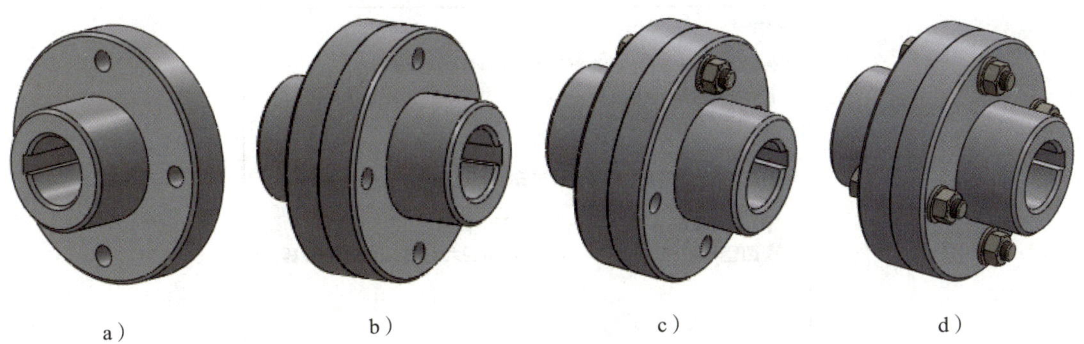

图 6–3–2　凸缘式联轴器装配体的设计思路

a）在装配体中创建凹型半联轴器　b）在装配体中创建凸型半联轴器

c）装配螺栓、螺母、平垫圈　d）圆周阵列螺栓、螺母、平垫圈

1．在装配体中创建凹型半联轴器

（1）新建一个装配体文件，在打开的“开始装配体”属性管理器中单击“取消”按钮✖。单击“装配体”工具栏中的“插入零部件”→“新零件”按钮，结果如

图 6–3–3a 所示。在图形区中单击，在设计树中选取该零件，单击鼠标右键，单击“重新命名零件”，更名为“凹型半联轴器”，结果如图 6–3–3b 所示。

（2）按照如图 6–3–3c 所示的操作步骤单击“保存所有”，在弹出的“另存为”对话框中选择“项目六 \ 任务 3\ 凸缘式联轴器”保存路径，将装配体文件命名为“凸缘式联轴器 .SLDASM”，单击“保存”按钮。在“另存为”对话框中选中“外部保存（指定路径）”单选框，单击“与装配体相同”按钮，则可将“凹型半联轴器”零件保存至“项目六 \ 任务 3\ 凸缘式联轴器 \”中，如图 6–3–3d 所示，完成装配体及零件文件的保存。

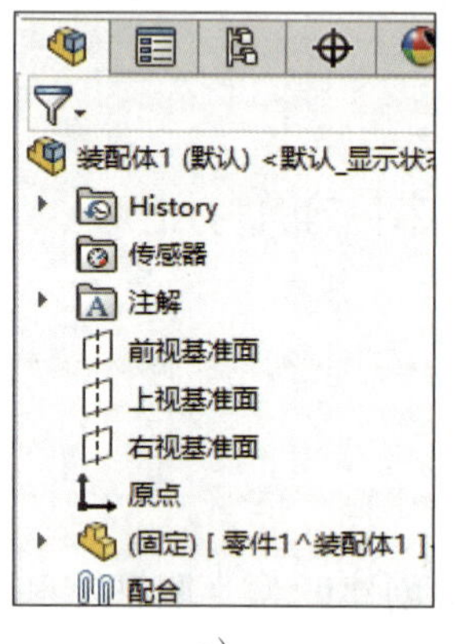

a）

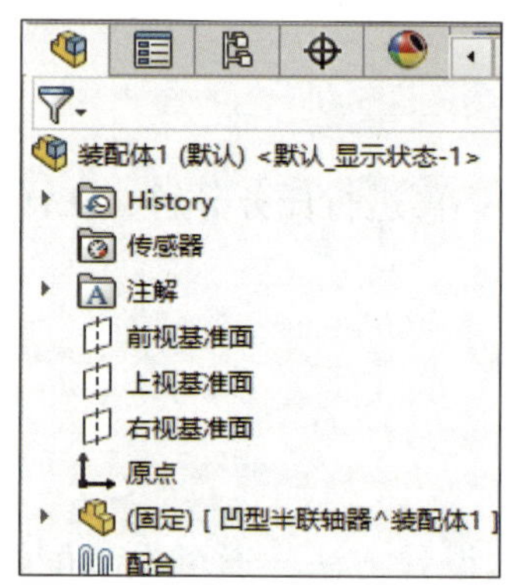

b）

c）

d）

图 6–3–3 新建、保存装配体及零件文件

a）在装配体设计环境中新建零件 b）重命名零件 c）保存所有 d）“另存为”对话框

提示

在自上而下的装配体设计中，在保存装配体内的零件时，若选中“外部保存（指定路径）”单选框，则保存路径的文件夹中会出现装配体文件和零件文件；若选中“内部保存（在装配体内）”单选框，则保存路径的文件夹中只会出现装配体文件。

（3）在设计树中选取“凹型半联轴器”，单击“编辑零件”按钮，进入凹型半联轴器的编辑环境。根据如图 6–3–1b 所示的凹型半联轴器零件图完成建模，退出凹型半联轴器的编辑环境，结果如图 6–3–2a 所示。

2．在装配体中创建凸型半联轴器

（1）单击“插入零部件”→“新零件”按钮，将新建的零件更名为“凸型半联轴器”，采用同样的方法，将该零件“外部保存”至与其装配体相同的路径中。在设计树中选取“凸型半联轴器”，单击“编辑零件”按钮，进入凸型半联轴器的编辑环境。

（2）单击“草图绘制”按钮，出现“选择基准面”的信息提示，在图形区中选取凹型半联轴器右端面作为草图平面。单击“转换实体引用”按钮，选择如图 6–3–4a 所示的凹型半联轴器右端面的边线及 4 个圆孔边线，结果如图 6–3–4b 所示。单击“拉伸凸台 / 基体”按钮，给定深度为 20 mm，完成凸型半联轴器的厚度为 20 mm 基体的创建，结果如图 6–3–4c 所示，此时凸型半联轴器与凹型半联轴器建立了关联参考。

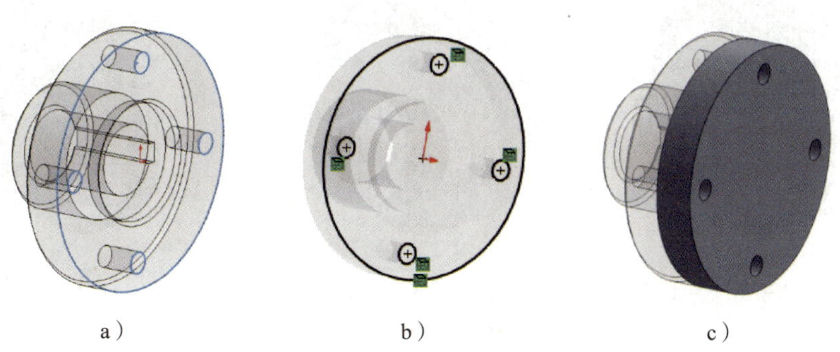

a）　　　　b）　　　　c）

图 6–3–4　创建凸型半联轴器的基体

a）选择实体引用对象　b）完成实体引用　c）创建凸型半联轴器基体

（3）单击“草图绘制”按钮，选取凸型半联轴器基体的左端面作为草图平面。单击“转换实体引用”按钮，单击“前导视图”工具栏中的“显示类型”→“隐藏线可见”按钮，选择凹型半联轴器的 $\phi60$ 圆孔边线，结果如图 6–3–5a 所示。单击

“拉伸凸台 / 基体”按钮，给定深度为 5 mm，创建凸型半联轴器的厚度为 5 mm 的凸台，结果如图 6–3–5b 所示。

（4）选取凸型半联轴器基体右端面作为草图平面，选择凹型半联轴器的 ϕ64 圆柱边线为实体引用对象，结果如图 6–3–5c 所示。单击“拉伸凸台 / 基体”按钮，创建凸型半联轴器的厚度为 35 mm 的凸台，结果如图 6–3–5d 所示。

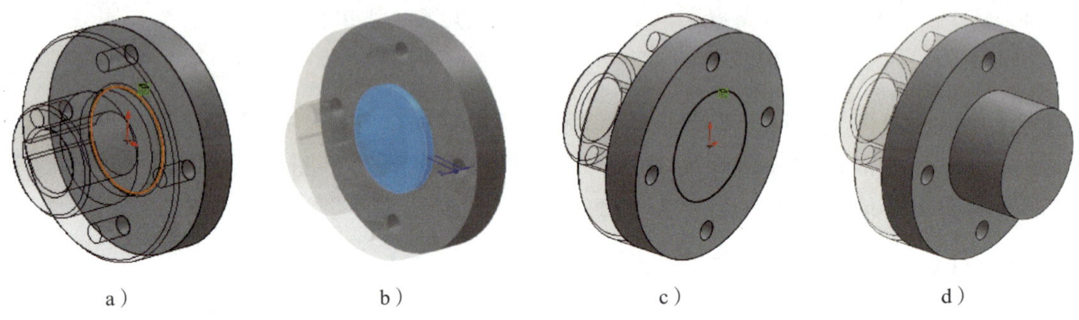

a）　　b）　　c）　　d）

图 6–3–5　创建凸型半联轴器的凸台

a）选择实体引用对象 1　b）拉伸凸台 / 基体 1　c）选择实体引用对象 2　d）拉伸凸台 / 基体 2

（5）选取凸型半联轴器 35 mm 厚度的凸台右端面作为草图平面，选择凹型半联轴器的 ϕ36 圆孔边线和键槽边线为实体引用对象，结果如图 6–3–6a 所示。单击“拉伸切除”按钮，完全贯穿，完成创建键槽，结果如图 6–3–6b 所示。单击“倒角”按钮，完成如图 6–3–1c 所示的凸型半联轴器倒角操作，结果如图 6–3–6c 所示，退出凸型半联轴器的编辑环境，结果如图 6–3–2b 所示。

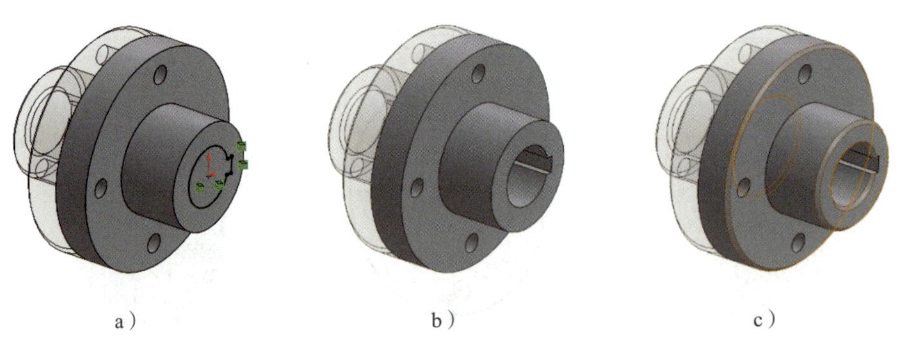

a）　　b）　　c）

图 6–3–6　创建凸型半联轴器的键槽、倒角

a）选择实体引用对象　b）创建键槽　c）创建倒角

3. 装配螺栓、螺母、平垫圈

（1）分别从设计库中的 Toolbox 插件中调用螺栓 GB/T 5782—2000 M10 × 55、螺母 GB/T 6170—2000 M10 和垫圈 GB/T 97.1—1985 10，按规格设置相关参数，分别另存为“螺栓 .SLDPRT”“螺母 .SLDPRT”和“平垫圈 .SLDPRT”零件，保存至“项目六 \ 任务 3\

凸缘式联轴器 \" 中。

（2）分别插入螺栓、螺母、平垫圈。单击“配合”按钮，完成螺栓与凹型半联轴器“同轴心”“重合”配合、螺栓与平垫圈“同轴心”配合、平垫圈与凸型半联轴器“重合”配合、螺母与螺栓“同轴心”配合、螺母与平垫圈“重合”配合，结果如图 6–3–2c 所示。

4. 圆周阵列螺栓、螺母、平垫圈

单击“阵列驱动零部件阵列”按钮，选择凹型半联轴器中的阵列孔特征，相关属性设置如图 6–3–7 所示，结果如图 6–3–2d 所示。

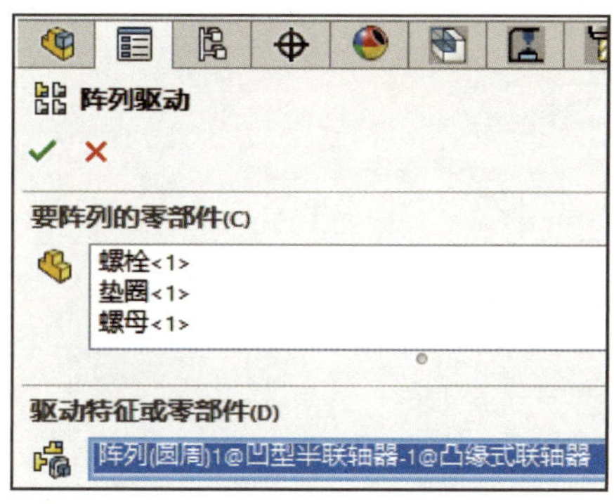

图 6–3–7　“阵列驱动”属性设置

5. 保存文件

单击“保存”按钮，在“保存修改的文档”对话框中单击“保存所有”按钮。完成凸缘式联轴器装配体设计，此时在凸缘式联轴器装配体中，凸型半联轴器除倒角特征外，其余特征均与凹型半联轴器建立了关联参考，当凹型半联轴器的特征修改时，凸型半联轴器的关联参考特征也将随之修改。

提示

当用自上而下装配体设计方法创建的装配体未打开时，其中一个零件的任何修改都不会传递到另一个零件中，因为此时零件的外部参考脱离了关联。

打开“凹型半联轴器 .SLDPRT”和“凸型半联轴器 .SLDPRT”零件，后者特征名称中出现如图 6–3–8 所示的“– > ?”符号，表明特征的外部参考脱离了关联。此时将凹型半联轴器的 $\phi130$ 圆柱直径修改为 $\phi140$，单击“重建模型”按钮，凸型半联轴器的 $\phi130$ 圆柱直径不会随之更改。但当打开“凸缘式联轴器 .SLDASM”文件时，弹出

如图 6-3-9 所示的对话框，单击“重建”按钮，则装配体和凸型半联轴器的 ϕ130 圆柱直径都更改为 ϕ140。

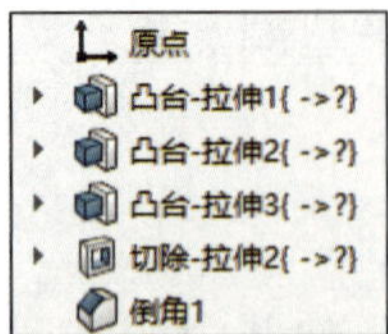

图 6-3-8 显示特征名称

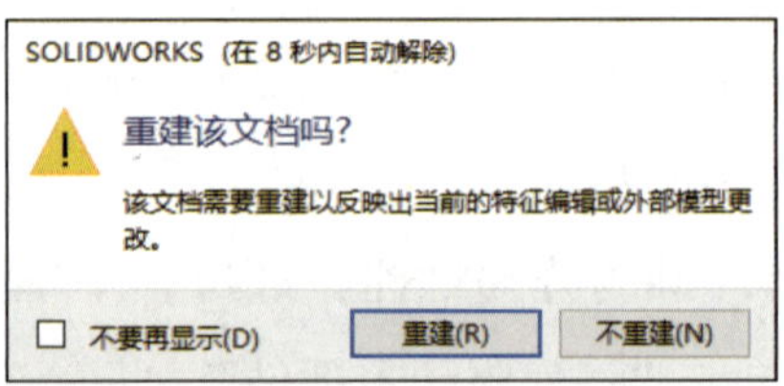

图 6-3-9 重建文档对话框

项目七
工程图的设计

本项目主要学习零件标准视图、全剖视图、半剖视图、局部剖视图、局部视图、断裂视图、断面图、局部放大图等工程图视图的生成方法，在零件工程图中插入模型尺寸、标注尺寸公差、标注基准符号及几何公差、标注表面粗糙度代号、添加注释等方法，以及在装配体工程图中生成视图、标注尺寸、生成材料明细表、插入零件序号等操作方法。

任务 1　支座零件工程图的设计

1. 能添加自定义工程图模板并应用。
2. 能生成零件的主视图等标准视图并编辑视图比例、位置、显示样式。
3. 能生成零件的全剖视图、半剖视图、局部剖视图、局部视图、断裂视图、断面图、局部放大图等工程图视图。

打开素材文件夹中的“项目七\任务 1\支座 .SLDPRT”零件，调用提供的“gb_

a3_ 张三”自定义模板，生成如图 7-1-1 所示的工程图，将其保存至“项目七 \ 任务 1\”中，命名为“支座零件 .SLDDRW”。

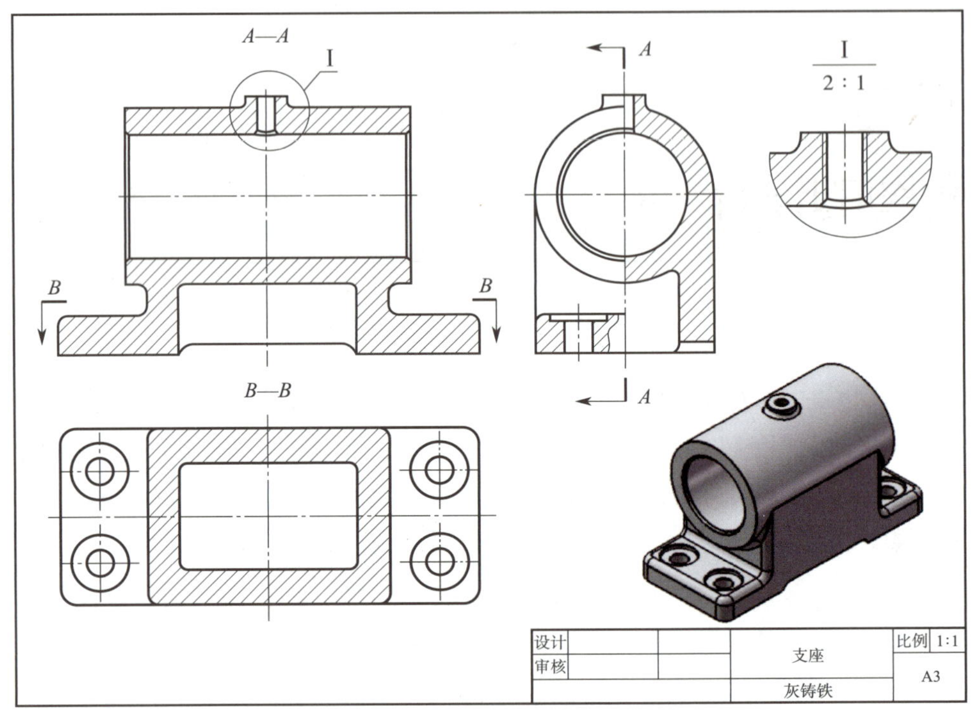

图 7-1-1　支座零件工程图

一、工程图概述

1. 在 SolidWorks 软件中，一般情况下工程图不是独立的。要先有零件或装配体，再由零件或装配体生成工程图中的视图，然后标注尺寸、添加注解等内容。

2. 一个工程图文件中可以包含一张或多张图纸。每张图纸中也可以包含一个或多个零件或装配体的多个视图。

3. 每个单独的工程图文件可以有两个部分，即图纸和图纸格式，如图 7-1-2 所示。相当于两张有内容的透明的纸叠加在一起，图纸的内容是视图和注解，图纸格式的内容主要是图框和标题栏，除了可以使用系统提供的图纸格式，也可以自定义不同的图纸格式。

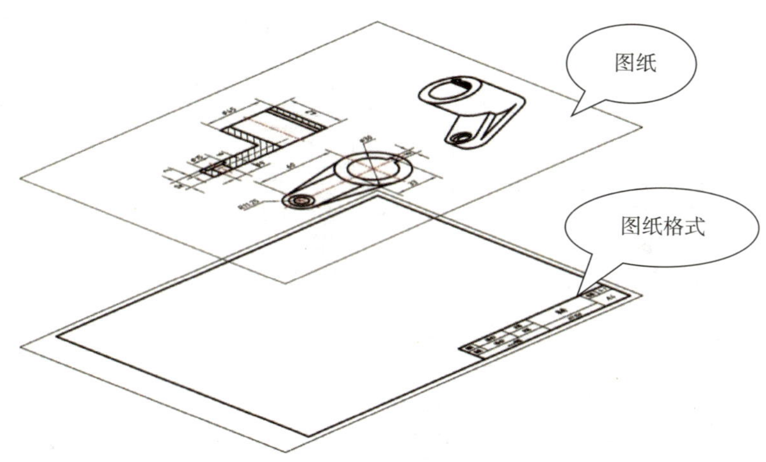

图 7-1-2　工程图文件中的图纸和图纸格式

4. 在图纸格式中可以链接文件的属性到注释，如零件名称、材料、图纸比例等参数，在建立工程图时将自动读取这些参数。

5. 零件、装配体和其对应的工程图是互相链接的文件，对零件或装配体所做的任何更改都会导致工程图的相应变更，反之亦然。

6. 一个工程图中包含零件或装配体生成的视图。

二、工程图的生成

1. 添加自定义工程图模板

在 SolidWorks 软件中新建一个工程图时，系统提供纸张大小为 A0 ~ A4 的 6 个模板，如图 7-1-3a 所示，这些模板有时不一定符合用户需求，用户可根据需要重新自定义模板，如本书提供的自定义工程图模板文件“gb_a3_ 张三 .DRWDOT”“gb_a4_ 张三 .DRWDOT”“gb_a3p_ 张三 .DRWDOT”“gb_a4p_ 张三 .DRWDOT”，可采用以下两种方法完成自定义工程图模板文件的调用。

方法一：单击菜单栏中的“工具”→“选项”，弹出对话框，选择“系统选项”中的“文件位置”，在“显示下项的文件夹”中选择“文件模板”，如图 7-1-3b 所示，并单击“添加”按钮，把提供的自定义工程图模板文件所在的根目录“项目七\任务 1\”添加到文件模板中，添加后的结果如图 7-1-3c 所示。在“新建 SOLIDWORKS 文件”对话框中就会多出一个“任务 1”选项卡，里面有 4 个自定义工程图模板可供使用，如图 7-1-3d 所示。

方法二：将自定义工程图模板文件复制至 SolidWorks 安装目录下的“...\ProgramData\SOLIDWORKS\SOLIDWORKS 2022\templates”目录中，复制后的目录中增加了如图 7-1-3e 所示的 4 个文件，则在“新建 SOLIDWORKS 文件”对话框中就会多出 4 个自定义工程图模板可供使用，如图 7-1-3f 所示。

a）

b）

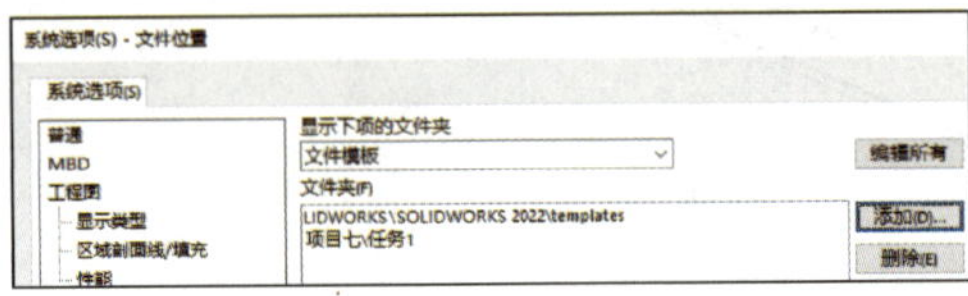

c）

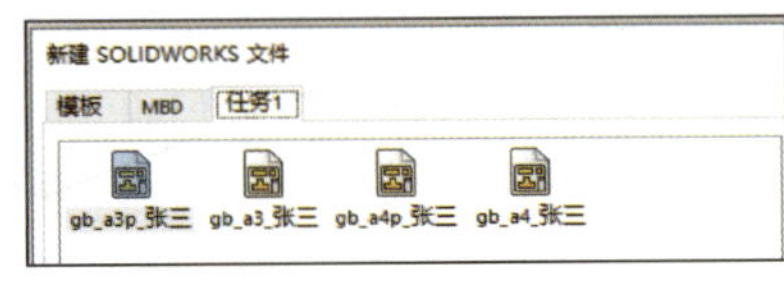

d）

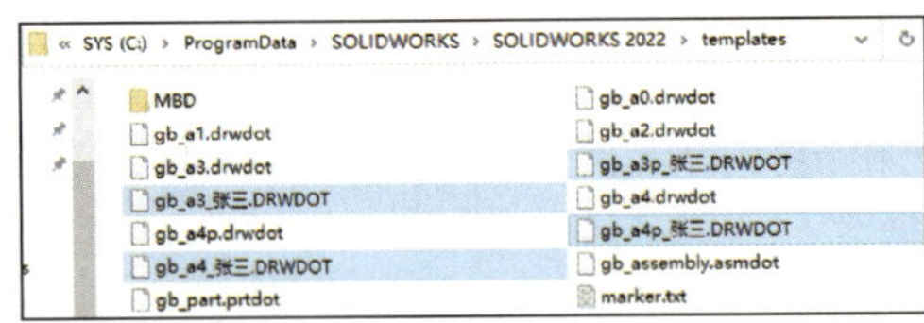

e）

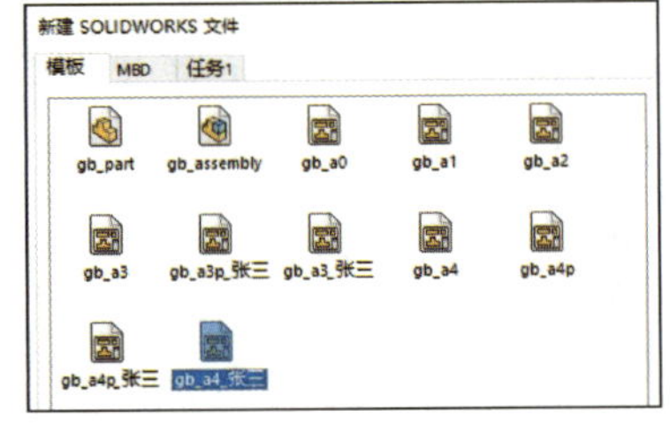

f）

图 7-1-3 添加自定义工程图模板

a）系统提供的模板 b）“系统选项”对话框 c）添加模板文件根目录

d）完成添加自定义工程图模板 1 e）将工程图模板文件复制到 SolidWorks 安装目录中

f）完成添加自定义工程图模板 2

提示

1. 在方法二中，在较新的如 SolidWorks 2015 以上版本中只需要复制“*.drwdot”格式的模板文件；在较旧的如 SolidWorks 2012 版本中，还要多复制“*.slddrt”格式文件。

2. 本书工程图均采用第一角画法，若要使用第三角画法，可以在工程图设计树中的“图纸 1”上单击鼠标右键，在弹出的菜单中单击“属性”，在投影类型中选择“第三视角”。

2. 生成 6 个基本视图和轴测图

（1）方法一

1）打开素材文件夹中的“项目七\任务 1\6 个基本视图 .SLDPRT”文件，单击

“新建” → “从零件 / 装配图制作工程图” ，如图 7–1–4a 所示。选择图 7–1–4b 中的 “gb_a4_ 张三” 模板，单击 “确定” 按钮。

2）右侧弹出如图 7–1–5a 所示的视图调色板，从中将 “前视” 图拖出来，放在工程图图框内，生成该零件的主视图，如图 7–1–5b 所示。

3）将光标向左、右、下、上拖动并单击，分别生成右、左、俯、仰 4 个视图，如图 7–1–6 所示。

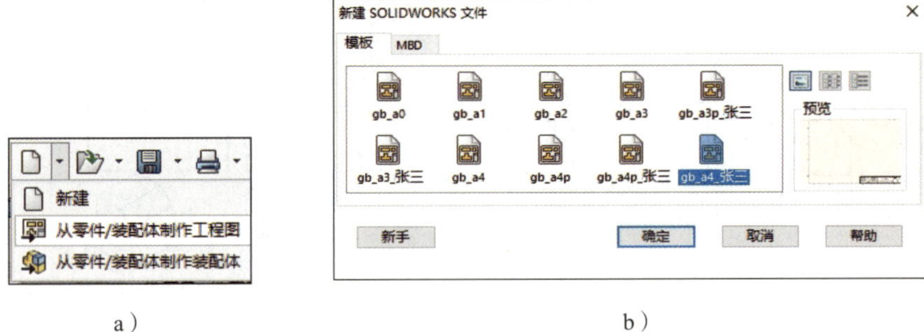

a）　　b）

图 7–1–4　新建工程图文件

a）新建文件　b）选择工程图模板

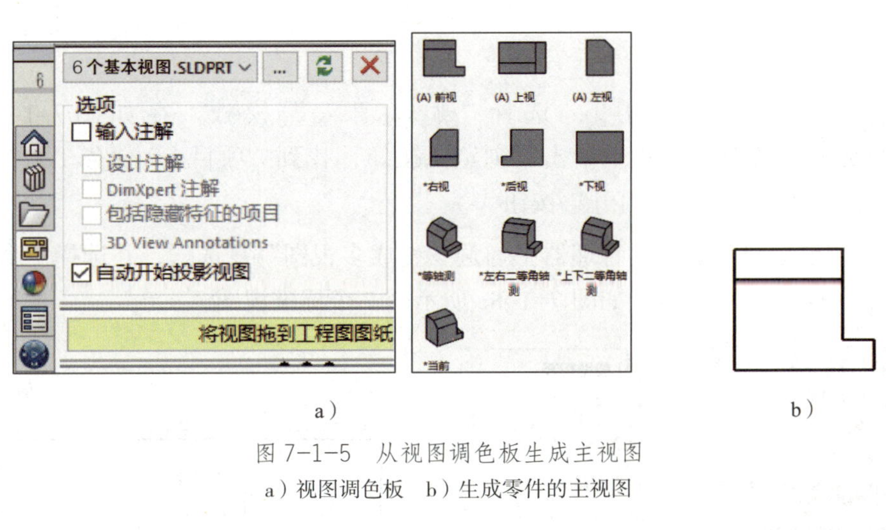

a）　　b）

图 7–1–5　从视图调色板生成主视图

a）视图调色板　b）生成零件的主视图

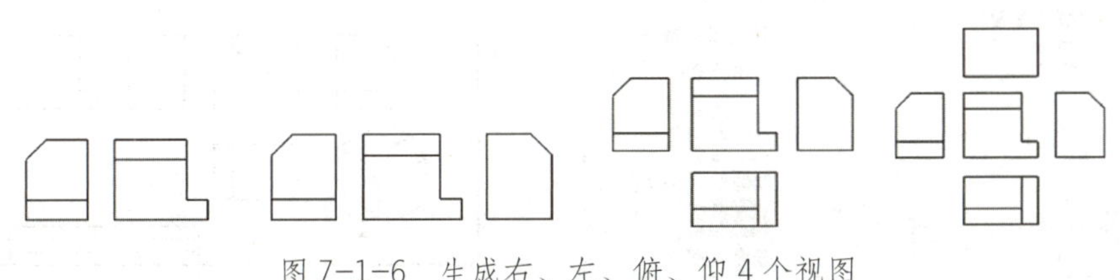

图 7–1–6　生成右、左、俯、仰 4 个视图

4）单击 “视图布局” 工具栏中的 “投影视图” 按钮，单击选中左视图，向右移动光标至合适位置单击，生成后视图，结果如图 7–1–7a 所示。

提示

选取某个视图生成其投影视图时，欲生成的投影视图与该视图（父视图）之间有自动位置对齐关系，若在移动时按住 Ctrl 键则可取消它们的位置对齐关系。

5）从视图调色板中拖出“等轴测”图，结果如图 7-1-7b 所示。

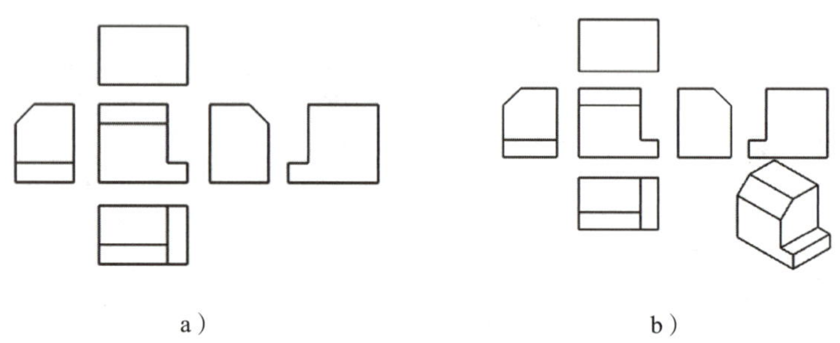

图 7-1-7　生成后视图和等轴测图

a）生成后视图　b）生成等轴测图

（2）方法二

1）单击“新建”按钮，选择“gb_a4_张三”模板。在如图 7-1-8a 所示的“模型视图”属性管理器中单击“浏览”按钮，找到“项目七\任务 1\6 个基本视图 .SLDPRT”文件，单击“打开”按钮。

2）在“模型视图”属性管理器中勾选“生成多视图”复选框，并选择 7 个标准视图，如图 7-1-8b 所示，生成如图 7-1-8c 所示的 7 个标准视图。

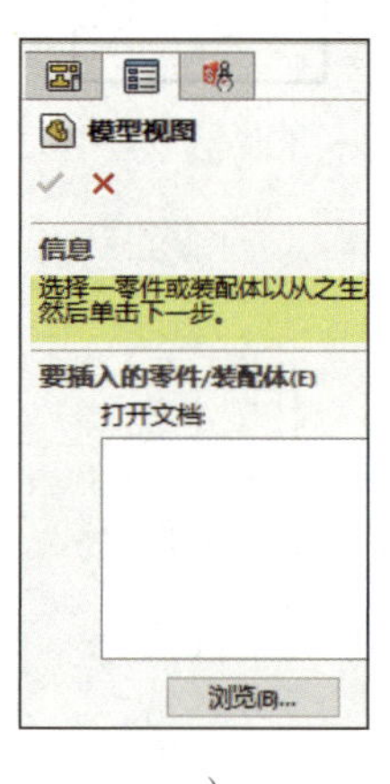

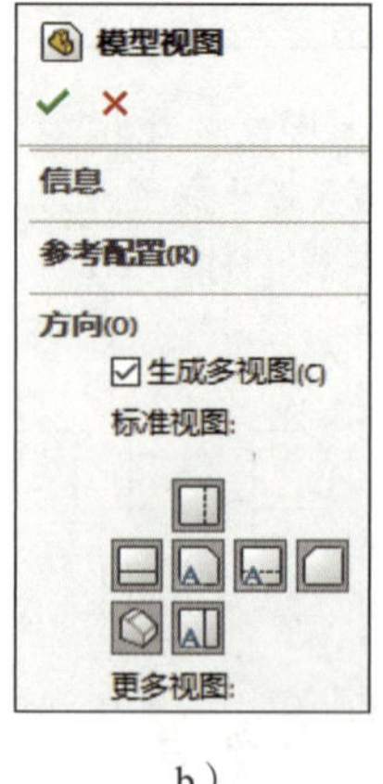

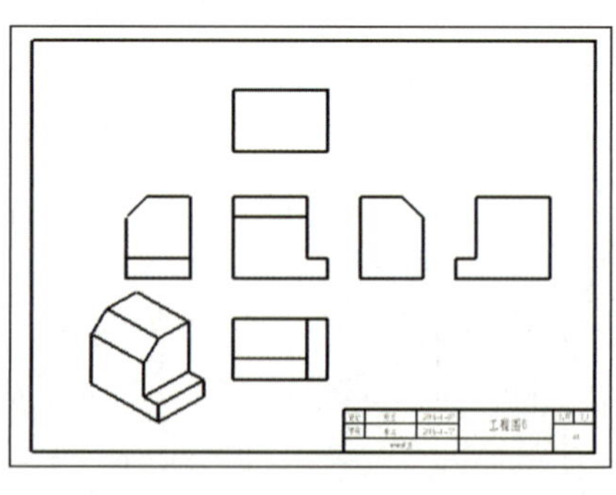

a）　b）　c）

图 7-1-8　生成标准视图

a）“模型视图”属性管理器　b）选择 7 个标准视图　c）生成 7 个标准视图

提示

零件或装配体必须先保存，才能生成其关联工程图。

3. 编辑视图

（1）修改视图比例

在“2. 生成6个基本视图和轴测图”中方法二中的第2步生成标准视图前，在“工程图视图”属性管理器中选择比例，如图7-1-9所示，即可修改视图比例。

（2）改变视图位置

在工程图中单击等轴测图，按住鼠标左键将其拖动到新位置，结果如图7-1-10所示。若拖动有自动位置对齐关系的视图时，则只能沿其对齐的方向拖动，可在该视图上单击鼠标右键，单击“视图对齐”→“解除对齐关系”解除其对齐关系，如图7-1-11所示，即可随意拖动其位置。

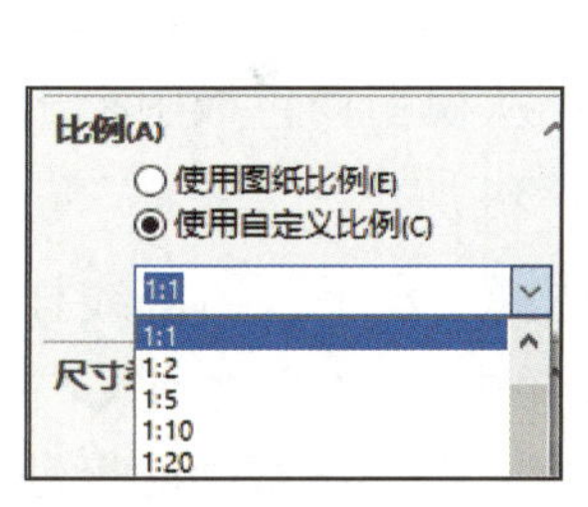

图7-1-9　修改视图比例

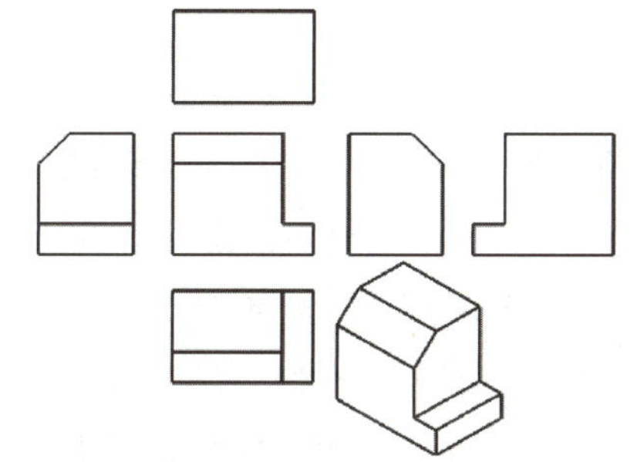

图7-1-10　改变视图位置

图7-1-11　解除对齐关系

（3）修改视图显示样式

按住Ctrl键，选择6个基本视图，在“工程图视图”属性管理器中的“显示样式”中选择“隐藏线可见”样式，单击等轴测图，选择“带边线上色”样式，结果如图7-1-12所示。

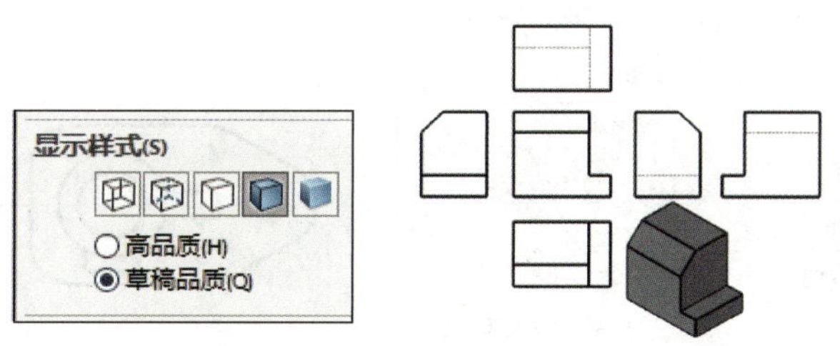

图7-1-12　修改视图显示样式

4. 生成剖视图

（1）生成单一剖切平面的全剖视图

例：打开素材文件夹中的“项目七\任务 1\全剖视图 .SLDPRT”文件，生成如图 7–1–13 所示的工程图。

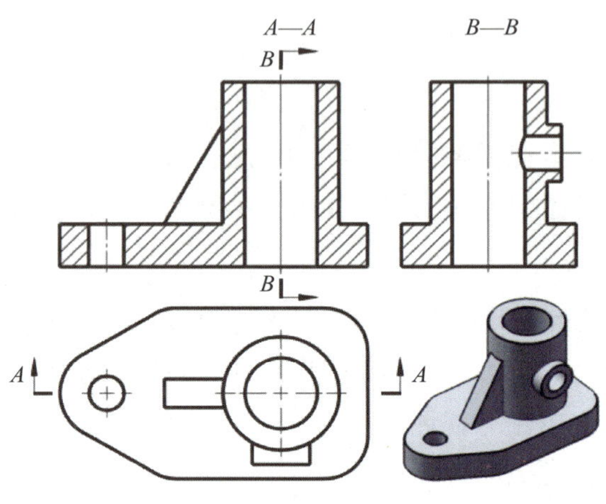

图 7–1–13　全剖视图

1）打开素材文件夹中的“项目七\任务 1\全剖视图 .SLDPRT”文件，选择“gb_a4_张三”模板。生成俯视图，显示样式为“消除隐藏线”，从视图调色板中拖出一个“当前”视图，将该视图上色，比例为 1∶1，结果如图 7–1–14 所示。

2）单击“视图布局”工具栏中的“剖面视图”按钮，选择“水平”切割线样式，在俯视图最左侧圆弧圆心处单击，在弹出的关联工具栏中单击“确定”按钮，可绘制切割线，结果如图 7–1–15 所示。弹出“剖面视图”对话框，选取图纸中的等轴测图中的筋，或选取设计树中的“筋 1”特征，如图 7–1–16a 所示，则“筋特征”列表框中就会出现“筋 1”，单击“确定”按钮，如图 7–1–16b 所示。向上移动光标，出现剖视图的预览，通过如图 7–1–16c 所示的“反转方向”按钮可以修改剖视图的方向，在合适位置单击，生成如图 7–1–16d 所示的 *A—A* 剖视图。

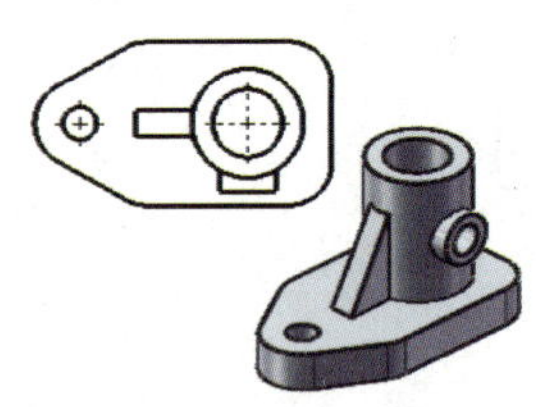

图 7–1–14　生成两个视图

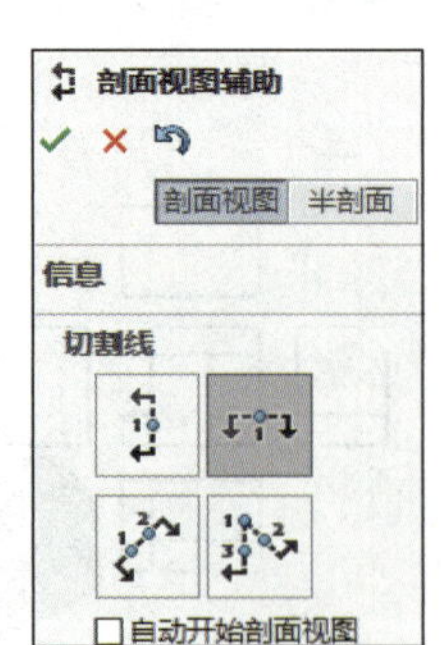

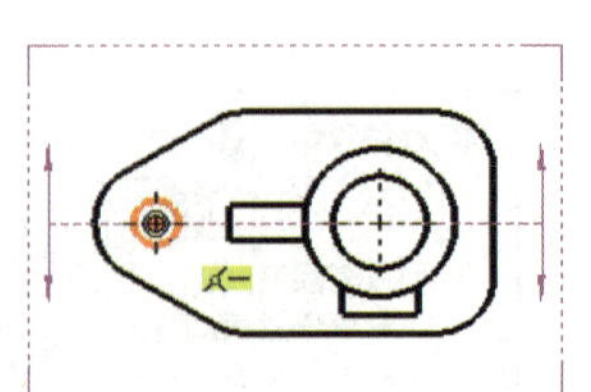

图 7–1–15　绘制切割线

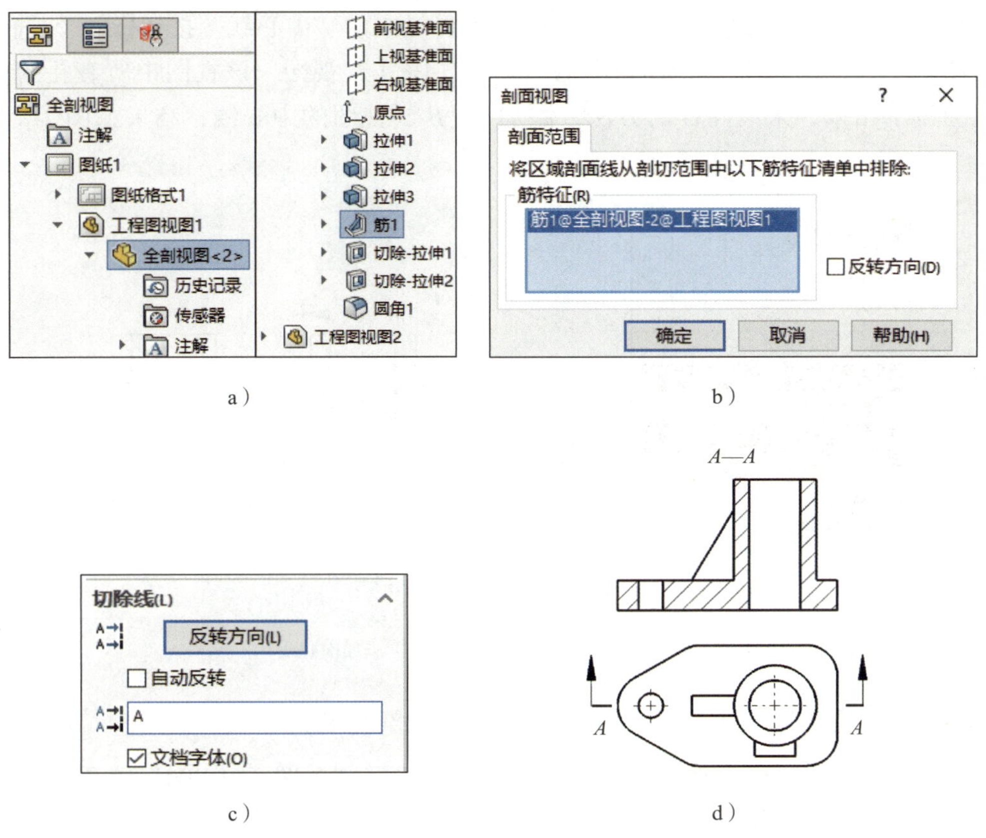

图 7-1-16　生成 *A*—*A* 剖视图

a）选取“筋 1”特征　b）“筋特征”列表框　c）“反转方向”按钮　d）*A*—*A* 剖视图

3）单击“剖面视图”按钮，选择“竖直”切割线样式，如图 7-1-17a 所示，在 *A*—*A* 剖视图中捕捉孔的轮廓线中点处单击，可绘制切割线，结果如图 7-1-17b 所示，再在“剖面视图”对话框中的“剖面范围”选项卡中单击“确定”按钮，生成如图 7-1-17c 所示的 *B*—*B* 剖视图。

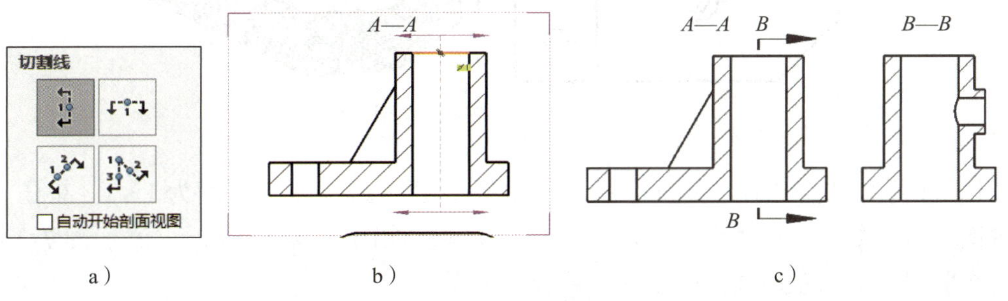

图 7-1-17　生成 *B*—*B* 剖视图

a）选择切割线样式　b）绘制切割线　c）*B*—*B* 剖视图

4）添加视图中心线。先单击“注解”工具栏中的“中心线”按钮，勾选“选择视图”复选框，如图 7-1-18a 所示，再单击 *A—A* 剖视图，该视图中所有孔的中心线就会显示出来，采用同样的方法，添加 *B—B* 剖视图的中心线，结果如图 7-1-18b 所示。

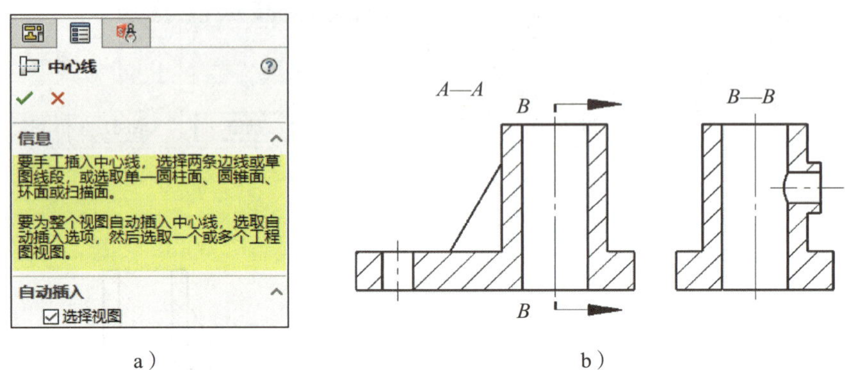

a）　　b）

图 7-1-18　生成中心线

a）勾选“选择视图”复选框　b）添加中心线

（2）生成几个平行剖切平面的全剖视图（阶梯剖视图）

例：打开素材文件夹中的“项目七\任务 1\阶梯剖视图 .SLDPRT”文件，生成如图 7-1-19 所示的工程图。

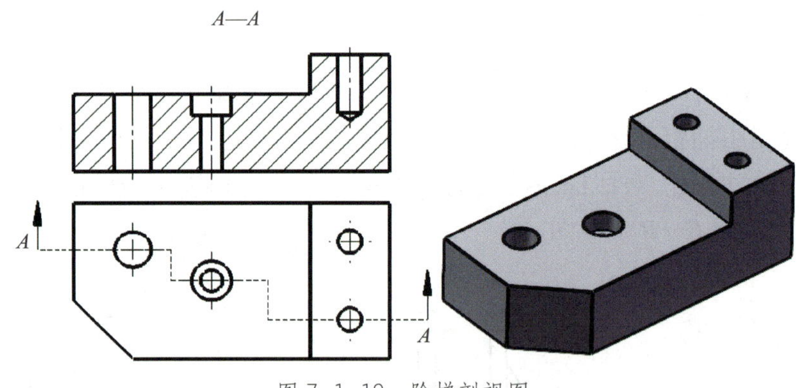

图 7-1-19　阶梯剖视图

1）打开文件，选择“gb_a4_张三”模板。生成俯视图，比例为 1∶1。单击“剖面视图”按钮，选择“水平”切割线样式，如图 7-1-20a 所示，添加图 7-1-20b 中的水平切割线与左边圆孔圆心的“重合”关系。

2）在如图 7-1-20c 所示的关联工具栏中单击“单偏移”按钮，在图 7-1-20d 中的蓝色圆点的附近位置单击，以确定切割线的转折点，并向下移动光标，使切割线与中间沉孔的圆心形成“重合”关系，如图 7-1-20e 所示。

3）采用同样的方法，在如图 7-1-20f 所示的关联工具栏中单击“单偏移”按钮，在圆点附近位置单击，以确定切割线的转折点，并向下移动光标，使切割线与右边其中一个圆孔的圆心形成“重合”关系，如图 7-1-20g 所示。

4）确定好各个剖切位置后，在如图 7-1-20h 所示的关联工具栏中单击“确定”按钮，向上移动光标，如图 7-1-20i 所示，将 *A—A* 剖视图放在适当位置，结果如图 7-1-21 所示。

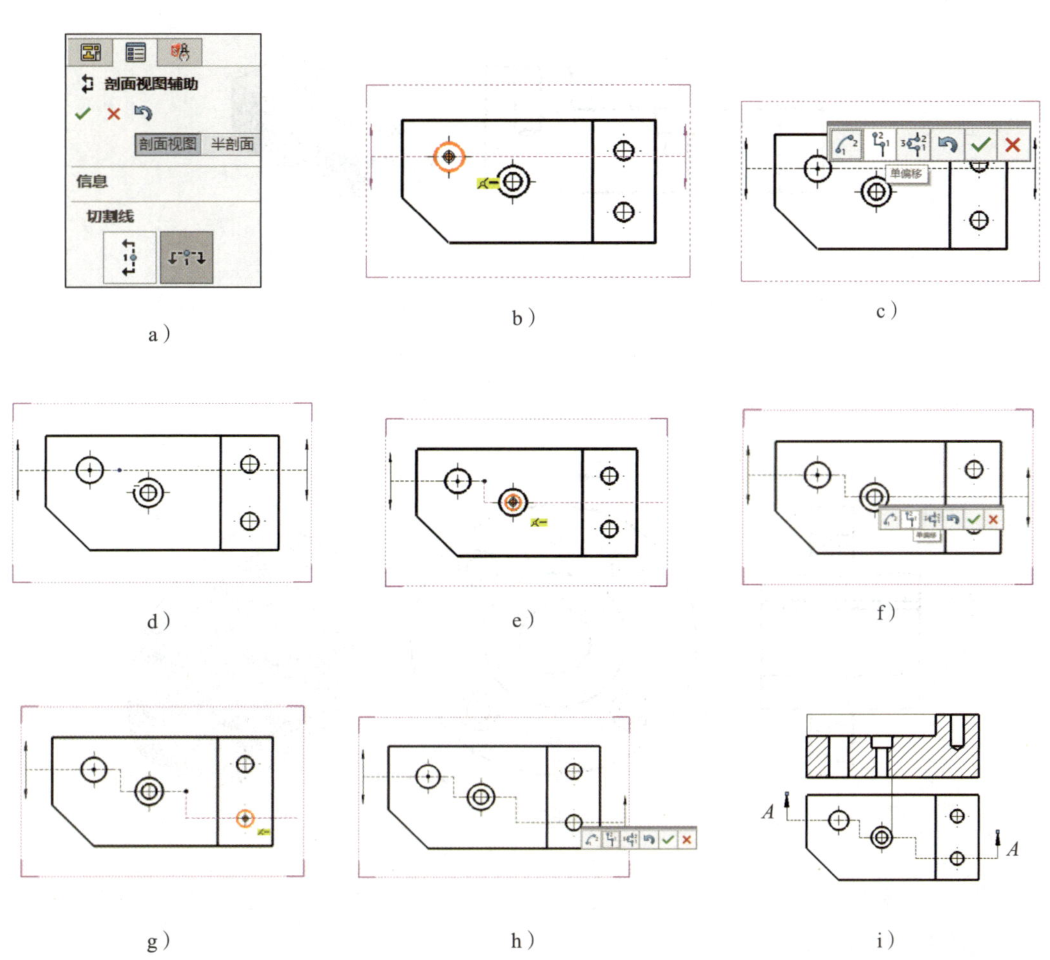

图 7-1-20　生成 *A—A* 剖视图的过程

a）选择切割线样式　b）设置切割线 1　c）选择单偏移 1　d）确定切割线转折点 1
e）设置切割线 2　f）选择单偏移 2　g）确定切割线转折点 2
h）确定剖切位置　i）确定剖视图方向

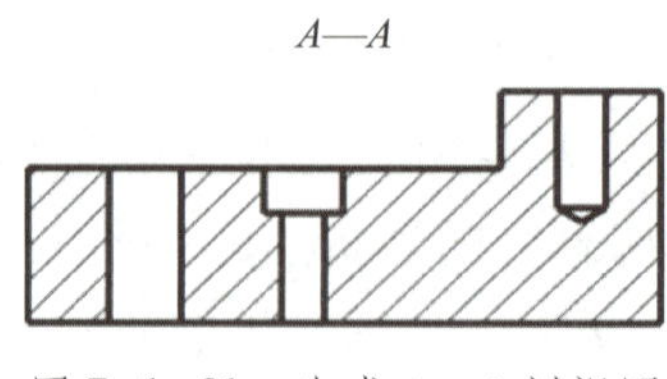

图 7-1-21　生成 A—A 剖视图

5）单击“中心线”按钮，添加 A—A 剖视图的中心线。生成轴测图，结果如图 7-1-22 所示。

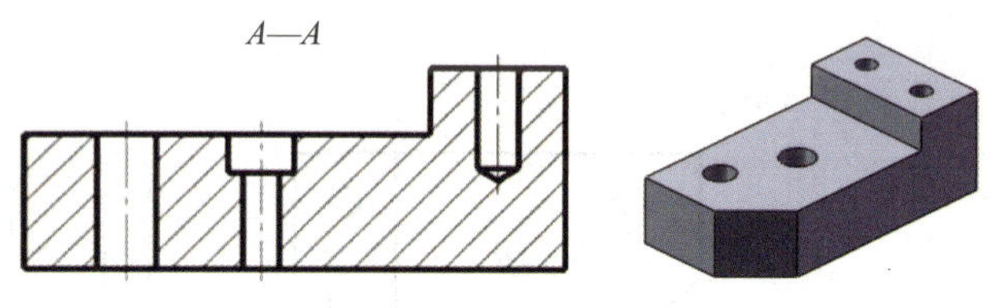

图 7-1-22　添加中心线和生成轴测图

（3）生成几个相交剖切平面的全剖视图（旋转剖视图）

例：打开素材文件夹中的“项目七\任务 1\旋转剖视图 .SLDPRT”文件，生成如图 7-1-23 所示的工程图。

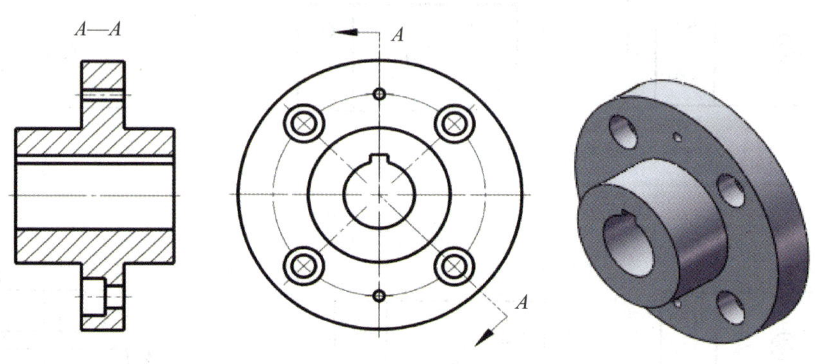

图 7-1-23　旋转剖视图

1）打开文件，选择“gb_a4_张三”模板。生成主视图和轴测图，比例为 1∶1，结果如图 7-1-24a 所示。

2）单击“剖面视图”按钮，选择如图 7-1-24b 所示的“对齐”切割线样式，添加切割线交点与带键槽的孔的圆心“重合”关系，如图 7-1-24c 所示。添加上方切割线与上方小圆孔的圆心“重合”关系，如图 7-1-24d 所示。

3）添加下方切割线与右下角沉孔的圆心“重合”关系，如图 7-1-24e 所示。出现如图 7-1-24f 所示的关联工具栏，单击“确定”按钮，在“剖面视图 D-D”属性管理器中勾选“自动反转”复选框，如图 7-1-24g 所示，修改剖视图名称为“*A*”，向左移动光标，把 *A*—*A* 剖视图放在适当位置，结果如图 7-1-24h 所示。

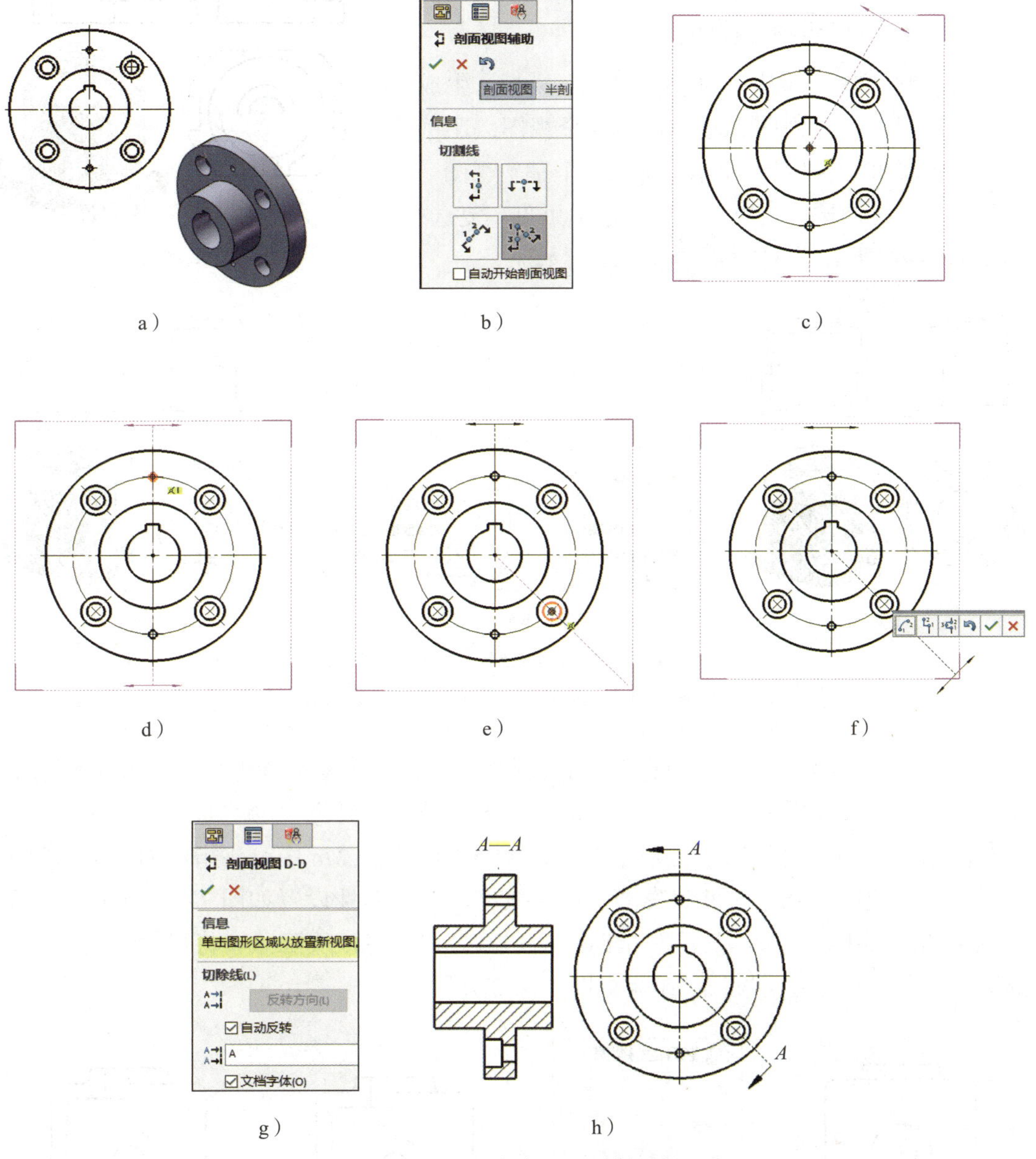

a）　b）　c）　d）　e）　f）　g）　h）

图 7-1-24　生成 *A*—*A* 剖视图

a）生成两个视图　b）选择切割线样式　c）设置切割线交点　d）设置上方切割线几何关系　e）设置下方切割线几何关系　f）确认切割线　g）设置剖视图方向　h）*A*—*A* 剖视图

4）单击“中心线”按钮，添加 *A*—*A* 剖视图的中心线，结果如图 7-1-23 所示。

（4）生成半剖视图

例：打开素材文件夹中的“项目七\任务 1\半剖视图.SLDPRT”文件，选择“gb_a4_张三”模板，生成如图 7-1-25 所示的工程图。

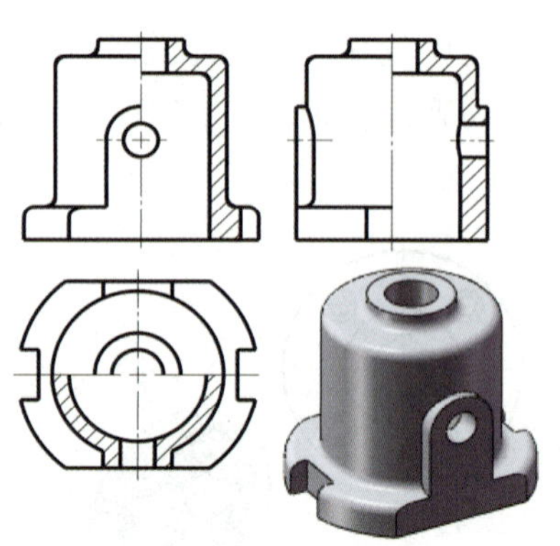
图 7-1-25 半剖视图

1）打开文件，选择“gb_a4_张三”模板。生成主视图、俯视图、左视图和轴测图等 4 个视图，比例为 1∶1，结果如图 7-1-26a 所示。选取 3 个基本视图，单击鼠标右键，勾选“切边”→“切边不可见”复选框，如图 7-1-26b 所示，结果如图 7-1-26c 所示。

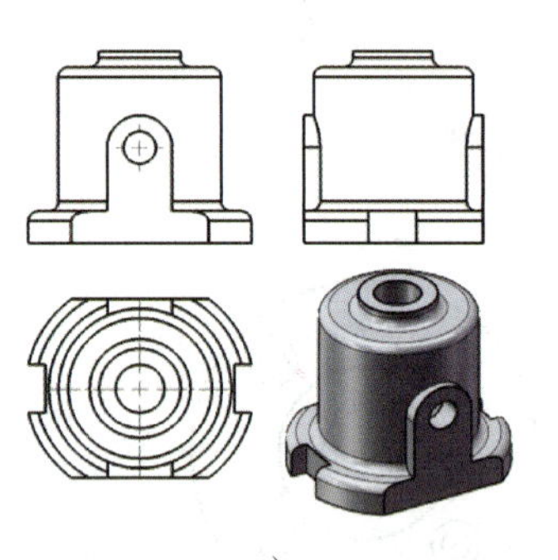
a）

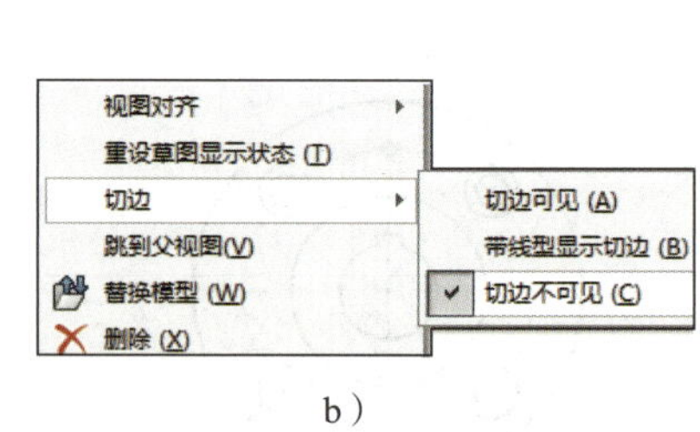

b）

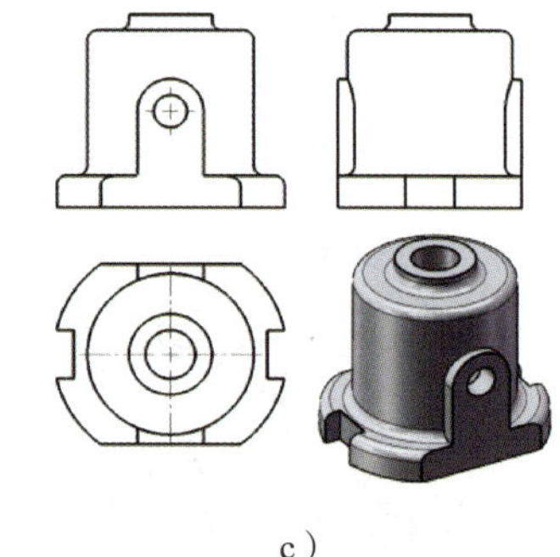
c）

图 7-1-26 生成视图、隐藏视图切边
a）生成 4 个视图 b）设置视图切边不可见 c）视图切边不可见

2）单击“边角矩形”按钮，在主视图中分别单击最上方边线中点和右下角点，绘制如图 7-1-27a 所示的矩形。先单击“视图布局”工具栏中的“断开的剖视图”按钮，在“深度参考”后的方框中单击，再单击图 7-1-27a 中箭头指向的侧影轮廓边线，勾选“预览”复选框可观察剖切位置效果，相关属性设置如图 7-1-27b 所示。单击选中如图 7-1-27c 所示的箭头指向的剖切分界线，将该线隐藏。将视图中圆孔中心线向上、下和左边方向拉长，结果如图 7-1-27d 所示。

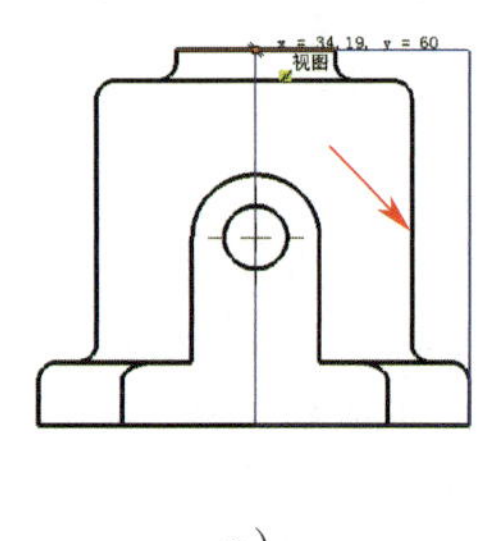
a）

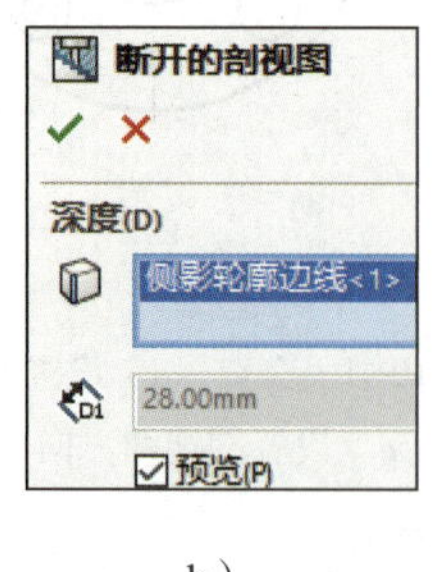

b）

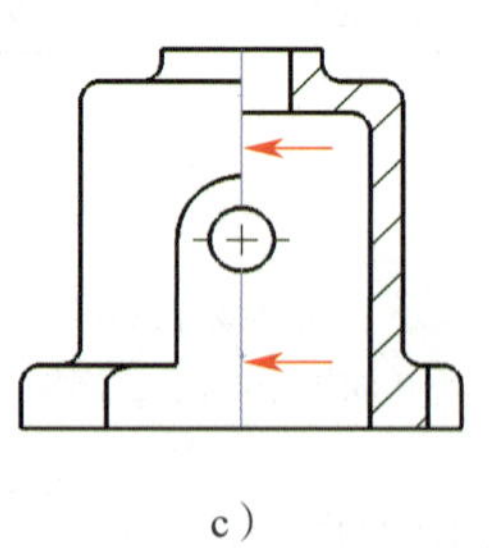
c）

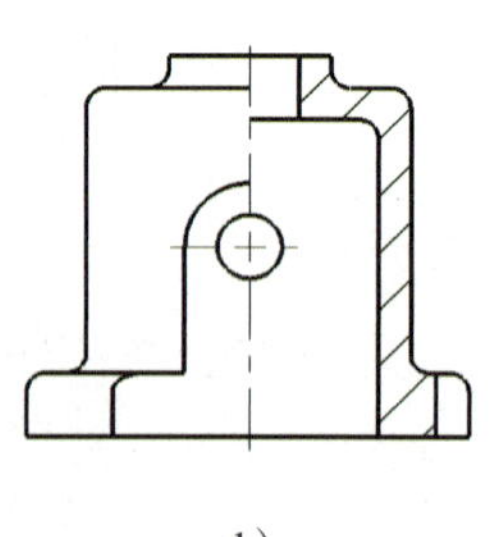
d）

图 7-1-27 生成主视图的半剖视图
a）绘制剖切矩形 b）“断开的剖视图”属性设置 c）选中剖切分界线 d）完成半剖视图

3）在左视图中绘制如图 7–1–28a 所示的矩形，单击“断开的剖视图”按钮，在“深度参考”中选择左视图侧影轮廓边线，生成断开的剖视图，隐藏剖切分界线，结果如图 7–1–28b 所示。添加中心线，结果如图 7–1–28c 所示，单击“中心线”按钮，单击如图 7–1–28c 所示的小孔上、下边线生成小孔的中心线，结果如图 7–1–28d 所示。

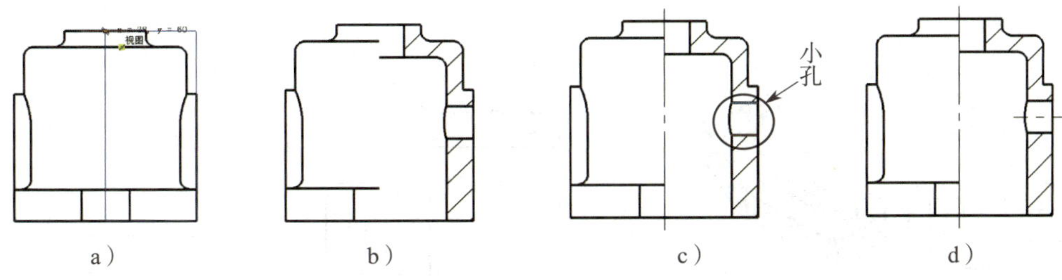

图 7–1–28　生成左视图的半剖视图

a）绘制剖切矩形　b）生成断开的剖视图　c）添加中心线　d）添加小孔中心线

4）在俯视图中绘制如图 7–1–29a 所示的矩形，单击“断开的剖视图”按钮，在“深度参考”中选择如图 7–1–29b 所示的箭头指向的圆弧边线，隐藏剖切分界线，结果如图 7–1–29c 所示。

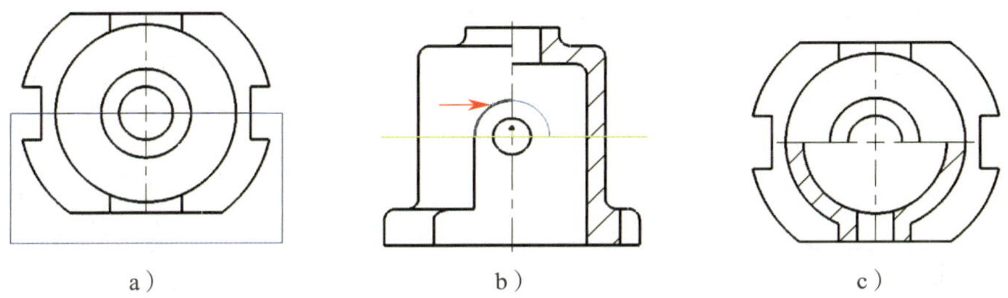

图 7–1–29　生成俯视图的半剖视图

a）绘制剖切矩形　b）确定剖切位置　c）完成半剖视图

5. 生成局部剖视图、局部视图和斜视图

例：打开素材文件夹中的“项目七\任务 1\斜视图 .SLDPRT”文件，生成如图 7–1–30 所示的工程图。

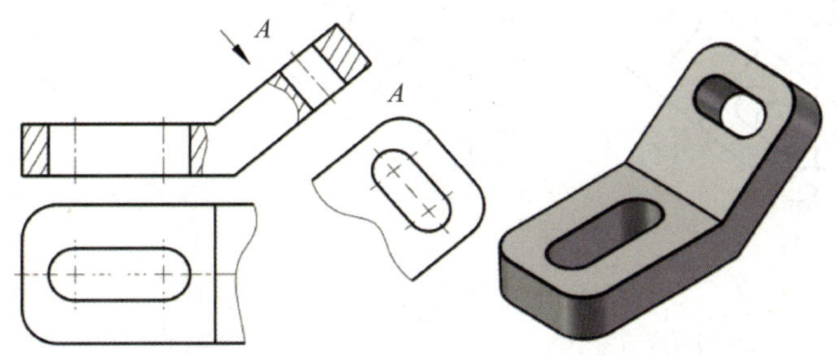

图 7–1–30　生成局部剖视图、局部视图和斜视图

（1）打开文件，选择“gb_a4_ 张三”模板。生成主视图、俯视图和轴测图等 3 个视图，比例为 1 : 1，使切边不可见，结果如图 7–1–31a 所示。

（2）在主视图中绘制封闭样条曲线，单击“断开的剖视图”按钮，在“深度参考”中选择箭头指向的圆弧边线，如图 7–1–31b 所示，完成后的结果如图 7–1–31c 所示。

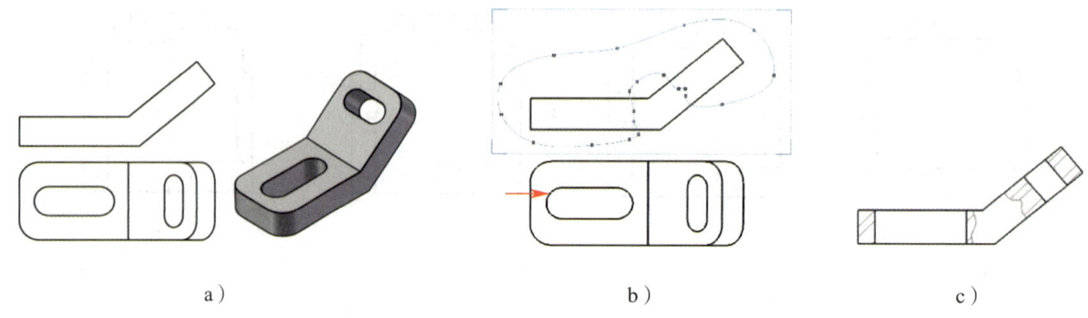

图 7–1–31　生成视图、局部剖视图

a）生成 3 个视图　b）确定剖切位置　c）局部剖视图

（3）在俯视图中绘制如图 7–1–32a 所示的封闭样条曲线，单击“剪裁视图”按钮，生成如图 7–1–32b 所示的局部视图。单击图 7–1–32c 中的主视图中的斜线，单击“辅助视图”按钮，在合适的位置单击生成如图 7–1–32d 所示的斜视图。在斜视图中绘制如图 7–1–32e 所示的封闭样条曲线，单击“剪裁视图”按钮，结果如图 7–1–32f 所示。

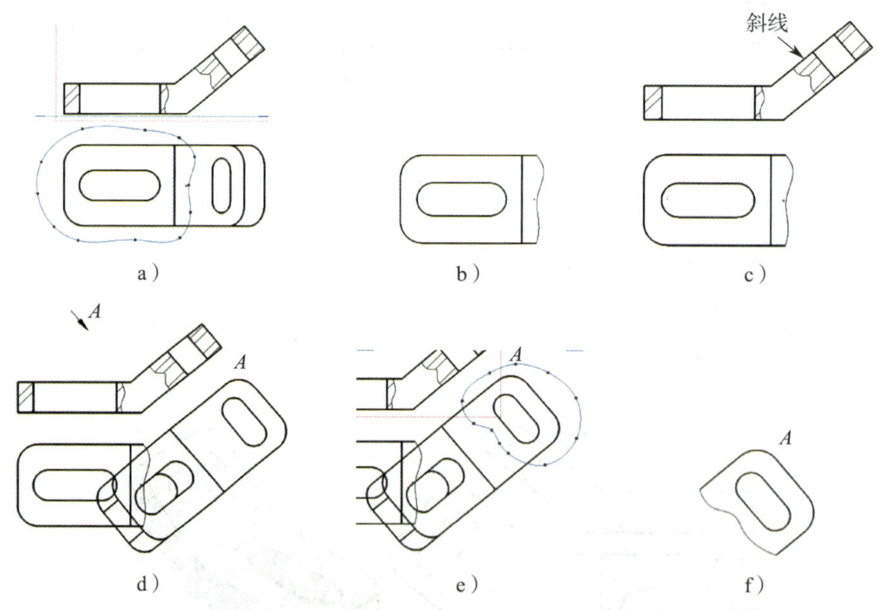

图 7–1–32　生成局部视图、斜视图

a）绘制封闭样条曲线 1　b）生成局部视图 1　c）选取主视图中的斜线

d）生成斜视图　e）绘制封闭样条曲线 2　f）生成局部视图 2

（4）在主视图中双击剖面线，“断开的剖视图”相关属性设置如图 7–1–33 所示，单击“重建模型”按钮，完成剖面线方向的编辑。

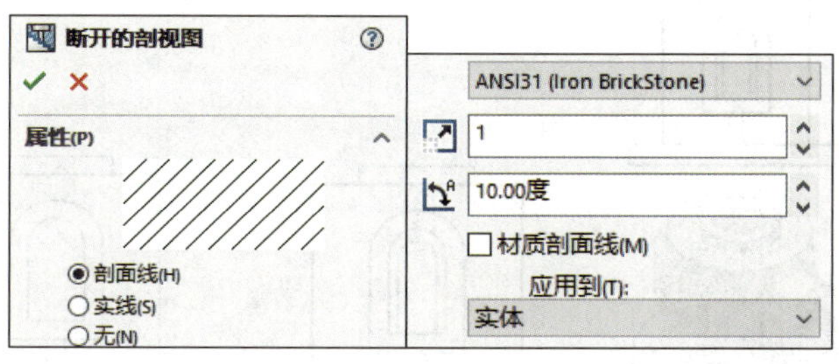

图 7–1–33　设置剖面线

（5）在各视图中添加中心线并将其调整至合适长度，结果如图 7–1–30 所示。

6. 生成封闭轮廓作边界的局部视图

例：打开素材文件夹中的“项目七\任务 1\局部视图 .SLDPRT”文件，生成如图 7–1–34 所示的工程图。

（1）打开文件，选择“gb_a3_张三”模板。生成俯视图，比例为 1∶1，结果如图 7–1–35a 所示。选择俯视图，单击“旋转视图”按钮，“旋转工程视图”对话框的设置如图 7–1–35b 所示，结果如图 7–1–35c 所示。

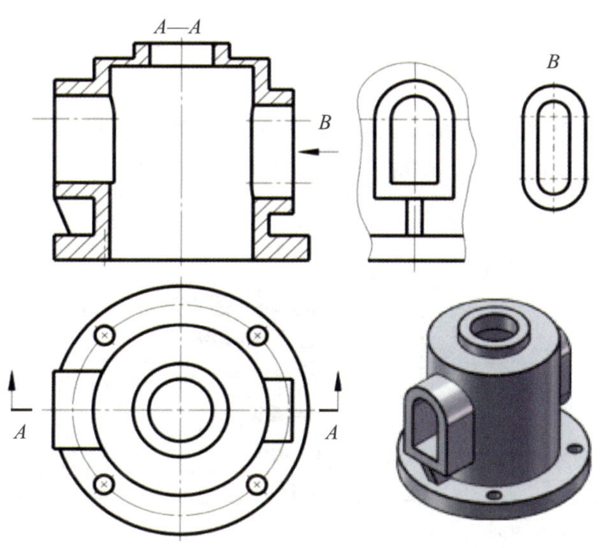

图 7–1–34　生成封闭轮廓作边界的局部视图

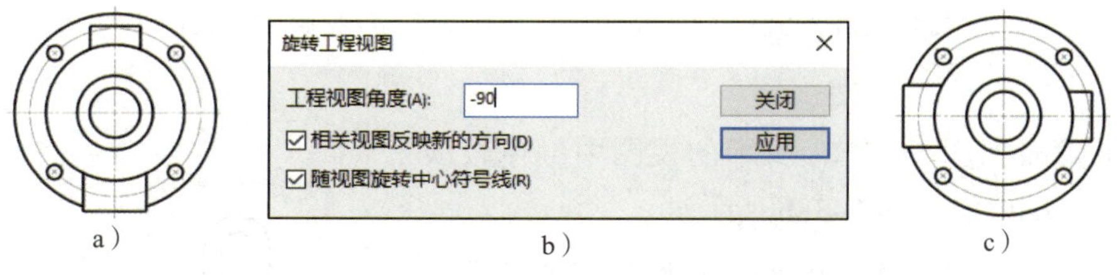

图 7–1–35　生成俯视图并旋转视图

a）生成俯视图　b）“旋转工程视图”对话框的设置　c）完成视图旋转

（2）生成如图 7–1–36a 所示的 *A—A* 剖视图、左视图和轴测图 3 个新视图。选中左视图中如图 7–1–36b 所示的箭头指向的 3 条线，单击鼠标右键，单击“隐藏 / 显示边线”将其隐藏。在左视图中绘制如图 7–1–36c 所示的样条曲线，单击“剪裁视图”

按钮，结果如图 7-1-36d 所示。

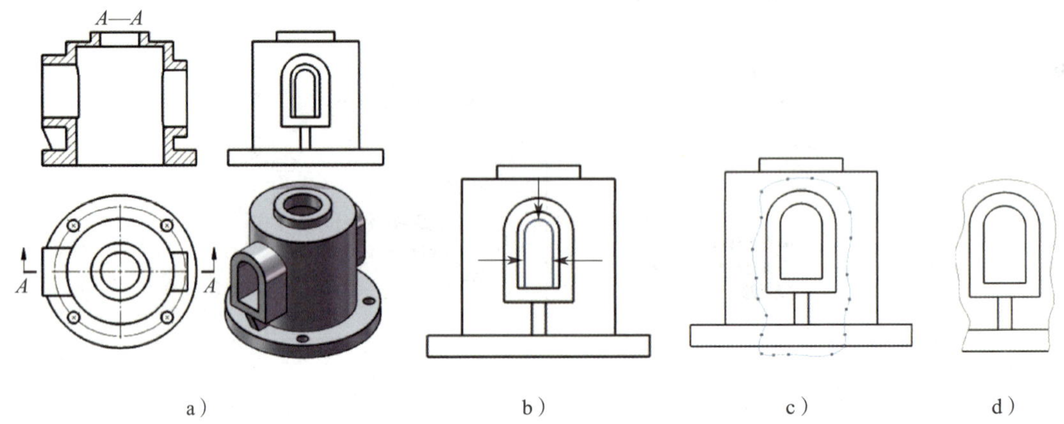

a） b） c） d）

图 7-1-36 将左视图修改成局部视图

a）生成 3 个新视图 b）选中边线 c）绘制样条曲线 d）局部视图

（3）生成如图 7-1-37a 所示的右视图，解除右视图的视图位置对齐关系，将右视图拖动到左视图的右侧。选中右视图，“工程图视图”相关属性设置如图 7-1-37b 所示，将右视图命名为“*B*”，将 *B* 向投影方向箭头移至如图 7-1-37c 所示的位置。

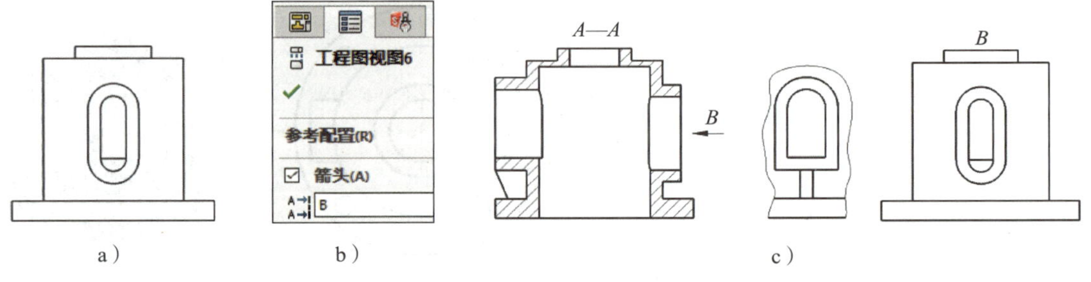

a） b） c）

图 7-1-37 生成 *B* 向视图

a）生成右视图 b）“工程图视图”属性设置 c）完成 *B* 向视图

（4）隐藏如图 7-1-38a 所示的视图中颜色较淡的轮廓线，结果如图 7-1-38b 所示。

（5）在各视图中添加中心线并将其调整至合适长度，结果如图 7-1-34 所示。

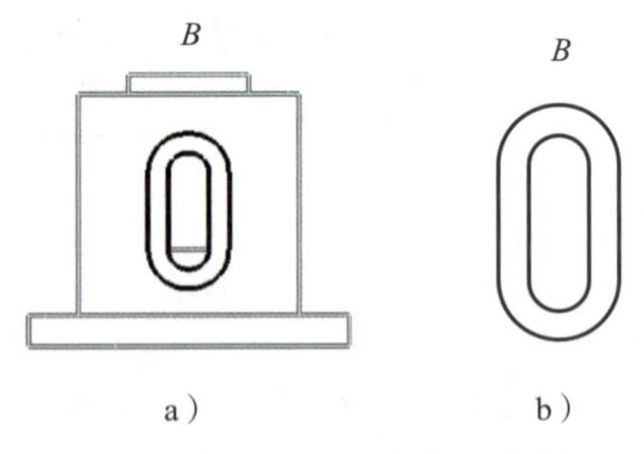

a） b）

图 7-1-38 将右视图修改成局部视图

a）轮廓线 b）局部视图

7. 生成断裂视图、断面图和局部放大图

例：打开素材文件夹中的“项目七\任务 1\断裂视图、断面图和局部放大图 .SLDPRT”文件，生成如图 7-1-39 所示的工程图。

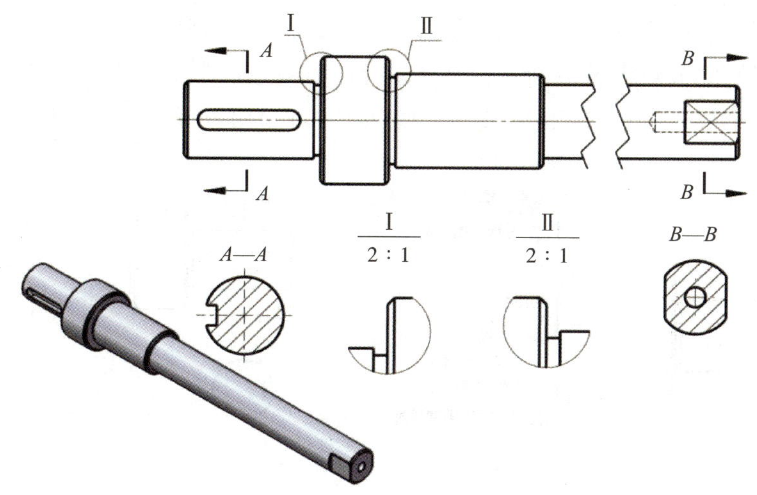

图 7-1-39　断裂视图、断面图和局部放大图

（1）打开文件，选择“gb_a4_张三”模板。生成主视图，比例为 1∶1，将主视图改成“隐藏线可见”样式，添加中心线，结果如图 7-1-40a 所示。单击主视图，单击“断裂视图”按钮，相关属性设置如图 7-1-40b 所示，在合适的位置单击生成第一条折断线，如图 7-1-40c 所示，在合适的位置单击生成第二条折断线，如图 7-1-40d 所示，结果如图 7-1-40e 所示。

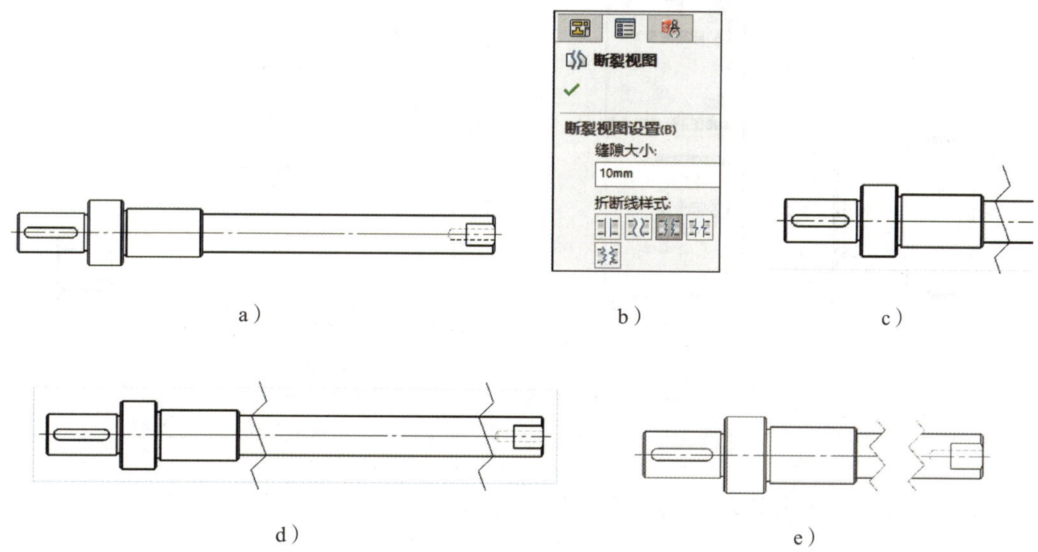

图 7-1-40　生成断裂视图

a）生成主视图　b）“断裂视图”属性设置　c）生成第一条折断线
d）生成第二条折断线　e）完成断裂视图

（2）单击“剖面视图”按钮，在主视图中带键槽的轴段中间绘制切割线，如

图 7–1–41a 所示，生成一个 *A*—*A* 断面图，相关属性设置如图 7–1–41b 所示。把 *A*—*A* 断面图与父视图的位置对齐关系断开，将 *A*—*A* 断面图放在剖切位置的下方，如图 7–1–41c 所示。采用同样的方法，在右侧轴段中生成如图 7–1–41d 所示的 *B*—*B* 断面图。

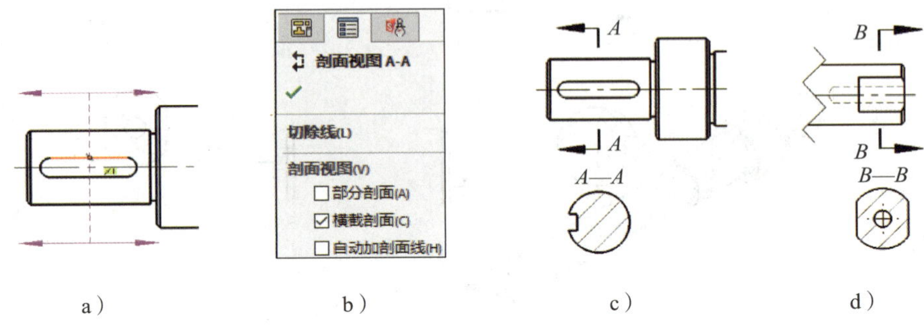

图 7–1–41　生成断面图

a）绘制切割线　b）“剖面视图”属性设置　c）生成 *A*—*A* 断面图　d）生成 *B*—*B* 断面图

（3）单击“局部视图”按钮，在主视图中的越程槽位置绘制一个圆，如图 7–1–42a 所示，相关属性设置如图 7–1–42b 所示，单击视图放置位置生成局部放大图Ⅰ，采用同样的方法，生成局部放大图Ⅱ，结果如图 7–1–42c 所示。在主视图右侧平面处绘制两条平面符号线，如图 7–1–42d 所示。

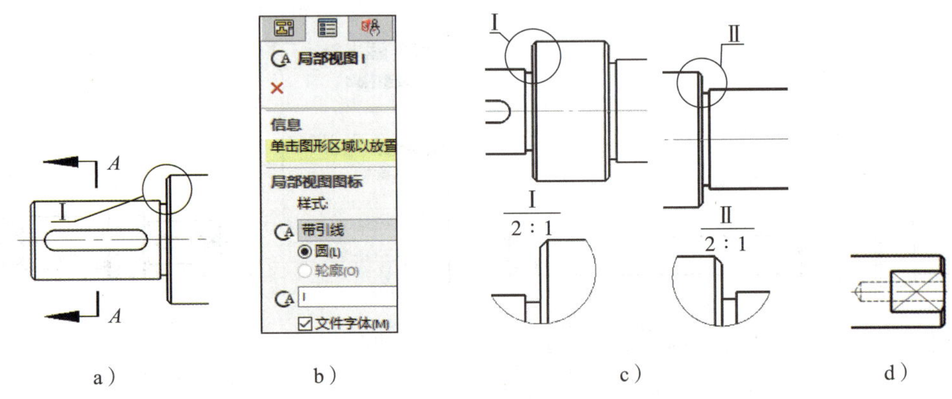

图 7–1–42　生成局部放大图、绘制平面符号线

a）绘制圆　b）“局部视图”属性设置　c）生成局部放大图　d）绘制平面符号线

（4）生成自定义比例为 1 : 2 的轴测图，结果如图 7–1–39 所示。

可通过生成左视图的半剖视图和局部剖视图、生成主视图的全剖视图、生成俯视

图的全剖视图、生成局部放大图等操作，生成如图 7-1-1 所示的支座零件工程图，其设计思路如图 7-1-43 所示。

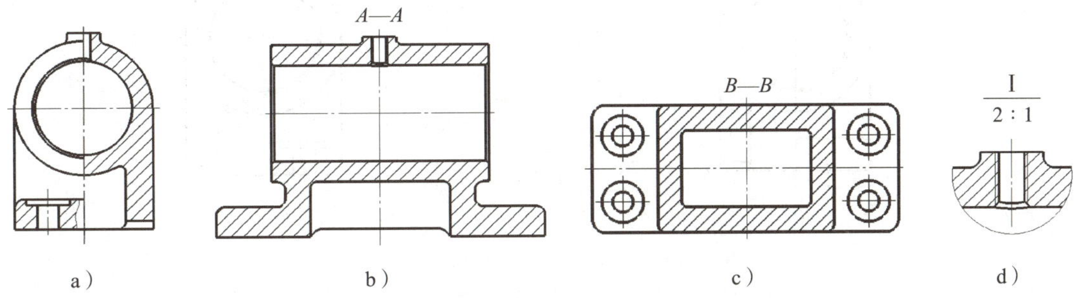

图 7-1-43　支座零件工程图的设计思路

a）生成左视图的半剖视图和局部剖视图　b）生成主视图的全剖视图

c）生成俯视图的全剖视图　d）生成局部放大图

1. 生成左视图的半剖视图和局部剖视图

（1）打开文件，选择“gb_a3_张三”模板。生成左视图，设置比例 1∶1。设置切边不可见，结果如图 7-1-44a 所示。在左视图中绘制如图 7-1-44b 所示的矩形，单击“断开的剖视图”按钮，在“深度参考”中选择图 7-1-44c 中箭头指向的侧影轮廓边线。将剖切分界线隐藏，半剖视图如图 7-1-44d 所示。

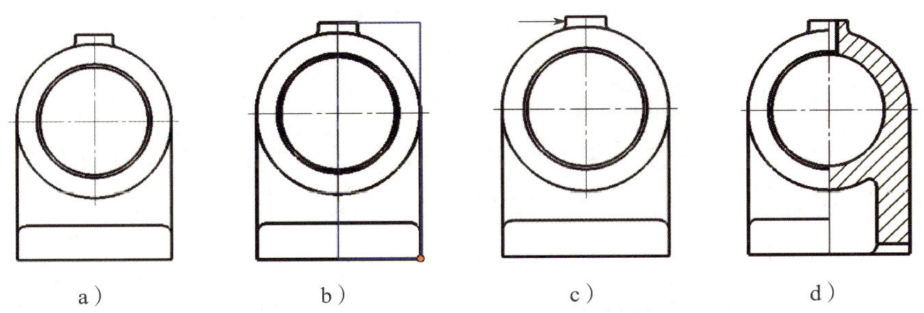

图 7-1-44　生成左视图的半剖视图

a）设置切边不可见　b）绘制剖切矩形　c）确定剖切位置　d）生成半剖视图

（2）在左视图中绘制如图 7-1-45a 所示的样条曲线，单击“断开的剖视图”按钮，相关属性设置如图 7-1-45b 所示，生成局部剖视图。添加沉孔中心线并将其调整至合适长度，结果如图 7-1-45c 所示。

2. 生成主视图的全剖视图

单击“剖面视图”按钮，在左视图中将切割线确定在如图 7-1-46a 所示的位置，生成如图 7-1-46b 所示的 A—A 剖视图，添加中心线，结果如图 7-1-46c 所示。

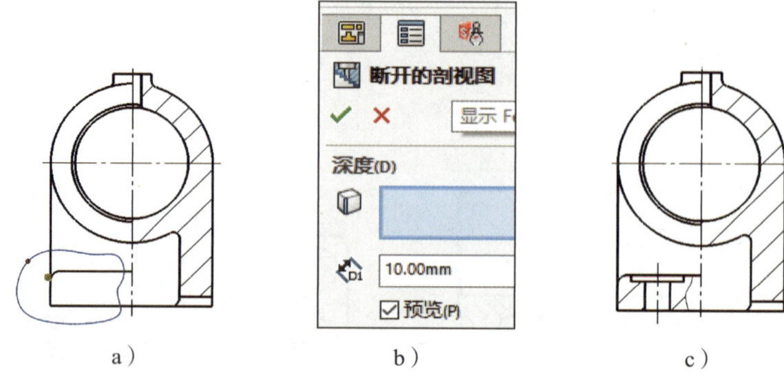

图 7-1-45　生成左视图的局部剖视图
a）绘制样条曲线　b）“断开的剖视图”属性设置　c）添加中心线

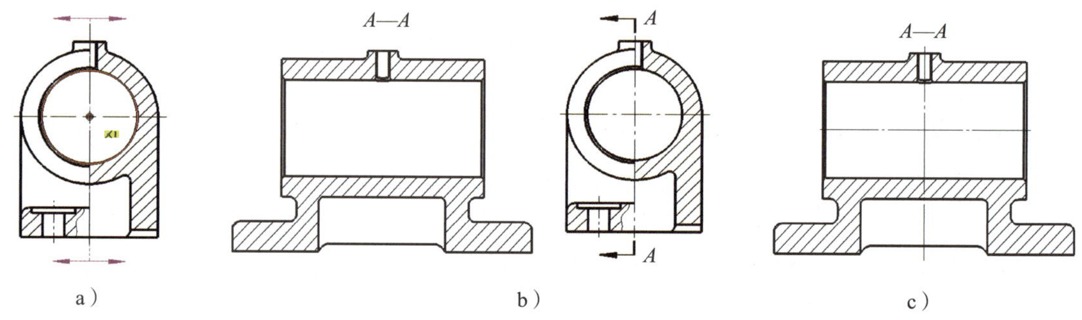

图 7-1-46　生成主视图的全剖视图
a）确定剖切位置　b）生成 *A—A* 剖视图　c）添加中心线

3. 生成俯视图的全剖视图

单击“剖面视图”按钮，在主视图中绘制如图 7-1-47a 所示的水平切割线，将 *B—B* 剖视图放在剖切位置的下方。添加中心线，结果如图 7-1-47b 所示。

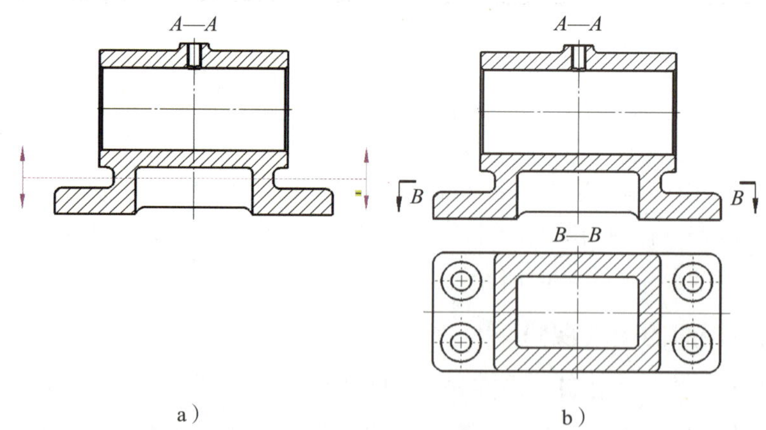

图 7-1-47　生成俯视图的全剖视图
a）绘制水平切割线确定剖切位置　b）俯视图的全剖视图

4. 生成局部放大图

单击“局部视图”按钮，在主视图中的螺孔处绘制如图 7-1-48a 所示的圆，相关属性设置如图 7-1-48b 所示，生成局部放大图 I。添加中心线，结果如图 7-1-48c 所示。

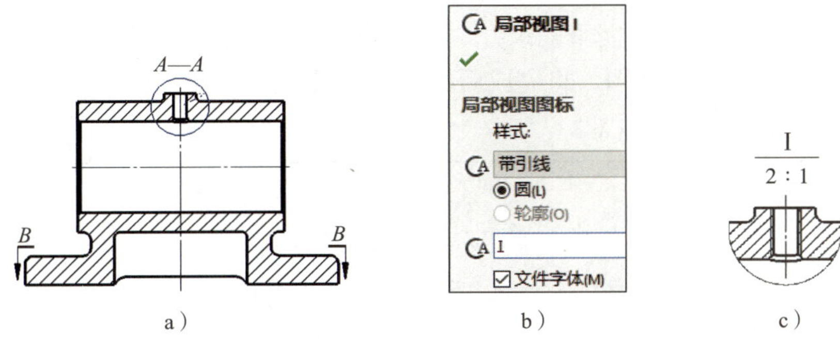

a）　b）　c）

图 7-1-48　生成局部放大图

a）绘制圆　b）“局部视图”属性设置　c）局部放大图

5. 生成轴测图

将轴测图放置在合适位置，结果如图 7-1-1 所示，保存文件。

任务 2　支座零件工程图的标注

学习目标

1. 能在零件工程图中插入模型（驱动）尺寸，能整理、移动、删除和隐藏尺寸。

2. 能在零件工程图中标注参考（从动）尺寸、尺寸公差、基准符号及几何公差、表面粗糙度代号，能注写技术要求。

打开素材文件夹中的“项目七\任务 2\支座 .SLDDRW”工程图，生成一张如图 7-2-1 所示的含标题栏、完整的尺寸、尺寸公差、基准符号及几何公差、表面粗糙度代号和技术要求等的工程图。将完成后的工程图保存至“项目七\任务 2\”中，命名为“支座零件工程图 .SLDDRW”。

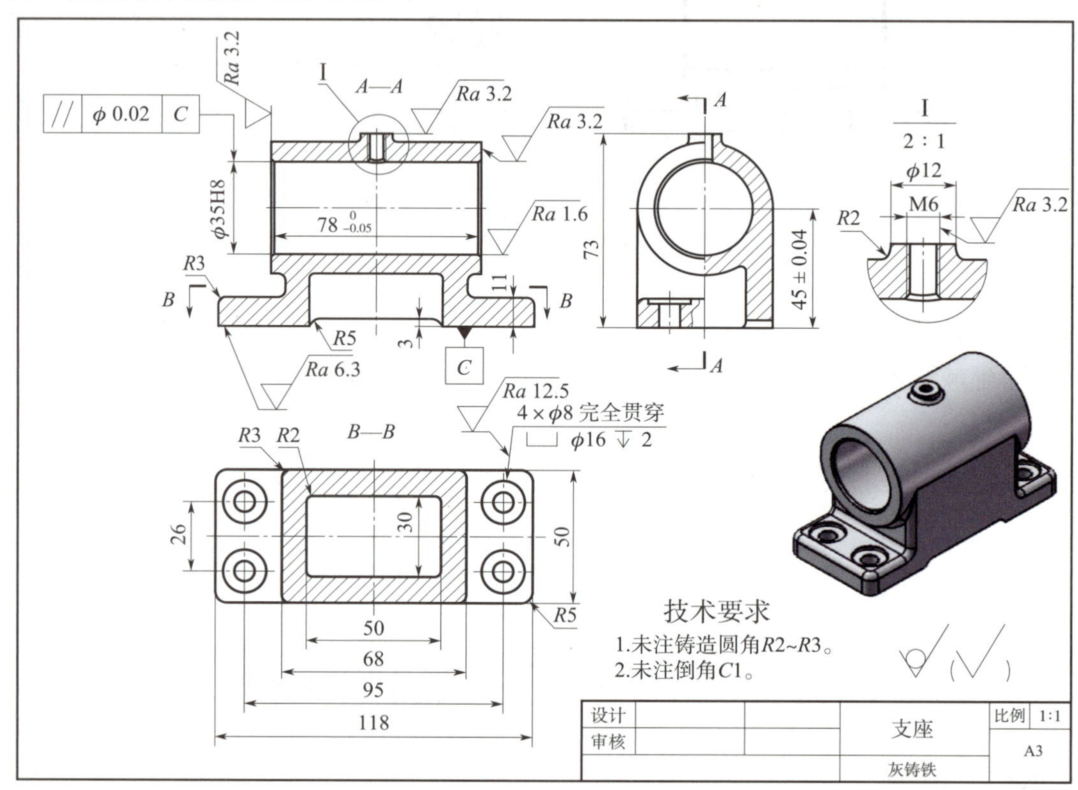

图 7-2-1　支座零件工程图

一、工程图标注的相关知识

1. 尺寸

（1）尺寸的作用

在工程图中，尺寸用于描述零件或装配体的大小。工程图中的尺寸和模型中的尺寸相关联，对模型所做的尺寸修改将反映到工程图中。

（2）尺寸的类型

工程图中的尺寸可以分为以下两种类型。

1）模型（驱动）尺寸：模型尺寸是在建立零件特征时标注的驱动尺寸，模型尺寸可以插入到不同的工程图视图中。

2）参考（从动）尺寸：用户也可以在工程图中手动标注尺寸，但这些尺寸是参考尺寸，是从动的，不能通过修改参考尺寸更改模型。

（3）尺寸的插入

单击菜单栏中的“插入”→“模型项目”，或单击“注解”工具栏中的“模型项目”按钮，可在工程图中插入如图 7–2–2a 所示的尺寸。

1）为工程图标注的尺寸：在工程图中进行尺寸标注时，对所有新尺寸而言，“为工程图标注”的尺寸选项是默认的，可通过如图 7–2–2b 所示的“修改”对话框在绘制草图时修改该尺寸是否为工程图标注。

2）没为工程图标注的尺寸：被分类为不插入工程图的尺寸。

3）实例 / 圈数计数尺寸：用于阵列特征的特殊尺寸。

4）异型孔向导轮廓尺寸：代表了由异型孔向导创建的孔的形状。

5）异型孔向导位置尺寸：用来定义第一个孔的定位点位置。

6）孔标注尺寸：用于标注由异型孔向导生成的孔的尺寸，尺寸将标注在投影为圆的视图中，所标注的尺寸为从动尺寸。

7）公差尺寸：仅插入具有公差的尺寸。

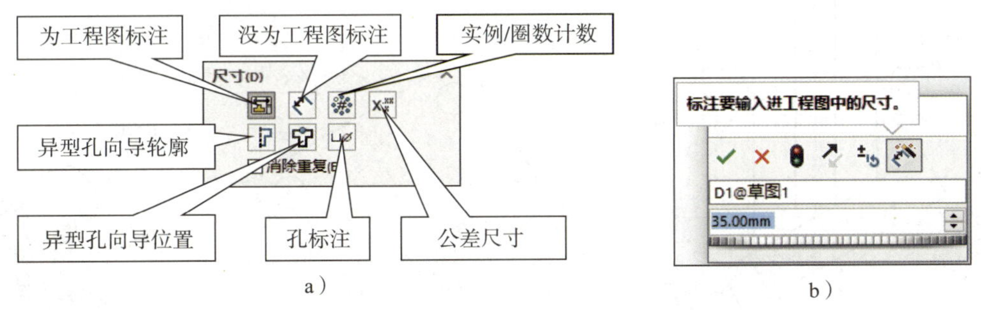

图 7–2–2 “模型项目”中的“尺寸”选项
a）“尺寸”选项　b）修改尺寸

（4）尺寸的操作

将尺寸插入工程图中后可以进行在视图内移动尺寸、将尺寸从一个视图转移到其他视图、复制尺寸、隐藏尺寸、从工程图中删除尺寸等操作。

2. 几何公差

在工程图中，使用形位公差工具和基准符号标注表达零件几何公差要求。

3. 技术要求

在工程图中，需要通过文字说明或符号标注材料的选用要求、表面处理要求、特殊的加工要求等技术要求，确保图纸的完整性和准确性。

4. 表面结构

表面结构是表面粗糙度、表面波纹度、表面缺陷、表面纹理和表面几何形状的总称。表面粗糙度是评定零件表面质量的一项重要技术指标。在本软件中表面粗糙度符号其实就是机械图样中的表面结构符号，注写了具体参数代号及数值等要求后即称为表面结构代号。

在工程图中，标注表面结构代号主要是标注表面粗糙度代号。

二、工程图标注举例

例：打开素材文件夹中的"项目七\任务 2\ 支架 .SLDDRW"文件，插入模型尺寸，标注尺寸公差、基准符号及几何公差、表面粗糙度代号、注释等，生成如图 7-2-3 所示的支架零件工程图，将其保存至"项目七\任务 2\"中，命名为"支架零件工程图 .SLDDRW"。

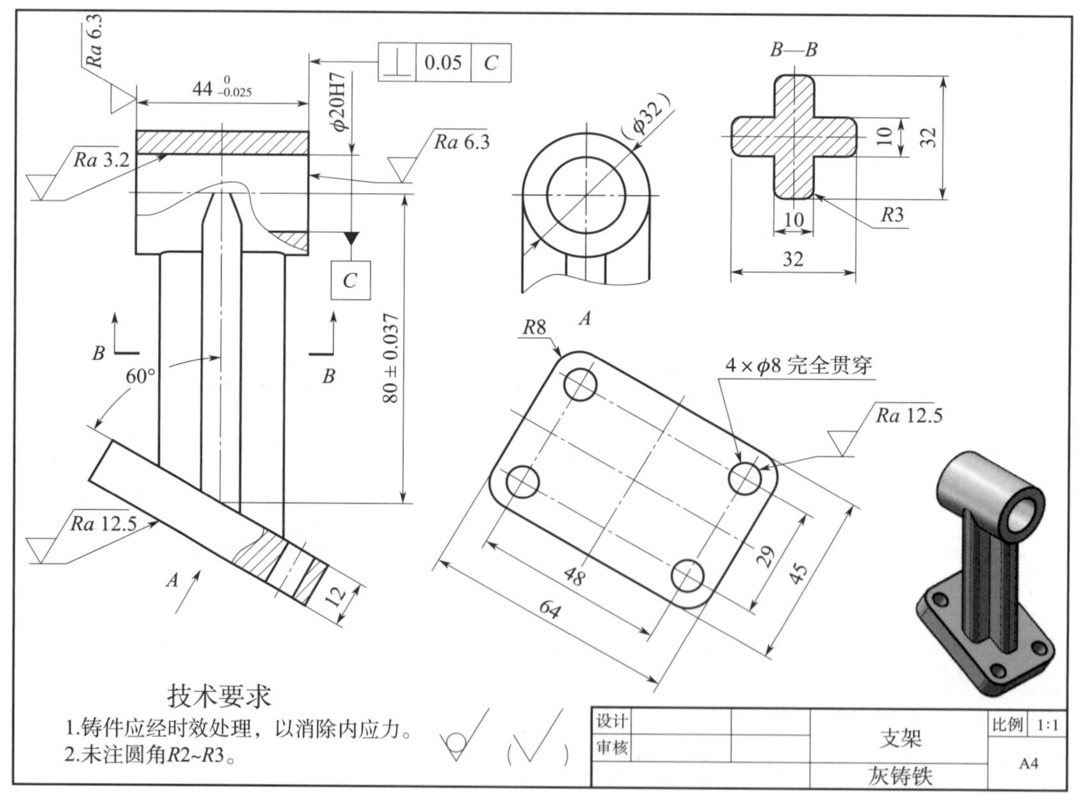

图 7-2-3 支架零件工程图

1. 插入模型尺寸

打开“支架.SLDDRW”文件。单击“模型项目”按钮，相关属性设置如图 7–2–4a 所示，将所有模型尺寸插入工程图中，结果如图 7–2–4b 所示。拖动尺寸进行整理，结果如图 7–2–4c 所示。

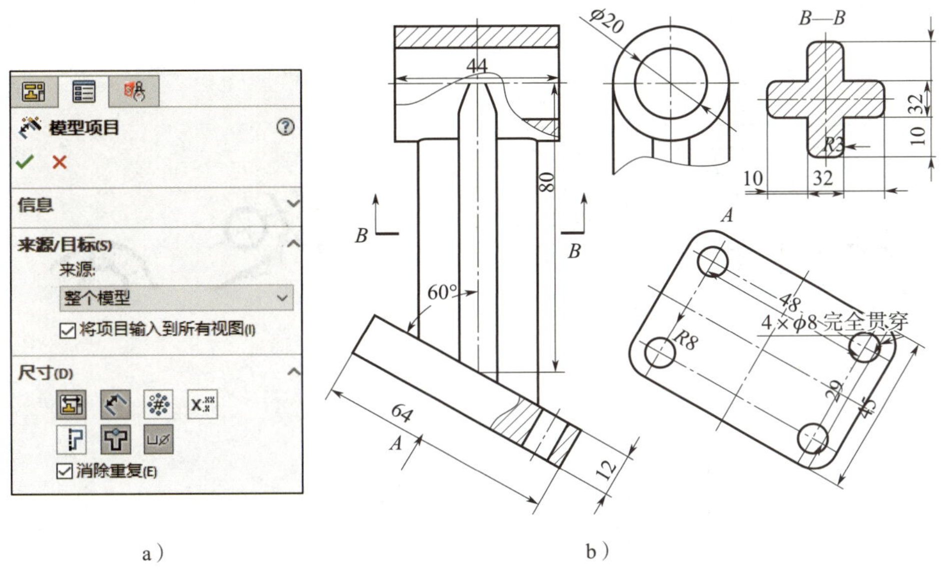

a）　　b）

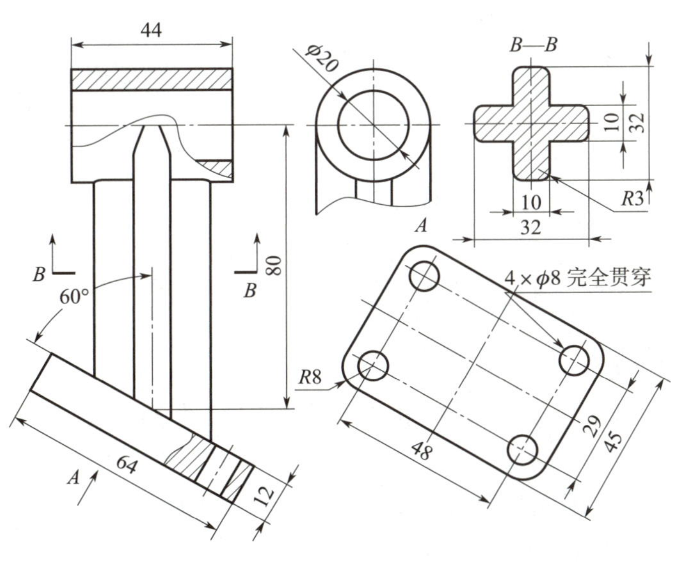

c）

图 7–2–4　插入模型尺寸

a）“模型项目”属性设置　b）完成插入模型尺寸　c）整理尺寸的结果

2. 移动尺寸 ϕ20、64、*R*8

（1）选中左视图中的尺寸 ϕ20，按住 Shift 键将其拖动到主视图中，结果如图 7-2-5a 所示。采用同样的方法，将主视图中的尺寸 64 拖动至 *A* 向视图中。

（2）单击 *A* 向视图中的尺寸 *R*8，将光标移至箭头尖端处并单击，如图 7-2-5b 所示，按住鼠标左键将尺寸拖动至该图左上角圆角处，结果如图 7-2-5c 所示。

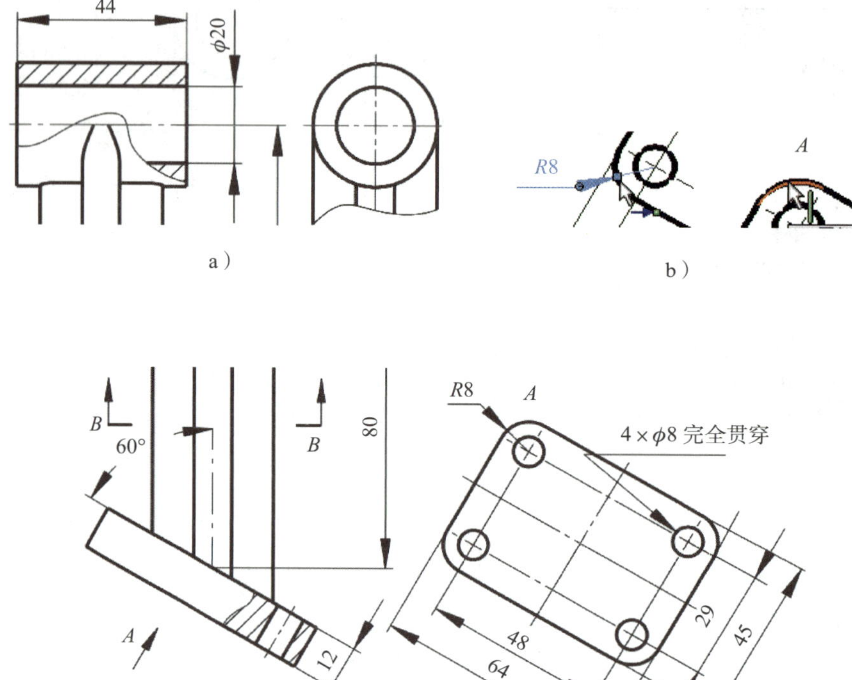

图 7-2-5 移动尺寸

a）拖动尺寸 ϕ20 b）选取尺寸 *R*8 c）完成尺寸移动

3. 编辑尺寸箭头

将 *B*—*B* 剖视图中两处尺寸 32 和 *A* 向视图中尺寸 29 的箭头编辑为在尺寸界线内。单击 *B*—*B* 剖视图中的尺寸 32，单击箭头根部控标处，完成尺寸 32 的箭头编辑，如图 7-2-6a 所示，采用同样的方法，完成 *A* 向视图中尺寸 29 的箭头编辑，结果如图 7-2-6b 所示。

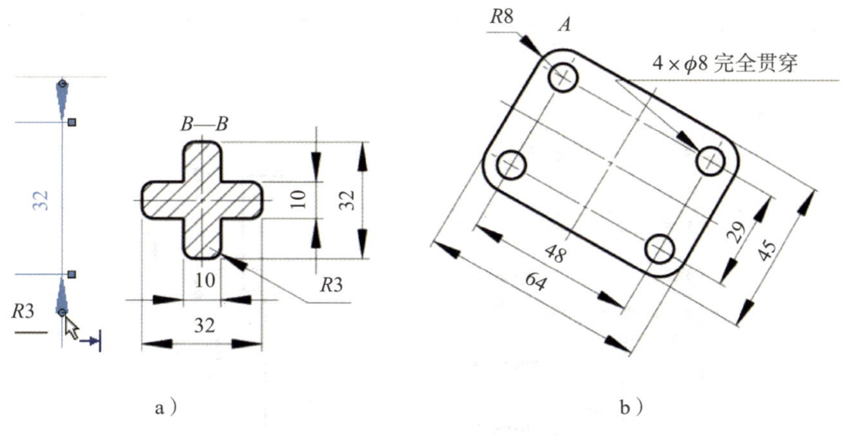

a）　　b）

图 7-2-6　编辑尺寸箭头

a）尺寸 32 的箭头编辑　b）尺寸 29 的箭头编辑

4. 标注参考尺寸

单击“智能尺寸”按钮，标注左视图中的参考尺寸 $\phi32$，在“尺寸”属性管理器中单击“添加括号”按钮，如图 7-2-7a 所示，结果如图 7-2-7b 所示。

5. 标注尺寸公差

（1）标注尺寸公差代号。选择主视图中的尺寸 $\phi20$，相关属性设置如图 7-2-8a 所示，结果如图 7-2-8b 所示。

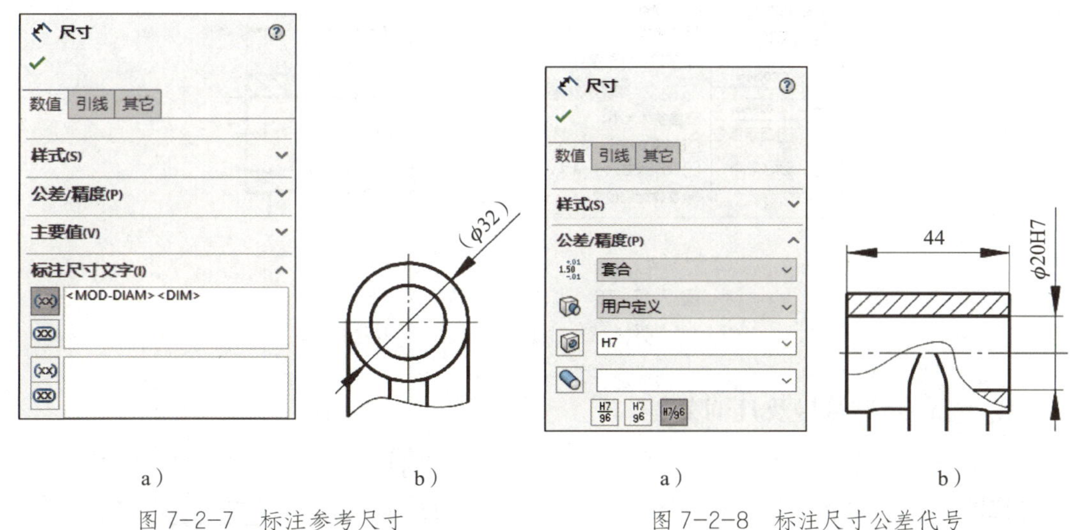

a）　　b）　　a）　　b）

图 7-2-7　标注参考尺寸

a）“尺寸”属性设置　b）完成标注参考尺寸

图 7-2-8　标注尺寸公差代号

a）“尺寸”属性设置　b）完成标注尺寸公差代号

（2）标注尺寸对称公差。选择主视图中的尺寸 80，相关属性设置如图 7-2-9a 所示，结果如图 7-2-9b 所示。

（3）标注尺寸双边公差。选择主视图中的尺寸 44，相关属性设置如图 7-2-10a 所示，结果如图 7-2-10b 所示。

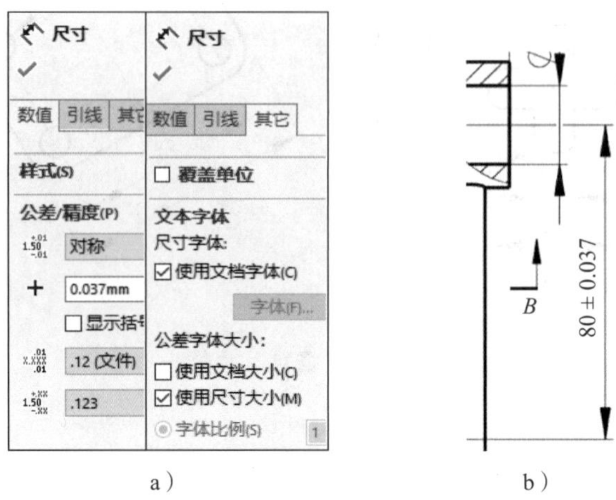

a）　　　　b）

图 7-2-9　标注尺寸对称公差

a）“尺寸”属性设置　b）完成标注尺寸对称公差

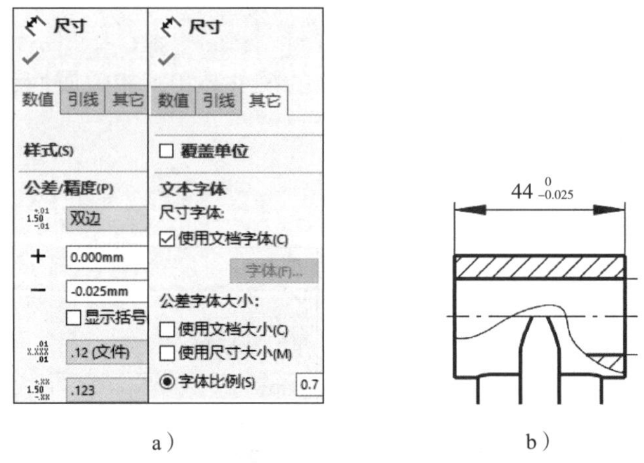

a）　　　　b）

图 7-2-10　标注尺寸双边公差

a）“尺寸”属性设置　b）完成标注尺寸双边公差

6. 标注基准符号及几何公差

（1）单击“注解”工具栏中的“基准特征”按钮，单击主视图中的尺寸 ϕ20H7，在合适的位置放置基准符号，结果如图 7-2-11 所示。

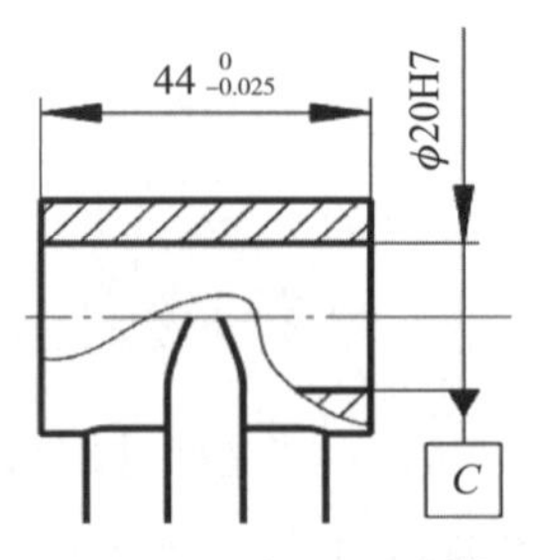

图 7-2-11　标注基准符号

（2）单击“注解”工具栏中的“形位公差”按钮，单击主视图中的 ϕ32 圆筒右端面竖线放置符号的箭头引线和几何公差框，单击“垂直度”按钮 ⊥，如图 7-2-12a 所示，输入公差值“0.05”，如图 7–2–12b 所示，并单击“添加基准”按钮，输入基准符号，如图 7–2–12c 所示，结果如图 7–2–13a 所示。拖动箭头引线和几何公差框移至如图 7–2–13b 所示的位置。

a）

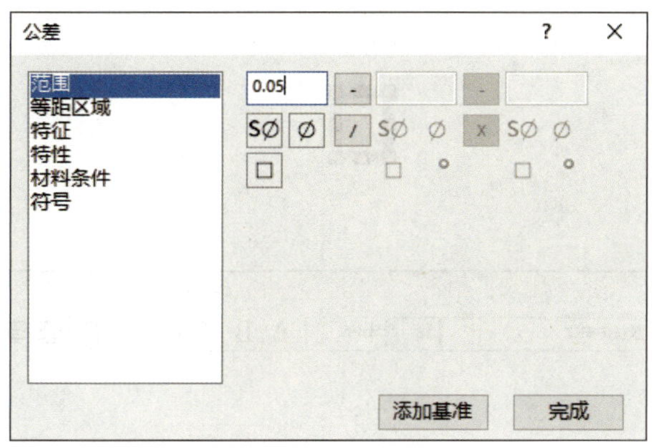

b）

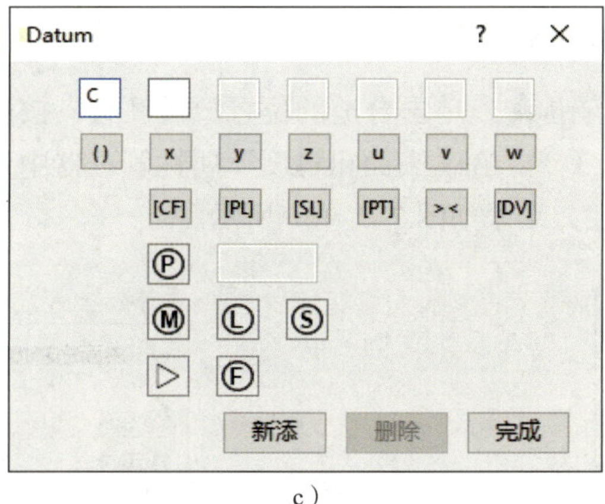

c）

图 7–2–12　“形位公差”属性设置

a）单击“垂直度”按钮　b）输入公差值　c）输入基准符号

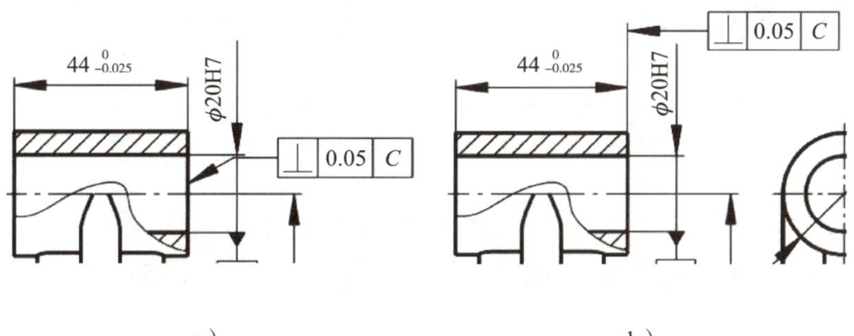

a）　　b）

图 7–2–13　标注几何公差

a）放置几何公差　b）调整几何公差

7. 标注技术要求注释

单击“注释”按钮，单击放置如图 7-2-14a 所示的文本输入框，输入如图 7-2-14b 所示的注释文字。注释文字格式设置如图 7-2-14c 所示，结果如图 7-2-14d 所示。

图 7-2-14　标注技术要求注释

a）放置文本输入框　b）输入注释文字　c）设置注释文字格式　d）完成标注技术要求注释

8. 标注表面粗糙度代号

（1）单击“注释”按钮，单击合适的位置放置注释。按照如图 7-2-15a 所示的步骤①、②操作，输入“( )”，在“表面粗糙度”属性管理器中选取合适的符号，完成未注表面粗糙度代号标注，结果如图 7-2-15b 所示。

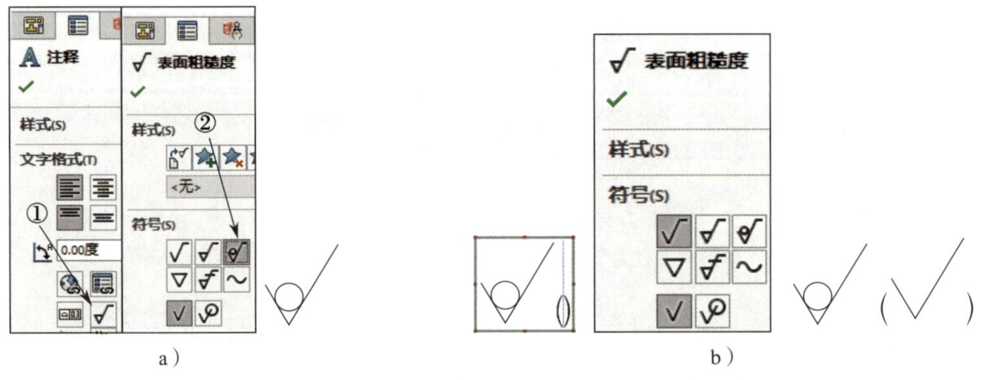

图 7-2-15　标注未注表面粗糙度代号

a）未注表面粗糙度代号标注　b）完成未注表面粗糙度代号编辑

（2）单击“注解”工具栏中的“表面粗糙度符号”按钮，相关属性设置如图 7-2-16a 所示，在主视图中的 ϕ20H7 圆孔上轮廓线放置箭头，结果如图 7-2-16b 所示。

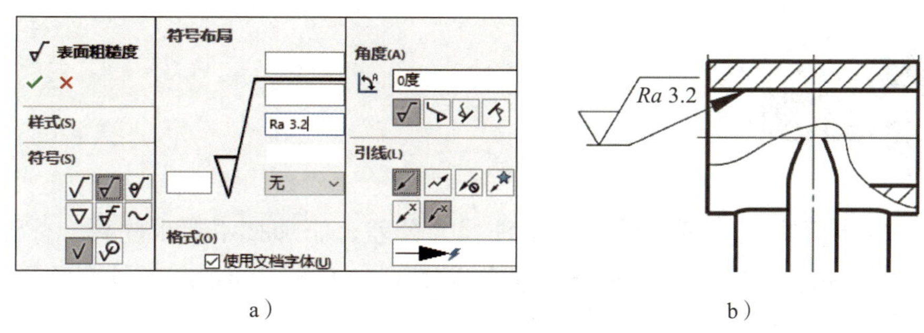

a）　　b）

图 7-2-16　标注表面粗糙度代号 1

a）“表面粗糙度”属性设置　b）完成表面粗糙度代号标注

（3）单击“表面粗糙度符号”按钮，相关属性设置如图 7-2-17a 所示，选择主视图中的圆筒左端面竖线放置代号并将其拖至空白位置，结果如图 7-2-17b 所示。

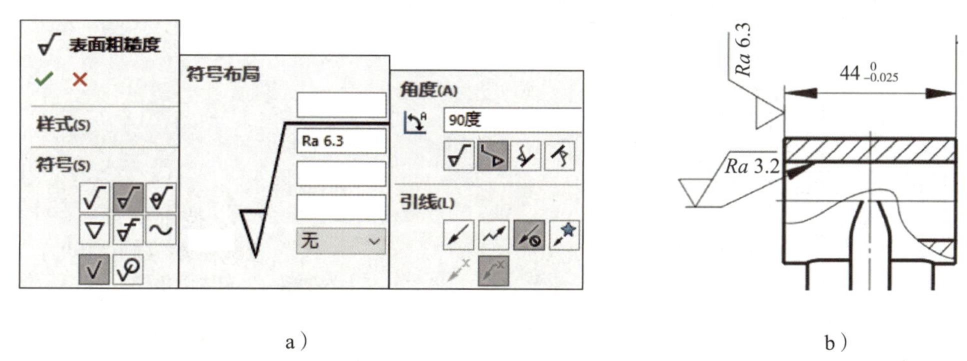

a）　　b）

图 7-2-17　标注表面粗糙度代号 2

a）“表面粗糙度”属性设置　b）完成表面粗糙度代号标注

（4）采用同样的方法，标注如图 7-2-18 所示的其余表面粗糙度代号。

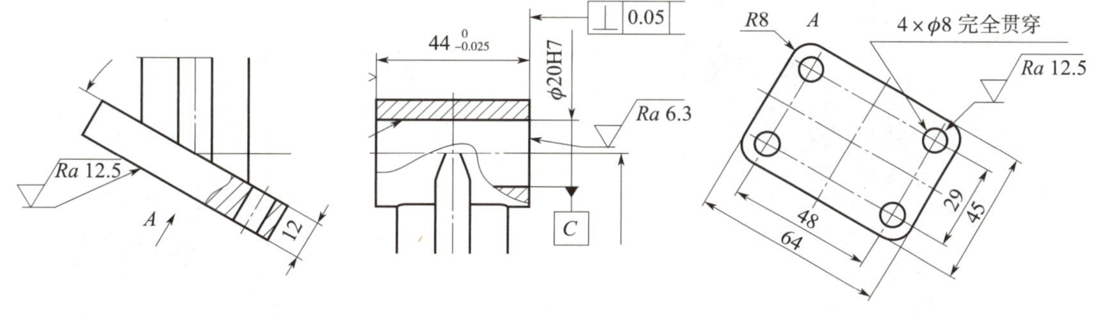

图 7-2-18　标注表面粗糙度代号 3

完成支架零件工程图的模型尺寸插入，以及尺寸公差、基准符号及几何公差、表面粗糙度代号、注释等标注后，结果如图 7-2-3 所示。

任务实施

通过插入模型尺寸、整理尺寸、标注尺寸公差、添加技术要求注释、标注表面粗糙度代号、标注基准符号及几何公差等完成如图 7–2–1 所示支座零件工程图的标注，其设计思路如图 7–2–19 所示。

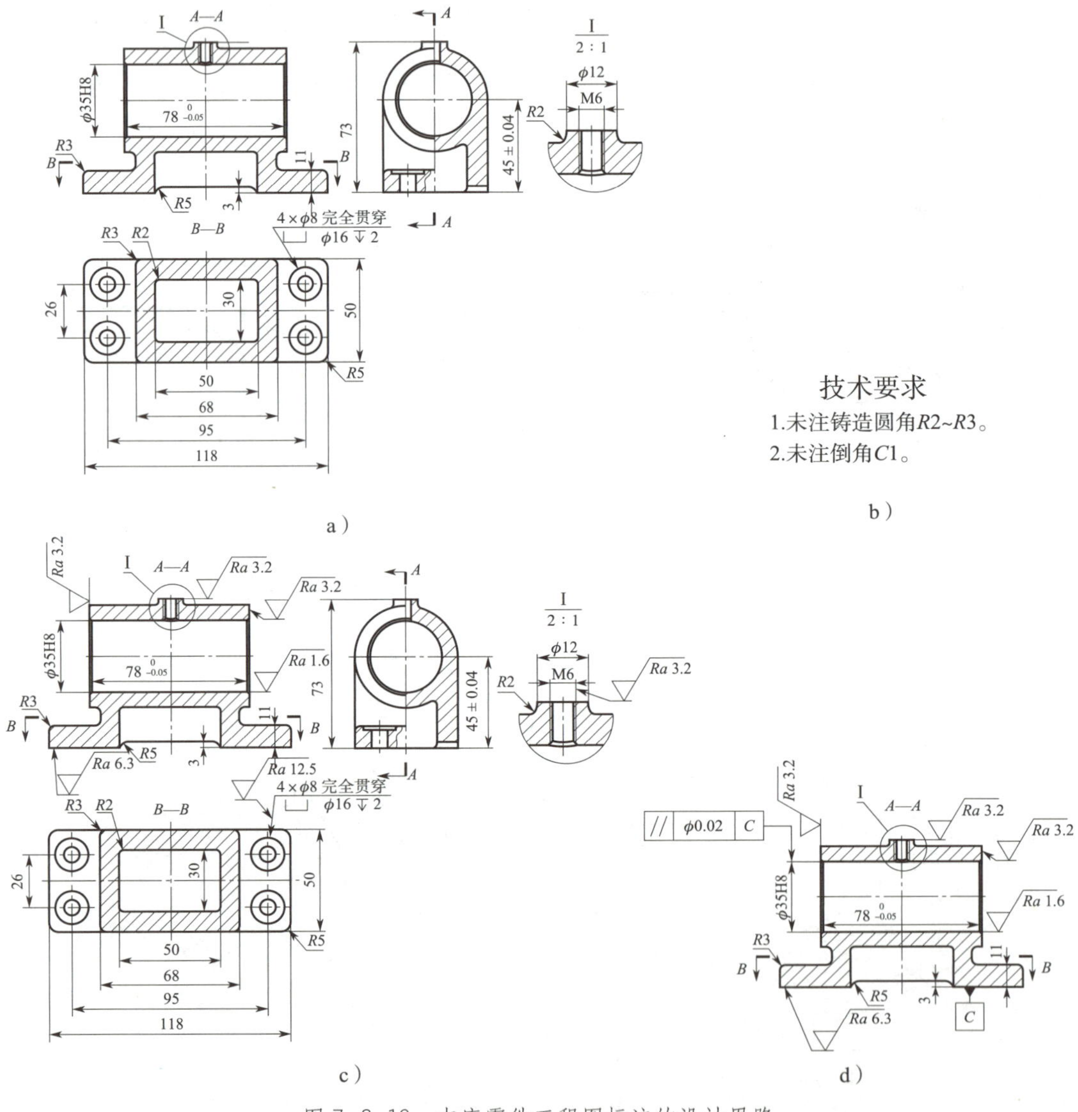

a）

技术要求

1.未注铸造圆角R2~R3。

2.未注倒角C1。

b）

c）

d）

图 7–2–19　支座零件工程图标注的设计思路

a）插入模型尺寸、整理尺寸、标注尺寸公差　b）添加技术要求注释

c）标注表面粗糙度代号　d）标注基准符号及几何公差

1. 插入模型尺寸、整理尺寸、标注尺寸公差

（1）插入模型尺寸

打开“支座.SLDDRW”工程图。单击“模型项目”按钮，相关属性设置如图 7-2-4a 所示，将所有模型尺寸插入工程图中，结果如图 7-2-20 所示。

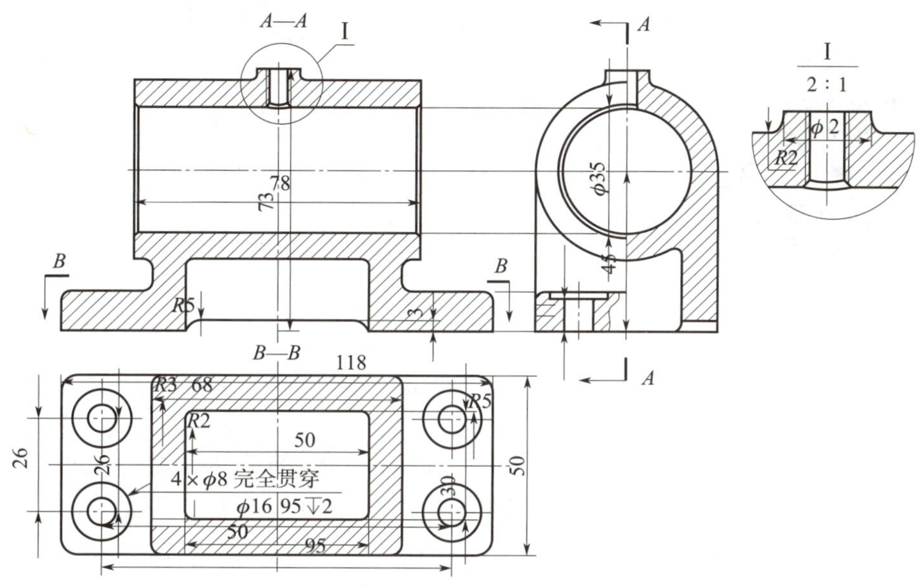

图 7-2-20　完成模型尺寸插入

（2）整理尺寸

1）框选 *B—B* 剖视图，包括视图中的尺寸。单击弹出的关联工具栏中的“翻转”按钮，打开如图 7-2-21a 所示的尺寸调色板，单击“自动排列尺寸”按钮，*B—B* 剖视图的尺寸就会自动按从小到大的顺序排列，结果如图 7-2-21b 所示。

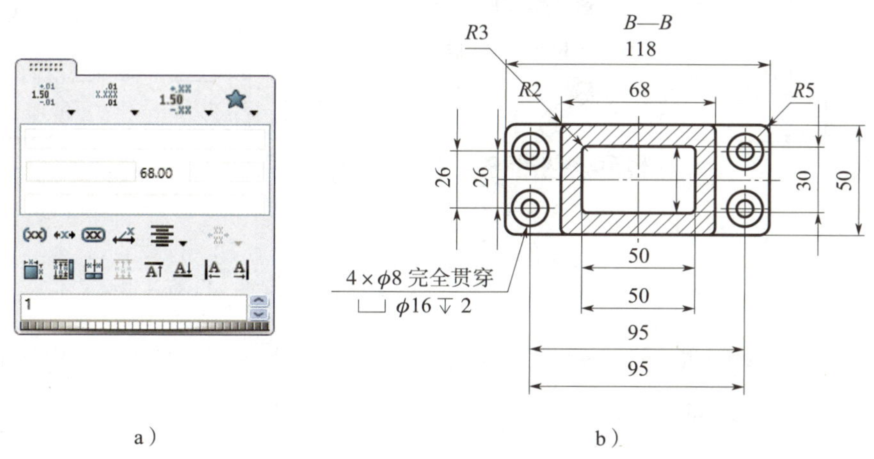

图 7-2-21　自动排列尺寸

a）尺寸调色板　b）完成尺寸自动排列

2）删除重复尺寸 26、50 和 95，按照图 7-2-22a 所示进行属性设置，调整尺寸 *R*2、*R*3 和 *R*5 的位置。调整其他尺寸的位置，结果如图 7-2-22b 所示。

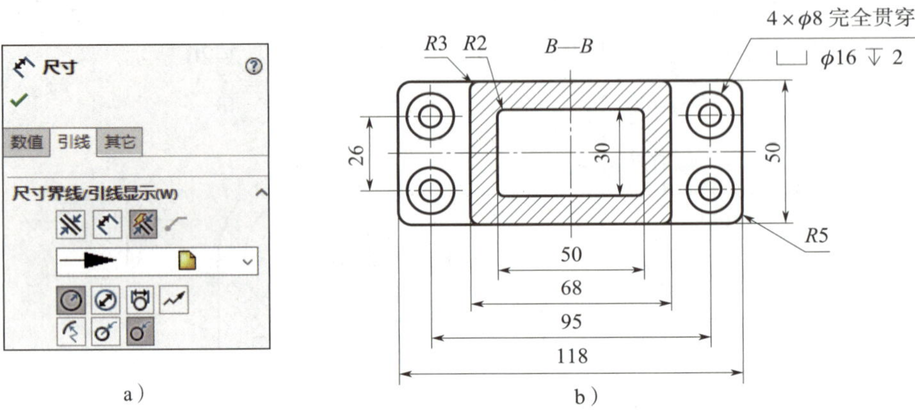

图 7-2-22　调整 *B*—*B* 剖视图尺寸

a）“尺寸”属性设置　b）完成 *B*—*B* 剖视图尺寸调整

3）将局部放大图 I 的尺寸调整到如图 7-2-23a 所示的适当位置。将尺寸 *R*2 的属性按照图 7-2-23b 所示进行设置。未注倒角可在技术要求中标注，因此将尺寸 *C*1 隐藏或删除，结果如图 7-2-23c 所示。单击“智能尺寸”按钮，选择螺纹大径两条细实线，标注 M6 螺纹尺寸，调整尺寸位置，结果如图 7-2-23d 所示。

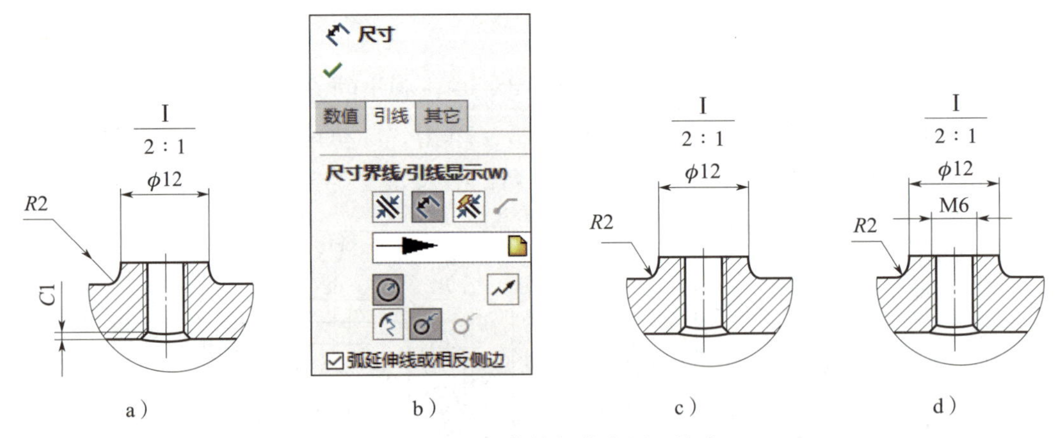

图 7-2-23　调整局部放大图 I 尺寸

a）调整尺寸位置　b）“尺寸”属性设置　c）隐藏或删除尺寸　d）标注螺纹尺寸

4）按住 Shift 键将尺寸 45 和 73 从主视图拖动至左视图中，将这两个视图的尺寸调整至适当位置，结果如图 7-2-24 所示。

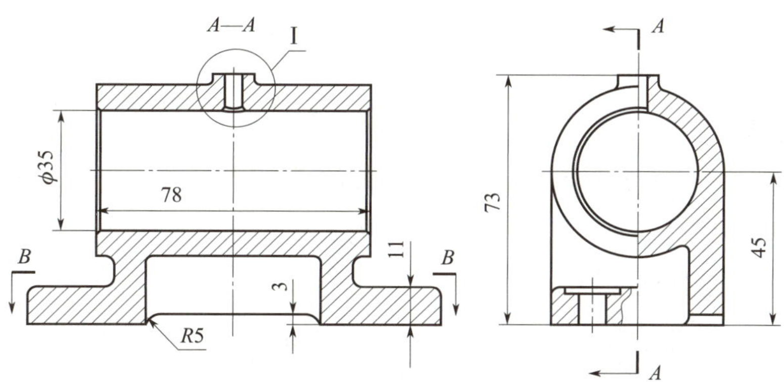

图 7-2-24 调整主视图、左视图尺寸位置

（3）标注尺寸公差

将 A—A 剖视图中的尺寸 φ35、78 和 45 分别按照图 7-2-25a、b 和 c 所示进行属性设置，结果如图 7-2-25d 所示。

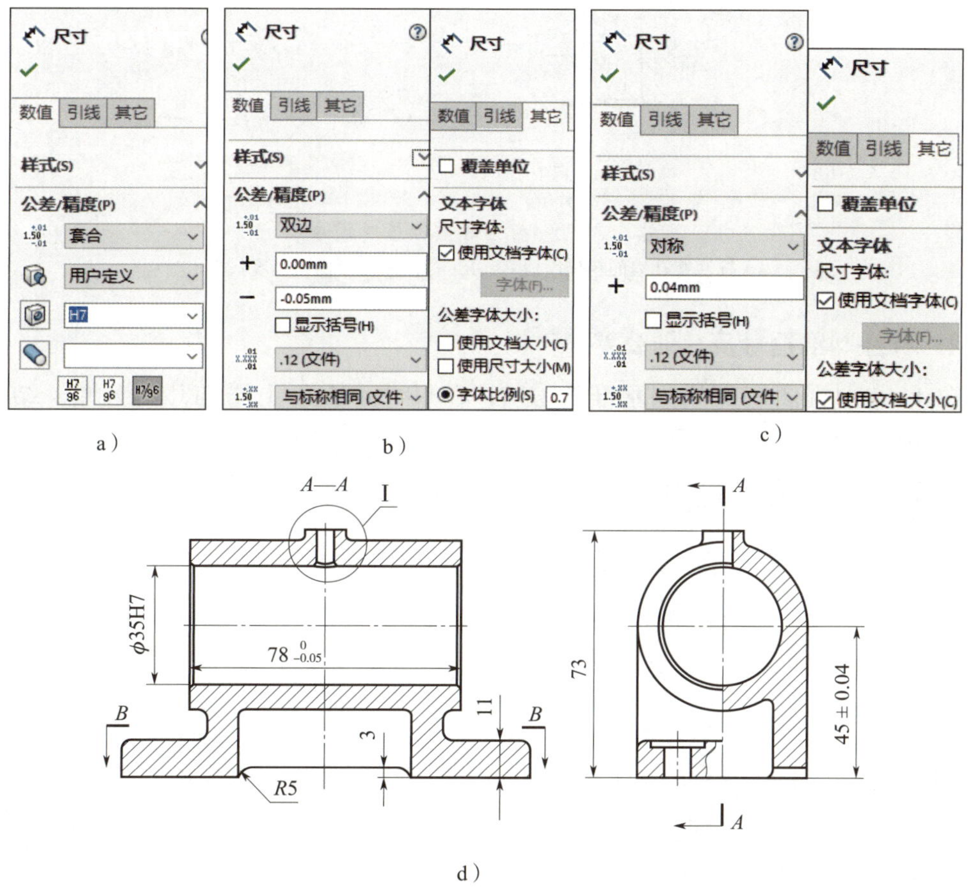

图 7-2-25 标注尺寸公差

a）尺寸 φ35 的属性设置 b）尺寸 78 的属性设置 c）尺寸 45 的属性设置 d）完成尺寸公差标注

在支座零件工程图中插入模型尺寸、整理尺寸、标注尺寸公差后，结果如图 7-2-19a 所示。

2. 添加技术要求注释

单击“注释”按钮 A，输入如图 7-2-19b 所示的文本，单击选中“技术要求”文字，设置文字大小为 5 mm。

3. 标注表面粗糙度代号

单击“表面粗糙度符号”按钮 √，标注 M6 螺孔表面粗糙度代号，结果如图 7-2-26a 所示，在其他视图中标注表面粗糙度代号，结果如图 7-2-19c 所示。单击“注释”按钮 A，标注如图 7-2-26b 所示的未注表面粗糙度代号。

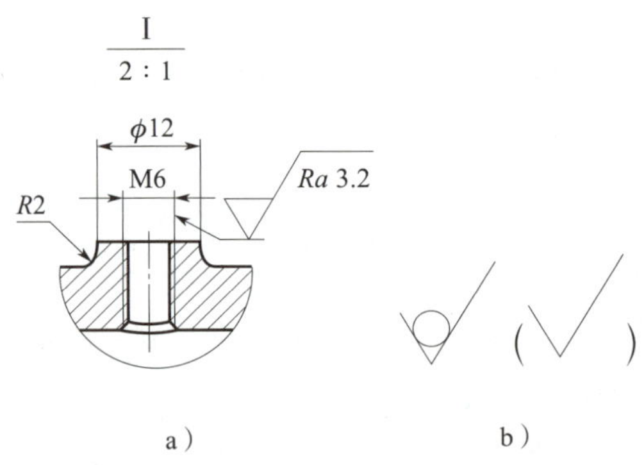

图 7-2-26 标注表面粗糙度代号
a）标注螺孔表面粗糙度代号 b）标注未注表面粗糙度代号

4. 标注基准符号及几何公差

在 *A*—*A* 剖视图底部添加基准符号 *C*，在尺寸 φ35H8 上添加几何公差，结果如图 7-2-19d 所示。

生成轴测图，支座零件工程图结果如图 7-2-1 所示。

任务 3　球阀装配体工程图的设计

1. 能应用实心零件不剖切表示法、拆卸零件表示法、运动极限位置假想表示法完成装配体工程图创建。

2. 能在装配体工程图中标注规格尺寸、装配尺寸、安装尺寸、外形尺寸、运动极限位置尺寸。

3. 能在装配体工程图中插入自定义材料明细表，插入并整理零件序号等。

任务描述

打开素材文件夹中的“项目七\任务 3\球阀\球阀.SLDASM”文件，生成如图 7-3-1 所示的球阀装配体工程图，将其保存至“项目七\任务 3\球阀\”中，命名为“球阀装配体工程图.SLDDRW”。

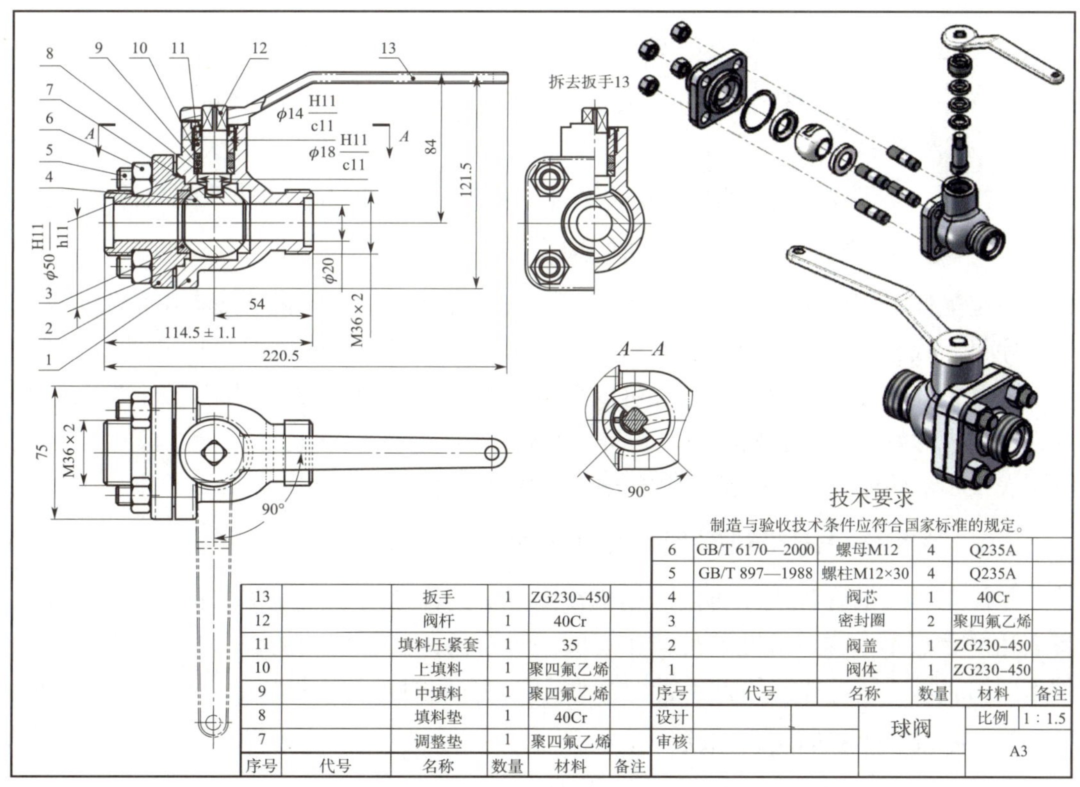

序号	代号	名称	数量	材料	备注
13		扳手	1	ZG230–450	
12		阀杆	1	40Cr	
11		填料压紧套	1	35	
10		上填料	1	聚四氟乙烯	
9		中填料	1	聚四氟乙烯	
8		填料垫	1	40Cr	
7		调整垫	1	聚四氟乙烯	
6	GB/T 6170—2000	螺母M12	4	Q235A	
5	GB/T 897—1988	螺柱M12×30	4	Q235A	
4		阀芯	1	40Cr	
3		密封圈	2	聚四氟乙烯	
2		阀盖	1	ZG230–450	
1		阀体	1	ZG230–450	

设计		球阀	比例	1 : 1.5
审核			A3	

图 7-3-1　球阀装配体工程图

一、装配体工程图的组成

装配体工程图的表达重点与零件工程图不一样，零件工程图用于表达单一零件的结构形状、大小和技术要求，可根据它加工制造零件。装配体工程图是表达机器（或部件）工作原理、整体结构形状和装配连接关系的，用于指导机器的装配、检验、调试、安装和维修等。一张完整的装配体工程图包括以下 4 项基本内容。

1．一组视图

一组视图用于表达机器或零部件的工作原理、零部件间的装配关系、连接方式及主要零件的结构形状等。除正投影视图外，工程图中采用直观性较强、富有立体感的轴测图（立体图）作为辅助图样，以更好地说明机器或零部件外观、内部结构等。由于 SolidWorks 软件生成装配体的轴测图和轴测爆炸视图很方便，所以常在装配体工程图中加上轴测图和轴测爆炸视图。

2．必要的尺寸

必要的尺寸包括与机器或零部件的性能、规格、装配、安装、外形和运动极限位置有关的尺寸，SolidWorks 软件能标注带配合公差代号或公差值的装配尺寸。

3．技术要求

用符号、代号或文字说明装配体在装配、安装、调试等方面应该达到的技术指标。

4．标题栏、零部件序号及材料明细表

在装配体工程图中，必须对每种零部件进行编号，并在材料明细表中依次列出零部件序号、代号、名称、数量、材料等，在标题栏中写明装配体的名称、图号、绘图比例及有关人员等。SolidWorks 软件可以自动对装配体工程图中的所有零部件进行编号，并根据预先做好的明细表模板自动读取零部件序号、代号、名称、数量、材料等数据，明细表中零部件序号与图中零部件序号一一对应。

二、装配体工程图特殊的表示方法

零件工程图的各种表示方法（如剖视图等）同样适用于装配体工程图，但由于两者表达的重点不一样，因此装配体工程图有特定的画法和特殊的表示方法，如实心零件不剖切表示法、拆卸零件表示法、运动极限位置假想表示法等。

1．实心零件不剖切表示法

在装配体工程图中，若纵向剖切紧固件、轴、键、销等实心零件且剖切平面通过

其对称平面或轴线时，这些零件按不剖切绘制。

2. 拆卸零件表示法

在装配体工程图中，当某些零件遮住了需要表达的结构和装配关系时，可假想沿着某些零件的结合面剖切或假想将某些零件拆卸后进行投影。

3. 运动极限位置假想表示法

为了表示运动零件的运动范围或极限位置，可用粗实线画出零件的一个运动极限位置，另一个运动极限位置则用双点画线表示，在 SolidWorks 软件中可以用交替位置视图来实现。

三、装配体轴测爆炸视图

在装配体工程图中加入轴测爆炸视图有助于理解整个装配体结构。若装配体已创建过爆炸视图，则可在装配体工程图中生成轴测爆炸视图。

图 7-3-1 所示的球阀装配体工程图可通过生成装配体工程图视图、标注尺寸和添加技术要求、应用模板生成材料明细表、插入零件序号、整理工程图等完成设计，其设计思路如图 7-3-2 所示。

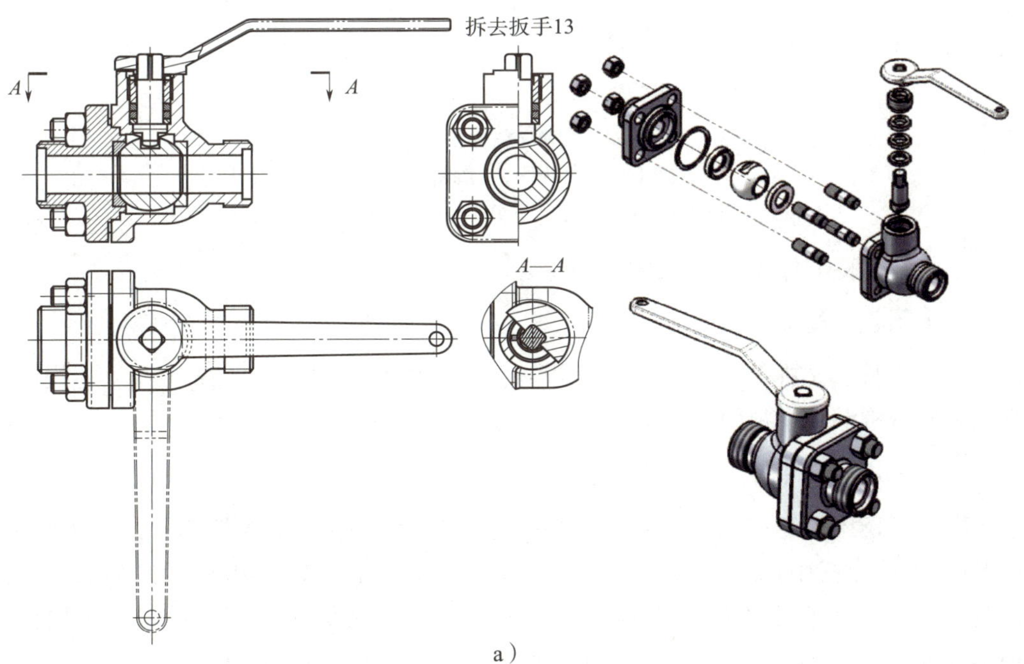

a）

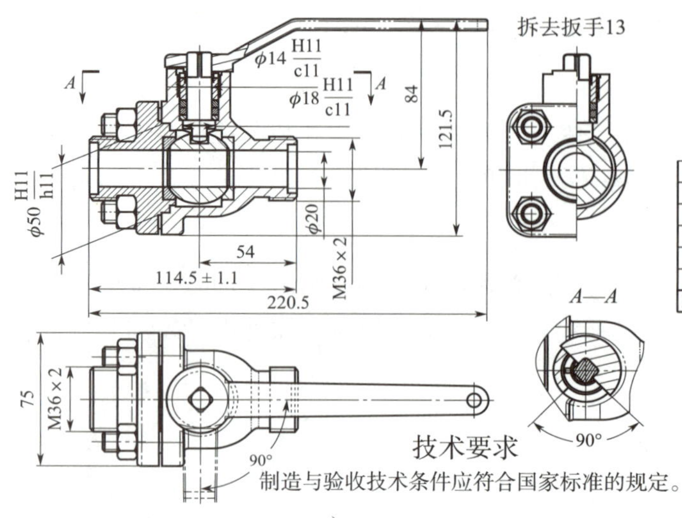

b）

6	GB/T 6170—2000	螺母M12	4	Q235A	
5	GB/T 897—1988	螺柱M12×30	4	Q235A	
4		阀芯	1	40Cr	
3		密封圈	2	聚四氟乙烯	
2		阀盖	1	ZG230–450	
1		阀体	1	ZG230–450	
序号	代号	名称	数量	材料	备注

c）

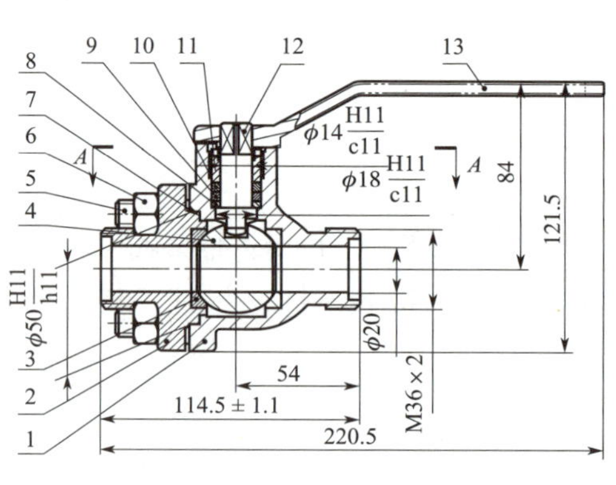

d）

图 7–3–2　球阀装配体工程图的设计思路

a）生成装配体工程图视图　b）标注尺寸和添加技术要求

c）应用模板生成材料明细表（部分）　d）插入零件序号、整理工程图

1. 生成装配体工程图视图

（1）新建装配体工程图

打开文件，选择“gb_a3_ 张三”模板。从“模型视图”工具中调入主视图、左视图和俯视图等 3 个视图，结果如图 7–3–3 所示。

（2）采用实心零件不剖切表示法

在主视图中绘制如图 7–3–4a 所示的一条封闭样条曲线，单击“断开的剖视图”按钮，在设计树中选取“阀杆”零件，将其添加到如图 7–3–4b 所示的列表中，该零件将不被剖切。单击主视图中圆柱表面轮廓线来定义剖切深度并设置相关属性，如图 7–3–4c 所示，主视图的全剖视图如图 7–3–4d 所示。采用同样的方法，将左视图进行半剖，阀杆不剖切，结果如图 7-3-4e 所示。

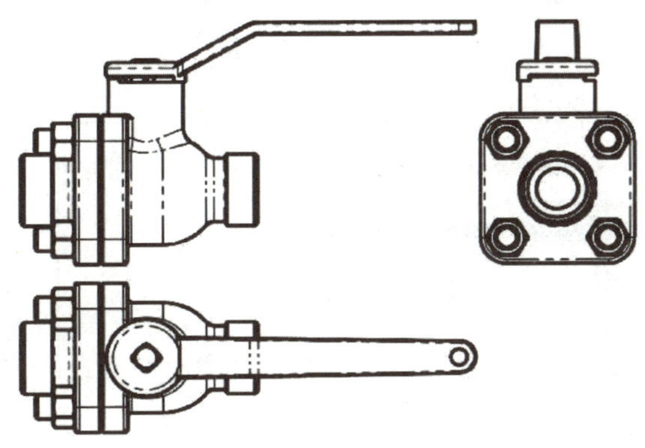

图 7-3-3　生成 3 个视图

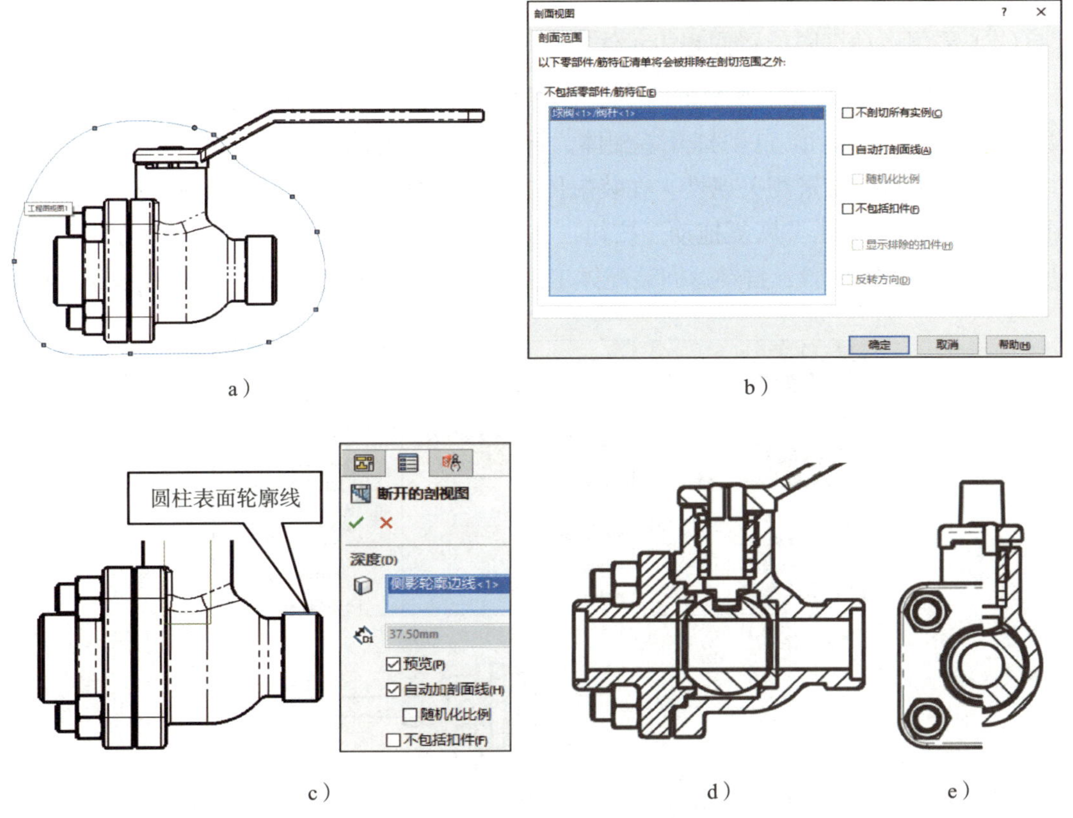

a）　b）　c）　d）　e）

图 7-3-4　实心零件不剖切表示法

a）绘制封闭样条曲线　b）添加不被剖切的零件　c）“断开的剖视图”属性设置

d）主视图的全剖视图　e）左视图的半剖视图

（3）采用拆卸零件表示法

在左视图中单击鼠标右键，单击“属性”，在“工程视图属性”对话框中切换至

“隐藏 / 显示零部件”选项卡，在左视图中单击“扳手”零件，单击“确定”按钮，如图 7–3–5a 所示，该零件被隐藏。单击“注释”按钮 A，在左视图上方添加注释“拆去扳手 13”（13 为零件序号），结果如图 7–3–5b 所示。

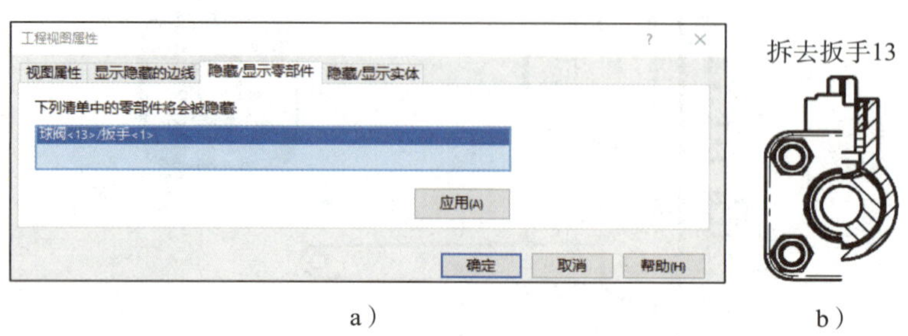

a） b）

图 7–3–5 拆卸零件表示法

a）“工程视图属性”对话框 b）拆去扳手

（4）采用运动极限位置假想表示法

单击俯视图，单击“视图布局”工具栏中的“交替位置视图”按钮，相关属性设置如图 7–3–6a 所示。自动打开装配体，该装配体与俯视图方向一致。在“移动零部件”属性管理器中设置相关属性，在装配体中选取阀体和扳手，将其添加到列表中，如图 7–3–6b 所示。单击“恢复拖动”按钮，在装配体中按照图 7–3–6c 所示拖动扳手到自动停止的运动极限位置，自动返回装配体工程图，结果如图 7–3–6d 所示。

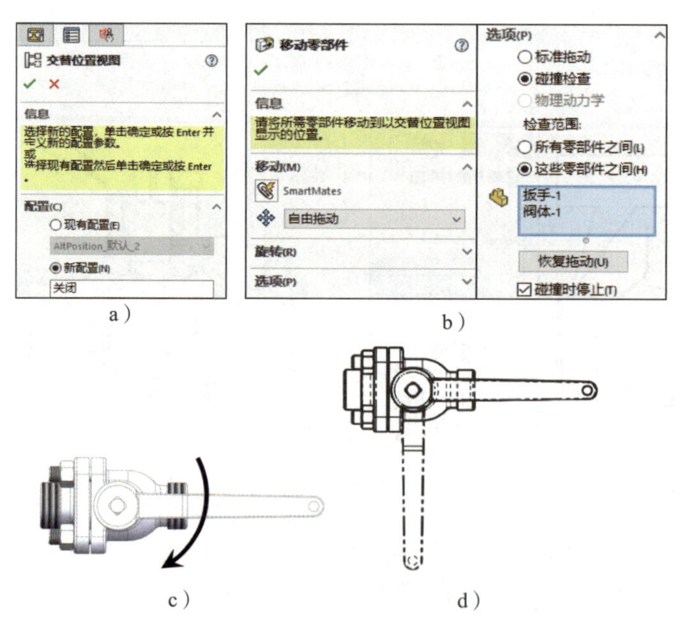

a） b） c） d）

图 7–3–6 运动极限位置假想表示法

a）“交替位置视图”属性设置 b）“移动零部件”属性设置 c）拖动扳手 d）完成运动极限位置设置

（5）生成装配体轴测爆炸视图

打开球阀装配体，查看已建立的爆炸视图，如图 7–3–7a 所示。

1）方法一：单击主视图，单击“投影视图”按钮▣，生成如图 7–3–7b 所示的轴测图并将其移至合适位置，相关属性设置如图 7–3–7c 所示，结果如图 7–3–7d 所示。

2）方法二：单击“视图调色板”按钮▣，将“爆炸等轴测图”图标▣拖入工程图中，将比例改成 1∶4，生成轴测爆炸视图。

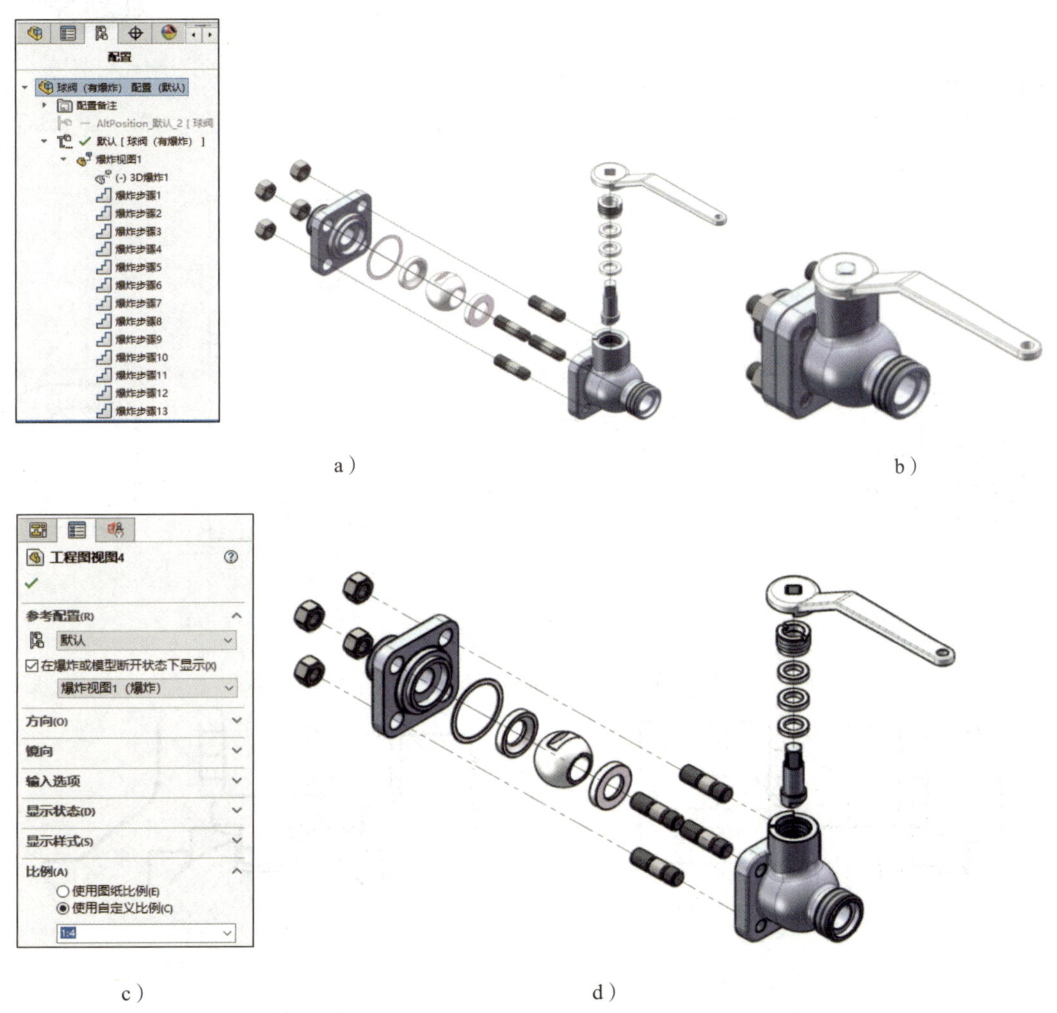

图 7–3–7　生成装配体轴测爆炸视图

a）查看已建立的爆炸视图　b）生成轴测图　c）爆炸视图的属性设置　d）完成轴测爆炸视图

（6）生成轴测图

单击选中左视图，单击“投影视图”按钮▣，生成轴测图并将其移至合适位置，结果如图 7–3–8 所示。

（7）设置剖面线

在主视图中绘制如图 7-3-9a 所示的切割线，单击“剖面视图”按钮，生成 A—A 剖视图，在该剖视图中绘制一条封闭样条曲线，单击“剪裁视图”按钮，生成如图 7-3-9b 所示的视图。在 A—A 剖视图中单击扳手的剖面线，相关属性设置如图 7-3-9c 所示，采用同样的方法，将阀杆剖面线比例设置为 4、角度设置为 15°。添加 A—A 剖视图中心线，结果如图 7-3-9d 所示。将如图 7-3-9e 所示的填料垫、中填料和上填料 3 个零件的剖面线比例进行设置，将剖面线角度分别设置为 90°、0°、90°，结果如图 7-3-9f 所示。

图 7-3-8 生成轴测图

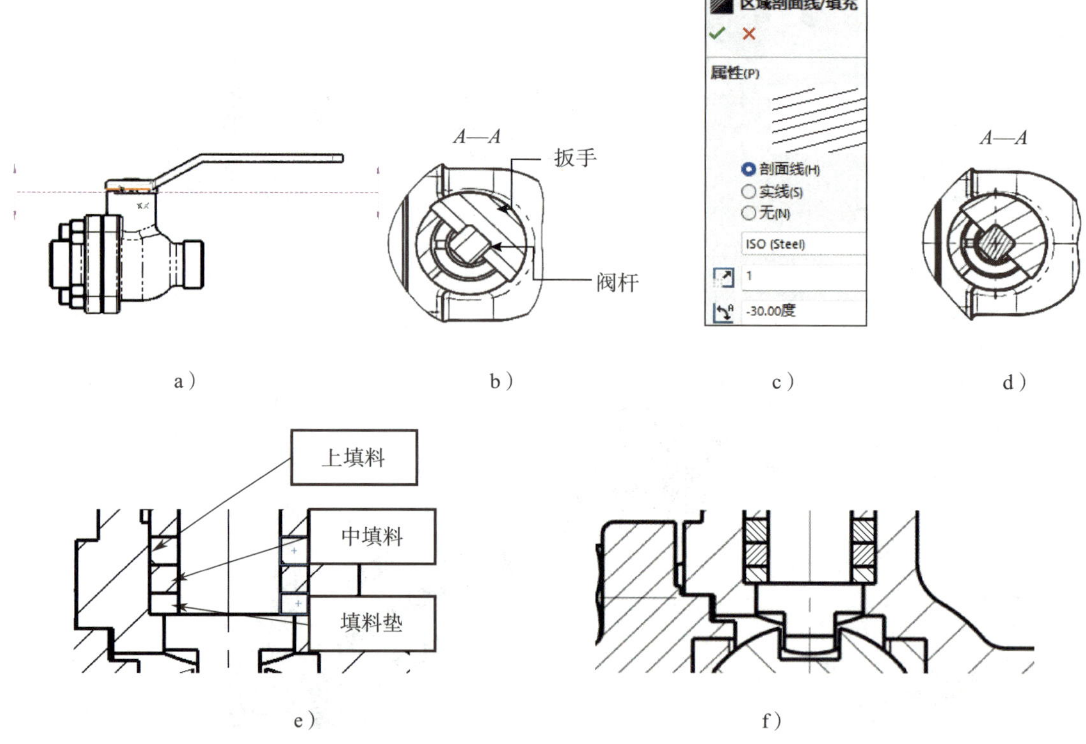

a） b） c） d）

e） f）

图 7-3-9 生成 A—A 剖视图并设置剖面线

a）绘制切割线 b）生成 A—A 剖视图 c）设置扳手剖面线 d）添加中心线

e）填料垫、中填料和上填料 f）完成剖面线设置

（8）添加装饰螺纹注解

单击“模型项目”按钮，相关属性设置如图 7-3-10 所示，显示视图中所有螺纹线，为视图添加中心线。

完成球阀装配体工程图视图创建，结果如图 7-3-2a 所示。

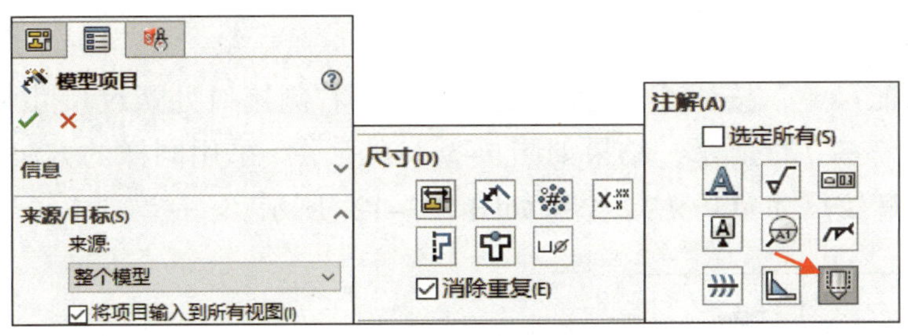

图 7-3-10　添加装饰螺纹注解

2. 标注尺寸和添加技术要求

（1）标注规格尺寸

单击“智能尺寸”按钮，在主视图中标注规格尺寸，结果如图 7-3-11a 所示。

（2）标注装配尺寸

单击“智能尺寸”按钮，在主视图中标注装配尺寸 $\phi 14\frac{H11}{c11}$，相关尺寸属性设置如图 7-3-11b、c 所示。采用同样的方法，标注 $\phi 18\frac{H11}{c11}$ 和 $\phi 50\frac{H11}{h11}$ 两个装配尺寸，结果如图 7-3-11d 所示。

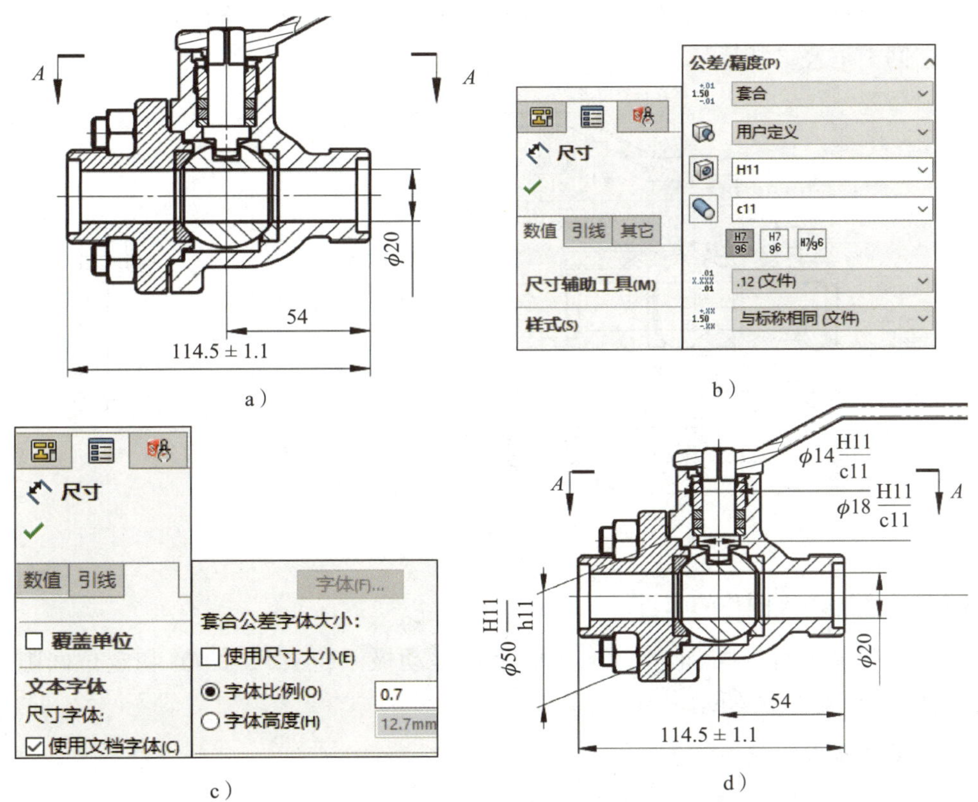

图 7-3-11　标注规格尺寸、装配尺寸

a）完成规格尺寸标注　b）“尺寸”属性设置 1　c）“尺寸”属性设置 2　d）完成装配尺寸标注

（3）标注安装尺寸

单击“智能尺寸”按钮，在主视图中标注右侧接口处螺纹尺寸 M36 × 2，相关属性设置如图 7–3–12a 所示，结果如图 7–3–12b 所示。采用同样的方法，标注俯视图中左侧接口处螺纹尺寸 M36 × 2，结果如图 7–3–12c 所示。

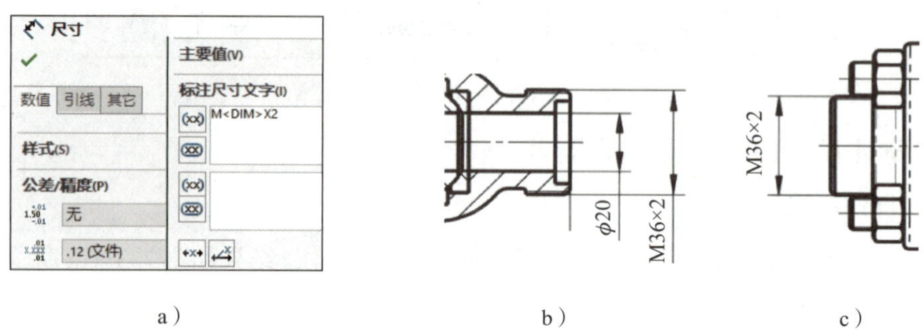

a）　　　　b）　　　　c）

图 7–3–12　标注安装尺寸

a）“尺寸”属性设置　b）标注主视图中的螺纹尺寸　c）标注俯视图中的螺纹尺寸

（4）标注外形尺寸

单击“智能尺寸”按钮，标注外形尺寸 121.5、220.5、84 和 75，调整尺寸位置，使它们不重叠，结果如图 7–3–13 所示。

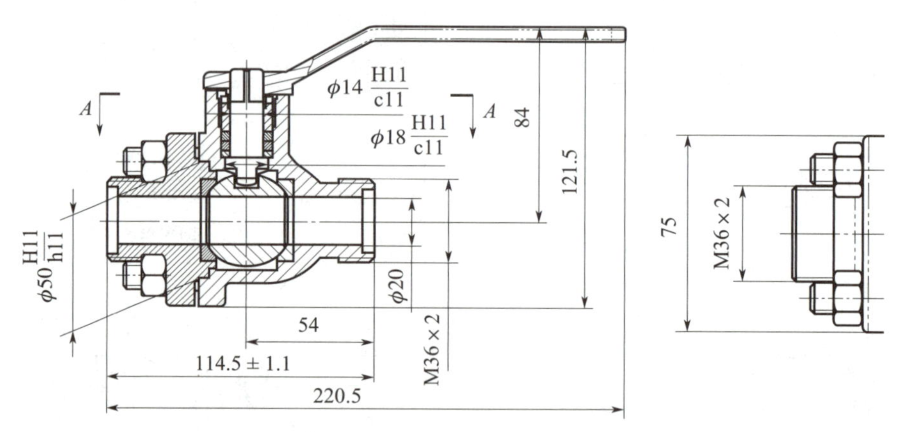

图 7–3–13　标注外形尺寸

（5）标注运动极限位置尺寸

单击“智能尺寸”按钮，标注扳手的运动极限位置尺寸 90° 和定位间隙角度 90°，结果如图 7–3–14 所示。

（6）添加技术要求

单击“注释”按钮，输入技术要求文本，选取“技术要求”文字，设置文字大小为 5 mm，结果如图 7–3–2b 所示。

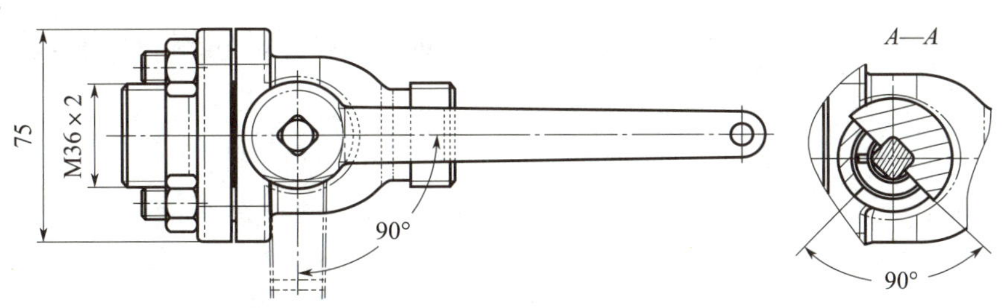

图 7-3-14　标注运动极限位置尺寸

3. 应用模板生成材料明细表

（1）调用材料明细表模板

单击“注解”工具栏中的“表格”→“材料明细表”按钮，如图 7-3-15a 所示，选择主视图。单击“为材料明细表打开表格模板。”按钮，如图 7-3-15b 所示，打开素材文件夹中的“项目七\任务 3\”目录，选择“材料明细表.sldbomtbt”文件并单击“打开”按钮，材料明细表表格自动定位到标题栏上方，部分表格结果如图 7-3-15c 所示。

a）

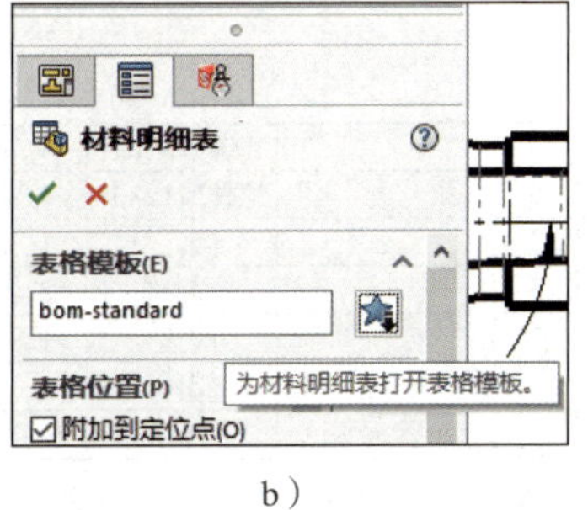

b）

1		阀体	1	ZG230-450	
序号	代号	名称	数量	材料	备注
设计		球阀		比例	1∶1.5
审核				A3	

c）

图 7-3-15　调用材料明细表模板
a）插入材料明细表　b）打开表格模板　c）完成插入材料明细表

提示

在自定义工程图模板时，将材料明细表定位点设置在标题栏右上角。插入材料明细表时，系统会默认将材料明细表恒定边角与定位点重合。

（2）分割材料明细表

将光标移至序号为“6”的格内，单击鼠标右键，单击“分割”→“横向上”，如图 7-3-16a 所示。则将序号 6 的上一行及以上分割成一个有列标题的独立表格，部分表格结果如图 7-3-16b 所示。将该独立表格拖动到标题栏的左侧，结果如图 7-3-16c 所示。

提示

材料明细表中默认的编号顺序是零件在装配体设计树中的排列顺序。

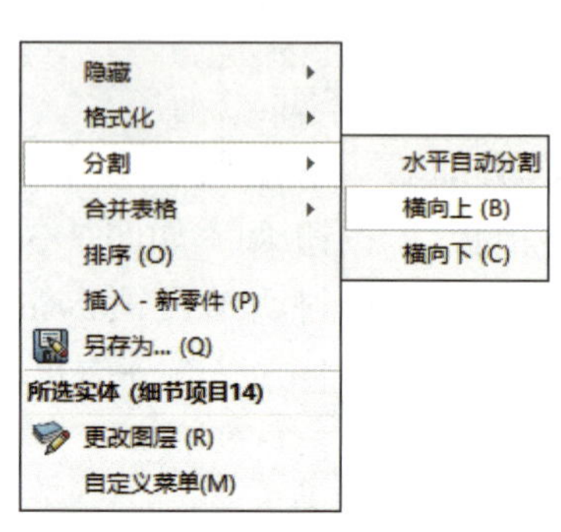

a）

序号	代号	名称	数量	材料	备注
13		扳手	1		
12		阀杆	1		
8		填料垫	1	40Cr	
7		调整垫	1	聚四氟乙烯	

序号	代号	名称	数量	材料	备注
6		螺母M12	4		
5		螺柱M12×30	4		
2		阀盖	1		
1		阀体	1	ZG230-450	

b）

序号	代号	名称	数量	材料	备注
13		扳手	1		
12		阀杆	1		
11		填料压紧套	1	35	
10		上填料	1	聚四氟乙烯	
9		中填料	1	聚四氟乙烯	
8		填料垫	1	40Cr	
7		调整垫	1	聚四氟乙烯	

序号	代号	名称	数量	材料	备注
6		螺母M12	4		
5		螺柱M12×30	4		
4		阀芯	1	40Cr	
3		密封圈	2		
2		阀盖	1		
1		阀体	1	ZG230-450	

设计			球阀	比例	1∶1.5
审核				A3	

c）

图 7-3-16　分割材料明细表

a）确定材料明细表分割方向　b）分割材料明细表　c）分割后的材料明细表

（3）完善材料明细表内容

材料明细表中“阀盖”“密封圈”等 6 种零件没有添加材料内容，“螺柱 M12×30”和“螺母 M12”标准件没有国标代号。

1）添加零件材料

在材料明细表中的“密封圈”格内单击鼠标右键，单击“打开密封圈 .SLDPRT”。单击菜单栏中的“文件”→“属性”，在“摘要信息”对话框中切换至“自定义”选项卡，选中“Material”的参数，如图 7-3-17a 所示，将其改为“聚四氟乙烯”，如

图 7–3–17b 所示。关闭“密封圈 .SLDPRT”零件，在弹出的对话框中单击“是”按钮，若出现重建提示对话框，则单击“是”按钮。在“球阀 .SLDASM”装配体工程图中单击“重建模型”按钮，材料明细表中将更新“密封圈”材料。采用同样的方法，将“阀盖”“阀杆”“扳手”“螺柱 M12 × 30”“螺母 M12”的材料分别改为“ZG230–450”“40Cr”“ZG230–450”“Q235A”“Q235A”。

2）添加标准件国标代号

打开标准件“螺柱 M12 × 30.SLDPRT”，在打开的“摘要信息”对话框中切换到“自定义”选项卡，在“Material”下一格中输入“代号”，新建一个“代号”属性，将数值设置为“GB/T 897—1988”，如图 7–3–18a 所示。采用同样的方法，将“螺母 M12.SLDPRT”按图 7–3–18b 所示修改属性，部分材料明细表结果如图 7–3–2c 所示。关闭“螺柱 M12 × 30.SLDPRT”“螺母 M12.SLDPRT”零件，返回装配体工程图。

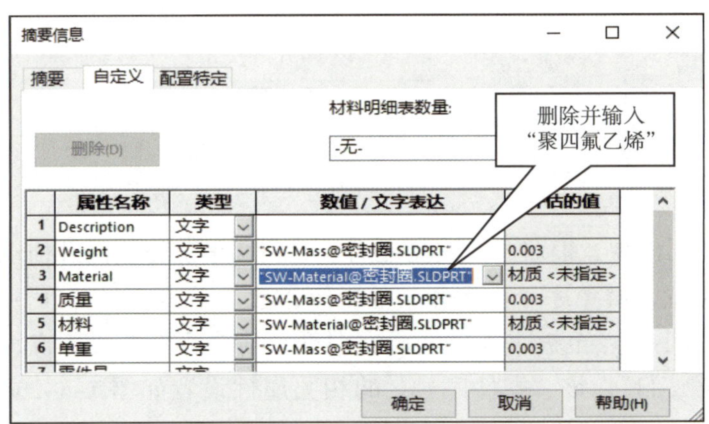

a）

	属性名称	类型	数值 / 文字表达
3	Material	文字	聚四氟乙烯
4	质量	文字	"SW-Mass

b）

图 7–3–17　添加零件材料
a）选中“Material”的参数　b）设置零件材料

属性

摘要　自定义　配置属性　属性摘要

删除(D)

	属性名称	类型	数值 / 文字表达	评估的值
1	Material	文字	Q235A	Q235A
2	代号	文字	GB/T 897—1988	GB/T 897—1988
3	<键入			

a）

属性

摘要　自定义　配置属性　属性摘要

删除(D)

	属性名称	类型	数值 / 文字表达	评估的值
1	Material	文字	Q235A	Q235A
2	代号	文字	GB/T 6170—2000	GB/T 6170—2000
3	<键入			

b）

图 7–3–18　添加标准件国标代号
a）设置螺柱标准件国标代号　b）设置螺母标准件国标代号

4. 插入零件序号、整理工程图

（1）插入零件序号

单击“注解”工具栏中的“自动零件序号”按钮，使用默认选项，选择主视图为放置序号的视图，零件序号就会被自动插入，结果如图 7–3–19 所示。

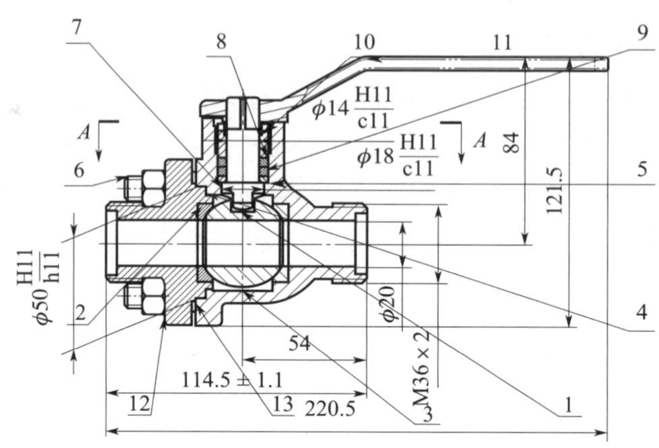

图 7–3–19　插入零件序号

（2）整理零件序号

单击序号数字，视图四周出现 4 根双向箭头的磁力线，将 4 根磁力线向外拖动到如图 7–3–20a 所示的合适位置，避免序号数字和其他内容重叠。单击序号“11”，按住鼠标左键拖动箭头尖端的小圆点至扳手零件侧面空白处，箭头将变成小圆点，如图 7–3–20b 所示。单击序号“11”，该“零件序号”的相关属性设置如图 7–3–20c 所示。采用同样的方法，按逆时针顺序整理其他零件序号的数字和箭头，此时材料明细表中的序号随之自动变化。

（3）整理工程图

单击“直线”按钮，在两个视图的阀杆零件的 4 个平面区域上，绘制出交叉的细线，其中一个视图的结果如图 7–3–2d 所示，完成如图 7–3–1 所示的球阀装配体工程图。

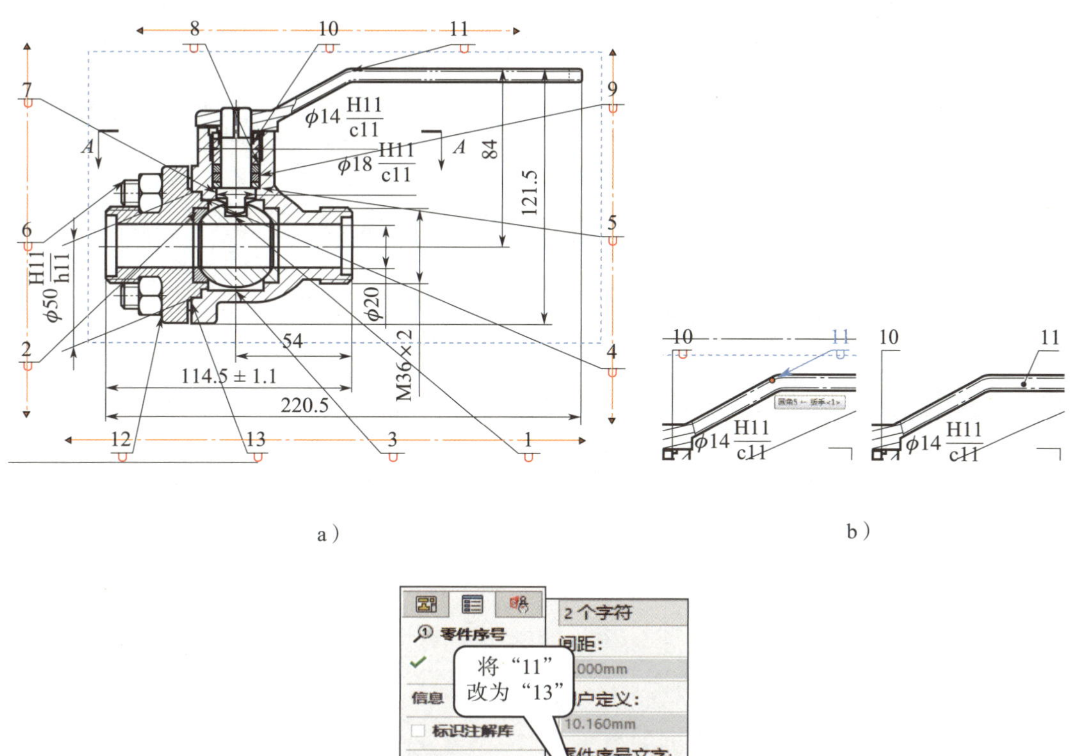

图 7-3-20　整理零件序号

a）调整零件序号位置　b）调整零件序号箭头　c）“零件序号”属性设置